Planerische Steuerung von unterirdischen Raum- und Grundstücksnutzungen

Kommunalwirtschaftliche Forschung und Praxis

Herausgegeben von Wolf Gottschalk

Band 23

PL ACADEMIC RESEARCH

Jan Schilling

Planerische Steuerung von unterirdischen Raum- und Grundstücksnutzungen

PL ACADEMIC RESEARCH

Bibliografische Information der Deutschen Nationalbibliothek
Die Deutsche Nationalbibliothek verzeichnet diese Publikation in der Deutschen Nationalbibliografie; detaillierte bibliografische Daten sind im Internet über http://dnb.d-nb.de abrufbar.

Zugl.: Berlin, Humboldt-Univ., Diss., 2012

Gefördert mit Mitteln des Finanz- und Wirtschaftsrats
beim Verband kommunaler Unternehmen e. V.

11
ISSN 1435-8468
ISBN 978-3-631-62613-9

www.peterlang.de

*Meinem Großvater (*1925 – †2010)*

Erinnerung ist ein Fenster
durch das wir dich sehen können
wann immer wir wollen.

Vorwort

Die vorliegende Arbeit wurde 2012 von der Juristischen Fakultät der Humboldt-Universität zu Berlin als Dissertation angenommen.

Die Danksagung am Anfang einer solchen Arbeit besitzt zu Recht eine lange Tradtition. Ohne Unterstützung von Familie, Freunden und vielen anderen wichtigen Menschen ist eine solche Arbeit kaum umsetzbar. Deshalb ist es mir ein Bedürfnis zahlreichen Menschen Dank für Ihre Geduld, ihren Zuspruch und ihre Unterstützung auszusprechen.

Bedanken möchte ich mich zuallererst bei meinem Doktorvater, Herrn Prof. (em.) Dr. Dr. h.c. Ulrich Battis. Seine Betreuung und seine Hinweise waren sehr wertvoll für die Arbeit. Herrn Prof. Dr. Olaf Reidt danke ich für die schnelle Erstellung des Zweitgutachtens.

Auch darüber hinaus habe ich sehr viel Unterstützung bekommen. Mein Dank gilt daher meinen Kollegen vom VKU, die mich während der Promotion unterstützt haben. Besonders bedanken möchte ich mich bei Frau Dr. Barbara Praetorius für Ihre wertvollen Anregungen und bei Anett Giese, die viel Zeit und Mühe in die Korrektur des Entwurfs investiert hat.

Ein ganz besonderer Dank geht auch an meine Familie und insbesondere meiner Mutter, die mich während der ganzen Zeit gestützt haben. Abschließend gilt mein größter Dank meiner zukünftigen Frau Sophie Pape. Ohne ihre Geduld und ihre Unterstützung wäre ein erfolgreicher Abschluss meiner Arbeit nicht möglich gewesen.

Inhaltsverzeichnis

Kapitel 2:
Rechtliche Bewältigung von Nutzungskonkurrenzen

Abkürzungsverzeichnis

ABG	Preußisches Allgemeines Berggesetz
AWZ	Ausschließliche Wirtschaftszone
BauGB	Baugesetzbuch
BBergG	Bundesberggesetz
BBR	Bundesamt für Bauwesen und Raumordnung
BGR	Bundesanstalt für Geowissenschaften und Rohstoffe
BImSchG	Bundesimmissionsschutzgesetz
BMU	Bundesministerium für Umwelt, Naturschutz und Reaktorsicherheit
BMVBS	Bundesministerium Für Verkehr, Bau und Stadtentwicklung
BMWi	Bundesministerium für Wirtschaft und Technologie
BNatSchG	Bundesnaturschutzgesetz
BT-Drucks.	Drucksache des Bundestags
BR-Drucks.	Drucksache des Bundesrates
CAES	Compressed Air Energy Storage
CCS	Carbon Capture and Storage
CO_2	Kohlenstoffdioxid
DDR	Deutsche Demokratische Republik
EEG	Gesetz für den Vorrang Erneuerbarer Energien (Erneuerbare-Energien-Gesetz)
EGR	Enhanced Gas Recovery
EJ	Exajoule
EOR	Enhanced Oil Recovery
EU	Europäische Union
EuGH	Europäischer Gerichtshof
EV	Vertrag zwischen der Bundesrepublik Deutschland und der Deutschen Demokratischen Republik über die Herstellung der Einheit Deutschlands
GG	Grundgesetz für die Bundesrepublik Deutschland
GOBT	Geschäftsordnung des Deutschen Bundestages
ha	Hektar
HDR	Hot-Dry-Rock-Technologie

IEA	Internationale Energieagentur
IEKP	Integriertes Energie und Klimaprogramm
IPPC	Intergovermental Panel on Climate Change
KrW/AbfG	Gesetz zur Förderung der Kreislaufwirtschaft und Sicherung der umweltverträglichen Beseitigung von Abfällen
KSpG	Gesetz zur Demonstration der dauerhaften Speicherung von Kohlendioxid
kt	Kilotonne
LBEG	Landesamt für Bergbau, Energie und Geologie Niedersachsen
LBGR	Landesamt für Bergbau, Geologie und Rohstoffe Brandenburg
LKV	Landes- und Kommunalverwaltung
MKRO	Ministerkonferenz für Raumordnung
Mt	Megatonne
NdsVBl	Niedersächsische Verwaltungsblätter
NGO	Non-Governmental Organization
NuR	Natur und Recht
NJW	Neue Juristische Wochenschau
ppm	Teile von einer Million (parts per million)
RGBl.	Reichsgesetzblatt
ROG	Raumordnungsgesetz
SRU	Sachverständigenrat für Umweltfragen
SRÜ	Seerechtsübereinkommen der Vereinten Nationen
t	Tonne
TAB	Büro für Technikfolgenabschätzung des Bundestages
TEHG	Gesetz über den Handel mit Berechtigungen zur Emission von Treibhausgasen
UBA	Umweltbundesamt
UIG	Umweltinformationsgesetz
UPR	Umwelt und Planungsrecht
UVP	Umweltverträglichkeitsprüfung
UVPG	Gesetz über die Umweltverträglichkeitsprüfung
UVP-V Bergbau	Verordnung über die Umweltverträglichkeitsprüfung bergbaulicher Vorhaben
VBlBW	Verwaltungsblätter Baden-Württemberg
VwVfG	Verwaltungsverfahrensgesetz
WRV	Weimarer Reichsverfassung
ZfB	Zeitschrift für Bergrecht

Einleitung, Gegenstand und Ziel der Darstellung

Die Bewältigung des Klimawandels und die dadurch bedingte Transformation der Energieversorgung zu einem auf erneuerbaren Energien basierenden Gesamtsystem sind zwei der zentralen Herausforderungen des 21. Jahrhunderts. Spätestens seit dem im Jahre 2007 veröffentlichten vierten Sachstandsbericht des IPPC werden die anthropogen verursachten Emissionen von Treibhausgasen als eine wesentliche Ursache für die Verstärkung des Treibhauseffekts und die in der 2. Hälfte des 20. Jahrhunderts beobachtete Erhöhung der Durchschnittstemperaturen angesehenen[1].

Kohlendioxid stellt in diesem Kontext das wichtigste der anthropogenen Treibhausgase dar. Seine jährlichen Emissionen stiegen dabei alleine von 1970 bis 2004 um etwa 80 %[2]. Bereits die atmosphärische Konzentration von Kohlendioxid des Jahres 2005 (397 ppm) übertraf bei weitem die natürlichen Schwankungsbreiten der letzten 650.000 Jahre und ist vor allem auf die intensive Nutzung fossiler Energieträger wie Erdöl, Erdgas und Kohle zurückzuführen. Diese Entwicklungen machen sich auch in Deutschland bemerkbar. Die Jahresmitteltemperatur stieg in Deutschland in den letzten 100 Jahren deutlich an und beschleunigte sich im Laufe der letzten Jahrzehnte. Inzwischen hat sich der Erwärmungstrend weiter verstärkt und ist mit 0,15°C je Dekade auf etwa das Doppelte angestiegen[3]. Langfristige Wetterbeobachtungen zeigen, dass die letzten zehn Jahre des 20. Jahrhunderts die wärmste Dekade des vergangenen Jahrhunderts waren.

Zur Begrenzung des Klimawandels sind international sowie auf europäischer und nationaler Ebene Vereinbarungen getroffen worden, um die Emissionen von Treibhausgasen zu verringern. So wurden 2007 durch den Europäischen Rat weitgehende Reduktionsverpflichtungen für die Mitgliedsstaaten der Europäischen Union beschlossen[4]. Der Rat betonte dabei insbesondere das strategische Ziel, den Anstieg der globalen Durchschnittstemperatur auf höchstens 2°C gegenüber dem vorindustriellen Niveau zu begrenzen. Um einen Beitrag zur Erreichung

---

1 Vgl. dazu insbesondere *IPPC*, Climate Change 2007, Synthesis Report.

2 *IPPC*, Climate Change 2007, Synthesis Report, Seite 5.

3 *UBA*, Deutschland im Klimawandel, Anpassung ist notwendig, 2008, Seite 5.

4 Schlussfolgerungen des Vorsitzes des Europäischen Rates, 08./09. März 2007, Seite 10.

dieses Ziels zu leisten, verpflichtete sich die Europäische Union – unabhängig von weiteren internationalen Verhandlungen, – ihre Treibhausgasemissionen bis 2020 um mindestens 20 % gegenüber dem Basisjahr 1990 zu verringern. Sollten weitere Industriestaaten ähnliche Verpflichtungen eingehen, wird eine europaweite Reduktion um 30 % angestrebt. Flankierend wurde beschlossen, die Energieeffizienz um 20 % zu steigern und auch den Anteil erneuerbarer Energien am Primärenergieverbrauch auf 20 % zu erhöhen. Zur Operationalisierung dieser politischen Zielsetzungen wurde im Dezember 2008 das Energie- und Klimapaket der Europäischen Union durch Rat und Parlament verabschiedet, das insbesondere Richtlinien über den Emissionshandel[5], erneuerbare Energien[6] und den europäischen Rechtsrahmen für CCS[7] beinhaltet.

Auf nationaler Ebene wurden durch das Bundeskabinett im August 2007 die Eckpunkte für ein Integriertes Energie und Klimaprogramm (IEKP) beschlossen, auf deren Grundlage im Dezember 2008 ein umfassender Bericht der Bundesregierung mit konkreten Gesetzesvorschlägen vorgelegt wurde[8]. In Umsetzung der Koalitionsvereinbarung[9] zwischen SPD und CDU/CSU hatte Deutschland darin zugesagt, seine Treibhausgasemissionen bis 2020 um 40 % zu reduzieren, wenn das 30%-Ziel der EU Wirklichkeit werden sollte. Zudem wurde als Teil des Maßnahmenkatalogs zur Erreichung der Klimaschutzziele unter anderem beschlossen, den Anteil erneuerbarer Energien im Strombereich von derzeit etwa 13 % auf 25 bis 30 % im Jahre 2020 zu erhöhen und CO_2-arme Kraftwerkstechnologien zu fördern[10].

---

5 Richtlinie 2009/29/EG des Europäischen Parlamentes und des Rates vom 23. April 2009 zur Änderung der Richtlinie 2003/87/EG zwecks Verbesserung und Ausweitung des Gemeinschaftssystems für den Handel mit Treibhausgasemissionszertifikaten.

6 Richtlinie 2009/28/EG des Europäischen Parlamentes und des Rates vom 23. April 2009 zur Förderung und Nutzung von Energie aus erneuerbaren Quellen und zur Änderung und anschließenden Aufhebung der Richtlinien 2001/77/EG und 2003/30/EG.

7 Richtlinie 2009/21/EG des Europäischen Parlamentes und des Rates vom 23. April 2009 über die geologische Speicherung von Kohlendioxid und zur Änderung der Richtlinie 85/337/EWG des Rates sowie der Richtlinien 2000/60/EG, 2001/80/EG, 2004/35/EG, 2006/12/EG und 2008/1/EG des Europäischen Parlaments und des Rates sowie der Verordnung (EG) Nr. 1013/2006.

8 Bericht zur Umsetzung der in der Kabinettsklausur am 23./24. Mai 2007 in Meseberg beschlossenen Eckpunkte für ein Integriertes Energie- und Klimaprogramm.

9 Koalitionsvertrag von CDU, CSU und SPD, „Gemeinsam für Deutschland. Mit Mut und Menschlichkeit", 2005, Seite 65.

10 Maßnahmen 1 und 3 des Berichts zur Umsetzung der in der Kabinettsklausur am 23./24. Mai 2007 in Meseberg beschlossenen Eckpunkte für ein Integriertes Energie- und Klimaprogramm; Zudem wurde im Rahmen des 6. Energieforschungsprogramms „Forschung für eine umweltschonende, zuverlässige und bezahlbare Energieversorgung" der Bundesregierung die COORETEC-Initiative zur Förderung von Forschung und Entwicklung CO2-emissionsarmer Kraft-

Auch die Koalitionsvereinbarung der nachfolgenden Bundesregierung von CDU/CSU und FDP greift diese Zielsetzungen auf und verschärft sie zum Teil noch[11]. Die darin verankerten Ziele wurden im Energiekonzept 2010 konkretisiert und in entsprechenden Ausbau- und Minderungspfaden bis 2050 fortgeschrieben. So sollen die Treibhausgasemissionen bis 2030 um 55 %, bis 2040 um 70 % und bis 2050 um 80 bis 95 % jeweils gegenüber 1990 reduziert werden[12]. Gleichzeitig soll der Anteil der Stromerzeugung aus erneuerbaren Energien am Bruttostromverbrauch auf 35 % bis 2020 steigen. Danach soll der Anteil weiter zunehmen: 50 % bis 2030, 65 % bis 2040, 80 % bis 2050[13].

Die von der EU und der Bundesregierung – unabhängig von parteipolitischen Konstellationen – beschlossenen und sich konsequent verschärfenden Zielsetzungen sowie der in Deutschland vor dem Hintergrund der Reaktorkatastrophe in Fukushima 2011 beschlossene Ausstieg aus der Kernenergie bis 2022 führen zu einem erheblichen politischen, technologischen und wirtschaftlichen Veränderungsdruck im Hinblick auf die Entwicklung und den Einsatz Klima schonender Technologien. Dabei ist insbesondere die Energiewirtschaft aufgrund ihres hohen Anteils an den Treibhausgasemissionen von rund 45 %[14] von diesem Veränderungsdruck betroffen. Daher werden insbesondere in diesem Bereich der Energiewirtschaft vielfältige Optionen diskutiert und entwickelt, um die Ziele in diesem Sektor zu erreichen. Im Hinblick auf die in dieser Arbeit im Fokus stehenden Untergrundnutzungen sind dabei insbesondere die Entwicklung und der Einsatz der Geothermie, der Speicherung von Kohlendioxid im Rahmen von CCS sowie Druckluft- und Wasserstoffspeicher zum Ausgleich der unsteten Einspeisung erneuerbarer Energien relevant.

Neben den gerade beschriebenen klima- und umweltpolitischen Dimensionen spielen beim Umbau der Energieversorgung aber auch die Themen Versorgungssicherheit und Wirtschaftlichkeit der Energiepreise für ein Industrieland wie Deutschland eine bedeutende Rolle. Insbesondere die Versorgungssicherheit des

---

werkstechnologien ins Leben gerufen. Dies verfolgt neben der Forschung und Entwicklung der effizienteren Umwandlung fossiler Energieträger in Kraftwerken auch die Abscheidung und Transport von CO_2 mit dem Ziel einer langfristigen und sicheren Speicherung in geologischen Formationen.

11 So wird beispielsweise ein unkonditioniertes Minderungsziel für Treibhausgase von 40 % bis 2020, vereinbart, vgl. Koalitionsvertrag von CDU, CSU und FDP, „Wachstum. Bildung. Zusammenhalt", 2009, Seite 25 ff.

12 *BMWi/BMU,* Energiekonzept für eine umweltschonende, zuverlässige und bezahlbare Energieversorgung, 28.09.2010, Seite 5.

13 *BMWi/BMU,* Energiekonzept für eine umweltschonende, zuverlässige und bezahlbare Energieversorgung, 28.09.2010, Seite 5.

14 Vgl. *UBA*, Übersicht zur Entwicklung der energiebedingten Emissionen in Deutschland 1990-2009, Seite 3.

Energiesektors ist durch den stetig wachsenden Bedarf an Erdgas zum Ausgleich der fluktuierenden Einspeisung erneuerbarer Energien und unter dem Eindruck des russisch-ukrainischen Gasstreits im Winter 2008 sowie der Lieferengpässe im Winter 2011/2012 erneut in den Fokus gerückt. So soll nach den bestehenden Planungen zum Ausbau der Speicherkapazitäten für Erdgas in Deutschland das vorhandene Arbeitsvolumen in Deutschland um etwa 24 % erhöht werden, um dem steigenden Gasbedarf Rechnung zu tragen und eine ausreichend sichere Versorgung dauerhaft zu garantieren. Zudem erhöhen die insgesamt steigenden Rohstoffpreise den Druck auf die Exploration und Exploitation neuer Kohlenwasserstoffvorkommen insbesondere im Bereich von unkonventionellem Erdgas.

Schon heute ist daher absehbar, dass der skizzierte Strukturwandel im Bereich des Energiesektors mittelfristig auch deutliche Auswirkungen auf die unterirdische Raum- und Grundstücksnutzung in Deutschland haben wird. Neben die bestehenden „klassischen" Untergrundnutzungen zu bergbaulichen und wasserwirtschaftlichen Zwecken werden vermehrt weitere – untereinander und miteinander konkurrierende – Nutzungsformen geologischer Formationen in den Fokus rücken und damit zu einer Verdichtung der Nutzungssituation führen. Damit verbunden ist ein deutlicher Anstieg von von Konkurrenzpotenzialen, der die Frage einer nachhaltigen und vorausschauenden Beplanung der begrenzten räumlichen Ressourcen des Untergrunds aufwirft.

Zur Untersuchung dieser Fragestellung soll in einem ersten Schritt der wesentliche raumrelevante Untergrundnutzen im Kontext einer nachhaltigen und sicheren Energieversorgung und im Hinblick auf die für sie notwendigen geologischen Gegebenheiten, deren regionale Verteilung in der Bundesrepublik sowie die derzeit absehbare Entwicklung in den Blick genommen werden. In einem zweiten Schritt werden dann die entsprechenden Genehmigungsverfahren im Bundesberggesetz (BBergG) und im Entwurf eines Gesetzes zur Demonstration und Anwendnung von Technologien zur Abscheidung, zum Transport und zur dauerhaften Speicherung von Kohlendioxid (KSpG) untersucht und im Hinblick auf ihren Beitrag zur Lösung von bestehenden und zukünftig auftretenden Nutzungskonkurrenzen analysiert. In diesem Kontext soll auch der Frage nachgegangen werden, ob die projektbezogenen Zulassungsverfahren im Rahmen von gebundenen Entscheidungen und Planfeststellungsverfahren im BBergG und KSpG geeignete Instrumentarien zur Lösung dieses Problems zur Verfügung stellen. Im Anschluss daran soll untersucht werden, ob nicht eine gesamträumliche, zusammenfassende Konzeption im Sinne einer „untertägigen Raumordnung" eine sachgerechte und zielführende Lösung zur Flankierung der konkreten Genehmigungsverfahren darstellen könnte und inwieweit dieser Ansatz im Kontext des bestehenden Raumordnungsrechts verwirklicht werden kann.

Kapitel 1
Aktuelle und zukünftige Nutzungsformen des Untergrundes in Deutschland

Abschnitt 1: Erdöl- und Erdgasförderung

A. Kurzbeschreibung

Erdöl und Erdgas stellen mit einem Anteil von 54,4 % am Primärenergieverbrauch der Bundesrepublik[15] mit Abstand die beiden wichtigsten Energieträger dar. Auch vor diesem Hintergrund hat die Förderung von Kohlenwasserstoffen in Deutschland bereits eine lange Tradition. Trotz der hohen Bedeutung für die Energieversorgung und der langen Tradition werden in Deutschland jedoch im internationalen Maßstab nur geringe Mengen an Erdöl und Erdgas gefördert. Insgesamt deckte die heimische Erdölproduktion 2010 etwa 2,7 % des gesamten Mineralölverbrauchs der Bundesrepublik Deutschland[16]. Die inländische Erdgasförderung hingegen erreichte im gleichen Zeitraum einen Anteil von 11 % des Inlandverbrauchs und stellt damit einen wichtigen Beitrag zur Sicherheit der Erdgasversorgung Deutschlands dar[17].

Seit Jahrzehnten gehen jedoch die Fördermengen aufgrund des fortgeschrittenen Alters der produzierenden Lagerstätten sowohl im Erdöl- als auch im Erdgasbereich zurück. Gleichzeitig haben sich jedoch die Konzessionsflächen zur Exploration von zusätzlichen Kohlenwasserstoffvorkommen weiter vergrößert und umfassen eine Gesamtfläche von etwa 97.000 Quadratkilometer[18]. Neue Konzessionsflächen zur Aufsuchung wurden dabei in 2010 vor allem in den Bundesländern Nordrhein-Westfalen, Sachsen-Anhalt, Thüringen und Niedersachsen zur Erkundung des Untergrundes nach nicht-konventionellen Erdgaslagerstätten vergeben[19].

---

15 Energieverbrauch der BRD 2011, Arbeitsgemeinschaft Energiebilanzen, Pressemitteilung vom 20.12.2011.

16 *Landesamt für Bergbau, Energie und Geologie Niedersachsen (LBEG)*, Erdöl und Erdgas in der Bundesrepublik Deutschland 2010, Seite 31.

17 *Landesamt für Bergbau, Energie und Geologie Niedersachsen (LBEG)*, Erdöl und Erdgas in der Bundesrepublik Deutschland 2010, Seite 31.

18 *Landesamt für Bergbau, Energie und Geologie Niedersachsen (LBEG)*, Erdöl und Erdgas in der Bundesrepublik Deutschland 2010, Seite 9.

19 *Landesamt für Bergbau, Energie und Geologie Niedersachsen (LBEG)*, Erdöl und Erdgas in der Bundesrepublik Deutschland 2010, Seite 9.

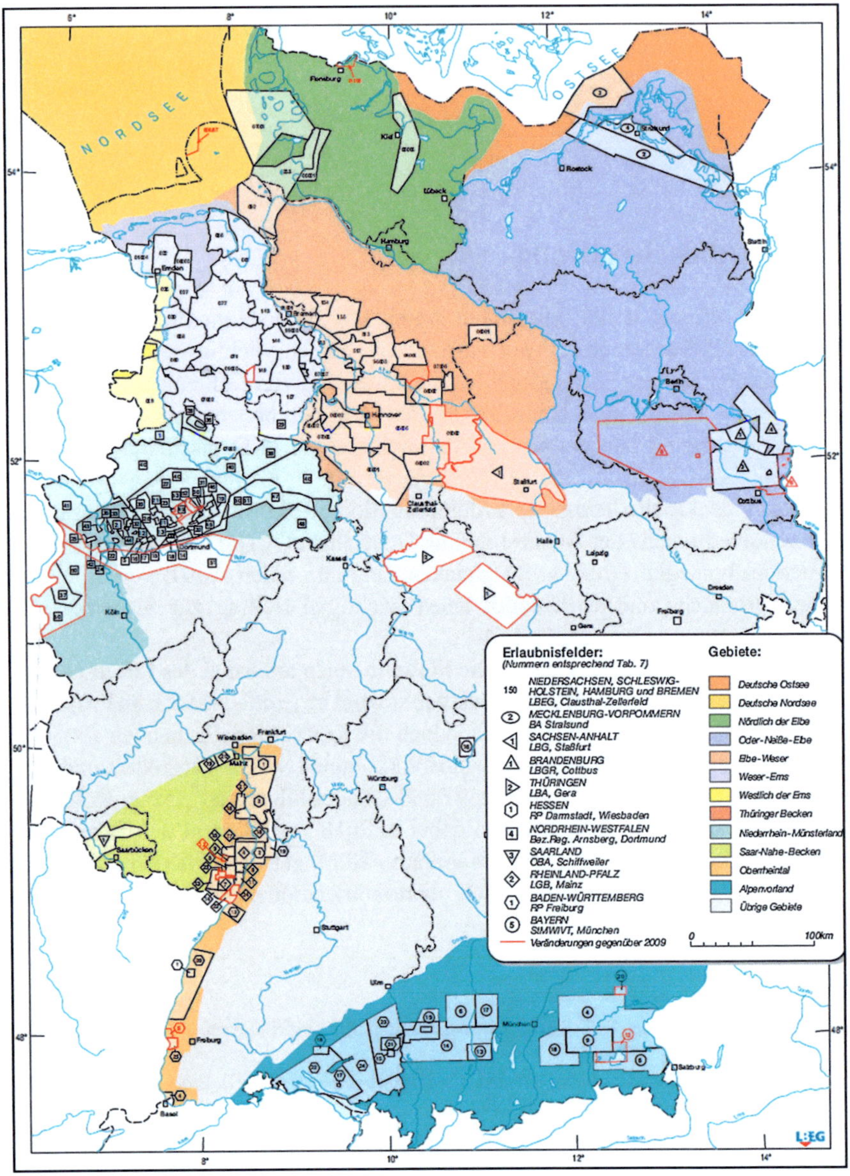

Abb. 1: Erlaubnisfelder für Kohlenwasserstoffe, Stand 31.12.2010; Quelle: LBEG, Erdöl und Erdgas in der Bundesrepublik Deutschland 2010, Seite 29.

I. Erdölförderung

Erdöl ist ein Sammelbegriff für ein flüssiges, natürlich vorkommendes Gemisch aus Kohlenwasserstoffen, das in seiner chemischen Zusammensetzung und den physikalischen Eigenschaften stark variieren kann. Es lagert im Untergrund in Tiefen von wenigen Metern bis zu einer Tiefe von 4.000 m, teilweise auch noch tiefer. Wirtschaftlich ausbeutbare Vorkommen befinden sich meist in porösen oder kluftig-kavernösen Speichergesteinen, die nach oben von undurchlässigen Gesteinsschichten mit einer Fallenstruktur abgeschlossen sind[20]. Die für eine Ansammlung des Erdöls notwendigen geologischen Fallenstrukturen sind dabei Antiklinal-Strukturen, aber auch Faziesfallen und Diskordanz-Lagerstätten[21]. Als Speichergesteine können sowohl Sandsteine als auch Karbonate fungieren, wobei eine Lagerstätte sowohl aus einer, wie auch aus mehreren dieser erdölführenden Schichten bestehen kann. Dabei steht das in der Lagerstätte befindliche Erdöl unter erhöhtem Druck, der es bei Aufschluss von alleine in Richtung Erdoberfläche fließen lässt. Im Verlauf der weiteren Ausbeutung des Erdölfeldes nimmt dieser Druck jedoch ab und es wird erforderlich, technische Maßnahmen zu ergreifen, um eine konstante Förderung weiter aufrechtzuerhalten. Dabei kommen neben Pumpen auch sogenannte EOR-Verfahren zum Einsatz, zu denen vor allem das Einpressen von Formations- und Seewasser sowie die Injektion gasförmiger oder chemischer Stoffe gehören[22]. Dazu werden diese Stoffe direkt unterhalb oder in die Lagerstätte injiziert, um den durch die Förderung abfallenden Lagerdruck zu erhalten und die Exploitation zu befördern.

Neben konventionellen Lagerstätten von Erdöl gibt es in Deutschland auch Vorkommen von sogenanntem nicht-konventionellem Erdöl[23] in Ölsanden und Ölschiefer. Diese spielen jedoch aufgrund von Wirtschaftlichkeitserwägungen und konkurrierenden Nutzungen wie der Herstellung von Ölschiefer-Zement in der Praxis bislang keine bedeutsame Rolle und werden daher im Rahmen dieser Arbeit nicht weiter betrachtet.

---

20 *BGR*, Energierohstoffe 2009, Reserven, Ressourcen, Verfügbarkeit, Seite 31.

21 *BGR*, Energierohstoffe 2009, Reserven, Ressourcen, Verfügbarkeit, Seite 195.

22 *BGR*, Energierohstoffe 2009, Reserven, Ressourcen, Verfügbarkeit, Seite 62.

23 Bei Erdöl und Erdgas wird von konventionellen Vorkommen gesprochen, wenn eine Förderung mit den klassischen Explorations-, Förder- und Transporttechniken erfolgen kann. Von nicht-konventionellen Vorkommen wird gesprochen, wenn die Förderung alternativer Technologien bedarf; instruktiv zur Unterscheidung auf der Grundlage dieser „weichen" Definition siehe *BGR*, Energierohstoffe 2009, Reserven, Ressourcen, Verfügbarkeit, Seite 18 ff.

II. Erdgasförderung

Erdgas ist ein natürliches in der Erdkruste vorkommendes Gasgemisch, das neben Methan als Hauptkomponente auch weitere Bestandteile wie Ethan und Propan sowie nicht brennbare Gase wie Stickstoff, Kohlenstoffdioxid, Schwefelwasserstoff und Helium enthalten kann. Wie Erdöl migriert Erdgas in der Erdkruste und sammelt sich in Fallenstrukturen aus hochpermeablen, porösen Gesteinen, die durch undurchlässige Gesteinsschichten abgeschlossen werden[24]. In den meisten Sedimentbecken existieren neben reinen Erdgaslagerstätten auch Vorkommen, in denen sowohl Erdöl als auch Erdgas zu finden sind.

Neben Erdgas in den beschriebenen konventionellen Lagerstätten gibt es in Deutschland auch Lagerstätten von nicht-konventionellem Erdgas. Hierbei wird zwischen Erdgas aus dichten Gesteinen, Kohleflözgas, Erdgas aus Aquiferen und Gashydrat unterschieden. National bedeutsam sind hierbei lediglich die Vorkommen von Erdgas aus dichten Gesteinen sowie Kohleflözgas.

Als Erdgas aus dichten Gesteinen wird dabei Erdgas bezeichnet, das in sehr gering durchlässigem Gestein eingelagert ist[25]. Die Gewinnung ist aufgrund der geringen Permeabilität technisch anspruchsvoll und teuer. Eine wirtschaftliche Ausbeutung der Vorkommen beruht daher im Wesentlichen auf produktionssteigernden Maßnahmen wie der Erzeugung künstlicher Riss-Systeme zur Erhöhung der Durchlässigkeit sowie einer Optimierung der Produktionsbohrungen durch Horizontal- und Multilateralbohrungen[26]. Ein weiteres Vorkommen von nicht-konventionellem Erdgas sind Kohleflözgase. Dazu gehören im Wesentlichen Flözgase[27] und Grubengase[28], die in allen Ländern zu finden sind, in denen Hartkohle lagert und ausgebeutet wird. Sie können entweder durch Bohrungen oder durch eine Absaugung gefördert werden[29].

---

24 *BGR*, Energierohstoffe 2009, Reserven, Ressourcen, Verfügbarkeit, Seite 71.

25 Die Abgrenzung zu konventionelle Vorkommen erfolgt dabei über die Permeabilität des Gesteins für Flüssigkeiten und Gase. International ist als obere Grenze eine durchschnittliche Permeabilität von 0.1 milliDarcy (mD) gebräuchlich; in Deutschland wird die Abgrenzung in Abweichung hiervon bei 0.6 mD vorgenommen; *BGR*, Energierohstoffe 2009, Reserven, Ressourcen, Verfügbarkeit, Seite 92.

26 *BGR*, Energierohstoffe 2009, Reserven, Ressourcen, Verfügbarkeit, Seite 93; das angewendete Verfahren wird häufig auch als hydraulische Schichtbrechung oder Hydrofracturing/Hydraulic Fracturing bezeichnet; vgl. *Seuser*, NuR 2012, Seite 8 (9).

27 Als Flözgas wird aus Kohleflözen in unverritztem Gebirge freigesetzte Gas bezeichnet, das durch Bohrungen freigesetzt wird; *BGR*, Energierohstoffe 2009, Reserven, Ressourcen, Verfügbarkeit, Seite 96.

28 Grubengas bezeichnet das Flözgas, das durch Bergbautätigkeiten im Grubengebäude unmittelbar oder später freigesetzt wird; *BGR*, Energierohstoffe 2009, Reserven, Ressourcen, Verfügbarkeit, Seite 96.

29 *BGR*, Energierohstoffe 2009, Reserven, Ressourcen, Verfügbarkeit, Seite 97.

Im Gegensatz zu den in Deutschland unbedeutsamen Vorkommen von nicht-konventionellem Erdöl ist bei nicht-konventionellem Erdgas ein deutlich wachsendes Interesse an der Exploration und Förderung in Deutschland zu verzeichnen[30].

B. Geographische und geologische Situation

I. Erdölförderung

Die wichtigsten deutschen Fördergebiete liegen in Schleswig-Holstein und in Niedersachsen, die zusammen auf etwa 93,3 % der Gesamtproduktion kommen[31]. Ein Großteil der verbleibenden Jahresförderung entstammt dabei einer dem Niedersächsischen Becken zugehörigen Erdölprovinz im westlichen Emsland[32]. Zwei Drittel der deutschen Förderung kommen dabei aus Sandsteinen des Dogger, ein weiteres Viertel stammt aus Sandsteinen der Unterkreide[33]. Weitere relevante Erdöllagerstätten befinden sich in Gesteinsformationen des Perm und des Tertiär. Die Fördertiefen betragen dabei 300 bis 3.000 m im Südwesten Deutschlands und 1.400 bis 4.400 m im Südosten. Im Nordwesten liegen die Fördertiefen[34] zwischen 500 und 1.100 m, während im Nordosten in Tiefen von 300 bis über 3.000 m gefördert wird.

30 *BGR*, Energierohstoffe 2009, Reserven, Ressourcen, Verfügbarkeit, Seite 206; *Kimmerle*, Erdgas in Deutschland – Schatzsuche im Schiefer, Artikel vom 12.04.2010 auf Spiegel Online.

31 *Landesamt für Bergbau, Energie und Geologie Niedersachsen (LBEG)*, Erdöl und Ergas in der Bundesrepublik Deutschland 2010, Seite 31.

32 *BGR*, Energierohstoffe 2009, Reserven, Ressourcen, Verfügbarkeit, Seite 195.

33 *BGR*, Energierohstoffe 2009, Reserven, Ressourcen, Verfügbarkeit, Seite 195.

34 Teufe: vertikaler Abstand von der Oberfläche zu einem Punkt im Erdreich.

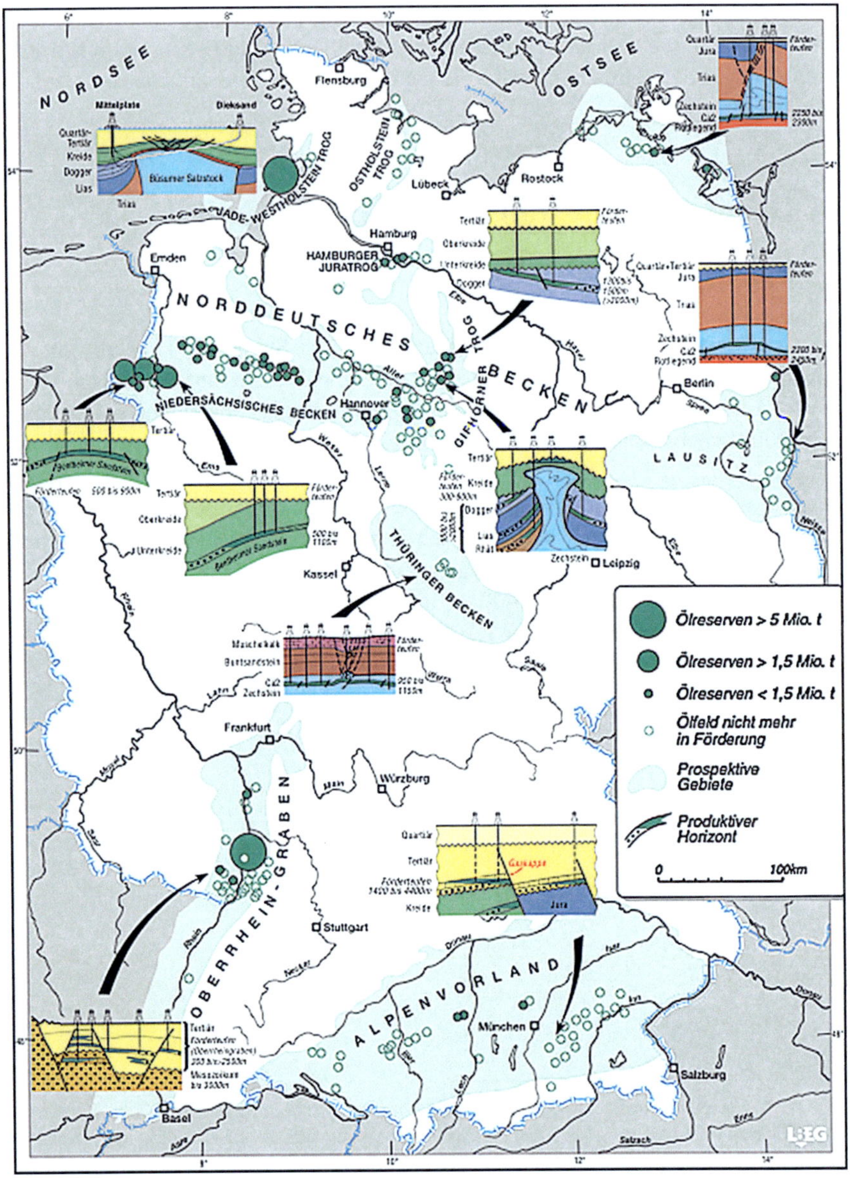

Abb. 2: Prospektive Gebiete, Erdölfelder und charakteristische Erdölstrukturen in Deutschland, Stand 31.12.2010; Quelle: Landesamt für Bergbau, Energie und Geologie Niedersachsen (LBEG), Eröl und Ergas in der Bundesrepublik Deutschland 2010, Anlage 3.

II. Erdgasförderung

Bei der Erdgasförderung ist Niedersachsen mit einem Anteil von 93,5 % an der Gesamtförderung und 74 der 81 deutschen Erdgasfelder mit Abstand das wichtigste Fördergebiet[35]. Dabei stammt das Erdgas überwiegend aus den Fördergebieten zwischen Weser und Ems sowie zwischen Elbe und Weser[36]. Als Speicherhorizonte von konventionellem Erdgas dominieren Gesteinsschichten des Karbon, Rotliegend und Zechstein[37]. Die Fördertiefen betragen in Süddeutschland zwischen 350 bis 4.000 m im Südwesten und 700 bis 4.500 m im Südosten. In Norddeutschland werden im Nordwesten Fördertiefen zwischen 800 und über 5.000 m erreicht. Im Nordosten liegen die erschlossenen Förderhorizonte in Tiefen zwischen 350 und 3.500 m.

Vorkommen von nicht-konventionellem Erdgas in dichten Gesteinen treten typischerweise in den Zentralbereichen von tiefen (> 4.500 m) Sedimentbecken auf[38]. In Deutschland kommt insbesondere das Norddeutsche Becken für eine Förderung in Frage. Hauptspeicherhorizonte sind das Rotliegend sowie das Karbon. Hinzu kommen noch Vorkommen an Grubengas, das an Bergwerksstandorten für die regionale Strom- und Wärmeerzeugung benutzt wird und auch von einem zunehmenden Interesse gekennzeichnet ist. In Deutschland wird Grubengas insbesondere in den Kohlerevieren von Nordrhein-Westfalen und vom Saarland genutzt.

---

35 *Landesamt für Bergbau, Energie und Geologie Niedersachsen (LBEG)*, Erdröl und Erdgas in der Bundesrepublik Deutschland 2010, Seite 32; *Landesamt für Bergbau, Energie und Geologie Niedersachsen (LBEG)*, Erdöl und Ergas in der Bundesrepublik Deutschland 2008, Seite 30.

36 *Landesamt für Bergbau, Energie und Geologie Niedersachsen (LBEG)*, Erdöl und Erdgas in der Bundesrepublik Deutschland 2010, Seite 32.

37 *BGR*, Energierohstoffe 2009, Reserven, Ressourcen, Verfügbarkeit, Seite 201.

38 *BGR*, Energierohstoffe 2009, Reserven, Ressourcen, Verfügbarkeit, Seite 92.

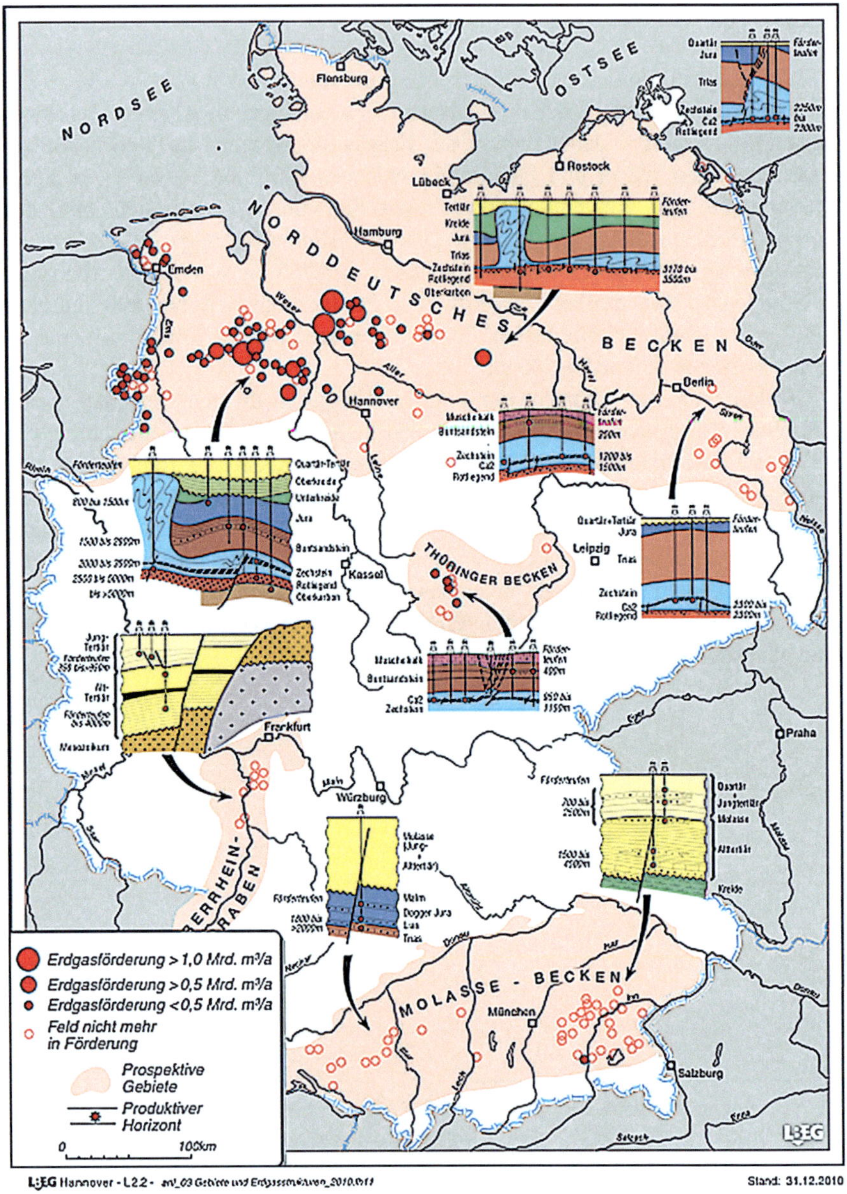

Abb. 3: Prospektive Gebiete, Erdgasfelder und charakteristische Erdgasstrukturen, Stand 31.12.2010; Quelle: Landesamt für Bergbau, Energie und Geologie Niedersachsen (LBEG), Eröl und Ergas in der Bundesrepublik Deutschland 2010, Anlage 4.

C. Technisch-geologisches und ökonomisches Potenzial

Das technisch-geologische und ökonomische Potenzial der Kohlenwasserstoffförderung in Deutschland bestimmt sich nach den sicheren und wahrscheinlichen Reserven der Bundesrepublik.

- Sichere Reserven sind Kohlenwasserstoffmengen in bekannten Lagerstätten, die aufgrund lagerstättentechnischer und geologischer Erkenntnisse unter den gegebenen wirtschaftlichen und technischen Bedingungen mit hoher Sicherheit gewinnbar sind (Wahrscheinlichkeitsgrad mindestens 90 %)[39].
- Wahrscheinliche Reserven sind Kohlenwasserstoffmengen in bekannten Lagerstätten, die aufgrund lagerstättentechnischer und geologischer Erkenntnisse unter den gegebenen wirtschaftlichen und technischen Bedingungen mit einer angemessenen Sicherheit gewinnbar sind (Wahrscheinlichkeitsgrad mindestens 50 %)[40].

Beide Reserveklassen sind somit mit technischen, vertragsmäßigen, wirtschaftlichen und regulatorischen Unsicherheiten behaftet, wie etwa dem internationalen Öl- und Gaspreis sowie beispielsweise dem Alter und Zustand der Übertageanlagen, Leitungen und Infrastruktur. Die Summe von sicheren und wahrscheinlichen Reserven und ihr Verhältnis zueinander schwanken daher ständig und müssen als dynamische Größe betrachtet werden.

I. Erdöl

Die deutsche Erdölproduktion aus 1.118 Bohrungen lag 2010 mit rund 2,5 Mio. Tonnen rund 12 % unter dem Vorjahresniveau[41]. Dabei war der Rückgang insbesondere in Schleswig-Holstein besonders deutlich, während sich die Produktion in Niedersachsen annähernd auf dem Vorjahresniveau bewegte. Einen deutlichen Anstieg verzeichnete die Erdölproduktion in Rheinland-Pfalz, wenn auch auf der Basis eines insgesamt niedrigen Niveaus. Die sicheren und wahrscheinlichen Erdölreserven sind 2010 um 12,7 % auf 35,9 Mio. Tonnen zurückgegangen,

---

39 *Landesamt für Bergbau, Energie und Geologie Niedersachsen (LBEG)*, Erdöl und Erdgas in der Bundesrepublik Deutschland 2010, Seite 41.

40 *Landesamt für Bergbau, Energie und Geologie Niedersachsen (LBEG)*, Erdöl und Erdgas in der Bundesrepublik Deutschland 2010, Seite 41.

41 *Landesamt für Bergbau, Energie und Geologie Niedersachsen (LBEG)*, Erdöl und Ergas in der Bundesrepublik Deutschland 2010, Seite 31; *Wirtschaftsverband Erdöl- und Erdgasgewinnung*, Erdgas und Erdöl, Entstehung, Suche, Gewinnung, Seiten 19, 20.

womit die statistische Reichweite der deutschen Erdölreserven bei 14,3 Jahren liegt[42]. Die weitaus meisten der sicheren und wahrscheinlichen Reserven befinden sich dabei in Schleswig-Holstein (40 %) und Niedersachsen (31,5 %) sowie in Rheinland-Pfalz (26,1 %)[43].

Aufgrund perspektivisch ansteigender Ölpreise geraten jedoch auch bereits aufgelassene und seinerzeit wegen mangelnder Wirtschaftlichkeit nicht weiterentwickelte Ölfelder in Deutschland erneut in den Fokus. Hier sind in der Regel jedoch noch erhebliche Bemühungen und Investitionen erforderlich, um bestehende und verbleibende Potenziale belastbar abschätzen und gegebenenfalls entwickeln und fördern zu können[44]. Bei konventionellem Erdöl wird insgesamt ein zusätzliches Reservepotenzial von insgesamt rund 40 Mt Erdöl in Deutschland vermutet[45], was damit leicht über der Größenordung der bestehenden sicheren und wahrscheinlichen Reserven liegt.

II. Erdgas

Bezogen auf den natürlichen Brennwert lag die Summe der sicheren und wahrscheinlichen Erdgasreserven 2010 bei 146,3 Mrd. m^3 (V_n) und damit um rund 10 % niedriger als im Vorjahr[46]. Damit ergibt sich eine deutliche Abnahme der deutschen Erdgasreserven, die sich regional betrachtet im Wesentlichen durch eine Neubewertung von Förderstätten im Raum Weser und Ems ergab. Die statistische Reichweite der deutschen Reserven liegt bei 10,8 Jahren und damit etwas höher als die Vergleichszahl aus 2009, die noch bei etwas über 10,5 Jahre lag[47]. Regional betrachtet liegen knapp 98 % der nationalen sicheren und wahrscheinlichen Rohgasreserven dabei im Gebiet Niedersachsens.

In Bezug auf nicht-konventionelles Erdgas weisen Ressourcenabschätzungen auf eine technisch gewinnbare Erdgasmenge auf 700 bis 2.300 Mrd. m^3 hin, die

---

42 *Landesamt für Bergbau, Energie und Geologie Niedersachsen (LBEG)*, Erdöl und Erdgas in der Bundesrepublik Deutschland 2010, Seite 42.

43 *Landesamt für Bergbau, Energie und Geologie Niedersachsen (LBEG)*, Erdöl und Erdgas in der Bundesrepublik Deutschland 2010, Seite 43.

44 *BGR*, Energierohstoffe 2009, Reserven, Ressourcen, Verfügbarkeit, Seite 195.

45 *BGR*, Energierohstoffe 2009, Reserven, Ressourcen, Verfügbarkeit, Seite 198 auf der Grundlage einer persönlichen Aussage aus dem Wirtschaftsverband Erdöl- und Erdgasgewinnung.

46 *Landesamt für Bergbau, Energie und Geologie Niedersachsen (LBEG)*, Erdöl und Erdgas in der Bundesrepublik Deutschland 2010, Seite 43.

47 *Landesamt für Bergbau, Energie und Geologie Niedersachsen (LBEG)*, Erdöl und Erdgas in der Bundesrepublik Deutschland 2010, Seite 43.

damit deutlich über Deutschlands konventionellen Erdgasreserven liegt[48]. Daher lässt sich derzeit ein ansteigendes Interesse an der Förderung von nicht-konventionellem Erdgas beobachten. So wurden 2010 etwa 12.000 km^2 an neuen Konzessionen zur Aufsuchung von nicht-konventionellem Erdgas durch die Bergbehörden vergeben, die sich vor allem auf Erlaubnisfelder in den Bundesländern Nordrhein-Westfalen, Sachsen-Anhalt, Thüringen, Baden-Württemberg und Niedersachsen verteilen[49]. Allein in Nordrhein-Westfalen sind etwa 20 neue Explorationsfelder an unterschiedliche Unternehmen vergeben worden[50].

D. Zwischenergebnis

Erdöl und Erdgas werden aufgrund ihres Einsatzes im Verkehrssektor sowie zur Strom- und Wärmeversorgung noch für Jahrzehnte eine bedeutsame Rolle in der deutschen Energieversorgung spielen. Zwar liegen die statistischen Reichweiten der deutschen Erdöl- und Erdgasreserven – auch aufgrund der niedrigen Förderraten – bei etwa 14 Jahren für Erdöl und 11 Jahren für Erdgas, es gibt jedoch weiterhin noch unentdeckte und nicht entwickelte Ressourcen sowie zusätzliche Potenziale an nicht-konventionellem Erdgas. Im Hinblick auf die mittelfristig ansteigenden Rohstoffpreise auf den Weltmärkten und vor dem Hintergrund der politischen Beschlüsse zum Ausstieg aus der Kernenergie ist zu erwarten, dass der wirtschaftliche Druck zur Exploration und Ausbeutung dieser Potenziale in Deutschland steigen wird. Gestützt wird diese Prognose auch durch die steigende Zahl von Konzessionsflächen zur Aufsuchung von Kohlenwasserstoffen.

Aus der geographischen und geologischen Verteilung der deutschen Reserven und Explorationsgebiete wird deutlich, dass sich die Aufsuchung und Förderung von konventionellen Kohlenwasserstoffen insbesondere in den Gebieten von Niedersachsen und Schleswig-Holstein konzentriert, aber auch der Oberrheingraben sowie das Süddeutsche Molassebecken weiterhin eine – wenn auch untergeordnete – Rolle spielen.

Im Gegensatz zu den in Deutschland wenig bedeutsamen Vorkommen von nicht-konventionellem Erdöl ist aufgrund der beschriebenen Erschöpfung konventioneller Erdgasfelder und perspektivisch steigender Erdgaspreise ein deutlich wachsendes Interesse an nicht-konventionellem Erdgas in Deutschland zu

48 *BGR,* Abschätzung des Erdgaspotenzials aus dichten Tongesteinen (Schiefergas) in Deutschland, Seite 30.

49 *Landesamt für Bergbau, Energie und Geologie Niedersachsen (LBEG)*, Erdöl und Ergas in der Bundesrepublik Deutschland 2010, Seite 26; UBA, Einschätzung der Schiefergasförderung in Deutschland, Stellungnahme, Seite 6 ff.

50 *Limpens*, DVBl. 2011, Seite 345 (345).

verzeichnen[51]. So wurden allein 2010 etwa 12.000 km^2 an neuen Konzessionen zur Aufsuchung von nicht-konventionellem Erdgas vergeben, die sich vor allem auf ein halbes Dutzend Erlaubnisfelder in den Bundesländern Nordrhein-Westfalen, Sachsen-Anhalt, Thüringen, Baden-Württemberg und Niedersachsen verteilen[52]. Allerdings rufen bereits die Explorationsbemühungen aufgrund möglicher Risiken der bei der Förderung benutzten Fracking-Technologie erheblichen öffentlichen Widerstand hervor und sind daher in eine kontroverse politische Debatte geraten[53]. Um gegebenenfalls auftretende Risken besser abschätzen zu können, wurde in diesem Kontext von Nordrhein-Westfalen ein Gutachten beauftragt und alle Bohrungen wurden in diesem Bundesland mit der umstrittenen Fracking-Methode bis zur Vorlage der Expertise gestoppt[54]. Auch das UBA hat im Auftrag des BMU die Erstellung einer Studie ausgeschrieben[55].

Aufgrund der beschriebenen Entwicklungen und Prognosen wird deutlich, dass sich die Explorations- und Exploitationsgebiete von Erdöl und Erdgas mittelfristig ausbreiten werden und damit auch das abstrakt bestehende Potenzial von konfligierenden Interessen insbesondere in Niedersachsen und Schleswig-Holstein aber auch im Oberrheingraben und in Nordrhein-Westfalen zunehmen wird.

---

51 *BGR*, Energierohstoffe 2009, Reserven, Ressourcen, Verfügbarkeit, Seite 206; *Kimmerle,* Erdgas in Deutschland – Schatzsuche im Schiefer, Artikel vom 12.04.2010 auf Spiegel Online.

52 *Landesamt für Bergbau, Energie und Geologie Niedersachsen (LBEG)*, Erdöl und Ergas in der Bundesrepublik Deutschland 2010, Seite 26; UBA, Einschätzung der Schiefergasförderung in Deutschland, Stellungnahme, Seite 6 ff.

53 Vgl. dazu *Seuser*, NuR 2012, Seite 8 (8 ff.).

54 Pressemitteilung der Landesregierung NRW vom 23.11.2011, „Schutz von Mensch und Umwelt hat bei Entscheidung über Fracking in Erdgasbohrungen Vorrang".

55 Siehe dazu die Homepage des BMU: http://www.bmu.de/binnengewaesser/doc/48196.php, letzter Aufruf am 25.02.2012.

Abschnitt 2: Geothermie

A. Kurzbeschreibung

Die Nutzung der als Wärme gespeicherten Energie unter der Erdoberfläche wird mit dem altgriechischen Wort Geothermie bezeichnet. Diese Wärme entsteht zum einen durch Energie, die beim natürlichen Zerfall radioaktiver Isotope in der Erdkruste freigesetzt wird. Zum anderen ist in der Erde noch immer Energie gespeichert, die bei der Erdentstehung freigesetzt wurde[56]. Durch die so entstandenen hohen Temperaturen im Erdinneren ergibt sich ein stetiger Wärmetransport in Richtung Erdoberfläche. Die Nutzung der Geothermie kommt daher regelmäßig einem Abbau lokal gespeicherter Erdwärme gleich. Die entnommene Wärmemenge ist dabei in den meisten Fällen größer als die kurzfristig aus der Tiefe nachströmende Wärme, wird aber durch diese langfristig wieder regeneriert. Daher zählt die geothermische Energie einerseits zu den regenerativen Energiequellen, ist aber andererseits auch eine abbaubare Ressource.

Eine zusätzliche Energiequelle stellt in oberflächennahen Erdschichten bis etwa 20 m Tiefe die Sonne dar, die das Erdreich erwärmt und deren Wärmeeintrag zusätzlich zur Geothermie zur Verfügung steht. Die Erdoberfläche wirkt dabei wie eine solarthermische Anlage, bei der die Energie der Sonneneinstrahlung absorbiert und gespeichert wird. Der Energieeintrag der Sonne ist dabei um etwa das 2.000-fache höher als der Wärmestrom aus dem Erdinneren. Trotzdem zählt die oberflächennahe thermische Energie zur Geothermie, da sie im Untergrund gespeichert ist und von dort entnommen wird[57]. Dabei regeneriert sich die Wärme in diesem oberflächennahen Bereich der Erdkruste durch die Sonneneinstrahlung vergleichsweise schnell und steht daher langfristig kontinuierlich zur Verfügung.

Die Nutzung der Geothermie hängt weder von klimatischen noch von tages- oder jahreszeitlichen Bedingungen ab. Daher hat sie gegenüber anderen regenerativen Energieformen wie Wind- und Solarenergie, Biomasse oder Wasserkraft den Vorteil, dass sie zuverlässig verfügbar ist[58]. Sie stellt eine Art „regenerative

---

56 *BGR*, Energierohstoffe 2009, Reserven, Ressourcen, Verfügbarkeit, Seite 176.

57 *BGR*, Energierohstoffe 2009, Reserven, Ressourcen, Verfügbarkeit, Seite 176.

58 *Coder*, Umweltforschung im Konflikt mit Umweltrecht – Bestandsaufnahme und Bewertung am Beispiel der Geothermie – in: Dokumentation zur 32. Wissenschaftlichen Fachtagung der Gesellschaft für Umweltrecht e.V. Leipzig 2008, Seite 213.

Grundlast“[59] dar und kann sowohl zur direkten Wärme- und Kälteversorgung als auch zur Erzeugung von Elektrizität genutzt werden. In diesem Kontext kann die Direktwärmenutzung für Heiz- und Kühlzwecke als Primärnutzung der Geothermie von der Sekundärnutzung thermischer Energie zur Produktion von Strom unterschieden werden[60].

Bei der Direktwärmenutzung, die vorwiegend im oberflächennahen Untergrund oder in hydrothermalen Vorkommen niedriger Temperatur erfolgt, werden vorwiegend Anlagen mit Wärmepumpen benutzt. Diese bestehen im Wesentlichen aus einem Erdreichwärmetauscher, einer Umwälzeinrichtung, einer Wärmepumpe sowie einem entsprechenden Heizungssystem. Als Erdreichwärmetauscher werden dabei meist vertikale Erdsonden benutzt, die in Tiefen von rund 150 bis maximal 400 m eingebracht werden[61]. Diese Form der Geothermie wird auch als oberflächennahe Geothermie bezeichnet.

Bei der Erzeugung von Elektrizität aus Geothermie werden zwei unterschiedliche Technologien benutzt. In hydrothermalen Vorkommen hoher Temperatur wird das vorhandene Heißwasser oder der Dampf unmittelbar in Turbinen zur Stromerzeugung genutzt. In heißen trockenen Gesteinen werden petrothermale Systeme wie die sogenannte Hot-Dry-Rock-Technologie (HDR) genutzt. Bei dieser Technik werden zwischen mindestens zwei Tiefbohrungen durch hydraulische Risserzeugung künstliche Fließwege geschaffen. Danach wird Wasser injiziert, welches das Gestein zwischen den Bohrungen durch Zirkulation abkühlt und an den Kontaktflächen zum Gestein Wärme aufnimmt, die dann zur Stromerzeugung genutzt wird. Dabei sind für einen langjährigen Anlagenbetrieb Rissflächen von mehreren Quadratkilometern Ausdehnung und Abstände von mindestens 1.000 m zwischen Injektions- und Förderbohrung notwendig.

Sowohl hydrothermale als auch petrothermale Systeme zur Energiegewinnung werden tiefe Geothermie genannt, da zu ihrer Erschließung Bohrungen abgeteuft werden müssen, die in der Regel 400 m Tiefe und 20°C Temperaturunterschied übersteigen[62]. Typischerweise haben die Bohrungen zur Nutzung dieser Ressourcen eine Tiefe von 1.000 bis 3.000 m und entsprechen damit den Tiefen, in denen auch Gase gespeichert und Kohlenwasserstoffe gefördert werden[63].

---

59 *Paschen, Oertel, Grünwald,* Möglichkeiten geothermischer Stromerzeugung in Deutschland, Sachstandsbericht, TAB, Seite 11.

60 *BGR*, Energierohstoffe 2009, Reserven, Ressourcen, Verfügbarkeit, Seite 177.

61 *BMU*, Tiefe Geothermie Nutzungsmöglichkeiten in Deutschland, Seite 8.

62 Vgl. VDI Richtlinie 4640.

63 *Crotogino, Donadei, Dietrich,* Nutzungskonkurrenzen bei Speichern im geologischen Untergrund, IRES 2009, Seite 22 (23); *BMU*, Tiefe Geothermie Nutzungsmöglichkeiten in Deutschland, Seite 9.

B. Geologische und geographische Situation

Die geologischen Bedingungen für die Nutzung der Geothermie sind in Deutschland regional sehr unterschiedlich. Die bedeutsamsten Faktoren bilden dabei der Wärmetransport in der Erdkruste und der damit verbundene Temperaturanstieg mit zunehmender Tiefe. Dieser geothermische Gradient beträgt im kontinentalen Mittel 30°C/km, kann aber aufgrund geologischer Unterschiede regional auch deutlich abweichen. Im Allgemeinen werden in Deutschland, ausgehend von der Jahresdurchschnittstemperatur, in einer Tiefe von 2.000 m Temperaturen von 70°C angetroffen. In 5.000 m Tiefe übersteigen diese regelmäßig 160°C[64]. In geologischen Störungszonen oder Gebieten mit aufsteigendem Grundwasser können jedoch auch höhere Temperaturen in weitaus geringeren Tiefen angetroffen werden.

Da Gesteine im Allgemeinen schlechte Wärmeleiter sind, kann die im Untergrund gespeicherte Wärme jedoch nicht direkt für die Geothermienutzung gewonnen werden. Es bedarf eines Trägermediums wie Wasser oder Wasserdampf, welches das Gestein in einer ausreichenden Fließrate durchfließt und die Wärme zu den Bohrungen transportiert. Zudem muss für eine entsprechende geothermische Nutzung eine ausreichende räumliche Ausdehnung der Gesteinsformationen vorhanden sein, um einen ausreichend großen nutzbaren Wärmestrom über einen langen Zeitraum hinweg zu ermöglichen[65]. Bisher beantragte Erlaubnisfelder nach dem BBergG liegen dabei in einer Größenordnung von 50 bis 200 km^2 oder mehr[66], wobei die Größe stets von der im Einzelfall beantragten geothermischen Nutzung abhängt.

I. Oberflächennaher Untergrund

Grundsätzlich kann der in Deutschland vorhandene oberflächennahe Untergrund unabhängig von den geologischen Bedingungen prinzipiell an jedem Ort als Geothermiequelle genutzt werden[67]. Aufgrund der niedrigen, primär von der Sonneneinstrahlung beeinflussten Temperaturen werden hierzu vertikale Erdsonden in Tiefen bis rund 100 m, in Einzelfällen bis 400 m als Wärmetauscher abgeteuft.

---

64 *BGR*, Energierohstoffe 2009, Reserven, Ressourcen, Verfügbarkeit, Seite 176..

65 *BMU,* Tiefe Geothermie in Deutschland, Seite 9.

66 *Altrock/Große/Lehnert*, Rechtshemmnisse für die Genehmigung tiefengeothermischer Anlagen, Gutachterliche Äußerung im Auftrag des BMU, Seite 16.

67 *BGR*, Energierohstoffe 2009, Reserven, Ressourcen, Verfügbarkeit, Seite 178.

II. Heißwasser-Aquifere

Hochpermeable Gesteinsschichten, die ausreichend durchlässiges Material enthalten, um signifikante Mengen an Wasser zu speichern oder weiterzuleiten, werden Aquifere genannnt. Heißwasser-Aquifere zur geothermischen Nutzung kommen in Deutschland als Poren-, Kluft- und Karst-Wasserleiter vor und finden sich vorwiegend im Norddeutschen Becken, Oberrheingraben und Süddeutschen Molassebecken[68].

Im Oberrheingraben, der sich vom Südrand des Taunus bis in die Regionen des Schweizer Jura erstreckt, herrschen sehr gute Bedingungen für die Nutzung der Geothermie. Hier herrschen bereits in gut erreichbaren Bohrtiefen von 2.500 bis 4.000 Metern verhältnismäßig hohe Temperaturen bis über 150°C[69].

Im Süddeutschen Molassebecken, zwischen Donau und Alpen gelegen, sind ebenso günstige geologische Voraussetzungen gegeben. Die erzielbaren Fließraten betragen hier bis zum Dreifachen des beispielsweise im Norddeutschen Becken Üblichen[70]. Jedoch sind die für eine Stromerzeugung besonders wirtschaftlichen Temperaturen von über 100°C nur in wenigen Regionen in einer Tiefe von weniger als 4.000 Metern anzutreffen[71].

Im Norddeutschen Becken, das sich über die komplette Norddeutsche Tiefebene erstreckt, sind Aquifere in einer großen Flächenausdehnung zu finden. In Tiefen von 4.000 bis 5.000 Metern herrschen hier Temperaturen um 130 bis 160°C[72].

Über diese drei großen Aquifervorkommen hinaus, sind nur in einzelnen kleineren Gebieten Speichergesteine vorhanden, die gleichzeitig eine ausreichende Fließrate aufzeigen. So werden in den Gebieten des Thüringer Beckens, der Süddeutschen und Subherzynen Senke (in der Karte dunkelgrau gekennzeichnet) geothermische Potenziale vermutet, die sich jedoch auf einzelne Standorte beschränken.

68 *Paschen, Oertel, Grünwald,* Möglichkeiten geothermischer Stromerzeugung in Deutschland, Sachstandsbericht, TAB, Seite 25; eine weitergehende Beschreibung der Potenziale in den einzelnen Regionen findet sich in: *BMU*, Tiefe Geothermie, Nutzungsmöglichkeiten in Deutschland, Seite 57 ff.

69 *Kaltschmitt, Huenges, Wolf,* Energie aus Erdwärme, Seite 52

70 *BMU,* Tiefe Geothermie in Deutschland, Seite 10.

71 *BMU,* Tiefe Geothermie in Deutschland, Seite 10.

72 *BMU,* Tiefe Geothermie in Deutschland, Seite 10.

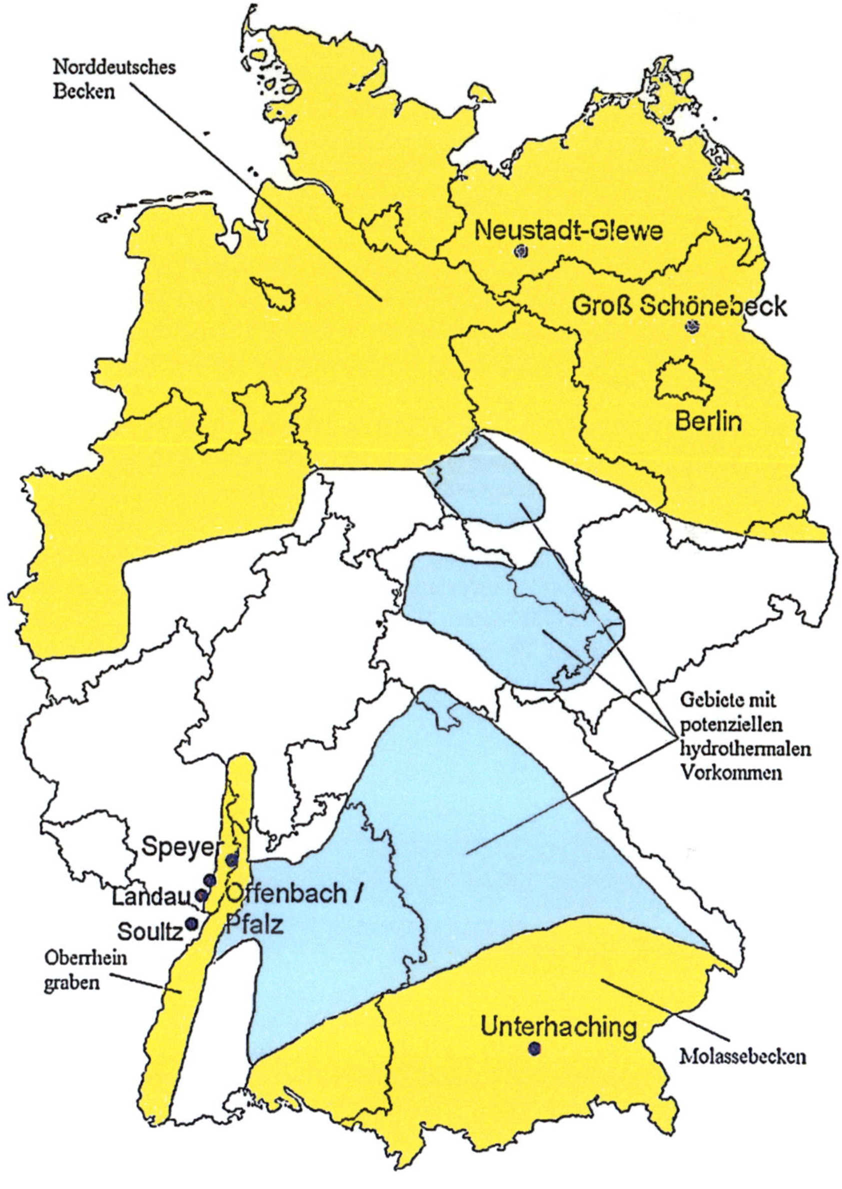

Abb. 4: Hydrothermale Vorkommen in Deutschland; Quelle: BMU 2007, Tiefe Geothermie in Deutschland, Seite 11; gelb markiert sind die Gebiete mit sicheren hydrotehrmalen Vorkommen, blau markiert diejenigen mit weiteren potenziellen hydrothermalen Vorkommen.

III. Kristalline Gesteine

Bei kristallinen Gesteinen, die ebenfalls zur Geothermienutzung in Frage kommen, handelt es sich zumeist um Granit oder Gneisgesteine, die tiefer als Sedimentgesteine liegen[73]. Diese heißen, trockenen Gesteinskörper müssen mit einem HDR-Verfahren erschlossen werden und liegen vorwiegend in den norddeutschen Rotliegend-Vulkaniten, in der mittel- und süddeutschen Kristallinregion und im Oberrheingraben.

Die Verbreitung der Rotliegend-Vulkanite erstreckt sich von der Nordseeküste und einer Linie Schleswig-Holstein-Rügen im Norden bis etwa zur Linie Emsland-Hannover-Dessau-Cottbus im Süden mit einer Tiefe zwischen ca. 4.000 bis 5.500 Metern[74]. In dieser Region herrschen größtenteils Temperaturen von über 100°C[75].

Der deutsche Teil des Oberrheingrabens ist komplett durch kristallines Gestein unterlagert, das sich in einer Tiefe von 1.000 Metern am östlichen und westlichen Grabenrand und bis unter 4.000 Meter im zentralen Teil befindet[76].

Das mittel- und süddeutsche Kristallingebiet bedeckt insgesamt fast 40 % der Fläche Deutschlands und reicht von einer Linie Hunsrück-Taunus-Dessau-Cottbus im Norden bis zum Alpenvorland im Süden. Die Kristallinoberfläche ist in einer Tiefe von etwa 3.000 Metern flächendeckend verbreitet, fällt jedoch in Richtung Alpenvorland auf Tiefen von 4.500 bis 5.500 Metern kontinuierlich ab[77]. Ab etwa 3.000 Meter werden Temperaturen von 100°C erreicht, die mit zunehmender Tiefe weiter ansteigen.

---

73 *Paschen, Oertel, Grünwald,* Möglichkeiten geothermischer Stromerzeugung in Deutschland, Sachstandsbericht, TAB, Seite 36.

74 *Paschen, Oertel, Grünwald,* Möglichkeiten geothermischer Stromerzeugung in Deutschland, Sachstandsbericht, TAB, Seite 38.

75 *Paschen, Oertel, Grünwald,* Möglichkeiten geothermischer Stromerzeugung in Deutschland, Sachstandsbericht, TAB, Seite 37.

76 *Paschen, Oertel, Grünwald,* Möglichkeiten geothermischer Stromerzeugung in Deutschland, Sachstandsbericht, TAB, Seite 39.

77 *Paschen, Oertel, Grünwald,* Möglichkeiten geothermischer Stromerzeugung in Deutschland, Sachstandsbericht, TAB, Seite 40.

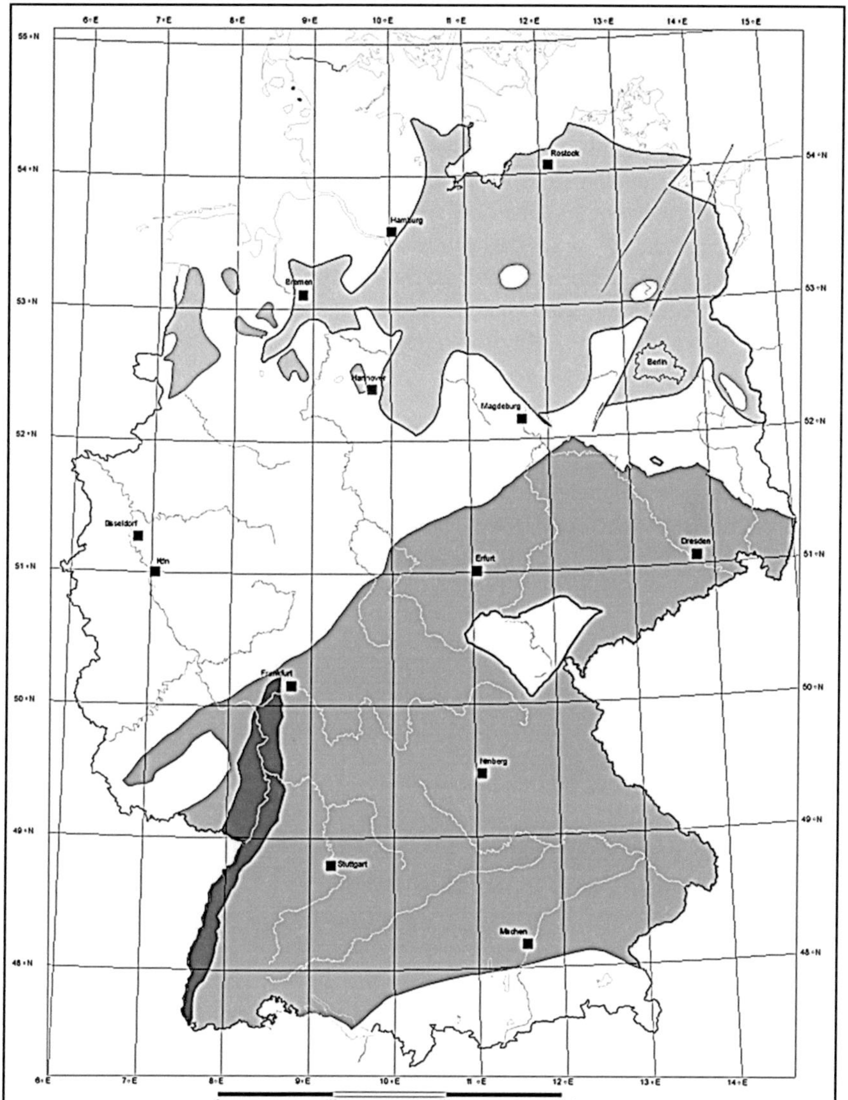

Verbreitung Kristallin in 3000m Teufe (entsprechend 100°C)
Verbreitung Kristallin im Oberrheingraben in 3000m Teufe (entsprechend 130°C)
Verbreitung der Rotliegend-Vulkanite mit Temperaturen größer 100°C

Abb. 5: Gebiete mit Kristallingestein für die geothermische Stromerzeugung; Quelle Jung et al. 2002, Seite 61

C. Energetisches und ökonomisches Potenzial

Wie dargestellt verfügt Deutschland über die geologischen Voraussetzungen für eine Nutzung der Geothermie sowohl zur Wärmegewinnung als auch zur Elektrizitätserzeugung. Während die Wärmegewinnung insbesondere aus dem oberflächennahen Untergrund bereits als etabliert bezeichnet werden kann, steckt die geothermische Stromgewinnung noch in den Anfängen. Die Bundesregierung geht in ihren Prognosen jedoch davon aus, dass die Geothermie zukünftig einen wesentlichen Beitrag zu den Klimaschutzzielen der Bundesregierung und einer nachhaltigen Energieversorgung leisten kann[78] und daher eine bedeutende Ressource für die Strom- und insbesondere für die Wärmeerzeugung in Deutschland darstellt.

I. Energetisches Potenzial zur Wärmeerzeugung

Beim energetischen Potenzial der Geothermie zur Wärmegewinnung muss zwischen dem theoretischen und dem technischen Potenzial unterschieden werden. Das technische Potenzial beschreibt dabei den Anteil des theoretischen Potenzials, das mit dem heutigen Stand der Technik nutzbar gemacht werden kann.

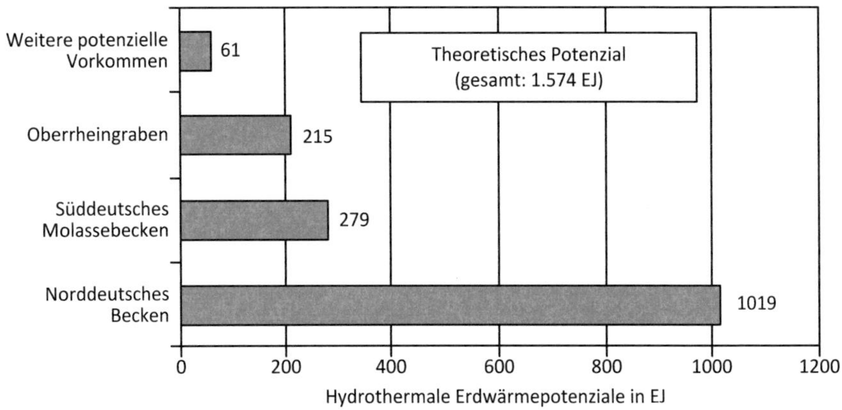

Abb. 6: Hydrothermale Erdwärmepotenziale nach Regionen; Quelle: BMU 2007: Tiefe Geothermie in Deutschland

78 So geht die Bundesregierung von einer Vervierzigfachung der gegenwärtig installierten Leistung bis 2020 aus. Nach 2020 erwartete die Bundesregierung eine weiter Beschleunigung des Anstiegs; instruktiv zu den Erwartungen der Bundesregierung: *BMU*, Bericht der Bundesregierung über ein Konzept zur Förderung, Entwicklung und Markteinführung von geothermischer Stromerzeugung und Wärmenutzung, 2009, Seite 9.

Für die Wärmeerzeugung beträgt das theoretische verfügbare Potenzial 1.574 Exajoule und entspricht damit ungefähr dem 300fachen der jährlichen Gesamtwärmenachfrage in Deutschland . Dabei weist das Norddeutsche Becken etwa zwei Drittel des gesamten verfügbaren Potenzials auf.

Auch das technische Angebotspotenzial ist zu zwei Dritteln im Norddeutschen Becken zu finden und etwa 100-mal so groß wie die derzeitige nationale Jahreswärmenachfrage.

II. Energetisches Potenzial zur Stromerzeugung

Das Potenzial zur Stromerzeugung ist deutlich geringer als das Wärmepotenzial und beträgt bei einer nachhaltigen jährlichen Nutzung der verfügbaren Wärmeressourcen theoretisch 118 Exajoule pro Jahr[79]. Das entspricht in etwa dem 60fachen des deutschen Jahresstrombedarfs.

Das technische Angebotspotenzial wird maßgeblich durch kristalline Gesteinsformationen geprägt und entspricht etwa 65 % der jährlichen Stromnachfrage[80]. 95 % des Potenzials entfallen dabei auf kristalline Gesteine, 4 % auf Störungszonen und etwa 1 % auf Heißwasser-Aquifere[81]. Es ist derzeit jedoch noch nicht sicher, ob das für eine Geothermienutzung in kristallinen Gesteinen notwendige HDR-Verfahren an allen Standorten anwendbar ist und welche Anteile dieses Potenzials tatsächlich nutzbar gemacht werden können.

III. Ökonomisches Potenzial

Die Nutzung der oberflächennahen Geothermie zur Wärmegewinnung und Warmwasseraufbereitung ist wirtschaftlich zu betreiben[82]. Für den Bereich der Stromerzeugung stellt die Geothermie jedoch auf Basis der heute vorhandenen Technologien und Verfahren auch im Vergleich mit anderen erneuerbaren Energien wie etwa der Windenergie eine vergleichsweise teure Option mit hohen Gestehungskosten dar.

Daher ist die Geothermie – wie andere erneuerbare Energien auch – derzeit ohne staatliche Förderung nicht wirtschaftlich zu betreiben. In diesem Kontext

---

79 *BMU,* Tiefe Geothermie in Deutschland, Seite 14.

80 *BMU,* Tiefe Geothermie in Deutschland, Seite 14.

81 *Paschen, Oertel, Grünwald,* Möglichkeiten geothermischer Stromerzeugung in Deutschland, Sachstandsbericht, TAB, Seite 55.

82 *Bracke, Bühring, Müller, Wigbels,* Wärmepumpen und oberflächennahe Geothermie, FVS / LZE Themen 2005, Seite 81 (87).

sind durch die Anpassung des EEG[83] und durch die Einführung eines EEWärmeG[84] sowie weitere begleitende Fördermaßnahmen Rahmenbedingungen geschaffen worden, die zu einer deutlichen Marktbelebung führen sollen. Mit einem zunehmenden Ausbau ist zusätzlich mit einer weiteren Kostendegression und Skaleneffekten zu rechnen, die die Wirtschaftlichkeit der Geothermie zusätzlich befördern.

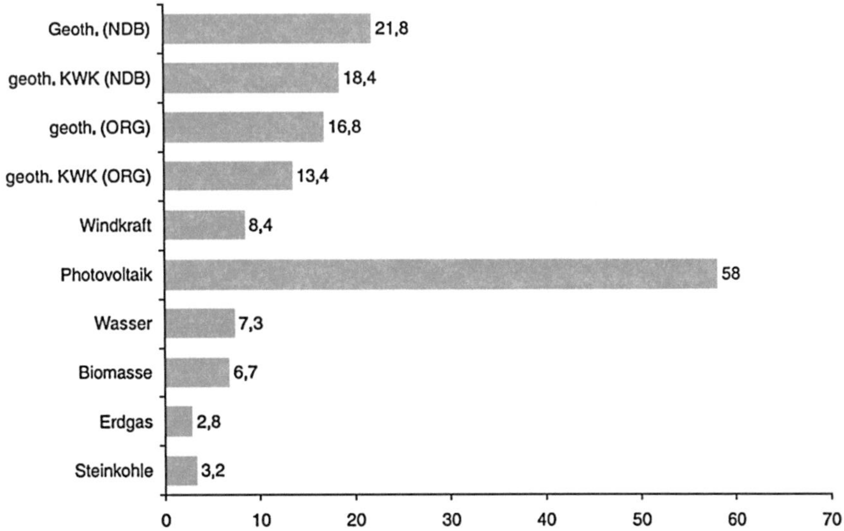

NDB = Norddeutsches Becken; ORG = Oberrheingraben

Quelle: Kaltschmitt et al. 2002a

Abb. 7: Stromgestehungskosten erneuerbarer Energien in ct/kWh; Quelle: Paschen, Oertel, Grünwald, Möglichkeiten geothermischer Stromerzeugung in Deutschland, Sachstandsbericht, TAB, Seite 76.

D. Zwischenergebnis

Nach den Prognosen der Bundesregierung kann sich die installierte Leistung von Geothermieanlagen bis 2020 gegenüber der heutigen Leistung vervierzigfachen

83 Erneuerbare-Energien-Gesetz vom 25. Oktober 2008 (BGBl. I S. 2074), das zuletzt durch Artikel 1 des Gesetzes vom 28. Juli 2011 (BGBl. I S. 1634) geändert worden ist.

84 Erneuerbare-Energien-Wärmegesetz vom 7. August 2008 (BGBl. I S. 1658), das zuletzt durch Artikel 7 des Gesetzes vom 28. Juli 2011 (BGBl. I S. 1634) geändert worden ist.

und bis zum Jahre 2030 weiter deutlich ansteigen[85]. Damit verbunden wäre auch ein entsprechender Anstieg der Nutzungsdichte in den für Geothermie prädestinierten geologischen Formationen im Oberrheingraben, im Süddeutschen Molassebecken und inder Norddeutschen Tiefebene. Insbesondere in Regionen in denen aufgrund von geologischen Anomalien besonders hohe Temperaturen nahe an der Erdoberfläche vorliegen, ist mit einem deutlichen Nutzungsanstieg zu rechnen. Wegen der geringen Energiedichte thermaler Wässer und der ebenfalls geringen Wärmeleistung pro Fläche aus dem Erdinneren erfordert die Gewinnung geothermischer Energie zudem erheblichen Raum[86], was das mögliche Konfliktpotenzial zwischen Geothermienutzungen untereinander sowie mit weiteren Untergrundnutzungen zusätzlich erhöht. Dies gilt in besonderem Maße für die tiefe Geothermie, deren Nutzung auf geologische Gegebenheiten angewiesen ist, die vorwiegend in Tiefen von 1.000 bis 4.000 Metern anzutreffen sind, und die damit in Bereichen stattfindet, in denen sowohl Gase gespeichert als auch Kohlenwasserstoffe gefördert werden. Auch in Bezug auf die Speicherung von Kohlendioxid ergeben sich mögliche Konkurrenzen, da diese oberhalb der für Geothermie relevanten Tiefen stattfinden soll und Bohrungen durch diese Schichten daher die Integrität und Sicherheit der Speicherformationen beeinträchtigen könnten.

85 *BMU,* Bericht der Bundesregierung über ein Konzept zur Förderung, Entwicklung und Markteinführung von geothermischer Stromerzeugung und Wärmenutzung, 2009, Seite 2.

86 *Crotogino, Donadei, Dietrich,* Nutzungskonkurrenzen bei Speichern im geologischen Untergrund, IRES 2009, Seite 22 (23).

Abschnitt 3: Speicherung von Erdgas

A. Kurzbeschreibung

Um eine ausreichende Versorgungssicherheit für Erdgas in Deutschland zu gewährleisten, wird neben dem Import und der heimischen Förderung von Gas auch Erdgas in Untertage-Gasspeichern gelagert. Deutschland verfügt derzeit über 47 im Betrieb befindliche Erdgasspeicher, deren Speicherkapazität gegenwärtig für über 80 Tage ausreicht[87]. Vor dem Hintergrund der Importabhängigkeit[88] sowie einer perspektivisch ansteigenden Importquote speziell aus dem russischen Raum, übernehmen Erdgasspeicher daher eine tragende Rolle in der Gaswirtschaft und Energiepolitik[89]. Aufgrund des für den Ausbau der erneuerbaren Energien notwendigen Zubaubedarfs von Gaskraftwerken ist zudem davon auszugehen, dass der Gasverbrauch perspektivisch weiter ansteigen wird und auch aus diesem Grund weitere Gasspeicher zur Verbrauchsabdeckung notwendig werden. Auch der Betrieb der Ostseepipeline durch das deutsch-russische Konsortium Nordstream AG vom russischen Wyborg bis in die Nähe von Greifswald wird zusätzliche Untertagespeicherkapazitäten erfordern und hat heute schon zu Untersuchungen von potenziellen Standorten geführt[90]. All diese Umstände führen dazu, dass sich in Deutschland ein Trend zur Errichtung neuer und zur Erweiterung bestehender Speicher abzeichnet. Nach den momentan bestehenden Planungen zum Ausbau der Speicherkapazitäten soll das vorhandene nutzbare Volumen um ca. 37 % erhöht werden[91].

---

87 *BMWi,* Monitoringbericht des BMWi nach § 51 EnWG zur Versorgungssicherheit bei Erdgas, 2011, Seite 14, 15.

88 Etwa 86 % des in Deutschland verbrauchten Erdgas werden importiert, wobei Russland mit rund 39% den größte Lieferanten darstellt; *BMWi,* Monitoringbericht des BMWi nach § 51 EnWG zur Versorgungssicherheit bei Erdgas, 2011, Seite 10.

89 *Sedlacek,* Untertage-Gasspeicherung in Deutschland, Erdöl Erdgas Kohle, 124 Jg. 2008, Seite 453 (453).

90 *Sedlacek,* Untertage-Gasspeicherung in Deutschland, Erdöl Erdgas Kohle, 125 Jg. 2009, Seite 412 (420).

91 *BMWi,* Monitoringbericht des BMWi nach § 51 EnWG zur Versorgungssicherheit bei Erdgas, 2011, Seite 15

Derzeit befinden sich 104 Einzelkavernen in 18 Kavernenspeichern und ein Porenspeicher in der Planungs- bzw. Aussohlungsphase[92].

Klassische Aufgabe von Untertage-Gasspeichern ist der Ausgleich von tages- und jahreszeitlichen Verbrauchsschwankungen[93], da eine Veränderung der Förderrate von Bohrungen in deutschen Erdgasfeldern aufgrund technischer Restriktionen nur in begrenztem Umfang möglich ist[94] und auch die Importmengen meist vertraglich langfristig fixiert sind. Diese Pufferfunktion wird inzwischen auch durch eine strategische Bedeutung für Krisenzeiten und zur Bezugsoptimierung beim Gaseinkauf ergänzt[95].

Als Speichertypen für Erdgas existieren Porenspeicher und Salz-Kavernenspeicher[96]. Porenspeicher dienen eher zur Abdeckung der saisonal unterschiedlichen Grundlast des Erdgasverbrauchs, da sie durch die natürlichen Fließwege im kapillaren Porenraum der Gesteine eher langsamer auf die Veränderung von Förderraten reagieren[97]. Kavernenspeicher – die in ihrer Nutzung eher mit unterirdischen Druckbehältern vergleichbar sind – besitzen hingegen geringere Speichervolumina, sind aber in ihrer Ein- und Ausspeicherleistung flexibler und daher insbesondere für tageszeitliche Spitzenlastabdeckungen geeignet[98].

Das Gesamtvolumen eines Speichers setzt sich dabei aus der Summe des Arbeitsgas- und des Kissengasvolumens zusammen. Dabei stellt das Arbeitsgasvolumen das tatsächlich nutzbare Volumen eines Speichers dar, während das Kissengas die verbleibende Gasmenge bezeichnet, die den Mindestdruck im Speicher aufrechterhält[99]. Je höher der prozentuale Anteil des Arbeitsgasvolumens am nationalen Energieverbrauch ist und je höher die Ein- und Ausspeicherraten sind, desto leistungsfähiger ist dabei die Erdgasspeicherung und in der Folge auch die nationale Versorgungssicherheit.

---

92 *BMWi,* Der Bergbau in der Bundesrepublik Deutschland 2009, Dokumentation Nr. 584, Seite 21.

93 *Sedlacek*, Untertage-Gasspeicherung in Deutschland, Erdöl Erdgas Kohle, 125 Jg. 2009, Seite 412 (414).

94 *Wirtschaftsverband Erdöl- und Erdgasgewinnung*, Erdgas und Erdöl, Entstehung, Suche, Gewinnung, Seite 26.

95 *Sedlacek*, Untertage-Gasspeicherung in Deutschland, Erdöl Erdgas Kohle, 125 Jg. 2009, Seite 412 (414); *Obst,* Möglichkeiten der Untergrundspeicherung für Erdgas und CO_2 im Nordosten Deutschlands, Zeitschrift für geologische Wissenschaften, 2008, Seite 281 (282).

96 Diese beiden Möglichkeiten von Erdgasspeichern sind auch bereits im Gesetzentwurf der Bundesregierung für ein Bundesberggesetz von 1977 zu finden, vgl. BT-Drucks. 8/1315, Seite 76.

97 *Sedlacek*, Untertage-Gasspeicherung in Deutschland, Erdöl Erdgas Kohle, 125 Jg. 2009, Seite 412 (414).

98 *Sedlacek*, Untertage-Gasspeicherung in Deutschland, Erdöl Erdgas Kohle, 125 Jg. 2009, Seite 412 (414).

99 *Landesamt für Bergbau, Energie und Geologie Niedersachsen (LBEG)*, Erdöl und Erdgas in der Bundesrepublik Deutschland 2010, Seite 45.

B. Geologische und geographische Situation

Poren- und Kavernenspeicher sind auf verschiedene geologische Bedingungen angewiesen und haben daher eine unterschiedliche geographische Verteilung in Deutschland.

I. Porenspeicher

Als Porenspeicher für Erdgas kommen sowohl ausgeförderte Erdöl- und Erdgaslagerstätten als auch salinare Aquifere mit einer gasdichten Deckschicht in Betracht[100]. Etwa 60 % des verfügbaren Speichervolumens in Deutschland befinden sich in solchen Speichern[101]. Sie sind vor allem an Orten mit fehlenden Erdöl- und Erdgaslagerstätten bzw. Salzstrukturen von hoher Bedeutung[102] und dienen vorwiegend zur saisonalen Grundabdeckung[103]. Unter günstigen geologischen Bedingungen können sie jedoch vergleichbar wie Kavernenspeicher benutzt werden und auch zur Abdeckung kurzfristiger Bedarfsschwankungen dienen[104].

Potenzielle Speicherstätten in ausgeförderten Erdöl- und Erdgasfeldern befinden sich vorwiegend in den Sedimentbecken von Nord- und Ost- sowie Süddeutschland. Speicherhorizonte sind vorwiegend poröse Sandsteinformationen[105]. Für die Erdgasspeicherung geeignete salinare Aquiferstrukturen finden sich ebenfalls im Norddeutschen Becken, aber auch im Oberrheingraben sowie im Süddeutschen Molassebecken. Diese Porenspeicher können dabei mehrere Quadratkilometer groß sein und in einer Tiefe von bis zu 3.000 m liegen. Sie können je nach Größe der geologischen Struktur, den geophysikalischen Eigenschaften und der Tiefe zwischen 100 Mio. m^3 und mehreren Mrd. m^3 Erdgas fassen[106].

---

100 *Sedlacek*, Untertage-Gasspeicherung in Deutschland, Erdöl Erdgas Kohle, 125 Jg. 2009, Seite 412 (414).

101 *Landesamt für Bergbau, Energie und Geologie Niedersachsen (LBEG)*, Erdöl und Erdgas in der Bundesrepublik Deutschland 2010, Seite 48.

102 *BMWi,* Monitoringbericht des BMWi nach § 51 EnWG zur Versorgungssicherheit bei Erdgas, 2011, Seite 13; *Landesamt für Bergbau, Energie und Geologie Niedersachsen (LBEG)*, Erdöl und Erdgas in der Bundesrepublik Deutschland 2010, Seite 47; prominentestes Beispiel für einen Speicher salinaren Aquiferen ist der Erdgasspeicher unter Berlin, der die Versorgung der Hauptstadt seit über 15 Jahren sicherstellt.

103 *Obst,* Möglichkeiten der Untergrundspeicherung für Erdgas und CO_2 im Nordosten Deutschlands, Zeitschrift für geologische Wissenschaften 2008, Seite 281 (282).

104 *Landesamt für Bergbau, Energie und Geologie Niedersachsen (LBEG)*, Erdöl und Erdgas in der Bundesrepublik Deutschland 2010, Seite 47

105 *Landesamt für Bergbau, Energie und Geologie Niedersachsen (LBEG)*, Erdöl und Erdgas in der Bundesrepublik Deutschland 2010, Seite 47

106 *Wirtschaftsverband Erdöl- und Erdgasgewinnung*, Erdgas und Erdöl, Entstehung, Suche, Gewinnung, Seite 26.

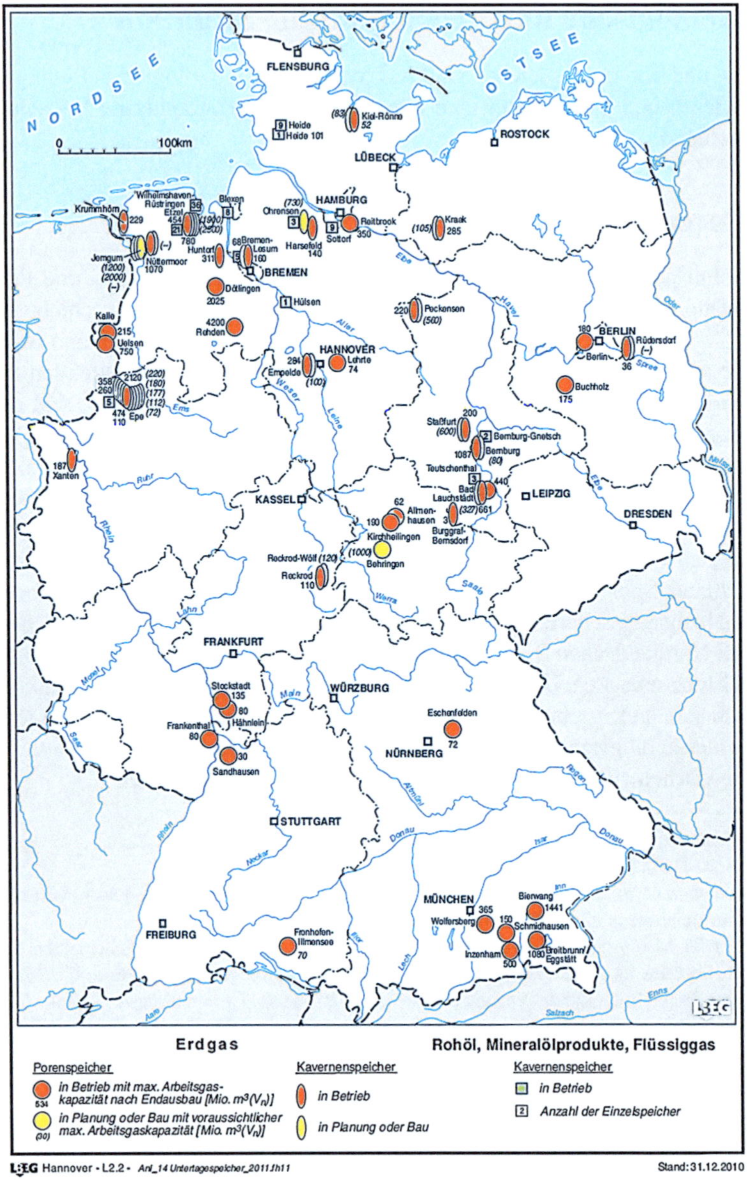

Abb. 8: Speicherlokationen von Erdgasspeichern in Deutschland; Quelle: Landesamt für Bergbau, Energie und Geologie Niedersachsen (LBEG), Erdöl und Erdgas in der Bundesrepublik Deutschland 2010, Anlage 14.

II. Kavernenspeicher

Kavernenspeicher bestehen aus unterirdischen Hohlräumen, die künstlich in Steinsalzlagerstätten gespült wurden. Sie können daher nur dort errichtet werden, wo mächtige Salzstöcke vorkommen und gleichzeitig eine umweltverträgliche Ableitung oder Nutzung der durch die Ausspülung entstehenden Sole möglich ist. Ihre Lage ist daher auf den norddeutschen Raum beschränkt, der südlichste Kavernenspeicher liegt etwa auf der Höhe von Fulda . Bevorzugte Lagen sind zudem solche an der Küste, die eine Soleentsorgung in Richtung Meer ermöglichen. Im Gegensatz zu den Aquiferspeichern wird bei Kavernenspeichern aufgrund der petrophysikalischen Eigenschaft von Salz keine zusätzliche abdichtende Gesteinsschicht benötigt, um eine Rückhaltung des Gases zu gewährleisten.

Die durch Ausspülung entstehenden Kammern mit einem Durchmesser von bis zu 100 m und Volumina von bis zu 1 Mio. m3 liegen einige hundert bis zu 1.800 m unter der Erdoberfläche.

III. Technisch-geologisches Potenzial und prognostizierte Entwicklung

Die geologischen Bedingungen für die Erdgasspeicherung sind in Deutschland als günstig anzusehen[107]. So ist das Speichervolumen in Deutschland bei Bedarf erweiterbar. Allein in Niedersachsen existieren in Küstennähe zahlreiche weitere große Salinare, die ein technisch-geologisches Potenzial für hunderte weitere Kavernen mit einem möglichen Arbeitsgasvolumen in zweistelliger Milliardenhöhe besitzen[108]. Aber auch produzierende oder erschöpfte Erdöl- und Erdgasfelder bieten sich in Zukunft als Porenspeicher mit großen Volumina an. Ebenso stehen salinare Aquifere zur Verfügung, wie sie derzeit in Mecklenburg-Vorpommern und Brandenburg erkundet werden[109].

Die zunehmende Funktion der Erdgasspeicher als strategische Reserve für Krisenzeiten und zur Bezugsoptimierung beim Gaseinkauf erhöht zudem auch die bereits bisher bestehenden ökonomischen Anreize für eine Speicherung und

---

107 *BMWi,* Monitoringbericht des BMWi nach § 51 EnWG zur Versorgungssicherheit bei Erdgas, 2011, Seite 13.

108 *Landesamt für Bergbau, Energie und Geologie Niedersachsen (LBEG)*, Erdöl und Erdgas in der Bundesrepublik Deutschland 2010, Seite 56.

109 Vgl. dazu im Einzelnen: *Landesamt für Bergbau, Energie und Geologie Niedersachsen (LBEG)*, Erdöl und Erdgas in der Bundesrepublik Deutschland 2010, Seite 52.

wird mit zunehmender Verknappung der Erdgasreserven nach Ansicht der Bundesregierung noch zunehmen[110].

C. Zwischenergebnis

Die Verknappung der weltweiten Erdöl- und Gasreserven, der zunehmende Einsatz von Gas in der Stromerzeugung und Veränderungen im europäischen Gasnetz machen die Speicherung von Erdgas in Deutschland aus wirtschaftlichen und strategischen Erwägungen zunehmend attraktiv[111]. Diese Attraktivität wird sich aufgrund der ansteigenden Abhängigkeiten von Importen – besonders aus Russland – noch beschleunigen. Auch der geplante Ausbau der internationalen Gasnetze (wie etwa der Ostseepipeline) – der Deutschland zu einem Transitland für Erdgas machen wird – ist ein weiterer wesentlicher Treiber für den Bau zusätzlicher Speicherkapazitäten, da Deutschlands strategische Bedeutung für die europäische Energieversorgung und die Versorgungssicherheit in Europa zunehmen wird[112].

Im Hinblick auf die perspektivisch ansteigende Nutzung saliner Aquifere zur Speicherung von Erdgas insbesondere im Nordostdeutschen Raum kann es hier insbesondere zu Konkurrenzsituationen zwischen einer Nutzung von Porenspeichern für Erdgas mit der durch die Nutzung von CCS verbundenen Speicherung von Kohlendioxid kommen. Auch Nutzungskonkurrenzen mit geothermischen Projekten sind möglich.

Bei Kavernenspeichern hingegen bestehen mittelfristig potenzielle Konkurrenzen der Erdgasspeicherung mit der Speicherung von Wasserstoff und Druckluft zur Glättung der Stromeinspeisung aus den projektierten Offshore-Windparks.

---

110 *BMWi,* Monitoringbericht des BMWi nach § 51 EnWG zur Versorgungssicherheit bei Erdgas, 2011, Seite 15.

111 *Obst,* Möglichkeiten der Untergrundspeicherung für Erdgas und CO_2 im Nordosten Deutschlands, Zeitschrift für geologische Wissenschaften 2008, Seite 281 (281).

112 *Obst,* Möglichkeiten der Untergrundspeicherung für Erdgas und CO_2 im Nordosten Deutschlands, Zeitschrift für geologische Wissenschaften 2008, Seite 281 (282).

Abschnitt 4: Speicherung von Kohlenstoffdioxid im Rahmen von CCS

A. Kurzbeschreibung

Die Speicherung von Kohlenstoffdioxid im Untergrund ist eng mit der Erforschung und dem Einsatz der CCS-Technologie (**C**arbon **C**apture and **S**torage) verbunden. Daher soll im Kontext der Speicherung von Kohlenstoffdioxid auch kurz auf CCS eingegangen werden, da nur so eine umfassende Beschreibung und Bewertung der Speicherung von Kohlendioxid möglich ist.

Durch die Einbindung von CCS soll das bei der Verbrennung fossiler Rohstoffe oder bei industriellen Prozessen entstehende Kohlenstoffdioxid vor oder nach dem industriellen Prozess abgeschieden, zu geeigneten geologischen Speicherformationen transportiert und unterirdisch „gespeichert" werden. Der im Kontext mit CCS benutzte Begriff der „Speicherung" ist insoweit jedoch irreführend, da das Kohlendioxid nicht nur vorübergehend und im Hinblick auf eine spätere Wiederverwendung gespeichert werden soll[113]. Trotzdem soll hier der durchgehend im allgemeinen Sprachgebrauch zu CCS und der Richtlinie 2009/31/EG sowie im KSpG verwendete Begriff der Speicherung verwendet werden.

Besonders geeignet für die Einbindung von CCS sind große Punktquellen für Kohlenstoffdioxid wie zum Beispiel fossil befeuerte Großkraftwerke oder große industrielle Anlagen[114]. Da im Bereich der Strom- und Wärmeerzeugung knapp ein Drittel der weltweiten Kohlendioxid-Emissionen entstehen, liegt hier auch das größte Potenzial von CCS. Diese bereits seit den 1970er Jahren diskutierte Option[115], fossil befeuerte Kraftwerke klimaneutraler betreiben zu können, wird

113 *Dietrich*, CO_2 Abscheidung und Ablagerung (CAA) im deutschen und europäischen Energieumweltrecht, Seite 21 sowie der Gesetzentwurf der Bundesregierung zum BBergG, BT-Drucks. 08/1315 Seite 77, die bei einer Speicherung von einer späteren Wiederverwendung ausgeht.

114 Bericht des Ausschusses für Bildung, Forschung und Technikfolgenabschätzung (18. Ausschuss) gemäß § 56a der Geschäftsordnung Technikfolgenabschätzung (TA) CO2-Abscheidung und -Lagerung bei Kraftwerken Sachstandsbericht zum Monitoring „Nachhaltige Energieversorgung", BT-Drucks. 16/9896, Seite 10.

115 *Ploetz*, Sequestrierung von CO_2: Technologien, Potenziale, Kosten und Umweltauswirkungen, Seite 2.

seit den neunziger Jahren des 20. Jahrhunderts weiter konkretisiert und erforscht[116]. CCS kann dabei in drei grundsätzliche Phasen unterteilt werden:

- die Abscheidung und Konzentration des Kohlendioxids am Kraftwerk oder Industriestandort,
- der Transport des Kohlendioxids zu einer Speicherstätte,
- die Injektion und Speicherung des Kohlendioxids in einer geologischen Speicherformation[117].

I. Abscheidung von Kohlendioxid

Zur Abtrennung von Kohlendioxid aus dem Kraftwerks- oder Industrieprozess stehen zurzeit drei verschiedene Technologieansätze zur Verfügung, wobei nicht jede Technologieroute bei jedem Kraftwerkstyp verwendet werden kann[118]. Allen potenziell zur Verfügung stehenden Technologien ist jedoch gemein, dass sie einen erheblichen Energieeinsatz benötigen und daher der Brennstoffverbrauch ansteigt.

Bei der Rauchgasdekarbonisierung (Post-Combustion Decarbonisation) wird das Kohlenstoffdioxid mithilfe von chemischen Waschverfahren (zum Beispiel Aminwäschen) oder Membrantechnologien nach dem Verbrennungsprozess aus dem Abgasstrom separiert[119]. Das Post-Combustion-Verfahren ist das einzige, das sich auch für die Nachrüstung einer bestehenden Anlage eignet, da es als End-of-pipe Technologie die einfachste Verfahrensvariante darstellt und dem heute zum Standard gewordenen Rauchgasentschwefelungsverfahren ähnelt[120].

Im Rahmen der Brenngasdekarbonisierung (Pre-Combustion Decarbonisation) wird das Kohlenstoffdioxid bereits vor der Verbrennung abgeschieden[121]. Dazu wird zunächst ein Synthesegas erzeugt, das überwiegend aus Wasserstoff

---

116 *IPPC*, Special Report on Carbon Dioxid Capture and Storage, Seite 59.

117 Einteilung so bereits bei *Ploetz*, Sequestrierung von CO_2: Technologien, Potenziale, Kosten und Umweltauswirkungen, Seite 2; *Dietrich*, CO_2 Abscheidung und Ablagerung (CAA) im deutschen und europäischen Energieumweltrecht, Seite 27.

118 *Radgen et al.*, Verfahren zur CO_2-Abscheidung und -Speicherung, UBA Abschlussbericht, Seite 36.

119 Zum Post-Combustion-Verfahren siehe *Radgen et al.*, Verfahren zur CO_2-Abscheidung und -Speicherung, UBA Abschlussbericht, Seite 43 ff.; umfassend zu allen Verfahrensarten *TAB*, CO_2-Abscheidung und -Lagerung bei Kraftwerken, BT-Drucks. 16/9896, Seite 11 ff., *IPPC*, Special Report on Carbon Dioxid Capture and Storage.

120 *Radgen et al.*, Verfahren zur CO_2-Abscheidung und -Speicherung, UBA Abschlussbericht, Seite 38.

121 Zum Pre-Combustion-Verfahren siehe *Radgen et al.*, Verfahren zur CO_2-Abscheidung und -Speicherung, UBA Abschlussbericht, Seite 50 ff.

(H_2) und Kohlenstoffmonoxid (CO) besteht. Durch eine weitere Reaktion wird das Kohlenstoffmonoxid zu Kohlenstoffdioxid aufoxidiert und in einer physikalischen Wäsche abgetrennt. Insgesamt erfordert dieses Verfahren eine gänzlich andere Anlagenkonfiguration als bestehende Kraftwerke aufweisen, da neben den klassischen Elementen eines Kraftwerks neue Komponenten wie eine Luftzerlegungsanlage, ein Vergaser und ein Shift-Reaktor für die Abscheidung von Kohlendioxid erforderlich werden[122].

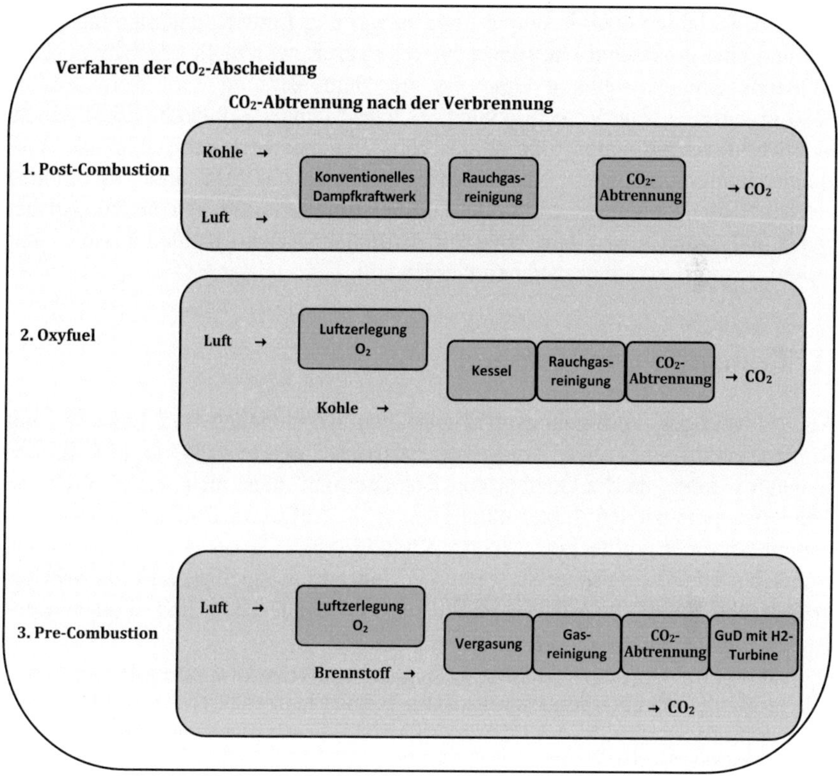

Abb. 9: Verfahren der CO_2-Abscheidung; Quelle: eigene Darstellung nach Fischedick u.a., RECCS, Strukturell-ökonomisch-ökologischer Vergleich regenerativer Energien(RE) mit Carbon Capture and Storage (CCS), Seite 26, Abb. 2

122 *Radgen et al.*, Verfahren zur CO_2-Abscheidung und -Speicherung, UBA Abschlussbericht, Seite 38.

Die dritte Variante der Abscheidung von Kohlendioxid stellt die Abtrennung des Kohlendioxids nach Aufkonzentration im Abgasstrom dar (Oxyfuel-Technologie) . Dazu wird Kohle in einer Atmosphäre aus reinem Sauerstoff (O2) verbrannt. Das durch die Verbrennung entstehende Abgas besteht dann fast nur noch aus Kohlenstoffdioxid und Wasserdampf. Nach Trocknung und Verdichtung liegt dann fast reines Kohlendioxid in transport- und lagerfähiger Form vor .

Ob und welche der potenziell möglichen Technologierouten sich technisch und ökonomisch durchsetzen wird, lässt sich momentan noch nicht absehen, da sich alle Verfahren noch in einem Forschungs- und Entwicklungsstadium befinden und eine großtechnische Einsetzbarkeit derzeit noch nicht gegeben ist. Eine großtechnische Anwendung von CCS zur Demonstration wird frühestens ab 2020 erwartet[123]. Zur Verdeutlichung, welche Mengen Kohlendioxid an einem Kraftwerksstandort unter Einbindung von CCS anfallen, kann folgende Vergleichsrechnung an einem Referenzkraftwerk von 700 MW unter Einbindung von CCS dienen: Dieses emittiert bei einer durchschnittlichen Nutzungsdauer von 7.500 Stunden pro Jahr etwa 3,9 Millionen Tonnen Kohlendioxid[124], das weitertransportiert und gespeichert werden soll.

II. Transport von Kohlendioxid

Als notwendiges Verbindungsglied zwischen Abscheidung und Lagerung des Kohlendioxids muss eine Transportinfrastruktur in Deutschland und Europa errichtet werden, da die Quellen von Kohlendioxid meist nicht in unmittelbarer Nähe der potenziellen Lagerstätten liegen[125]. Aufgrund der großen Mengen kommt bei einer großtechnischen Anwendung von CCS aus energetischer, ökonomischer und ökologischer Sicht nur der Transport in Pipelines oder auf Schiffen in Betracht[126]. Der Transport von Erdgas, Öl, Kondensaten und Wasser durch

123 Bericht des Ausschusses für Bildung, Forschung und Technikfolgenabschätzung (18. Ausschuss) gemäß § 56a der Geschäftsordnung Technikfolgenabschätzung (TA) CO2-Abscheidung und -Lagerung bei Kraftwerken Sachstandsbericht zum Monitoring „Nachhaltige Energieversorgung", BT-Drucks. 16/9896, Seite 6.

124 *Wodopia*, Wirtschaftlichkeit und Umsetzungsmöglichkeiten von CCS-Technologien, in: Carbon Capture and Storage, Berichte und Positionen, Seite 181.

125 *Ploetz*, Sequestrierung von CO_2: Technologien, Potenziale, Kosten und Umweltauswirkungen, Seite 6.

126 Bericht des Ausschusses für Bildung, Forschung und Technikfolgenabschätzung (18. Ausschuss) gemäß §56a der Geschäftsordnung Technikfolgenabschätzung (TA) CO2-Abscheidung und -Lagerung bei Kraftwerken Sachstandsbericht zum Monitoring „Nachhaltige Energieversorgung", BT-Drucks. 16/9896, Seite 5; *Fischedick et al.*, RECCS, Strukturell-ökonomisch-ökologischer Vergleich regenerativer Energien (RE) mit Carbon Capture and Storage (CCS), Seite 26.

Pipelines ist zudem bereits heute Standard[127] und auch Kohlendioxid wird schon seit Jahren in den USA über größere Entfernungen zur Nutzung für die Erdölförderung im Rahmen von EOR-Projekten transportiert. Bei einer Nutzung von CCS in größerem Umfang müsste in den nächsten Jahrzehnten sukzessive eine umfangreiche Pipelineinfrastruktur für den Transport aufgebaut werden, deren konkreter Ausgestaltung aber bisher wenig Beachtung geschenkt wurde[128].

III. Speicherung von Kohlendioxid

Ziel der Speicherung von Kohlendioxid ist eine möglichst langfristige Lagerung des Gases in geologischen Formationen, um das Kohlendioxid von der Atmosphäre zu isolieren. Um einen wirksamen Klimaschutz durch CCS zu gewährleisten, sollte die Leckagerate 0,01 % p. a. nicht übersteigen[129]. Dies bedeutet, dass nach 1.000 Jahren noch 90,5 % des gespeicherten Kohlendioxids in der Formation vorhanden sind.

Für die Verpressung und Speicherung des Kohlendioxids im Untergrund werden verschiedene Optionen diskutiert. Als potenzielle Speicherstätten kommen insbesondere Porenspeicher wie ausgeförderte Erdöl- oder Erdgasfelder oder tiefe salinare Aquiferformationen in Betracht. Daneben ist technisch auch eine Speicherung durch Sorption in nicht abbaubaren Kohleflözen[130] sowie eine Speicherung in unterirdischen Hohlräumen wie Salzkavernen[131] möglich. Die ebenfalls diskutierte Speicherung des Kohlendioxids in der Wassersäule des Meeres oder auf dem Meeresgrund ist zwar technisch möglich, aber aufgrund internationaler Abkommen[132] und Art. 2 Abs. 4 der Richtlinie 2009/31/EG[133] rechtlich ausgeschlossen.

---

127 *IPPC*, Special Report on Carbon Dioxid Capture and Storage, Seite 181.

128 Bericht des Ausschusses für Bildung, Forschung und Technikfolgenabschätzung (18. Ausschuss) gemäß § 56a der Geschäftsordnung Technikfolgenabschätzung (TA) CO2-Abscheidung und -Lagerung bei Kraftwerken Sachstandsbericht zum Monitoring „Nachhaltige Energieversorgung“, BT-Drucks. 16/9896, Seite 15.

129 *Lehmann*, mündliche Stellungnahme des Umweltbundesamtes (UBA) im Ausschuss für Umwelt, Naturschutz und Reaktorsicherheit des Bundestages, Protokoll 16/30, Seite 4.

130 Bericht des Ausschusses für Bildung, Forschung und Technikfolgenabschätzung (18. Ausschuss) gemäß § 56a der Geschäftsordnung Technikfolgenabschätzung (TA) CO2-Abscheidung und -Lagerung bei Kraftwerken Sachstandsbericht zum Monitoring „Nachhaltige Energieversorgung“, BT-Drucks. 16/9896, BT-Drucks. 16/9896, Seite 18.

131 *Fischedick et al.*, RECCS, Strukturell-ökonomisch-ökologischer Vergleich regenerativer Energien (RE) mit Carbon Capture and Storage (CCS), Seite 77.

132 Das Übereinkommen über die Verhütung der Meeresverschmutzung durch das Einbringen von Abfällen und anderen Stoffen (London Übereinkommen) und das Übereinkommen über den Schutz der Meeresumwelt des Nordostatlantik („OSPAR Übereinkommen“) schließen eine Speicherung von CO_2 in der Wassersäule und auf dem Meeresboden aus.

Um eine möglichst hohe Speichereffizienz zu erreichen, muss das Kohlendioxid in einem überkritischen, flüssigen Zustand gespeichert werden, um eine möglichst hohe Dichte zu besitzen. Bei unkritischen Bedingungen könnte das Kohlendioxid teilweise in einen gasförmigen Zustand übergehen, was sich nachteilig auf die Speicherung auswirken könnte[134].

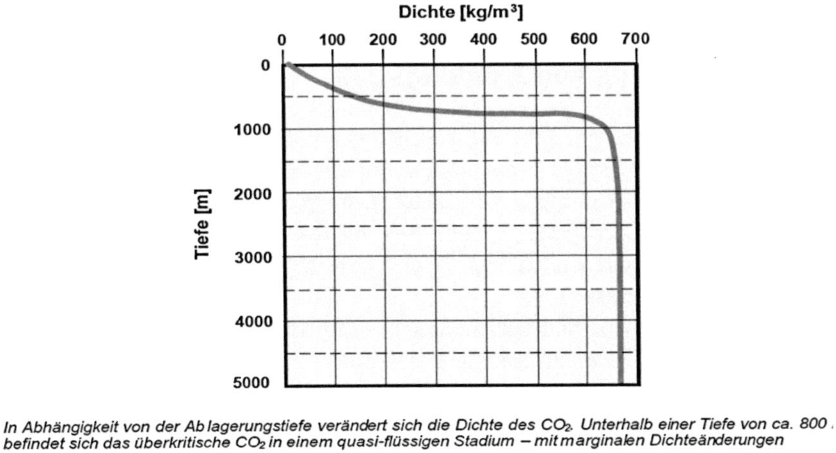

Abb. 10: Dichte des CO_2 in Abhängigkeit von der Speichertiefe; Quelle: Stellungnahme des BGR zur Öffentlichen Anhörung zum Thema „CO2-Abtrennung und klimaneutrale Entsorgung", 2007, Ausschussdrucks. 16 (16) 212

Die für diesen überkritischen Zustand notwendigen Druck- und Temperaturverhältnisse werden im Allgemeinen ab einer Tiefe von 800 bis 1.000 m erreicht[135],

133 Art. 2 Abs. 4 der Richtlinie 2009/31/EG verbietet die Speicherung des CO_2 in der Wassersäule wobei Wassersäule durch Art. Art. 3 Nr. 2 als die vertikal kontinuierliche Wassermasse eines Wasserkörpers von der Oberfläche bis zu den Bodensedimenten definiert und somit auch das Meer umfasst.

134 CO_2 hat in gasförmigem Zustand eine wesentlich geringere Dichte. Daher benötigt es wesentlich mehr Raum, um die gleiche Menge Gas zu speichern. So kann zum Beispielzum Beispiel eine Druckminderung um wenige Bar die Speicherkapazität im zweistelligen Prozentbereich verringern. Zudem besteht durch die geringere Dichte eine höhere Auftriebskraft. Dies kann zu einer Verstärkung der vertikalen Auftriebskräfte in der geologischen Formation führen und sich möglicherweise negativ auf die Dichtigkeit des Speichers auswirken.

135 *Radgen et al.*, Verfahren zur CO_2-Abscheidung und -Speicherung, UBA Abschlussbericht, Seite 114; Bericht des Ausschusses für Bildung, Forschung und Technikfolgenabschätzung (18. Ausschuss) gemäß § 56a der Geschäftsordnung Technikfolgenabschätzung (TA) CO2-Abscheidung und -Lagerung bei Kraftwerken Sachstandsbericht zum Monitoring „Nachhaltige Energieversorgung", BT-Drucks. 16/9896, BT-Drucks. 16/9896, Seite 16; *IPPC*, Special Report on Carbon Dioxid Capture and Storage, Seite 197 ff.

so dass nur geologische Formationen unterhalb dieser Tiefe für eine Speicherung von Kohlendioxid in Frage kommen. Allerdings nimmt die Porosität der Gesteine tendenziell mit zunehmender Tiefe ab. Gleichzeitig steigen die Kosten für eine bohrtechnische Erschließung. Daher liegen die aussichtsreichsten Lagerstätten in dem oben genannten Spektrum[136]. Daraus resultiert – ohne Berücksichtigung der lokalen geologischen Gegebenheiten – folgendes Muster[137]:

- Als optimal wird eine Ablagerung in Tiefen von 1.000 bis 2.000 m angesehen.
- Häufig dürfte die Qualität poröser Speichergesteine in 2.000 bis 4.000 m Tiefe für die Speicherung von Kohlendioxid ausreichend sein.
- In mehr als 4.000 m ist eine Speicherung von Kohlendioxid zwar nicht ausgeschlossen, jedoch sehr kostenaufwendig.

1. Erdöl- und Erdgasfelder

In Kohlenwasserstofflagerstätten haben sich im Laufe von Millionen von Jahren flüssige und/oder gasförmige Kohlenwasserstoffe (Öl und Gas) angesammelt. All diesen Formationen ist gemein, dass über einer permeablen Gesteinsformation eine impermeable Gesteinsschicht liegt (Abdichtgestein), die ein vertikales Aufsteigen der Kohlenwasserstoffe verhindert hat[138]. Zudem befinden sich durch die Exploitation von Öl und Gas viele dieser Lagerstätten in der Endphase ihrer wirtschaftlichen Produktion oder werden diese bald erreichen. Das durch die Förderung der Kohlenwasserstoffe frei gewordene Volumen innerhalb von abgeschlossenen Lagerstätten (Kompartimenten) könnte also mit Kohlendioxid wieder aufgefüllt werden[139]. Zudem sind auch Lagerstätten mit hydraulischer Verbindung zu umgebenden wasserführenden Schichten nutzbar[140]. Bei der Förderung von Erdgas aus diesen Formationen kann Lagerstättenwasser nachströmen

---

136 Bericht des Ausschusses für Bildung, Forschung und Technikfolgenabschätzung (18. Ausschuss) gemäß § 56a der Geschäftsordnung Technikfolgenabschätzung (TA) CO2-Abscheidung und -Lagerung bei Kraftwerken Sachstandsbericht zum Monitoring „Nachhaltige Energieversorgung“, BT-Drucks. 16/9896, Seite 16.

137 Matrix entsprechend der Stellungnahme des *BGR* zur Öffentlichen Anhörung im Umweltausschuss des Bundestages zum Thema „CO2-Abtrennung und klimaneutrale Entsorgung“, Ausschussdrucksache 16 (16) 212.

138 *Radgen et al.*, Verfahren zur CO_2-Abscheidung und -Speicherung, UBA Abschlussbericht, Seite 102.

139 Stellungnahme des *BGR* zur Öffentlichen Anhörung im Umweltausschuss des Bundestages zum Thema „CO2-Abtrennung und klimaneutrale Entsorgung“, Ausschussdrucks. 16 (16) 212, Seite 5.

140 Stellungnahme des *BGR* zur Öffentlichen Anhörung im Umweltausschuss des Bundestages zum Thema „CO2-Abtrennung und klimaneutrale Entsorgung“, Ausschussdrucks. 16 (16) 212, Seite 5.

und den Druckabfall in der Erdgaslagerstätte kompensieren oder verringern. In diesem Fall muss eingedrungenes Lagerstättenwasser durch das zu speichernde Kohlendioxid wieder zurückgedrängt werden. Die Verdrängung des Lagerstättenwassers wird meist nicht mehr vollständig möglich sein. Sie kann daher geringer sein als die Menge des geförderten Gases. Andererseits kann aber auch eine Verdrängung des Lagerstättenwassers bis über den ursprünglichen Gas-Wasser-Kontakt hinaus möglich sein und die Speichermenge entsprechend ansteigen.

In Öl- und Gaslagerstätten ist zudem auch eine hohe Wahrscheinlichkeit gewährleistet, dass das impermeable Abdichtdichtgestein das Kohlendioxid über geologisch lange Zeiträume zurückhalten kann, da es auch über Jahrmillionen die Kohlenwasserstoffe zurückhalten konnte[141]. Zudem sind diese Formationen durch die Förderung auch hinreichend exploriert und modelliert, und es bestehen daher keine größeren Unsicherheiten bezüglich der Potenziale und der geologischen Eigenschaften[142]. Als problematisch könnten sich jedoch die in die Formationen eingebrachten meist zahlreichen Bohrlöcher erweisen, die dicht verschlossen werden müssen, um eine ausreichende Dichtheit zu gewährleisten.

Eine weitere potenzielle Möglichkeit ist die Nutzung der Injektion von Kohlendioxid zur Förderung der in den Lagerstätten vorhandenen Kohlenwasserstoffe im Rahmen von EOR/EGR-Verfahren. Da die Förderung von Kohlenwasserstofffeldern aufgegeben wird, wenn eine wirtschaftliche Förderung nicht mehr gegeben ist, verbleiben erhebliche Restmengen von Öl und Gas in den Formationen[143]. Das eingespeiste Kohlendioxid mobilisiert die vorhandenen Restmengen und erhöht somit die wirtschaftlich mögliche Förderquote.

2. Tiefe salinare Aquifere

Saline Aquifere sind poröse Gesteinsformationen im Untergrund, die aufgrund ihrer Porosität und Permeabilität die Eigenschaft besitzen, Flüssigkeiten und Gase speichern zu können[144]. Diese Formationen sind, soweit sie nicht mit Gas gefüllt sind, von salzhaltigem Grundwasser durchdrungen, das aufgrund seines hohen Anteils an gelösten Ionen (Salinität) jedoch nicht als Trinkwasser oder zur Bewässerung genutzt werden kann.

---

141 *Radgen et al.*, Verfahren zur CO_2-Abscheidung und -Speicherung, UBA Abschlussbericht, Seite 103.

142 *Radgen et al.*, Verfahren zur CO_2-Abscheidung und -Speicherung, UBA Abschlussbericht, Seite 105.

143 Bei konventionellem Erdöl können bis maximal 50% des vorhandenen Öls gefördert werden, üblicherweise liegt der Wert bei durchschnittlich 25 %. Bei konventionellem Erdgas liegt die Förderquote üblicherweise zwischen 60% und 90%.

144 *Radgen et al.*, Verfahren zur CO_2-Abscheidung und -Speicherung, UBA Abschlussbericht, Seite 114.

Für die Speicherung in Aquiferspeichern werden eine Reihe geophysikalischer und geochemischer Reaktionen genutzt[145]. Zuerst einmal wird oberhalb der Gesteinsschichten, die für eine Speicherung genutzt werden sollen, eine Deckschicht benötigt, die möglichst impermeabel ist, um ein vertikales Aufsteigen des Kohlendioxids in höher gelegene geologische Stockwerke zu verhindern (Abdichtgestein)[146]. Dann kann das Kohlendioxid durch Absorption und Kapillarkräfte in den Poren des Speichergesteins festgehalten werden[147]. Zudem wird sich ein Teil des Kohlendioxids im in den Speicherstätten vorhandenen Formationswasser lösen und sich schließlich über einen Zeitraum von mehreren tausend Jahren in feste Mineralien umwandeln[148].

Bei salinaren Aquiferen, die potenziell für eine Speicherung von Kohlendioxid in Betracht kommen, ist zudem noch eine Unterscheidung zwischen geschlossenen und offenen Aquiferen notwendig. Während bei einer geschlossenen Struktur eine Art Fallenstruktur entstanden ist, bei der das Kohlendioxid nach allen Seiten von impermeablen Gesteinen umschlossen wird, besteht bei einer offenen Struktur diese Abschlussfunktion nicht. Der Aquifer wird hier nur von einer lateral aushaltenden abdichtenden Gesteinsformation begrenzt, unter der das Kohlendioxid durch den bei der Injektion erzeugten Druck entlang wandert.

Mit der Injektion des Kohlendioxids steigt insbesondere in geschlossenen Aquiferstrukturen der im System bereits vorhandene Druck über das ursprüngliche Niveau hinaus, da das Gas einen Teil des vorhandenen Wassers verdrängt. Da dieser Druckanstieg seinerseits wieder Auswirkungen auf die Formation und das darüber liegende Abdichtgestein hat, wird die Menge des potenziell zu speichernden Gases durch die maximal mögliche Druckerhöhung in der spezifischen Formation begrenzt. Daher ist nur ein kleiner Teil des zur Verfügung stehenden Porenvolumens für eine Speicherung von Kohlendioxid nutzbar . Diese Begrenzung führt

---

145 Bericht des Ausschusses für Bildung, Forschung und Technikfolgenabschätzung (18. Ausschuss) gemäß § 56a der Geschäftsordnung Technikfolgenabschätzung (TA) CO2-Abscheidung und -Lagerung bei Kraftwerken Sachstandsbericht zum Monitoring „Nachhaltige Energieversorgung", BT-Drucks. 16/9896, Seite 16.

146 *Radgen et al.*, Verfahren zur CO_2-Abscheidung und -Speicherung, UBA Abschlussbericht, Seite 115.

147 Bericht des Ausschusses für Bildung, Forschung und Technikfolgenabschätzung (18. Ausschuss) gemäß § 56a der Geschäftsordnung Technikfolgenabschätzung (TA) CO2-Abscheidung und -Lagerung bei Kraftwerken Sachstandsbericht zum Monitoring „Nachhaltige Energieversorgung", BT-Drucks. 16/9896, Seite 16.

148 *IPPC,* Special Report on Carbon Dioxid Capture and Storage, Seite 208 ff., Bericht des Ausschusses für Bildung, Forschung und Technikfolgenabschätzung (18. Ausschuss) gemäß § 56a der Geschäftsordnung Technikfolgenabschätzung (TA) CO2-Abscheidung und -Lagerung bei Kraftwerken Sachstandsbericht zum Monitoring „Nachhaltige Energieversorgung", BT-Drucks. 16/9896, Seite 16.

dazu, dass es einer offenen Aquiferstruktur mit hydraulischer Verbindung zur Umgebung und durch die Verdrängung von Formationswasser in der Folge einer erheblichen räumlichen Ausdehnung bedarf . So bestehen Berechnungen, dass sich eine potenzielle Speicherformation bei einem nutzbaren Porenraum von 2 % und einer Mächtigkeit des Aquifer von 100 m über eine Fläche von 216 Quadratkilometer erstrecken kann . Auch der bereits konkret im Hinblick auf eine Speicherung explorierte Aquiferspeicher Schweinrich in Mecklenburg-Vorpommern weist eine Ausdehnung von über 100 km2 auf . Auch die Explorationsgenehmigungen der Kohlendioxid-Speicher in Neutrebbin und Birkholz-Beeskow umfassen Feldflächen von 353 beziehungsweise 566 Quadratkilometer.

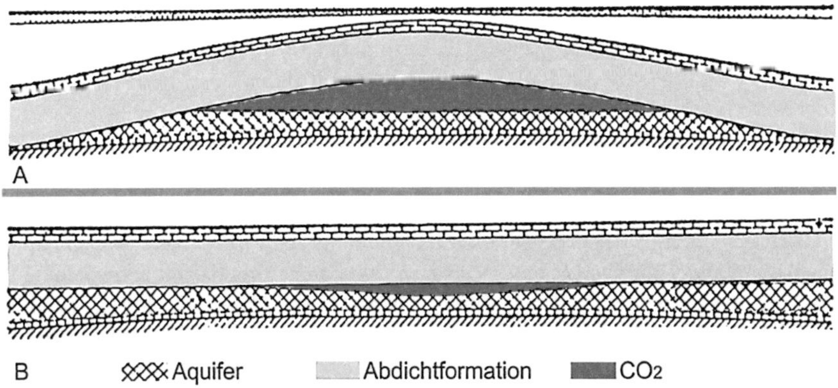

A: Abdichtformation plus Fallenstruktur (hier Antiklinalstruktur); das CO_2 wird vertikal nach oben und lateral von der Abdichtformation umschlossen

B: Abdichtformation ohne Fallenstruktur; das CO_2 kann lateral unterhalb der Abdichtformation entlang wandern

Abb. 11: Vereinfachter Querschnitt durch die geologischen Schichten einer potenziellen CO_2-Speicherstätte; Quelle: Verfahren zur CO_2-Abscheidung und -speicherung, UBA Abschlussbericht, Seite 115

Die genauen Vorgänge und Auswirkungen können sich je nach Formation unterscheiden und sind noch nicht genau erforscht[149]. Die Speicherung von Kohlendioxid in salinaren Aquiferen und deren Auswirkungen ist daher Gegenstand nationaler und internationaler Forschungs- und Pilotprojekte.

149 Zu den denkbaren bzw. erwartbaren chemischen und physikalischen Prozessen im Einzelnen siehe *Radgen et al.*, Verfahren zur CO_2-Abscheidung und -Speicherung, UBA Abschlussbericht, Seite 114 ff., der zudem im Hinblick auf die Frage was konkret mit dem CO_2 in den Formationen passiert, auf den erheblichen Forschungsbedarf hinweist.

3. Tiefe nicht abbaubare Kohleflöze

Wegen der Lage und Eigenschaften der Kohleflöze in Deutschland wird die Option einer Speicherung in diesen Strukturen mittelfristig nicht zur Verfügung stehen[150]. Da hier noch erheblicher Forschungs- und Entwicklungsaufwand nötig wäre und in Deutschland auch erhebliche Sicherheitsbedenken entgegenstehen, wird diese Option der Speicherung im Folgenden außer Betracht bleiben.

4. Salzkavernen

Potenziell ist auch eine Speicherung des Kohlendioxids in Salzkavernen denkbar. Aufgrund der für eine großtechnische Anwendung von CCS an Kraftwerken zu geringen Speicherpotenziale[151] wird auch diese Option in den nachfolgenden Ausführungen außer Betracht bleiben.

B. Geologische und geographische Situation

Die geologischen Bedingungen für eine Speicherung von Kohlendioxid sind in Deutschland regional ungleich verteilt.

I. Kohlenwasserstofflagerstätten

Die deutschen Erdöl- und Erdgasfelder befinden sich – wie bereits in Kapitel 1 Abschnitt 1 beschrieben – offshore in der Nordsee und onshore vorwiegend in Schleswig-Holstein und Niedersachsen.

Die Erdölfelder mit den größten Speicherkapazitäten[152] befinden sich im westlichen Niedersachsen[153]. Das größte deutsche Erdölfeld – Mittelplate – wird kurzfristig nicht als Speicher für Kohlendioxid nutzbar sein, da die Lagerstätte noch über bedeutende Ölreserven verfügt. Auch im Oberrheingraben gibt es kleinere Vorkommen, deren wirtschaftliche Nutzung aufgrund ihrer geringen

---

150 *Radgen et al.*, Verfahren zur CO_2-Abscheidung und -Speicherung, UBA Abschlussbericht, Seite 102; *Gerling*, Anhörung zum Thema CCS im Umweltausschuss des Bundestages, 2007, Protokoll 16/30, Seite 10.

151 *Fischedick et al.*, RECCS, Strukturell-ökonomisch-ökologischer Vergleich regenerativer Energien (RE) mit Carbon Capture and Storage (CCS), Seite 85; *Gerling*, Anhörung zum Thema CCS im Umweltausschuss des Bundestages, 2007, Protokoll 16/30, Seite 10; *Obst*, Möglichkeiten der Untergrundspeicherung für Erdgas und CO_2 im Nordosten Deutschlands, Zeitschrift für geologische Wissenschaften 2008, Seite 281 (283).

152 Speicherkapazitäten von mehr als 10 Mio. t CO_2 pro Erdölfeld oder -gasfeld.

153 Stellungnahme der BGR zur Anhörung zum Thema CCS im Umweltausschuss des Bundestages, Ausschussdrucksache 16/16/212, Seite 4.

Speicherkapazitäten und ihrer Lage in einer geologischen Bruchzone jedoch ausgeschlossen werden kann.

Erdgasfelder mit ausreichend großen Volumina für eine Speicherung von Kohlendioxid sind auf das Norddeutsche Becken beschränkt[154]. Insgesamt gibt es in der Bundesrepublik 32 Lagerstätten, die mehr als 10 Mio. t Kohlendioxid pro Gasfeld aufnehmen können – davon haben 14 Felder ein Volumina größer 30 Mio. t Kohlendioxid und fünf ein äquivalentes Speicherpotenzial von mehr als 100 Mio. t Kohlendioxid[155].

II. Tiefe salinare Aquiferen

Tiefe salinare Aquiferen, die groß genug sind, um signifikante Mengen an Kohlendioxid zu speichern, finden sich vorwiegend im Norddeutschen Becken, aber auch im Oberrheingraben und im Süddeutschen Molassebecken[156]. Das bei weitem größte Speicherpotenzial liegt jedoch im Norddeutschen Becken. Dabei müssen die für eine Speicherung relevanten geologischen Formationen tiefer als 800 bis 1.000 m liegen, um die für eine Speicherung erforderlichen Druck- und Temperaturverhältnisse zu erreichen[157]. Unter Berücksichtigung der Kosten für Kompression und Bohrung wurden Speichertiefen von 1.200 bis 1.500 m als optimal angesehen, inzwischen werden aber auch geringere Tiefen bis 800 m als günstig eingeschätzt[158]. In einer Tiefe von mehr als 4.000 Metern ist eine Speicherung zwar nicht ausgeschlossen, jedoch sehr kostenaufwendig[159] und damit eher unwirtschaftlich.

Der Oberrheingraben, der sich vom Südrand des Taunus bis in die Regionen des Schweizer Jura erstreckt, ist für eine Speicherung von Kohlendioxid eher ungeeignet, da es sich um eine Grabenbruchzone handelt, die eine erhöhte Seismizität aufweist und daher immer wieder Erdbeben auftreten[160].

---

154 Stellungnahme der BGR zur Anhörung zum Thema CCS im Umweltausschuss des Bundestages, Ausschussdrucksache 16/16/212, Seite 5.

155 Stellungnahme der BGR zur Anhörung zum Thema CCS im Umweltausschuss des Bundestages, Ausschussdrucksache 16/16/212, Seite 5.

156 Stellungnahme der BGR zur Anhörung zum Thema CCS im Umweltausschuss des Bundestages, Ausschussdrucksache 16/16/212, Seite 9.

157 *Radgen et al.*, Verfahren zur CO_2-Abscheidung und -Speicherung, UBA Abschlussbericht, Seite 114; Stellungnahme der *Bundesanstalt für Geowissenschaften und Rohstoffe (BGR)* zur Anhörung zum Thema CCS im Umweltausschuss des Bundestages, 2007, Ausschussdrucksache 16/16/212, Seite 1.

158 *Obst,* Möglichkeiten der Untergrundspeicherung für Erdgas und CO_2 im Nordosten Deutschlands, Zeitschrift für geologische Wissenschaften 2008, Seite 281 (284).

159 Schriftliche Stellungnahme der BGR zur Anhörung zum Thema CCS im Umweltausschuss des Bundestages, Ausschussdrucksache 16/16/212, Seite 2.

160 *Gerling*, Anhörung zum Thema CCS im Umweltausschuss des Bundestages, 20.02.2007, Protokoll 16/30, Seite 10.

Im Süddeutschen Molassebecken, zwischen Donau und Alpen gelegen, trifft man ebenfalls auf geeignete saline Aquifere in einer Tiefe von 1.000 bis 3.000 Metern, die aufgrund der relativ kleinen Strukturen jedoch nur ein marginales Potenzial besitzen[161].

Im Norddeutschen Becken, das sich über die komplette Norddeutsche Tiefebene erstreckt, sind Aquifere in einer großen Flächenausdehnung zu finden, die sich in Tiefen von 1.000 bis zu 10.000 m befinden und für eine Speicherung von Kohlendioxid potenziell in Frage kommen.

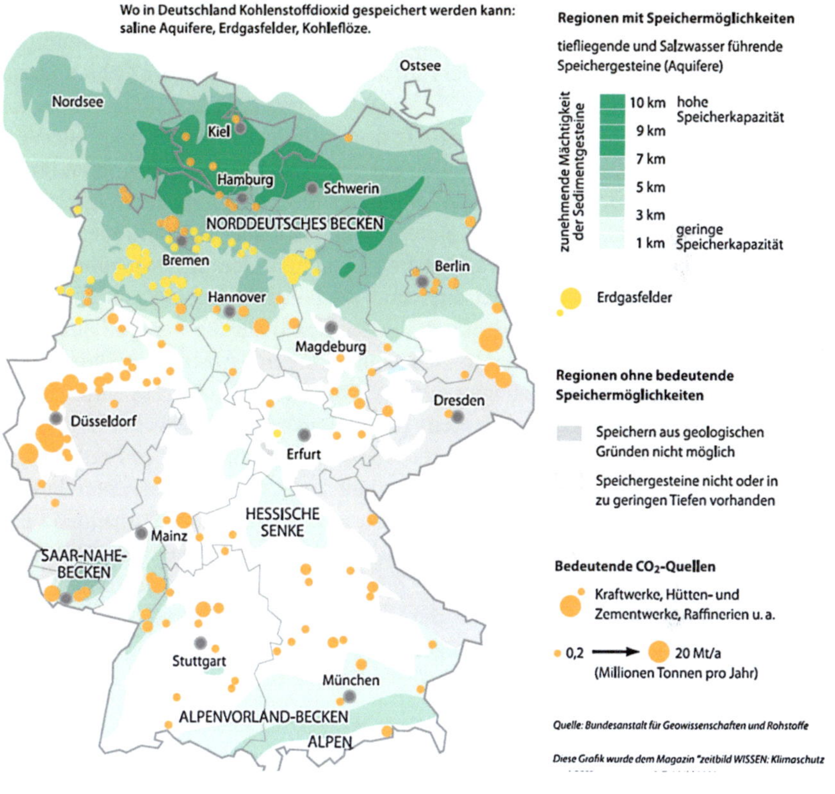

Abb. 12: Regionale Verteilung der CO_2-Speicherpotenziale in Deutschland; Quelle: Bundesamt für Geowissenschaften und Rohstoffe

161 *Gerling*, Anhörung zum Thema CCS im Umweltausschuss des Bundestages, 20.02.2007, Protokoll 16/30, Seite 10.

C. Technisch-geologisches Potenzial und prognostizierte Entwicklung

Die in den einzelnen Speicheroptionen verfügbaren Potenziale unterscheiden sich deutlich. Zudem bestehen erhebliche Unsicherheiten bezüglich des tatsächlich vorhandenen Potenzials, die sich in erheblichen Prognoseunsicherheiten niederschlagen. Dies gilt auch für die Eignung der jeweiligen Speicher, bei denen nur eine konkrete Fallbetrachtung aussagekräftige Ergebnisse liefern kann[162].

Die in Deutschland vorhandenen Speicherpotenziale von Kohlenwasserstofflagerstätten sind aufgrund der für eine Förderung von Erdöl und Erdgas notwendigen Exploration gut bekannt. Sie liegen bei Erdgasfeldern bei 2,75 Mrd. t Kohlendioxid und bei Erdölfeldern bei 0,13 Mrd. t[163]. Ausgeförderte Gasfelder stellen dabei die viel versprechendste Option dar, da viele in der Gasindustrie bereits bekannte Verfahren und Technologien nur im Hinblick auf eine Speicherung von Kohlendioxid modifiziert werden müssen[164] und die geologische Dichtigkeit der Lagerstätten bereits durch die Rückhaltung der Kohlenwasserstoffe über Jahrmillionen bewiesen wurde. Allerdings sind die verfügbaren Speichervolumina gegenüber anderen Speicheroptionen deutlich geringer und reichen im Hinblick auf die deutschen energiebedingten Emissionen von Kohlendioxid nur für wenige Jahre[165].

Tiefe salinare Aquifere haben in Deutschland die mit Abstand größten Kapazitäten. Diese liegen Abschätzungen zufolge zwischen 6,3 und 12,8 Mrd. t Kohlendioxid[166], die jedoch erst mit hohem Forschungsbedarf mittel- bis langfristig gesichert werden können. Insbesondere besteht ein entsprechender Forschungsbedarf und -aufwand bezüglich der Dichtheit über die erforderlichen langen Zeiträume der Speicherung. Ferner muss das in den Strukturen vorhandene Lagerstättenwasser erst mittels geeigneter Injektionsstrategien verdrängt werden. Auch hierbei besteht noch erheblicher Forschungsbedarf, welche Folgen eine solche Verdrängung im Hinblick auf die Dichtigkeit des Speichers und in Bezug auf umliegende Formationen und Nutzungen auslösen kann.

---

162 *Fischedick et al.*, RECCS, Strukturell-ökonomisch-ökologischer Vergleich regenerativer Energien (RE) mit Carbon Capture and Storage (CCS), Seite 80.

163 Stellungnahme der *Bundesanstalt für Geowissenschaften und Rohstoffe (BGR)* zur Anhörung zum Thema CCS im Umweltausschuss des Bundestages, 2007, Ausschussdrucksache 16/16/212, Seite 3.

164 *Fischedick et al.*, RECCS, Strukturell-ökonomisch-ökologischer Vergleich regenerativer Energien (RE) mit Carbon Capture and Storage (CCS), Seite 84.

165 *Fischedick et al.*, RECCS, Strukturell-ökonomisch-ökologischer Vergleich regenerativer Energien (RE) mit Carbon Capture and Storage (CCS), Seite 84.

166 *Knopf et al*, Neuberechnung möglicher Kapazitäten zur CO_2-Speicherung in tiefen Aquifer-Strukturen, ET 2010, Heft 4, Seite 76 (79).

Im Hinblick auf den wirtschaftlichen Einsatz von CCS werden reine Speicherkosten von 6,5 bis 13 €/t für Gasfelder angenommen, die sich schrittweise auf zwischen 8,0 und 13 €/t Kohlendioxid für die Speicherung in salinaren Aquiferen erhöhen würden[167]. Der ökonomische Einsatz der Speicherung muss jedoch in Verbindung mit dem eingeführten Emissionshandel für Kohlendioxid und dem dort vorhandenen Preis je emittierter Tonne Kohlendioxid betrachtet werden. Der wirtschaftliche Einsatz der Technologie im Kraftwerksbereich unter den Rahmenbedingungen des Emissionshandels wird dabei für 2030 prognostiziert[168].

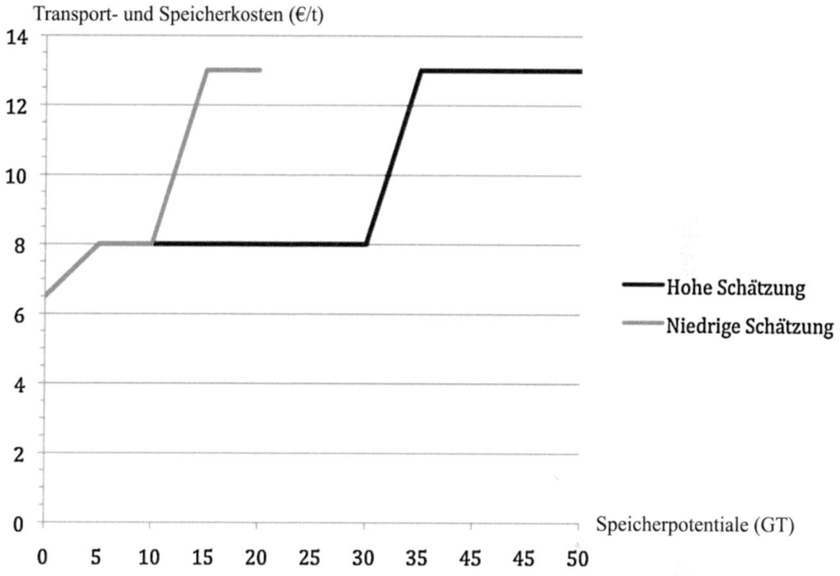

Abb. 13: Geschätzte Kosten der CO_2-Speicherung je nach Speicherpotenzial; Quelle: eigene Darstellung nach Fischedick u.a., RECCS, Strukturell-ökonomisch-ökologischer Vergleich regenerativer Energien(RE) mit Carbon Capture and Storage (CCS), Seite 86.

---

167 *Fischedick et al.*, RECCS, Strukturell-ökonomisch-ökologischer Vergleich regenerativer Energien (RE) mit Carbon Capture and Storage (CCS), Seite 84; die aber deutlich auf die bestehenden großen Unsicherheiten der genauen Potenziale und Kosten hinweisen.

168 *McKinsey*, Carbon Capture & Storage: Assessing the Economics, Seite 6.

D. Zwischenergebnis

Trotz teils sehr kontrovers geführter Diskussionen[169] wird CCS von Seiten der Bundesregierung und der EU[170], wie auch von Seiten der Energiewirtschaft[171] und Klimaexperten[172] weiterhin als mögliche Brückentechnologie[173] betrachtet, um die Emissionen von Kohlendioxid im Kraftwerksbereich massiv zu senken und so einen Beitrag zur Erreichung der politisch beschlossenen Klimaschutzziele nach 2020 zu leisten. Auch einzelne Umweltverbände stehen zumindest einer Demonstration der Technologie konstruktiv gegenüber[174], nicht zuletzt da CCS eine potenzielle Lösung für die prozessbedingten CO_2-Emissionen in der Industrie darstellt, für die derzeit nahezu keine anderen technischen Lösungen in Sicht sind[175].

Zur Erforschung und großtechnischen Erprobung der CCS-Technologie wurde dabei seit längerem auf den anstehenden internationalen und nationalen rechtspolitischen Handlungsbedarf aufmerksam gemacht[176]. Diesen Forderungen ist die Europäische Union im Rahmen ihres Energie- und Klimapaketes nachgekommen

169 Vgl. etwa die gemeinsame Presseerklärung von *Greenpeace* und *BUND* „Rechtsgutachten: Länderklausel bietet keine Gewähr gegen CO2-Endlager. Greenpeace und BUND fordern Bundesländer auf, CCS-Gesetz zu stoppen“ vom 6. September 2011.

170 *Bundesregierung*, Pressemitteilung vom 01.04.2009; *Europäische Kommission*, Vorschlag für eine Richtlinie des Europäischen Parlaments und des Rates über die geologische Speicherung von Kohlendioxid und zur Änderung der Richtlinien 85/337/EWG und 96/61/EG sowie der Richtlinien 2000/60/EG, 2001/80/EG, 2004/35/EG, 2006/12/EG und der Verordnung (EG) Nr. 1013/2006, 2008/0015 (COD), Seite 2.

171 *BDEW,* Pressemitteilung vom 01.04.2009.

172 So spricht sich etwa das *Potsdam –Institut für Klimafolgenforschung (PIK)* für die Demonstration von CCS aus, Vgl. http://www.pik-potsdam.de/aktuelles/nachrichten/schellnhuber-ccs-technologie-201enicht-daemonisieren201c .

173 Vgl. Erwägungsgrund 4, Richtlinie 2009/31/EG des Europäischen Parlaments und des Rates vom 23. April 2009 über die geologische Speicherung von Kohlendioxid und zur Änderung der Richtlinie 85/337/EWG des Rates sowie der Richtlinien 2000/60/EG, 2001/80/EG, 2004/35/EG, 2006/12/EG und 2008/1/EG des europäischen Parlaments und des Rates sowie der Verordnung (EG) Nr. 1013/2006.

174 So zum Beispiel die Pressemitteilung des *WWF* „WWF Stellungnahme zum CCS Gesetzesentwurf“ vom 27.08.2010

175 *Matthes,* Anhörung des Ausschusses für Umwelt, Naturschutz und Reaktorsicherheit vom 25. Mai 2009, Protokoll 16/91, Seite 8; *Bosecke,* Carbon Capture and Storage – rechtliche Regelung einer neuen Klimaschutztechnologie in: Meeresnaturschutz, Erhaltung der Biodiversität und andere Herausforderungen im „Kaskadensystem“ des Rechts: Festgabe zur Emeritierung von Detlef Czybulka, Seite 231.

176 Auf den rechtspolitischen Handlungsbedarfs eines Rechtsrahmens für CCS weisen unter anderem hin: *Dietrich,* CO_2 Abscheidung und Ablagerung (CAA) im deutschen und europäischen Energieumweltrecht, Seite 249 ff.; *UBA.*, Technische Abscheidung und Speicherung von CO_2 – nur eine Übergangslösung (Positionspapier des UBA zu möglichen Auswirkungen, Potenzialen und Anforderungen); Seite 69 ff.

und hat 2009 eine Richtlinie über die geologische Speicherung von Kohlendioxid erlassen[177]. Diese beinhaltet eine Verpflichtung für Kraftwerksbetreiber neuer Kraftwerke über 300 MW_{el} zur Überprüfung der technischen und ökonomischen Rahmenbedingungen einer potenziellen Abscheidung und Speicherung der CO_2-Emissionen. Sind diese gegeben, muss der Platz für eine mögliche Nachrüstung an der Anlage freigehalten werden. Alle diese Entwicklungen deuten darauf hin, dass trotz der Einstellung der Planungen der Vattenfall Europe AG für eine erste großtechnische Demonstrationsanlage am Standort Jänschwalde[178] mittel- bis langfristig der Einsatz von CCS – zumindest im Industriebereich – auch in Deutschland nicht auszuschließen ist. Damit verbunden stellt sich die Frage einer vorsorgenden Sicherung besonders prädestinierter geologischer Formationen.

Durch den möglichen Einsatz von CCS und die mit einer Nutzung verbundene Inanspruchnahme von großflächigen geologischen Formationen für die Speicherung von Kohlendioxid könnte der untertägige Flächenbedarf erheblich ansteigen[179]. Durch die geographische Lage der Speicherstätten fast ausschließlich in Nord- und Ostdeutschland sowie die große Ausdehnung solcher Speicher ist bereits heute abzusehen, dass es zu Nutzungskonkurrenzen mit anderen Formen der Untergrundnutzung kommen könnte, die ebenfalls auf salinare Aquifere angewiesen sind wie etwa die Erdgasspeicherung und die Geothermie[180]. Auch Konkurrenzsituationen und Beeinträchtigungen im Hinblick auf die derzeitige und künftige Erdöl- und Erdgasförderung sind grundsätzlich nicht auszuschließen[181]. Zudem kommt aufgrund der erheblichen Flächenausdehnung eine Beeinträchtigung weiterer Untergrundnutzungen wie der Speicherung von Erdgas, Druckluft und Wasserstoff in Salzkavernen in Betracht.

Eine spezifische Problemstellung ergibt sich durch die zeitliche Dimension der Speicherung von Kohlendioxid. Denn durch die Jahrtausende andauernde Speicherung von Kohlendioxid im Untergrund entsteht das Problem, dass andere konkurrierende Nutzungen dauerhaft ausgeschlossen werden, um die notwendige Dichtheit und Sicherheit der Speicherstätten über Jahrtausende nicht zu gefährden.

---

177 Richtlinie 2009/31/EG des Europäischen Parlaments und des Rates vom 23. April 2009 über die geologische Speicherung von Kohlendioxid und zur Änderung der Richtlinie 85/337/EWG des Rates sowie der Richtlinien 2000/60/EG, 2001/80/EG, 2004/35/EG, 2006/12/EG und 2008/1/EG des europäischen Parlaments und des Rates sowie der Verordnung (EG) Nr. 1013/2006.

178 Pressemitteilung der *Vattenfall Europe AG* vom 05.12.2011, „Hängepartie um CCS-Gesetz erzwingt Aus für Milliardeninvestition in der Lausitz".

179 So weisen etwa die für eine CO_2-Speicherung in Brandenburg erteilten Explorationsgenehmigungen eine Größe von 556 km^2 in Birkholz-Beeskow und 353 km^2 in Neutrebbin auf.

180 *Obst,* Möglichkeiten der Untergrundspeicherung für Erdgas und CO_2 im Nordosten Deutschlands, Zeitschrift für geologische Wissenschaften, 2008, Seite 281 (299).

181 *Wirtschaftsverband Erdöl- und Erdgasgewinnung*, Erdgas und Erdöl, Entstehung, Suche, Gewinnung, Seite 14.

Abschnitt 5: Speicherung von Druckluft und Wasserstoff

A. Kurzbeschreibung

Durch die zunehmende Substitution fossiler Brennstoffe durch erneuerbare Energien – insbesondere durch Windenergie – erhöht sich der Anteil der Energieerzeugung, der von unbeeinflussbaren äußeren Faktoren wie Wind und Sonne abhängt[182]. Dies führt zu einer deutlichen Zunahme der fluktuierenden und nicht bedarfsorientierten Einspeisung von Elektrizität, die analog zu den Ausbauzielen der Bundesregierung für erneuerbare Energien[183] und in Verbindung mit dem Einspeisevorrang erneuerbarer Energien in § 8 Abs. 1 EEG perspektivisch weiter ansteigen wird. In Bezug auf eine sichere und dauerhafte Stromversorgung muss jedoch in den elektrischen Netzen zu jedem Zeitpunkt ein Ausgleich zwischen Angebot und Nachfrage gewährleistet sein. Dies wird derzeit durch die Bereitstellung fossiler Regelenergie erreicht, die die Balance zwischen Angebot und Nachfrage gewährleistet[184]. Um dies auch bei einem Anstieg der fluktuierenden Einspeisung technisch und ökonomisch sinnvoll sicherzustellen, sind Maßnahmen und Lösungen erforderlich, die zu einer Verstetigung der Einspeisung erneuerbarer Energien und damit zum Ausgleich saisonaler aber auch kurzfristiger Abweichungen zwischen Erzeugung und Verbrauch beitragen können. Dazu ist neben der Errichtung und dem Ausbau intelligent gesteuerter Netze zum Lastmanagement und angepasster Betriebsweisen des Kraftwerksparks auch der

182 So lag der Anteil erneuerbarer Energien an der Stromerzeugung nach Berechungen des *BMU* 2011 bereits bei rund 20 %.

183 Siehe § 1 Abs. 2 EEG wonach das Gesetz das Ziel verfolgt, dass sich der Anteil erneuerbarer Energien an der Stromproduktion bis 2020 auf mindestens 30% erhöhen soll und auch danach kontinuierlich ansteigen soll; des Weiteren: Koalitionsvertrag zwischen CDU/CSU und FDP vom 26.10.2009, Seite 27, indem das Ziel festgelegt ist, dass die erneuerbaren Energien den Hauptteil der Energieversorgung übernehmen.

184 *Dietrich/Ahnsehl,* Energiespeicherung im Portfolio der Förderung erneuerbarer Energien – der Status Quo, Energiewirtschaftliche Tagesfragen 2010, Seite 14 (14).

Einsatz von Energiespeichern notwendig[185]. Gerade Energiespeicher stellen in Zukunft für die Stromversorgung aus fluktuierenden und ggf. dezentralen Energiequellen eine unverzichtbare Komponente dar, um eine stabile Stromversorgung zu gewährleisten[186]. Als Speichermöglichkeiten kommen dabei neben Pumpspeicherkraftwerken, die in Deutschland aufgrund mangelnder zusätzlicher Kapazitäten und aufgrund der Umweltproblematik keine relevante ausbaufähige Rolle spielen, der Einsatz von Druckluft- und Wasserstoffspeicher in Betracht. Chemische Speicherformen etwa in Batterien und Akkus sind potenziell auch möglich, bleiben jedoch aufgrund mangelnden Bezugs zur Untergrundnutzung im Folgenden außer Betracht.

Grundsätzlich müssen für Druckluft- und Wasserstoffspeicher zwei verschiedene Nutzungsformen unterschieden werden[187]:

- Die Nutzung als Spitzenlastkraftwerk zur Bereitstellung von Regelenergie
- Die Nutzung zur Steigerung der Versorgungssicherheit als saisonale „Langzeitspeicher"

Während die erste Option zum Ausgleich kurzfristiger Schwankungen und Prognoseabweichungen und zum Stromhandel dient, werden mittelfristig auch Lösungen für einen längerfristigen Ausgleich wie zum Beispiel bei Windflauten oder saisonalen Unterschieden erforderlich werden. Damit könnte dann auch ein planbarer Einsatz von Wind- und Solarkraftwerken – vergleichbar mit den heutigen fossilen Großkraftwerken – erreicht werden.

I. Druckluftspeicher

Druckluftspeicher dienen als Speicher für sogenannte CAES-Kraftwerke (Compressed Air Energy Storage). Bei diesen Kraftwerken wird in Zeiten in denen aufgrund einer hohen Einspeisung von Wind- oder Sonnenenergie genügend Strom zur Verfügung steht, Umgebungsluft komprimiert, die anschließend in

---

185 *Pehnt/Höpfner,* Wasserstoff- und Stromspeicher in einem Energiesystem mit hohen Anteilen erneuerbarer Energien: Analyse der kurz- und mittelfristigen Perspektiven, Kurzgutachten im Auftrag des BMU, Seite 1.

186 *Radgen,* Zukunftsmarkt Elektrische Energiespeicherung, Fallstudie im Auftrag des UBA, Seite 1; *Oertel,* Energiespeicher – Stand und Perspektiven, Sachstandsbericht zum Monitoring „Nachhaltige Energieversorgung", TAB, Seite 4; *Schütte/Preuß,* NVwZ 2012, Seite 535 (536).

187 Vgl. dazu etwa *Crotogino/Hübner*, Zukünftige Bedeutung der Energiespeicherung in Salzkavernen, Erdöl Erdgas Kohle, 2009, Seite 74 (74); für Druckluftspeicher so auch *Wirths,* Thermische Energiespeicherung in Druckluftspeicherkraftwerken – Theorie der Speicherung im fluiden Einphasengebiet, 2006, Seite 4.

druckdichte unterirdische Kavernen oder poröse Gesteinsformationen gepresst und gespeichert wird. In Zeiten geringer Elektrizitätseinspeisung und/oder hohen Bedarfs kann man die Luft kontrolliert ausströmen lassen, die dann zusammen mit Erdgas verbrannt wird und eine Gasturbine sowie einen Stromgenerator antreibt. Es handelt sich dabei um eine bereits erprobte Technologie, die allerdings momentan noch einen geringen Wirkungsgrad von etwa 50 % aufweist und daher recht ineffizient ist[188]. Bereits Ende der 1970er Jahre wurde in Huntdorf[189] zwischen Oldenburg und Bremen das weltweit erste CAES-Kraftwerk in Betrieb genommen. Anfang der 1990er Jahre entstand ein weiteres dieser Kraftwerke in McIntosh[190] in Alabama/USA. Weltweit sind momentan mehr als 10 dieser Kraftwerke in Planung[191], so auch bei Staßfurt in Sachsen-Anhalt[192].

Aufgrund der vergleichsweise geringen volumetrischen Energiedichte komprimierter Luft eignen sich Druckluftspeicher eher zum Ausgleich kurzfristiger Schwankungen und weniger für längerfristige Anwendungen[193].

---

188 *Oertel,* Energiespeicher – Stand und Perspektiven, Sachstandsbericht zum Monitoring „Nachhaltige Energieversorgung", TAB, Seite 5.

189 Das Kraftwerk in Huntdorf ist in der Lage über einen Zeitraum von zwei Stunden eine Leistung von 290 MW zu leisten. Die in Reihe geschalteten Verdichter besitzen bei einem achtstündigen Speicherladezyklus eine Gesamtleistung von 60MW. Ein Nutzvolumen von 300.000 m^3 ist auf zwei Salzkavernen mit jeweils 150.000 m^3 aufgeteilt. Die Kavernen befinden sich in einer Teufe von 650m bis 800 m und haben einen Betriebsbereich von 50 bis 70 bar.

190 Das CAES-Kraftwerk in McIntosh hat eine Leistung von 110 MW. Im Gegensatz zur Anlage in Huntorf wurde das Kraftwerk für eine vergleichsweise lange Laufzeit von 26 Stunden konzipiert und hat eine einzelne Kaverne mit einem Speichervolumen von 538.000 m^3.

191 *Wirths,* Thermische Energiespeicherung in Druckluftspeicherkraftwerken – Theorie der Speicherung im fluiden Einphasengebiet, 2006, Seite 4.

192 *RWE,* Adele – ein Speicher für den grünen Strom, abrufbar unter http://www.rwe.com/web/cms/de/365478/rwe/innovationen/stromerzeugung/energiespeicherung/druckluftspeicher/projekt-adele/.

193 *Crotogino/Hübner*, Zukünftige Bedeutung der Energiespeicherung in Salzkavernen, Erdöl Erdgas Kohle, 2009, Seite 74.

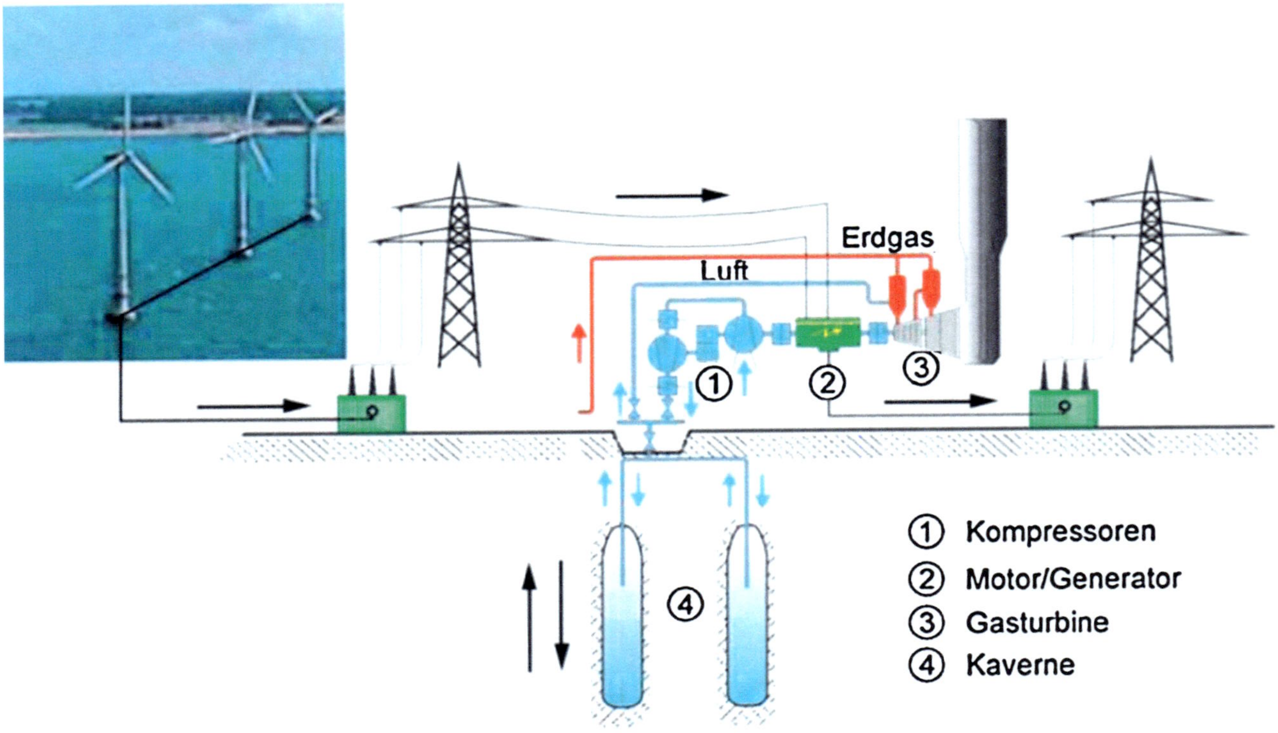

Abb. 14: Konzept einer CAES-Anlage in Verbund mit einem Windpark; Quelle: Crotogino, Einsatz von Druckluftspeicher-Gasturbinen-Kraftwerken beim Ausgleich fluktuierender Windenergie-Produktion mit aktuellem Strombedarf, Vortragsdokumentation eines Vortrages anlässlich der Tagung Fortschrittliche Energiewandlung und -anwendung der VDI-Gesellschaft Energietechnik, Stuttgart 2003.

II. Wasserstoffspeicher

Neben der großtechnischen Energiespeicherung über CAES-Anlagen wird zunehmend auch die Speicherung von Wasserstoff als weitere Option der Elektrizitätsspeicherung diskutiert. Hierbei soll überschüssiger Strom aus erneuerbaren Energien benutzt werden, um Wasser elektrolytisch in seine Bestandteile Sauerstoff und Wasserstoff zu zerlegen. Während der erzeugte Sauerstoff industriell verwendet werden kann, ist der erzeugte Wasserstoff ein sehr kompaktes Speichermedium, das auch in unterirdischen Formationen gelagert werden kann. Potenzielle Lagerstätten sind dabei Salzkavernen, wie sie auch für die Speicherung von Erdgas genutzt und auch in den USA (Texas) und England (Teeside) für die Speicherung von in der chemischen Industrie erzeugtem Wasserstoff eingesetzt werden[194]. Der gespeicherte Wasserstoff kann dann bei Bedarf in einem thermischen Kraftwerk zur Verstromung eingesetzt werden.

Als Vorteil der Wasserstoffspeicherung gilt dabei die im Vergleich zur Druckluftspeicherung größere Energiedichte von Wasserstoff, die bei gleicher Speicherkapazität ein erheblich größeres Speicherpotenzial bietet. Damit stellen die Speicherung von Wasserstoff oder die Speicherung von mit diesem Wasserstoff hergestelltem synthetischem Erdgas die einzige geologische Speicheroption dar, die einen mehr als kurzfristigen Ausgleich von Produktion und Verbrauch erlaubt[195] und daher auch für einen längerfristigen Ausgleich geeignet erscheint. Auch angesichts begrenzt verfügbarer Standorte für Pumpspeicher und der Konkurrenz um die Nutzung von Speicheroptionen könnte sich diese hohe Energiedichte als wesentlicher Vorteil herausstellen[196].

Der erzeugte Wasserstoff könnte zudem im Verkehr genutzt oder – dem Erdgas beigemischt – in das Gasnetz eingespeist werden. Aber auch die Rückverstromung des Wasserstoffs in Brennstoffzellen, Blockheizkraftwerken oder Gasturbinen ist denkbar.

---

194 *Crotogino/Hübner*, Zukünftige Bedeutung der Energiespeicherung in Salzkavernen, Erdöl Erdgas Kohle, 2009, Seite 77; *Pehnt/Höpfner,* Wasserstoff- und Stromspeicher in einem Energiesystem mit hohen Anteilen erneuerbarer Energien: Analyse der kurz- und mittelfristigen Perspektiven, Kurzgutachten im Auftrag des BMU, Seite 7.

195 *Crotogino/Hamelmann*, Wasserstoffspeicherung in Salzkavernen zur Glättung des Windstromangebots, in: Tagungsband „14. Symposium zur Nutzung regenerativer Energiequellen und Wasserstofftechnik“, Seite 1.

196 *Pehnt/Höpfner,* Wasserstoff- und Stromspeicher in einem Energiesystem mit hohen Anteilen erneuerbarer Energien: Analyse der kurz- und mittelfristigen Perspektiven, Kurzgutachten im Auftrag des BMU, Seite 7.

B. Geographische und geologische Situation

I. Druckluftspeicher

Die großtechnische Speicherung von Druckluft kann prinzipiell in Aquifer- oder Kavernenspeichern sowie in aufgelassenen Bergwerken erfolgen[197]. Der aufwendige Nachweis der ausreichenden Dichtheit in den Bergwerken begrenzt allerdings die Verfügbarkeit geeigneter Objekte[198], so dass diese Option im Folgenden außer Betracht bleiben soll.

Kavernenspeicher für Druckluft bilden ein Äquivalent zu Kavernenspeichern für Erdgas, so dass in Bezug auf die geologische Situation, die Verfügbarkeit und die geographische Lage auf die Ausführungen in Kapitel 1 Abschnitt 3 verwiesen werden kann.

Als zusätzlicher geographischer Faktor kommt bei Kavernenspeichern für Druckluftspeicher die räumliche Nähe zu den geplanten Offshore-Windparks in Nord- und Ostsee hinzu, die zusätzlich zu den Erwägungen aufgrund des Solprozesses zur Kavernenherstellung eine Errichtung in Küstennähe nahelegt. Typische Dimensionen für einen Kavernenspeicher für Druckluft sind ein geometrisches Volumen von 300.000 bis 700.000 m^3, ein Tiefenbereich von 600 bis 1.800 m und ein Druckbereich je nach Tiefe von bis zu 200 bar[199].

---

197 *Schütte*, Geologische Formationen für die Speicherung von Druckluft im küstennahen Raum der Nord- und Ostsee, Seite 1; Vortrag zum 05. dena Energieforum 08.09.2005; *Wirths,* Thermische Energiespeicherung in Druckluftspeicherkraftwerken – Theorie der Speicherung im fluiden Einphasengebiet, 2006, Seite 10; *Crotogino,* Einsatz von Druckluftspeicher-Gasturbinen-Kraftwerken beim Ausgleich fluktuierender Windenergie-Produktion mit aktuellem Strombedarf, Vortragsdokumentation eines Vortrages anlässlich der Tagung Fortschrittliche Energiewandlung und -anwendung der VDI-Gesellschaft Energietechnik, Stuttgart 2003, abzurufen unter http://www.uni-saarland.de/fak7/fze/AKE_Archiv/AKE2003H/AKE2003H _Vortraege/AKE2003H03a_Crotogino_CAES-Windausgleich_VDI.pdf.

198 *Crotogino,* Einsatz von Druckluftspeicher-Gasturbinen-Kraftwerken beim Ausgleich fluktuierender Windenergie-Produktion mit aktuellem Strombedarf, Vortragsdokumentation eines Vortrages anlässlich der Tagung Fortschrittliche Energiewandlung und -anwendung der VDI-Gesellschaft Energietechnik, Stuttgart 2003, abzurufen unter http://www.uni-saarland.de/fak7/fze/AKE_Archiv/AKE2003H/AKE2003H_Vortraege/AKE2003H03a_Cro togino_CAES-Windausgleich_VDI.pdf.

199 *Crotogino,* Einsatz von Druckluftspeicher-Gasturbinen-Kraftwerken beim Ausgleich fluktuierender Windenergie-Produktion mit aktuellem Strombedarf, Vortragsdokumentation eines Vortrages anlässlich der Tagung Fortschrittliche Energiewandlung und -anwendung der VDI-Gesellschaft Energietechnik, Stuttgart 2003, abzurufen unter http://www.uni-saar land.de/fak7/fze/AKE_Archiv/AKE2003H/AKE2003H_Vortraege/AKE2003H03a_Crotogino_CAES -Windausgleich_VDI.pdf.

Aquiferstrukturen wurden in den USA bereits in den 1980er Jahren erfolgreich im Hinblick auf eine Speicherung von Druckluft untersucht. Sie bilden ebenfalls ein Äquivalent zu Aquiferspeichern für Erdgas, so dass auch hierbei auf die entsprechenden Ausführungen verwiesen werden kann. Ausgedehnte Aquiferspeicher für Druckluft können infolge der Verdrängung von Wasser bei der Druckluftbeaufschlagung Gebiete in einer Größenordnung von 100 km^2 beeinflussen[200].

II. Wasserstoffspeicher

Die Druckgasspeicherung von Wasserstoff ist vergleichbar mit der Speicherung von Erdgas in Salzkavernen[201], so dass hier auf die hierzu gemachten Ausführungen in Kapitel 1 Abschnitt 3 verwiesen werden kann.

Die Nutzung von Aquiferspeichern für die Speicherung von Wasserstoff erscheint aus mehreren Gründen untauglich. Die Nutzung von ausgeförderten Kohlenwasserstofflagerstätten scheidet aufgrund der Kontamination des Wasserstoffs mit den in den Lagerstätten verbliebenen Kohlenwasserstoffen aus[202]. Salinare Aquifere hingegen wären eine potenzielle Option, allerdings ergeben sich hier ökonomische Problemstellungen im Hinblick auf die gegenüber Salzkavernen geringere Flexibilität und den notwendigen hohen Kissengasanteil in Anbetracht der hohen Erzeugungskosten des Wasserstoffs[203].

C. Technisch-geologisches Potenzial und prognostische Entwicklung

Mittel- bis langfristig wird in einem von erneuerbaren Energien geprägten Energiesystem ein erheblicher Bedarf an der Speicherung von großen Mengen elektrischer Energie bestehen. Derzeit sind als Speicheroption lediglich Pumpspeicherkraftwerke technisch ausgereift und für den breiten großtechnischen Einsatz

---

200 *Schütte*, Geologische Formationen für die Speicherung von Druckluft im küstennahen Raum der Nord- und Ostsee, Seite 11; Vortrag zum 05. dena Energieforum 08.09.2005.

201 *Radgen,* Zukunftsmarkt Elektrische Energiespeicherung, Fallstudie im Auftrag des UBA, 2007, Seite 10; *Crotogino/Hübner*, Zukünftige Bedeutung der Energiespeicherung in Salzkavernen, Erdöl Erdgas Kohle, 2009, Seite 75.

202 *Crotogino/Hübner*, Zukünftige Bedeutung der Energiespeicherung in Salzkavernen, Erdöl Erdgas Kohle, 2009, Seite 77.

203 *Crotogino/Hübner*, Zukünftige Bedeutung der Energiespeicherung in Salzkavernen, Erdöl Erdgas Kohle, 2009, Seite 77.

geeignet[204]. Das weitere Ausbaupotenzial von Pumpspeicherkraftwerken ist jedoch aufgrund der starken ökologischen Eingriffe, der langen Realisierungszeiten und mangels geeigneter Standorte mit ausreichend Höhenunterschied in Deutschland begrenzt[205].

Druckluft- und Wasserstoffspeicherung werden zurzeit – von wenigen Ausnahmen abgesehen – noch nicht in großtechnischem Maßstab eingesetzt. Forschung und Entwicklung werden aktuell jedoch massiv vorangetrieben, so dass diese Optionen perspektivisch eine bedeutende Rolle beim Umbau des Energiesystems spielen werden.

I. Druckluftspeicher

Wesentlich ist für den wirtschaftlichen Einsatz von Druckluftspeichern eine deutliche Verbesserung der Wirkungsgrade der CAES-Kraftwerke, andernfalls wird sich diese Technologie nicht in der Breite am Markt etablieren können[206]. Dieser Wirkungsgrad soll jedoch durch neue technologische Ansätze wie die Entwicklung abiater Druckluftspeicherkraftwerke, in denen auch die bei der Verdichtung der Luft anfallende Wärme genutzt wird, sukzessive auf etwa auf 70 % weiter erhöht werden[207] und damit im Bereich der Wirkungsgrade eines Pumpspeicherwerks liegen[208]. Für die Speicherung sind in technischer und ökonomischer Hinsicht Salzkavernen die erste Wahl, da sich der Speicherbetrieb durch sehr häufige Druckwechsel und sehr hohe Raten auszeichnet[209].

---

204 *Pehnt/Höpfner,* Wasserstoff- und Stromspeicher in einem Energiesystem mit hohen Anteilen erneuerbarer Energien: Analyse der kurz- und mittelfristigen Perspektiven, Kurzgutachten im Auftrag des BMU, Seite 1.

205 *Pehnt/Höpfner,* Wasserstoff- und Stromspeicher in einem Energiesystem mit hohen Anteilen erneuerbarer Energien: Analyse der kurz- und mittelfristigen Perspektiven, Kurzgutachten im Auftrag des BMU, Seite 10.

206 *Radgen,* Zukunftsmarkt Elektrische Energiespeicherung, Fallstudie im Auftrag des UBA, Seite 2.

207 So haben RWE und verschiedene Partner im Januar 2010 ein Projekt angekündigt, bei dem ein abiates Druckluftspeicherkraftwerke entwickelt werden soll, dass einen Wirkungsgrad von 70 % erreicht, Pressemitteilung der RWE Power AG vom 20. Januar 2010 und auch die EnBW plant zusammen mit Partnern und dem Land Niedersachsen die Einrichtung eines CAES-Kraftwerks, Pressemitteilung der *EnBW* vom 29. März 2006.

208 *Crotogino/Hübner*, Zukünftige Bedeutung der Energiespeicherung in Salzkavernen, Erdöl Erdgas Kohle, 2009, Seite 75.

209 *Crotogino,* Kavernen als Energiespeicher, Kali und Steinsalz 2006, Seite 15.

II. Wasserstoffspeicher

Derzeit erscheint ein Einsatz von Wasserstoffspeichern unter anderem aufgrund des niedrigen Wirkungsgrades und des hohen technischen Aufwands eher uninteressant: Die Energieverluste bei der elektrolytischen Wandlung von Strom in Wasserstoff und dessen Rückwandlung in (zum Beispiel dezentralen) Brennstoffzellen in Strom sind gegenüber der direkten Weiterleitung von Strom über kürzere Entfernungen deutlich höher[210]. Im Vergleich zur direkten Verteilung über das Netz kann weit weniger als 50 % des ursprünglich erzeugten Stroms vom Verbraucher genutzt werden; je nach Art der Zwischenspeicherung des Wasserstoffs (in komprimierter oder flüssiger Form mit oder ohne Transport) kann der Wert sogar nur ca. 25 % betragen.

Aufgrund der hohen Kosten und des Forschungsbedarfs liegt die Bedeutung von Wasserstoffspeichern nicht in der kurz- bis mittelfristigen Perspektive. Die Wasserstoffspeicherung dürfte jedoch im Langfristszenario – in den Dekaden nach 2030[211] – bei technischer Fortentwicklung die einzige Speicheroption sein, die einen mehr als kurzfristigen Ausgleich von Energieproduktion und -verbrauch erlaubt[212] und daher ab diesem Zeitpunkt eine besondere Bedeutung erfährt.

D. Zwischenergebnis

Elektrische Energiespeicher nehmen in einem Energieversorgungssystem der Zukunft eine Schlüsselstellung ein[213]. Zusätzliche Impulse ergeben sich für die Bedeutung von Stromspeichertechnologien auch aus anderen Entwicklungen,

---

210 So ist der Wirkungsgrad der stationären Speicherung von Wasserstoff gegenüber Pumpspeicherkraftwerken um einen Faktor 2 bis 4 weniger effizient, siehe *Pehnt/Höpfner (2009),* Wasserstoff- und Stromspeicher in einem Energiesystem mit hohen Anteilen erneuerbarer Energien: Analyse der kurz- und mittelfristigen Perspektiven, Kurzgutachten im Auftrag des BMU, Seite 1.

211 *Pehnt/Höpfner,* Wasserstoff- und Stromspeicher in einem Energiesystem mit hohen Anteilen erneuerbarer Energien: Analyse der kurz- und mittelfristigen Perspektiven, Kurzgutachten im Auftrag des BMU, Seite 21 unter Bezugnahme auf den Ausbau erneuerbarer Energien gemäß dem Leitszenario 2008 des BMU.

212 *Dietrich/Ahnsehl,* Energiespeicherung im Portfolio der Förderung erneuerbarer Energien – der Status Quo, Energiewirtschaftliche Tagesfragen 2010, Heft 3, Seite 15.

213 *Oertel,* Energiespeicher – Stand und Perspektiven, Sachstandsbericht zum Monitoring „Nachhaltige Energieversorgung“, TAB, Seite 16; *Dietrich/Ahnsehl,* Energiespeicherung im Portfolio der Förderung erneuerbarer Energien – der Status Quo, Energiewirtschaftliche Tagesfragen 2010, Heft 3, Seite 14; *Pehnt/Höpfner,* Wasserstoff- und Stromspeicher in einem Energiesystem mit hohen Anteilen erneuerbarer Energien: Analyse der kurz- und mittelfristigen Perspektiven, Kurzgutachten im Auftrag des BMU, Seite 1.

wie zum Beispiel dem Aufkommen von Hybridfahrzeugen oder dem Aufbau von Wasserstoffinfrastrukturen. Mittelfristig wird sich daher eine deutlich verstärkte Nachfrage nach Stromspeichertechnologien ergeben, die kontinuierlich ansteigen wird[214]. Allerdings bedarf es insbesondere bis 2020 noch erheblicher Forschung und Entwicklung, um zu wirtschaftlichen und technologisch zuverlässigen Systemen zu kommen[215].

Im Hinblick auf die Nutzungskonkurrenzen ergibt sich sowohl bei der Druckluftspeicherung als auch bei der Speicherung von Wasserstoff eine unmittelbare Konkurrenzsituation mit Erdgasspeichern, da alle Optionen auf die gleichen geologischen Formationen angewiesen sind. Zudem bestehen potenzielle Nutzungskonkurrenzen zur Speicherung von Kohlendioxid. Zwar kommt eine Speicherung von Kohlendioxid in Salzkavernen aufgrund zu geringer Volumina nicht in Frage und die CO_2-Speicherung in Aquiferen erfolgt im Normalfall in einer größeren Tiefe[216]. Mittelbar besteht jedoch trotzdem eine Nutzungskonkurrenz, da die „unterirdische Flächenbelegung“ durch eine CO_2-Speicherung relativ hoch ist und über einem solchen Speicher liegende Kavernen nicht genutzt werden würden[217].

214 *Radgen,* Zukunftsmarkt Elektrische Energiespeicherung, Fallstudie im Auftrag des UBA, Seite 1.

215 *Radgen,* Zukunftsmarkt Elektrische Energiespeicherung, Fallstudie im Auftrag des UBA, Seite 30.

216 *Oertel,* Energiespeicher – Stand und Perspektiven, Sachstandsbericht zum Monitoring „Nachhaltige Energieversorgung“, TAB, Seite 34.

217 *Oertel,* Energiespeicher – Stand und Perspektiven, Sachstandsbericht zum Monitoring „Nachhaltige Energieversorgung“, TAB, Seite 34.

Abschnitt 6: Fazit

Wie die vorangegangene Analyse zeigt, bedingen die politischen Anforderungen zur Verminderung des Klimawandels und die in der Folge notwendige Dekarbonisierung der Energieerzeugung die Entwicklung und den Einsatz neuer Technologien, die auf die Nutzung spezifischer geologischer Formationen angewiesen sind. Gleichzeitig führt die zunehmende Verknappung der weltweiten Öl- und Gasressourcen sowie der dadurch verursachte Preisanstieg zu ansteigenden Explorations- und Förderungsbemühungen im Hinblick auf neue Kohlenwasserstofflagerstätten in Deutschland, was sich in steigenden Explorationskonzessionen auch für diese „klassische" Nutzung des Untergrundes widerspiegelt.

	Erdöl- und Erdgasförderung	Tiefe Geothermie	Oberflächen-nahe Geothermie	Speicherung von Erdgas	Speicherung von Kohlendioxid	Speicherung von Druckluft & Wasserstoff
Erdöl- und Erdgasförderung		++	-	-	++	-
Tiefe Geothermie	++		+	++	++	-
Oberflächennahe Geothermie	-	+		+	+	-
Speicherung von Erdgas	-	++	+		++	+
Speicherung von Kohlendioxid	++	++	+	++		+
Speicherung von Druckluft & Wasserstoff	-	-	-	+	+	

Abb. 15: Konfliktpotenziale der untersuchten Untergrundnutzungen; „-„ steht dabei für ein geringes bis nicht vorhandenes Konfliktpotenzial, „+" für ein mittleres Konfliktpotenzial, „++" für ein hohes bis sehr hohes Konfliktpotenzial

Ergebnis dieser parallel verlaufenden Entwicklungen ist ein wachsendes und vielschichtiges Potenzial für mögliche Konkurrenz- und Konfliktsituationen der unterschiedlichen Nutzungsformen, das mittelfristig deutlich ansteigen wird[218].

218 Vgl. dazu auch *Crotogino, Donadei, Dietrich,* Nutzungskonkurrenzen bei Speichern im geologischen Untergrund, IRES 2009, Seite 22.

Aufgrund der zu den einzelnen Technologien getroffenen und in den vorangegangenen Abschnitten dargestellten Entwicklungsprognosen und -abschätzungen ist dabei etwa ab 2020 von einer deutlichen Zunahme von Konkurrenzsituationen auszugehen. Dieser Befund ist auch unabhängig von der konkreten Realisierung der derzeit aufgestellten Prognosen zu einzelnen Technologien, da sich wie dargestellt eine Vielzahl von Untergrundnutzungen gegenseitig beeinflussen. Dies betrifft insbesondere die Regionen der Norddeutschen Tiefebene, des Süddeutschen Molassebeckens sowie den Oberrheingraben, da auf die hier gelegenen salinaren Aquifere, ausgeförderten Erdöl- und Erdgasspeicher und Salzformationen nahezu alle der untersuchten Untergrundnutzungen angewiesen sind. Dabei sind sowohl Nutzungskonflikte gleichgelagerter Nutzungen miteinenander, wie auch Konflikte unterschiedlicher Nutzungen – auch in einer unterschiedlichen zeitlichen Abfolge – möglich.

Ergänzt und verschärft wird die Situation von unmittelbaren Nutzungskonkurrenzen bezüglich einzelner geologischer Formationen durch den Umstand, dass sich auch Konkurrenzsituationen in einem weiteren Sinne ergeben können. So kann sich etwa mittelbar ein Ausschluss von Nutzungen ergeben, wenn unterschiedliche Nutzungsformen zwar nicht auf die gleichen geologischen Formationen zugreifen, sich aber aufgrund ihrer teils erheblichen Druckauswirkungen oder aufgrund von Sicherheitsbedenken oder einer möglichen Beeinträchtigung der Dichtheit von Speichern trotzdem gegenseitig ausschließen[219]. Diese Problemstellung kann auch die Nutzung der oberflächennahen Geothermie betreffen, die sich bis zu einer Tiefe von 400 m erstreckt. Weiterhin besteht die Gefahr, dass aufgrund des beschriebenen Forschungs- und Entwicklungsbedarfs einzelner Technologien diese erst mittel- bis langfristig realisierbaren Nutzungsformen in ihrem Einsatz beeinträchtigt werden könnten, weil zu diesem Zeitpunkt keine oder nur wenige geeignete Formationen mehr zur Verfügung stehen. Insbesondere die Speicherung von Kohlendioxid bietet hier ein besonderes Konfliktpotenzial, da sie auf großflächige unterirdische Formationen angewiesen ist und diese dauerhaft für anderweitige Nutzungen ausschließt.

---

219 So geht *Matthes* davon aus, dass zur langfristigen Sicherstellung der Dichtigkeit von CO_2-Speichern ein sogenanntes Multibarrierenkonzept notwendig ist, das mehrere undurchlässige Deckschichten notwendig macht. In Kontext diesen Sicherheitskonzeptes dürften dann auch diese für den Speicher sicherheitsrelevanten Schichten nicht von anderen Nutzungen beeinträchtigt werden, Anhörung des Ausschusses für Umwelt, Naturschutz und Reaktorsicherheit vom 25. Mai 2009, Protokoll 16/91, Seite 29; speziell für Nutzungskonkurrenzen zwischen Salzkavernen- und CO_2-Speichern auch *Oertel (2008),* Energiespeicher – Stand und Perspektiven, Sachstandsbericht zum Monitoring „Nachhaltige Energieversorgung", TAB, Seite 34; vgl. auch die Beispiele *Dietrich/Schäperklaus*, Erdöl Erdgas Kohle 2009, Seite 20 (21).

A. Salinare Aquifere

Das weitaus größte Potenzial für Nutzungskonkurrenzen und Konfliktsituationen besteht im Hinblick auf die zukünftige Nutzung von salinaren Aquiferen. Diese geologischen Formationen spielen sowohl bei der Förderung von Erdöl und Erdgas, der Nutzung der hydrothermalen Geothermie als auch im Hinblick auf die Speicherung von Gasen eine bedeutsame Rolle, da sie sowohl das größte Potenzial für die Wärme- und Elektrizitätsgewinnung durch Geothermie als auch die mit Abstand größten Speicherpotenziale für Erdgas und Kohlendioxid besitzen. Auch die Speicherung von Druckluft und Wasserstoff ist in salinaren Aquiferen potenziell möglich, wobei insbesondere für die Speicherung von Wasserstoff eine ökonomische Nutzbarkeit derzeit eher unwahrscheinlich erscheint.

Hinzu kommt die ungleiche regionale Verteilung salinarer Aquifere, die sich im Oberrheingraben, im Süddeutschen Molassebecken sowie in der Norddeutschen Tiefebene befinden. Insbesondere bei den Aquiferen der Norddeutschen Tiefebene besteht aufgrund der erheblichen vorhandenen Speicher- und Geothermiepotenziale sowie der räumlichen Nähe zu den Offshore-Windparks, der Nordstream-Erdgaspipeline und den Erdöl- und Erdgasprovinzen in Niedersachsen und Schleswig-Holstein eine besonders hohe Wahrscheinlichkeit von Nutzungskonkurrenzen und konfligierenden Interessen. Dies gilt ebenso für Zonen, die aufgrund von geologischen Anomalien einen hohen Temperaturgradienten in geringer Tiefe aufweisen, da diese Formationen besonders prädestiniert für eine geothermische Nutzung sind.

B. Ausgeförderte Erdöl- und Erdgaslagerstätten

Bei ausgeförderten Erdöl- und Erdgaslagerstätten ergeben sich potenzielle Nutzungskonkurrenzen insbesondere im Hinblick auf die Speicherung von Erdgas und Kohlendioxid, da ausgeförderte Kohlenwasserstofflagerstätten für beide Gase grundsätzlich geeignet sind und ihre Dichtheit über geologische Zeiträume bewiesen haben. Eine Speicherung von Druckluft erscheint ebenfalls möglich. Die Speicherung von Wasserstoff scheidet aufgrund der möglichen Kontamination des Wasserstoffs mit den in der Lagerstätte verbliebenen Kohlenwasserstoffen dagegen aus. Auch für die Gewinnung geothermischer Energie sind ausgeförderte Kohlenwasserstofflagerstätten ungeeignet.

C. Salzformationen (Salinare)

Mangels ausreichender Kapazitäten sind die in Salinare ausgespülten Kavernen für die Speicherung von Kohlendioxid nicht interessant. Auch eine geothermische Nutzung wurde in diesen Formationen bisher nicht ernsthaft verfolgt. Für die Speicherung von Erdgas, Druckluft und Wasserstoff sind Salzkavernen aufgrund ihrer technischen Eigenschaften jedoch ideal geeignet. Wegen zahlreicher für Solprozesse geeigneter Salzvorkommen insbesondere in Norddeutschland erscheint hier das tatsächlich bestehende Konfliktpotenzial im Hinblick auf Nutzungskonkurrenzen eher begrenzt. Da der Bedarf der konkurrierenden Nutzungen jedoch zu unterschiedlichen Zeitpunkten zu erwarten ist – Erdgasspeicher heute, Druckluft und Wasserstoffspeicher später – ist nicht auszuschließen, dass günstige, küstennahe Standorte bereits vergeben sind, wenn sich mittel- bis langfristig der Bedarf für zusätzliche Druckluft- und Wasserstoffspeicher ergibt.

D. Kristalline Gesteine

Bei kristallinen Gesteinen, die ebenfalls zur Geothermienutzung in Frage kommen, handelt es sich zumeist um Granit oder Gneisgesteine, die tiefer als Sedimentgesteine liegen[220]. Da diese vorwiegend in den norddeutschen Rotliegend-Vulkaniten, in der mittel- und süddeutschen Kristallinregion und im Oberrheingraben sowie in großen Tiefen liegen, ist hier eher von einem geringeren unmittelbaren Konkurrenzpotenzial auszugehen. Jedoch ergibt sich aus der erheblichen Tiefe und der für eine geothermische Nutzung notwendigen HDR-Technologie ein deutlich höheres Potenzial für mittelbare Konfliktsituationen mit oberflächennäheren Nutzungsmöglichkeiten.

220 *Paschen, Oertel, Grünwald,* Möglichkeiten geothermischer Stromerzeugung in Deutschland, Sachstandsbericht, TAB, Seite 36.

Kapitel 2
Rechtliche Bewältigung von Nutzungskonkurrenzen

Die Genehmigungsverfahren der im vorangegangenen Kapitel betrachteten Untergrundnutzungen sind im Bundesberggesetz (BBergG) und im Gesetz zur Demonstration der dauerhaften Speicherung von Kohlendioxid (KSpG) geregelt. Daher sollen nachfolgend die Konzeption dieser beiden Gesetze sowie die konkreten Genehmigungsvoraussetzungen und einzelne Verfahrensregelungen im Hinblick auf die vorhandenen rechtlichen Möglichkeiten zur Berücksichtigung aktueller und potenziell auftretender zukünftiger Konkurrenzsituationen untersucht werden.

Abschnitt 1: Genehmigungsverfahren nach Bundesberggesetz

A. Entstehung des Bergrechts

„Viele Grundsätze auch des heutigen Bergrechts finden ihre richtige Würdigung und Klarheit nur in diesem historischen Entstehungsgange des deutschen Bergrechts ...“[221]. Diese Anfang des 20. Jahrhunderts getroffene Aussage hat auch nach dem 1980 erfolgten Inkrafttreten des Bundesberggesetzes ihre grundsätzliche Bedeutung nicht verloren. Daher sollen im Folgenden die wesentlichen Entwicklungen des deutschen Bergrechts ab dem 19. Jahrhundert dargestellt werden, die die Grundzüge dieses Rechtsgebiets zum Teil bis in die heutige Zeit hinein determinieren[222].

I. Das Preußische Allgemeine Berggesetz vom 24. Juni 1865

Historisch entspringt das Bergrecht dem im Mittelalter vorherrschenden Berggewohnheitsrecht sowie den im 14. und 15. Jahrhundert von den jeweiligen Landesherren erlassenen Bergordnungen. Diese wurden in der zweiten Hälfte des 19. Jahrhunderts zunehmend durch Berggesetze abgelöst, die in den unterschiedlichen deutschen Ländern erlassen wurden. Das Wichtigste – teilweise sogar als

221 *Westhoff/Schlüter,* ZfB 1909, Seite 27 ff. (29).

222 Instruktive Gesamtdarstellungen der Entwicklung des deutschen Bergrechts finden sich bei *Kremer/Neuhaus gen. Wever*, Bergrecht, Seite 6 ff.; *Boldt/Weller, Bundesberggesetz,* Seite 95 ff.; beide mit zahlreichen weiteren Literaturangaben.

epochal bezeichnete[223] – dieser Gesetze war das Allgemeine Berggesetz für die Preußischen Staaten vom 24. Juni 1865. Dieses Gesetz enthielt die auch im heutigen BBergG verankerten Grundzüge der Trennung des Rechts zur Gewinnung der Bodenschätze vom Grundeigentum[224] und setzte damit das seit dem Mittelalter bestehende Prinzip der Bergbaufreiheit weiter fort. Mineralien, deren Freierklärung vom volkswirtschaftlichen Standpunkt aus gerechtfertigt erschien, entfielen aus der Verfügungsbefugnis des Grundeigentümers (sog. bergbaufreie oder verleihbare Mineralien). Lediglich die übrigen Mineralien blieben dem Grundeigentum zugeordnet (sog. Grundeigentümermineralien). Dadurch konnte jeder, der die gesetzlich festgelegten Voraussetzungen erfüllte, im Wege des Schürfens und Mutens Bergwerkseigentum erlangen[225]. Die Rechte des Staates gegenüber dem Bergbau, die sogenannte Berghoheit, wurden durch das Gesetz auf die Wahrnehmung öffentlicher Interessen beschränkt, die sich insbesondere in der Bergpolizei und in der Mitwirkung beim Erwerb von Bergwerkseigentum und bei der Grundabtretung äußerten[226].

Bis zum Ende der deutschen Monarchie 1919 entwickelte sich das preußische Bergrecht weiter, insbesondere in Bezug auf die Verstärkung des Arbeitsschutzes, die Ausgestaltung des Knappschaftswesens und die Zurückdrängung der Bergbaufreiheit hinsichtlich von Steinkohlen und Salzen zugunsten eines diesbezüglichen Staatsvorbehaltes[227].

Aufgrund seiner Modernität sowie der Vormachtstellung Preußens wurde das Allgemeine Preußische Berggesetz (ABG) maßgebend für die Berggesetzgebung der meisten deutschen Staaten, die seine wesentlichen Bestimmungen wörtlich oder inhaltlich als formell eigenes Recht übernahmen. Neben dieser Preußischen bestand noch die Sächsiche Bergrechtsgruppe (Königreich Sachsen und Großherzogtum Sachsen-Weimar-Eisenach), in der sich ein eigenes, vom preußischen Recht in einigen Punkten abweichendes Recht herausbildete.

223 *Kremer/Neuhaus gen. Wever*, Bergrecht, Rn. 36; m.w.N.

224 *Kremer/Neuhaus gen. Wever*, Bergrecht, Rn. 36.

225 *Boldt/Weller, Bundesberggesetz,* Einleitung Rn. 6.

226 *Boldt/Weller, Bundesberggesetz,* Einleitung Rn. 6.

227 *Kremer/Neuhaus gen. Wever*, Bergrecht, Rn. 38; *Boldt/Weller, Bundesberggesetz,* Einleitung, Rn. 13.

II. Die Berggesetzgebung in der Weimarer Republik und im Nationalsozialismus

Mit dem Inkrafttreten der Verfassung des deutschen Reiches vom 11. August 1919[228] wurde der Bergbau durch Artikel 7 Nr. 16 WRV der konkurrierenden Gesetzgebung des Reiches unterstellt. Damit bestand erstmals die Möglichkeit einer Vereinheitlichung des deutschen Bergrechts, die jedoch aufgrund der zahlreichen politischen und wirtschaftlichen Krisen in der Weimarer Republik nicht genutzt wurde[229]. Das Bergrecht erfuhr daher während der Dauer der Weimarer Republik nur marginale Änderungen[230].

Die während des „Dritten Reiches“ erlassenen wirtschaftspolitischen Gesetze dienten vorwiegend der Förderung des Bergbaus zur Unterstützung der Bestrebungen nach wirtschaftlicher Autarkie des Reiches und kriegswirtschaftlichen Zwecken[231]. Besonders erwähnenswert ist in diesem Zusammenhang das Lagerstättengesetz vom 04. Dezember 1934[232], das der Intensivierung der Durchforschung des Reichsgebiets nach nutzbaren Lagerstätten dienen sollte und den Zusammenschluss der im Reich vorhandenen geologischen Landesanstalten zu einer Geologischen Reichsanstalt vorsah. Die Nutzbarmachung heimischer Rohstoffe wurde ferner durch das Gesetz zur Erschließung von Bodenschätzen vom 01. Dezember 1936[233] vorangetrieben, das die Bergbehörden ermächtigte, alle Bergbauberechtigten nicht nur zur Aufsuchung von Mineralien, sondern vor allem zu deren Gewinnung, anzuhalten und einen Betriebszwang einführte. Zudem trat am 28. Februar 1939 die Verordnung über Baubeschränkungen[234] in Kraft, in der eine Planung der Bodennutzung eingeleitet wurde, die die für den Bergbau erforderlichen räumlichen Entwicklungsmöglichkeiten sicherstellen sollte[235].

Im Hinblick auf eine Vereinheitlichung des deutschen Bergrechts blieb es jedoch bei den gerade genannten Teillösungen, die zudem nur in der politischen und wirtschaftlichen Situation ihren Ursprung hatten und zeitbedingt waren[236].

---

228 RGBl. I, Seite 1338.

229 *Boldt/Weller, Bundesberggesetz,* Einleitung, Rn. 33.

230 *Kremer/Neuhaus gen. Wever*, Bergrecht, Rn. 38; einen Überblick über den 1933 erreichten Stand der bergrechtlichen Gesetzgebung gibt *Isay,* Der Geist des heutigen deutschen Bergrechts, Seite 1 ff.

231 *Boldt/Weller, Bundesberggesetz,* Einleitung, Rn. 16.

232 RGBl. I, Seite 1223.

233 RGBl. I, Seite 999.

234 RGBl. I, Seiten 381, 501.

235 Instruktiv zur Gesetzgebung auf dem Gebiet des Bergrechts während des „Dritten Reiches“, *Klapper*, ZfB 1959, Seite 100 ff.

236 *Boldt/Weller, Bundesberggesetz,* Einleitung, Rn. 35.

III. Die Entwicklung des Bergrechts nach 1945

Der Zusammenbruch des deutschen Reiches im Jahr 1945 setzte zunächst auch allen Überlegungen nach einer Neuordnung des Bergrechts ein Ende. Berghoheit und Bergverwaltung gingen auf die neugebildeten Länder über, die das grundsätzlich fortgeltende Preußische Allgemeine Berggesetz im Laufe der Zeit in wesentlichen Punkten abänderten[237]. Zwar bestimmt das am 23. Mai 1949 in Kraft getretene Grundgesetz in Art. 74 Ziff. 11 GG, dass sich die konkurrierende Gesetzgebungskompetenz des Bundes auch auf das Recht des Bergbaus erstreckt, doch wurde der Bundesgesetzgeber in diesem Bereich zuerst einmal nicht aktiv.

IV. Das Bundesberggesetz vom 13. August 1980

Mit dem wirtschaftlichen Aufschwung der 50er Jahre setzen schließlich Bestrebungen ein, die eine Vereinheitlichung und Neuordnung des deutschen Bergrechts bezweckten[238]. Diese führten 1970 zu einer Vorlage eines ersten Referentenentwurfs durch das Bundeswirtschaftsministerium, der nach einem langwierigen Gesetzgebungsverfahren am 14. Mai 1980 durch den Bundestag angenommen wurde. Nachdem der Bundesrat dem Votum des Bundestags jedoch nicht folgte und den Vermittlungsausschuss anrief, erfolgte erst am 04. Juli 1980 die Zustimmung beider Verfassungsorgane. Das BBergG trat daraufhin mit seiner Ausfertigung und Verkündung am 13. August 1980[239] gemäß § 178 BBergG am 01. Januar 1982 in Kraft. Es ersetzte insgesamt 104 Gesetze und Verordnungen des Bundes und der Länder, die durch §§ 174 und 175 BBergG aufgehoben wurden[240].

Am 02. September 1988 legt die Bundesregierung ein Gesetz zur Änderung des BBergG vor[241], das sich primär mit der Einführung eines Planfeststellungsverfahrens mit Umweltverträglichkeitsprüfung in das bergrechtliche Genehmigungsinstrumentarium befasste. Nach Beschluss des Bundestages und Zustimmung des Bundesrats trat das Gesetz zur Änderung des Bundesberggesetzes nach Ausfertigung und Verkündung[242] am 12. Februar 1990 in Kraft.

Mit dem Wirksamwerden des Beitritts der DDR zur Bundesrepublik Deutschland am 03. Oktober 1990[243] wurde das Berggesetz der DDR mit einer

---

237 Vgl. dazu *Boldt/Weller, Bundesberggesetz,* Einleitung, Rn. 36.

238 Vgl. dazu *Boldt/Weller, Bundesberggesetz,* Einleitung, Rn. 38 ff.

239 BGBl. I, Seite 1310.

240 *Boldt/Weller, Bundesberggesetz,* § 2, Rn. 1.

241 BT-Drucks. 88/399.

242 BGBl. I Seite 215.

243 Art. 1 Abs. 1 EV.

Reihe wesentlicher Maßgaben durch das Bundesberggesetz sowie 6 Bergverordnungen des Bundes abgelöst, so dass insoweit eine Rechtsvereinheitlichung auf dem kompletten Gebiet der Bundesrepublik eingetreten ist[244]. Durch die getroffenen Maßgaben ergaben sich bis 1996 Unterschiede zwischen den westlichen und den östlichen Bundesländern im Bereich der Bergbauschutzgebiete im Sinne des § 11 BergG-DDR, des Bergschadensrechts gemäß §§ 18 BergG-DDR sowie bei der Einordung der Bodenschätze in bergfreie und grundeigene Bodenschätze – insbesondere im Bereich des Steine-Erden-Sektors[245]. Diese Unterschiede wurden durch das Inkrafttreten des Gesetzes zur Vereinheitlichung der Rechtsverhältnisse bei Bodenschätzen am 23.04.1996[246] beseitigt.

B. Ziele und Zweck des Bundesberggesetzes

Die Zielstellungen des Bundesberggesetzes finden sich in den in § 1 BBergG aufgezählten Zweckbestimmungen des Gesetzes. Diese stellen die Grundkonzeption des Gesetzgebers dar, die bei der Anwendung von Einzelbestimmungen des Gesetzes als Richtschnur dienen, ohne jedoch materielles Recht darzustellen[247]. Folglich begründen sie keinerlei Rechte und Pflichten für den Bürger und kommen als eigenständige Grundlage behördlicher Entscheidungen nicht in Betracht. Gleichwohl können die Zweckbestimmungen trotz der nicht ausdrücklichen normativen Zuordnung von Rechten und Pflichten und trotz des Fehlens eines Normadressaten einen eigenständigen Regelungsgehalt entfalten[248], etwa bei der Auslegung von unbestimmten Rechtsbegriffen oder bei der abwägenden Auflösung von Interessenkollisionen[249]. Beispiele hierfür sind etwa die §§ 11 Nr. 10, 48, 55 Abs. 2 und 79 ff. BBergG, in denen die Zweckbestimmungen eine über § 1 BBergG hinausgehende Entfaltung und Bewertung erhalten, und sie damit justiziabel machen[250].

---

244 Art. 8 EV i.V.m. Anl. I Kap. V Sachgebiet D Abschnitt III Ziff. 1-7; man beachte aber die die Fortgeltung von Rechtsvorschriften der ehemaligen DDR betreffenden Bestimmungen gemäß Art. 9 EV i.V.m. Anl. II Kap. V Sachgebiet D Abschnitt III Ziff. 1-3, die erhebliche praxisrelevante Folgewirkungen entfalten.

245 Instruktiv zu den Besonderheiten in den östlichen Bundesländern bis zum Inkrafttreten des Gesetzes zur Vereinheitlichung der Rechtsverhältnisse bei Bodenschätzen vom 23.04.1996, *Kremer/Neuhaus gen. Wever*, Bergrecht, Rn. 514 ff.

246 BGBl. I Seite 602.

247 *Boldt/Weller, Bundesberggesetz,* § 1, Rn. 1, 5.

248 *Piens/Schulte/Graf Vitzthum,* BBergG, § 1 Rn. 7; *Boldt/Weller*, Bundesberggesetz, Ergänzungsband, § 1, Rn. 4.

249 *Frenz,* Bergrecht und Nachhaltige Entwicklung, Seite 14; vgl. auch *Jarass*, BImSchG, § 1 Rn.1, zu den Zweckbestimmungen des Bundes-Immissionsschutzgesetzes.

250 *Piens/Schulte/Graf Vitzthum,* BBergG, § 1 Rn. 7.

Es stellt sich daher die Frage, inwieweit die Zweckbestimmungen des BBergG dem Gedanken einer nachhaltigen Entwicklung Rechnung tragen und langfristig orientierte Gesichtspunkte – auch im Hinblick auf zukünftige potenzielle Konkurrenzen und Konflikte bei unterirdischen Nutzungsformen über die Zweckbestimmungen Einfluss auf den bergrechtlichen Entscheidungskanon haben können.

I. Sicherung der Rohstoffversorgung, § 1 Nr. 1 BBergG

Von den im Gesetz genannten Zweckbestimmungen ist im Kontext dieser Arbeit insbesondere § 1 Nr. 1 BBergG bedeutsam, nach dem es Zweck des Bundesberggesetzes ist, zur Sicherung der Rohstoffversorgung das Aufsuchen, Gewinnen und Aufbereiten von Bodenschätzen unter Berücksichtigung ihrer Standortgebundenheit und des Lagerstättenschutzes bei sparsamen und schonenden Umgang mit Grund und Boden zu ordnen und zu fördern. Die in § 1 Nr. 1 BBergG niedergelegte Sicherung der Rohstoffversorgung hat damit ausweislich des Gesetzeswortlauts eine ökonomische, eine ökologische sowie eine zeitliche Dimension.

1. Ökonomische Komponenten der Rohstoffsicherung

Durch § 1 Nr. 1 BBergG soll sichergestellt werden, dass den naturbedingten Besonderheiten des Bergbaus Rechnung getragen und eine optimale Nutzung der heimischen Rohstoffe erreicht werden kann[251]. Diese Zweckbestimmung gibt damit auch eine erste inhatliche Begründung für den Sonderrechtscharakter des Bergrechts[252], da die besondere gesamtwirtschaftliche Bedeutung des Bergbaus und das Allgemeininteresse an der Aufsuchung, Gewinnung und Aufbereitung von Bodenschätzen auch aus Gründen der Rohstoffversorgung außer Frage stehen[253].

Durch den ausdrücklichen Hinweis auf die Förderung des Bergbaus und seine Standortgebundenheit hat der Gesetzgeber wichtige Auslegungsregeln in das Gesetz aufgenommen, die bei der Anwendung in der Praxis zu berücksichtigen sind[254].

---

251 Begründung zum Gesetzentwurf der Bundesregierung zum BBergG, BT-Drucks. 08/1315, Seiten 74, 139; *Boldt/Weller, Bundesberggesetz,* § 1 Rn. 1, der die Sicherstellung der deutschen Rohstoffversorgung und in der Folge die Sicherheit der Energieversorgung als primäre Zielstellung des BBergG ansieht und mit Verweis auf *BVerfGE* 30, 292, (323f.); 4, (7 ff.) von einem von der jeweiligen Politik des Gemeinwesens unabhängigen „absoluten“ Gemeinschaftsgut spricht.

252 *Piens/Schulte/Graf Vitzthum*, BBergG, § 1, Rn. 9, wo in der Folge von § 1 Nr. 1 BBergG als Sonderrechtsklausel gesprochen wird.

253 Begründung zum Gesetzentwurf der Bundesregierung zum BBergG, BT-Drucks. 08/1315, Seiten 67, *Piens/Schulte/Graf Vitzthum*, BBergG, § 1, Rn. 1.

254 *Boldt/Weller, Bundesberggesetz,* § 1, Rn. 2.

Durch die geologischen und bergtechnischen Begebenheiten sind dem Bergbaubetreibenden bei der Auswahl der geographischen Lage seiner Betriebsstätten enge Grenzen gesetzt, die im Rahmen der behördlichen Entscheidung zu berücksichtigen sind[255]. Dies umfasst auch den Zwang des Bergbaubetriebes, sich in Abhängigkeit von der Lagerstätte räumlich ständig fortentwickeln und unter dauernder Anpassung an die Erfordernisse der Lagerstätte verändern zu müssen[256].

Auch der in § 1 Nr. 1 BBergG neben der Standortgebundenheit kodifizierte Lagerstättenschutz ist im Hinblick auf die Verhinderung von Raubbau seit langem Gegenstand bergrechtlicher Regelungen und weist neben dem Element der Förderung des Bergbaus enge Bezüge zu dem in der Regelung niedergelegten ordnenden Element der Rohstoffsicherung auf. Das BBergG betrachtet den Lagerstättenschutz als Beitrag zur optimalen Nutzung heimischer Ressourcen[257]. Neben der Verhinderung von Raubbau geht es jedoch auch um Maßnahmen, die dem Schutz einer Lagerstätte vor Beeinträchtigungen dienen[258], wie sie entweder von anderen Bergwerksbetrieben ausgehen oder auch durch Vorhaben an der Oberfläche verursacht werden. Hiervon erfasst sind sowohl unmittelbare Einwirkungen als auch solche, die mittelbar die Gewinnung erschweren oder verhindern[259]. Der in § 1 Abs. 1 BBergG zum Ausdruck kommende Gedanke der Rohstoffsicherung als besonderes Gemeinschaftsinteresse[260] zielt dabei auf die ständige Verfügbarkeit von Ressourcen, insbesondere fossiler Brennstoffe zur Sicherung der Energieversorgung und der Funktionsfähigkeit der Wirtschaft. Auswirkungen des Bergbaus auf die Umwelt, die erhebliche Ausmaße annehmen können, spielen nur eine untergeordnete Rolle[261].

2. Ökologische Komponente der Rohstoffsicherung

Allerdings wurden Aspekte des Umweltschutzes wurden bei Erlass des BBergG nicht völlig außer Acht gelassen, wie insbesondere die Regelung in § 55 Abs. 1 Nr. 7 BBergG zur Wiedernutzbarmachung der Oberfläche belegt[262]. Weiterge-

---

255 *Boldt/Weller, Bundesberggesetz,* § 1, Rn. 2.

256 *Piens/Schulte/Graf Vitzthum*, BBergG, § 1, Rn. 11.

257 Begründung zum Gesetzentwurf der Bundesregierung zum BBergG, BT-Drucks. 08/1315, Seite 74.

258 *Boldt/Weller, Bundesberggesetz,* § 1, Rn. 2; unter Hinweis auf § 55 Abs. 1 Nr. 4 BBergG.

259 *Boldt/Weller, Bundesberggesetz,* § 1, Rn. 2; unter Hinweis auf § 55 Abs. 1 Nr. 4 BBergG.

260 Vgl. *BVerfGE* 30, Seite 292 (323); *NWVerfGH*, NVwZ-RR 1998, Seite 473 (475), die das Interesse an einer gesicherten Rohstoffversorgung als „Gemeinschaftsgut höchsten Ranges" bezeichnen.

261 *Ludwig*, ZUR 2012, Seite 150 (150).

262 Begründung zum Gesetzentwurf der Bundesregierung zum BBergG, BT-Drucks. 08/1315, Seite 67; *Wilde*, DVBl. 1998, Seite 1321 (1321)

hende Regelungen mit Bezug zum Umwelt- und Planungsrecht blieben jedoch zunächst außen vor, was darauf hindeutet, dass eine prinzipielle Trennung von Umwelt- und Planungsrecht einerseits und Bergrecht andererseits vom Gesetzgeber beabsichtigt ist[263]. Das Bergrecht ist somit umweltrelevantes, aber kein umweltspezifisches Recht[264].

Diese strikte Trennung änderte sich in Bezug auf die Lithosphäre durch den im Gesetz zur Änderung des Bundesberggesetzes vom 12. Februar 1990[265] in § 1 Nr. 1 BBergG eingefügten Passus „bei sparsamen und schonenden Umgangs mit Grund und Boden". Diese sogenannte Bodenschutzklausel sollte ausweislich der Begründung des Regierungsentwurfs der Umsetzung der Bodenschutzkonzeption der Bundesregierung vom 06. Februar 1985[266] für den Bereich des Bergrechts dienen[267] und steht von ihrer Bedeutung gleichberechtigt neben den sonstigen Inhalten der Zweckbestimmung[268].

Durch die Anreicherung der Zweckbestimmung mit Aspekten des Bodenschutzes beinhaltet § 1 Nr. 1 BBergG im Rahmen der Sicherung der Rohstoffversorgung einen bedeutsamen ökologischen Teilaspekt eines übergreifenden Nachhaltigkeitsgedankens[269], wenn auch unter dem festgestellten Vorbehalt der die Zweckbestimmung dominierenden ökonomischen Dimension der Rohstoffsicherung.

3. Zeitliche Komponente der Rohstoffsicherung

Der in § 1 Nr. 1 BBergG niedergelegte Rohstoffsicherungs- und -schutzgedanke enthält ausweislich des Wortlauts keine zeitliche Einschränkung und ist folglich grundsätzlich weit und zukunftsoffen ausgestaltet. Jedoch spricht der Wortlaut von einer „Sicherung der Rohstoffversorgung" und legt daher eher eine abbau- und gegenwartsbezogenere Sichtweise nahe. Diese muss jedoch im Hinblick auf die Sicherung der Versorgung des nationalen Marktes mit Rohstoffen eine zukunftsgerichtete und damit langfristige Orientierung umfassen[270]. Denn ohne

263 Vgl. Begründung zum Gesetzentwurf der Bundesregierung zum BBergG, BT-Drucks. 08/1315, Seite 76 wonach ein normatives Überschneiden des BBergG mit anderen Rechtsmaterien vermieden wird; so auch *Frenz,* Bergrecht und Nachhaltige Entwicklung, Seite 12; *Büllesbach*, Die rechtliche Beurteilung von Abgrabungen, Seite 70.

264 *Kloepfer,* Umweltrecht, § 10 Rn. 188.

265 BGBl. I Seite 215.

266 BT-Drucks. 10/2977.

267 BT-Drucks. 88/399, Seite 14.

268 BT-Drucks. 88/399, Seite 14.

269 Vgl. etwa *Callies*, DVBl. 1998, Seite 559 (562); *Schröder*, WiVerw. 1995, Seite 65 (70); *Frenz*, Bergrecht und Nachhaltige Entwicklung, Seite 19.

270 *Frenz,* Bergrecht und Nachhaltige Entwicklung, Seite 18; *Berkemann*, DVBl. 1989 Seite 625 (625).

eine zukunftsgerichtete Komponente wäre dem auf eine ständig ausreichende Rohstoffversorgung ausgerichteten Sicherungsgedanken des § 1 Nr. 1 BBergG nicht ausreichend Rechnung zu tragen. Vielmehr würde eine Dominanz rein kurzfristiger Interessen zwangsläufig zur Verringerung von Reserven und damit zur Verknappung und Verteuerung der nationalen Rohstoffversorgung führen, die die Versorgungssicherheit beeinträchtigen würde.

Der Lagerstättenschutz sichert dabei diese mittel- bis langfristige Dimension der Rohstoffsicherung weiter ab, indem er Raubbau verhindern soll und der Reservehaltung von Ressourcen als Ausdruck einer intergenerationellen Komponente offen gegenübersteht. Somit beinhalten die beiden Elemente der Förderung und der Ordnung innerhalb der Zweckbestimmung des § 1 Nr. 1 BBergG sich gegenseitig kanalisierende Aspekte[271]. Während die Förderungsklausel primär gegenwartsbezogen ist und damit die Sicherung der Rohstoffversorgung der lebenden Generation betont, dient die Ordnungsklausel als Korrektiv und verhindert eine zu starke Ausrichtung lediglich auf die Förderung und stärkt damit das Ziel einer langfristigen Rohstoffsicherung zugunsten künftiger Generationen.

Vorsorgende Maßnahmen zur Sicherung einer zukünftigen Rohstoffversorgung gehören jedoch ausweislich der Begründung des Regierungsentwurfs primär zu den Aufgaben der Raumordnung und Landesplanung[272]. Die gesetzgeberische Vorstellung einer mittel- bis langfristig vorsorgenden Rohstoffsicherung lässt sich jedoch – wie dargelegt – unabhängig davon auch unmittelbar aus § 1 Nr. 1 BBergG entnehmen[273].

Damit können im Ergebnis auch die Bedürfnisse künftiger Generationen an einer sicheren Rohstoffversorgung als immanenter Inhalt der Nachhaltigkeit, vermittelt durch § 1 Nr. 1 BBergG, in den Genehmigungsverfahren des Bundesberggesetzes Berücksichtigung finden. Dies kann aufgrund der langfristigen Ausrichtung einer Rohstoffsicherung auch die Berücksichtigung potenzieller zukünftiger Nutzungskonkurrenzen umfassen, insbesondere wenn sich diese dauerhaft gegenseitig ausschließen.

---

271 *Frenz,* Bergrecht und Nachhaltige Entwicklung, Seite 25.

272 Begründung zum Gesetzentwurf der Bundesregierung zum BBergG, BT-Drucks. 08/1315, Seite 67.

273 *Frenz,* Bergrecht und Nachhaltige Entwicklung, Seite 17.

II. Betriebssicherheit, Gefahrenvorsorge und Schadensausgleich § 1 Nr. 2 und 3 BBergG

Neben der Sicherung der Rohstoffversorgung sind in § 1 Nr. 2 BBergG sowie § 1 Nr. 3 BBergG die Sicherheit der Betriebe und der Beschäftigten des Bergbaus und die Verstärkung der Vorsorge gegen Gefahren, die sich aus bergbaulicher Tätigkeit für Leben, Gesundheit und Sachgüter Dritter ergeben, sowie die Verbesserung des Ausgleichs unvermeidbarer Schäden als weitere Zweckbestimmungen niedergelegt.

Die Aufnahme des Arbeitsschutzes und der Betriebssicherheit als Zweckbestimmungen des BBergG haben ihren Grund in den im Gegensatz zu anderen Industriezweigen unterschiedlichen tatsächlichen Verhältnissen des Bergbaus[274].

Die Verstärkung der Gefahrenvorsorge bedeutet, dass sowohl bei der Betriebsplanung wie auch bei der behördlichen Überwachung auf eine weitgehende Beschränkung bergbaulicher Einwirkungen auf die Belange Dritter hinzuwirken ist[275]. Darin umfasst ist letztlich auch der Zweck, die Auswirkungen eines Bergwerkbetriebs auf die Umwelt rechtlich zu erfassen[276], wobei der Schutz der Lithosphäre aufgrund der gesonderten Aufnahme in die Rohstoffsicherungsklausel des § 1 Nr. 1 BBergG von § 1 Nr. 3 BBergG nicht mehr umfasst ist.

Auch die Zweckbestimmungen des § 1 Nr. 2 und 3 BBergG beinhalten somit ökologische sowie soziale Komponenten der Nachhaltigkeit, die in der Folge in das Genehmigungsregime des BBergG einfließen können.

C. Genehmigungsverfahren im BBergG zur Aufsuchung, Gewinnung und Aufbereitung von Bodenschätzen

Bevor die unterschiedlichen Genehmigungsverfahren des Bergrechts auf ihre Möglichkeit zur Berücksichtigung konkurrierender Interessen hin geprüft werden, ist zunächst einmal festzustellen, für welche der in Abschnitt 1 dargestellten Formen der Untergrundnutzung das BBergG Anwendung findet. Dabei werden aus Gründen der Übersichtlichkeit zunächst die verschiedenen Genehmigungsverfahren zur Aufsuchung und Gewinnung von Bodenschätzen dargestellt wer-

---

274 *Boldt/Weller, Bundesberggesetz,* § 1, Rn. 3.

275 *Boldt/Weller, Bundesberggesetz,* § 1, Rn. 4.

276 *Boldt/Weller, Bundesberggesetz,* § 1, Rn. 4, jedoch auf die Gesamtheit aller Umweltmedien bezogen, da die Bodenschutzklausel erst 1990 in § 1 Nr. 1 BBergG eingefügt wurde.

den. Das Genehmigungsverfahren zur untertägigen Speicherung von Gasen wird in einem zweiten Schritt erörtert.

Es ist daher zunächst zu prüfen, welche der in Abschnitt 1 genannten Untergrundnutzungen unter das bergrechtliche Rechtsregime zur Aufsuchung und Gewinnung von Rohstoffen und damit unter das vollständige Konzessions- und Betriebsplanverfahren des BBergG fallen.

I. Sachlicher Anwendungsbereich

Aufsuchung, Gewinnung und Aufbereitung von bergfreien und grundeigenen Bodenschätzen einschließlich des Verladens, Beförderns, Abladens, Lagerns und Ablagerns von Bodenschätzen, Nebengestein und sonstigen Massen, soweit es im unmittelbaren betrieblichen Zusammenhang mit dem Aufsuchen, Gewinnen oder Aufbereiten steht, unterfallen gemäß § 2 Abs. 1 Ziffer 1 BBergG dem Anwendungsbereich des BBergG.

Der Geltungsbereich des BBergG lässt sich jedoch alleine aus § 2 BBergG nicht bestimmen. Vielmehr müssen hierfür die in § 3 sowie 4 BBergG enthaltenen Legaldefinitionen herangezogen werden.

1. Bergfreie und grundeigene Bodenschätze, § 3 BBergG

Gemäß § 3 Abs. 1 BBergG sind Bodenschätze mit Ausnahme von Wasser alle mineralischen Rohstoffe in festen oder flüssigem Zustand und Gase, die in natürlichen Ablagerungen oder Ansammlungen (Lagerstätten) in oder auf der Erde, auf dem Meeresgrund, im Meeresuntergrund oder im Meerwasser vorkommen. Das Bundesberggesetz unterscheidet in § 3 Abs. 2 BergG weitergehend zwei Arten von Bodenschätzen: grundeigene und bergfreie Bodenschätze, die nach ihrem eigentlichen Wortsinn auf den Unterschied in der auch historisch begründeten unterschiedlichen Verfügungsbefugnis über die Bodenschätze hinweisen[277]. Bergfreie Bodenschätze sind vom Verfügungsrecht des Grundstückseigentümers ausgeschlossene Bodenschätze[278]. Sie sind nach herrschender Auffassung herren-

277 *Boldt/Weller, Bundesberggesetz,* § 2, Rn. 8.

278 Die Entziehung des Verfügungsrechts des Grundeigentümers durch das BBergG – sofern nicht schon historisch begründet – wird in Rechtsprechung und Literatur allgemein als verfassungsrechtlich zulässig erachtet. Nach überwiegender Auffassung wird die Beschränkung der Grundeigentümerbefugnisse durch Gesetz als nicht entschädigungspflichtige Inhalts- und Schrankenbestimmung des Grundeigentums nach Art. 14 Abs. 1 S. 2 GG verstanden, teils als entschädigungslos hinzunehmende Sozialbindung des Eigentums, Art 14 Abs. 2 GG; näher dazu *Boldt/Weller, Bundesberggesetz,* § 3, Rn. 8 m.w.N.

lose Sachen[279] und unterliegen dem Aneignungsrecht des Staates oder desjenigen, der Inhaber einer im BBergG näher umschriebenen Bergbauberechtigung ist[280]. Regelungsformen des Zivilrechts wie etwa vertragliche Nutzungseinräumungen scheiden im Hinblick auf Lösungsmöglichkeiten von potenziellen Nutzungskonkurrenzen bergfreier Bodenschätze folglich aus. Eine umso größere Rolle spielt daher die Möglichkeit einer angemessenen Berücksichtigung potenzieller – auch zukünftiger – Konkurrenzsituationen innerhalb der Zulassungstatbestände der bergrechtlichen Konzessions- und Betriebsplanverfahren selbst.

Grundeigene Bodenschätze hingegen werden vom Grundstückseigentum umfasst und können vom Eigentümer kraft seiner Befugnisse als Eigentümer aus § 903 ff. BGB gewonnen werden. Dies folgt zwar bereits aus § 905 BGB, sollte jedoch durch das BBergG nochmals ausdrücklich klargestellt werden[281]. Grundeigene Bodenschätze werden jedoch sowohl in öffentlich-rechtlicher, wie auch in privatrechtlicher Beziehung den bergfreien Bodenschätzen gleichgestellt[282]. Ausgeschlossen sind lediglich die §§ 6 bis 33 BBergG sowie weitere Vorschriften, die ausdrücklich oder inhaltlich auf bergfreie Bodenschätze beschränkt sind. Die Konzessionsverfahren zur Erteilung von Erlaubnis, Bewilligung und Bergwerkseigentum finden damit keine Anwendung auf grundeigene Bodenschätze. Zukünftige potenzielle Konkurrenzsituationen mit entgegenstehenden Nutzungen des Untergrundes können daher lediglich im Betriebsplanverfahren des BBergG Berücksichtigung finden, sofern sie nicht schon durch die Eigentümerposition des Aufsuchenden und Gewinnenden ausgeschlossen sind.

Die abschließenden Definitionen bergfreier und grundeigener Bodenschätze in § 3 Abs. 3 und 4 BBergG bieten darüber hinaus auch eine eindeutige Abgrenzung des sachlichen Anwendungsbereich des Bergrechts[283].

a) Erdöl und Erdgas als bergfreier Bodenschatz

Teil der enumerativen Aufzählung der bergfreien Bodenschätze in § 3 Abs. 3 BBergG sind auch Kohlenwasserstoffe nebst der bei ihrer Gewinnung anfallenden Gase. Kohlenwasserstoffe sind dabei alle chemischen Verbindungen, die nur

279 instruktiv zum Meinungsstreit über die Eigentumsverhältnisse an bergfreien Bodenschätzen vor ihrem Abbau *Boldt/Weller, Bundesberggesetz,* § 2, Rn. 9.

280 Begründung zum Gesetzentwurf der Bundesregierung zum BBergG, BT-Drucks. 08/1315, Seite 77.

281 Begründung zum Gesetzentwurf der Bundesregierung zum BBergG, BT-Drucks. 08/1315, Seite 79.

282 *Boldt/Weller, Bundesberggesetz,* § 3, Rn. 39.

283 Begründung zum Gesetzentwurf der Bundesregierung zum BBergG, BT-Drucks. 08/1315, Seite 75.

aus Kohlenstoff und Wasserstoff bestehen[284] und umfassen auch die beiden fossilen Rohstoffe Erdöl und Erdgas.

Damit unterfallen die Exploration und Förderung der Bodenschätze Erdöl und Erdgas als „klassische“ Nutzungsformen dem uneingeschränkten Anwendungsbereich des Bergrechts.

b) Geothermie als bergfreier Bodenschatz

Auch die Erdwärme bzw. Geothermie sowie alle mit ihrer Gewinnung auftretenden anderen Energien[285] gelten nach § 3 Abs. 3 Nr. 2 Buchst. b) BBergG als bergfreier Bodenschatz[286]. Die Suche nach bzw. die „Förderung“ von Erdwärme unterliegt in der Folge grundsätzlich dem bergrechtlichen Rechtsregime. Dabei wird durch das BBergG grundsätzlich keine Unterscheidung getroffen, ob die Erdwärmenutzung oberflächennah oder in tieferen Erdschichten erfolgt. Damit soll nach dem Willen des Gesetzgebers gewährleistet werden, dass die öffentlichen Interessen, die zwangsläufig durch die Nutzung der Erdwärme berührt werden, in ausreichendem Maße und in einem frühen Stadium gewahrt werden können und so eine geordnete Nutzung der vorhandenen Energiepotenziale erreicht werden kann[287].

2. Begriffsbestimmungen, § 4 BBergG

Neben der Definition und Systematik des § 3 BBergG enthält auch § 4 BBergG für das Gesetz wesentliche Begriffsbestimmungen, die auch für die Abgrenzung des sachlichen Geltungsbereichs des Bergrechts eine wichtige Rolle spielen[288]. Wichtig sind im Kontext der hier untersuchten Genehmigungsverfahren zum Aufsuchen und Gewinnen von Bodenschätzen wie Erdöl, Erdgas und Geothermie insbesondere die Definitionen in § 4 Abs. 1, 2 und 3 BBergG, die sich ausdrücklich mit diesen Tätigkeiten befassen.

---

284 *Boldt/Weller, Bundesberggesetz,* § 3, Rn. 21.

285 Mit den „im Zusammenhang mit ihrer [also der Erdwärme] Gewinnung auftretenden anderen Energien“ sind die kinetischen Energien gemeint, die bei der Freisetzung von Gewinnung von Erdwärme freigesetzt werden, vgl. *Boldt/Weller, Bundesberggesetz,* § 3 Rn. 34; *Kremer/Neuhaus gen. Wever*, Bergrecht, Rn. 55.

286 Zur Einbeziehung der Geothermie in das BBergG instruktiv *Heitmann*, ZfB 1984, Seite 440 ff.

287 Begründung zum Gesetzentwurf der Bundesregierung zum BBergG, BT-Drucks. 08/1315, Seite 173.

288 *Boldt/Weller, Bundesberggesetz,* § 4, Rn. 1.

a) *Aufsuchung, § 4 Abs. 1 BBergG*

Das Bundesberggesetz definiert die Aufsuchung in § 4 Abs. 1 BBergG als mittelbar oder unmittelbar auf die Entdeckung oder Feststellung der Ausdehnung von Bodenschätzen gerichtete Tätigkeit. Damit ist klargestellt, dass der Begriff der „Aufsuchung“ nicht nur die Entdeckung noch unbekannter Bodenschätze zum Ziel haben kann, sondern dass auch das Nachforschen nach der Ausdehnung eines bereits bekannten oder zu erwartenden Bodenschatzes von der Definition umfasst ist[289]. Durch den Wortlaut soll zudem klargestellt werden, dass es bei der Prüfung der Frage, ob eine Tätigkeit eine Aufsuchung im Sinne des BBergG darstellt, nicht darauf ankommt, mit welcher subjektiven Zielsetzung sie vorgenommen wird[290]. Die Untersuchung des Untergrundes auf seine Eignung zur Gewinnung von Erdöl, Erdgas sowie Geothermie ist damit grundsätzlich als Aufsuchung einzuordnen.

b) *Gewinnung, § 4 Abs. 2 BBergG*

Gemäß § 4 Abs. 2 1. HS BBergG umfasst der Begriff des Gewinnens alle auf das Lösen oder Freisetzen von Bodenschätzen nach § 3 Abs. 1 BBergG gerichteten Tätigkeiten soweit es sich nicht um eine Aufsuchung nach § 4 Abs. 1 BBergG oder um ein Aufbereiten nach § 4 Abs. 3 BBergG handelt. Der Begriff der Gewinnung ist rein tätigkeitsbezogen zu verstehen und weist keinerlei sachenrechtliche Wirkung auf[291]. Er hat damit keinerlei rechtsgestaltenden Charakter und umfasst insbesondere nicht gleichzeitig die Befugnis zur Aneignung der gewonnenen Bodenschätze[292].

Zur Gewinnung gehört jedoch nicht nur der eigentliche Abbau, sondern auch vorbereitende, nachfolgende oder begleitende Maßnahmen sind mit umfasst. Zur Erläuterung des umfassten Tätigkeitsumfangs sind in der Begründung des Regierungsentwurfs als Beispiele der Aufschluss eines Gewinnungsfeldes, die Aus- und Vorrichtung, der Grubenausbau, die Wasserhaltung, die Grubenbewetterung und der Transport genannt[293]. Bei der Gewinnung von Bodenschätzen durch Bohrlöcher, wie es bei der Erdöl- und Erdgasförderung und der Geothermie

---

289 *Boldt/Weller, Bundesberggesetz,* § 4, Rn. 2.

290 Begründung zum Gesetzentwurf der Bundesregierung zum BBergG, BT-Drucks. 08/1315, Seite 80.

291 Begründung zum Gesetzentwurf der Bundesregierung zum BBergG, BT-Drucks. 08/1315, Seite 80.

292 *Boldt/Weller, Bundesberggesetz,* § 4, Rn. 5.

293 Begründung zum Gesetzentwurf der Bundesregierung zum BBergG, BT-Drucks. 08/1315, Seite 80.

regelmäßig der Fall ist, wird auch das Niederbringen der Bohrung vom Gewinnungsbegriff umfasst[294]. Im Rahmen der Gewinnung von Geothermie greift das klassische Begriffsverständnis von Lösen und Freisetzen in § 4 Abs. 2 BBergG nicht unmittelbar, allerdings wird in der Begründung des Regierungsentwurfs dargelegt, dass das Zutagefördern der Erdwärme als Gewinnung anzusehen ist[295].

Durch § 4 Abs. 2 2. HS BBergG werden jedoch einige Tätigkeiten ausdrücklich vom Gewinnungsbegriff ausgenommen. Diese zeichnen sich zwar auch durch das Lösen und Freisetzen von Bodenschätzen aus, sind gleichwohl jedoch keine bergbaulichen Tätigkeiten, da ihr Zweck gerade nicht auf das Gewinnen von Bodenschätzen ausgerichtet ist. Gemäß § 4 Abs. 2 2. HS Nr. 1 BBergG liegt eine Gewinnung dann nicht vor, wenn Bodenschätze in einem Grundstück aus Anlass oder in Zusammenhang mit dessen baulicher oder sonstiger städtebaulicher Nutzung gelöst oder freigesetzt werden. Als Beispiele für eine bauliche Nutzung im Sinne der Vorschrift nennt die Begründung des Regierungsentwurfs etwa die Aushebung von Baugruben zum Zwecke der Errichtung von Gebäuden, Straßen, Bahnen oder Kanälen[296]. Im Kontext der Ausnahmen des § 4 Abs. 2 2. HS Nr. 1 BBergG unterfällt somit die Gewinnung von Erdwärme zur Beheizung oder Kühlung eines auf einem Grundstück gelegenen Gebäudes nicht dem Gewinnungsbegriff des BBergG[297].

Allerdings regelt das Bundesberggesetz in § 127 Abs. 1 BBergG, dass Bohrungen, die über 100 m in den Boden eindringen sollen, bei der zuständigen Behörde angezeigt werden müssen. Maßgeblich ist dabei die geplante Tiefe der Bohrung[298]. Die Behörde kann gemäß § 127 Abs. 1 Nr. 2 BBergG die Vorlage eines Betriebsplans nach § 51 BBergG fordern, wenn sie dies im Einzelfall mit Rücksicht auf den Schutz Beschäftigter oder Dritter oder die Bedeutung des Betriebes für erforderlich hält. Die Betriebsplanpflicht folgt damit jedoch nicht unmittelbar aus dem Gesetz sondern wird durch Verwaltungsakt durch die Behörde begründet[299].

Damit unterliegt zumindest jede Bohrung zur Gewinnung von Erdwärme über 100 m Tiefe zur Beheizung oder Kühlung eines auf einem anderen Grundstück gelegenen Gebäudes der Anzeigepflicht und je nach Entscheidung der

294 *Boldt/Weller, Bundesberggesetz,* § 4, Rn. 6.

295 Begründung zum Gesetzentwurf der Bundesregierung zum BBergG, BT-Drucks. 08/1315, Seite 189; *Boldt/Weller, Bundesberggesetz,* § 2, Rn. 19

296 Begründung zum Gesetzentwurf der Bundesregierung zum BBergG, BT-Drucks. 08/1315, Seite 80.

297 *Boldt/Weller, Bundesberggesetz,* § 4, Rn. 5; vgl. auch *Zydeck*, Bundesberggesetz, Materialien, Seite 90; *Ehricke*, UPR 2009, Seite 281 (282); *Große*, ZUR 2009, Seite 535 (536).

298 *Boldt/Weller, Bundesberggesetz,* § 127, Rn. 2.

299 *Boldt/Weller, Bundesberggesetz,* § 127, Rn. 4.

Behörde ggf. auch der Betriebsplanpflicht. Somit können durch diese Bohrungen entstehende potenzielle Konkurrenzsituationen nicht im Berechtsamverfahren nach §§ 6 ff. BBergG, aber ggf. im Betriebsplanverfahren nach §§ 51 ff. BBergG Berücksichtigung finden. Bohrungen von weniger als 100 m Tiefe werden jedoch durch das BBergG nicht erfasst. Eine bergbehördliche Prüfung von Konkurrenz- und Konfliktsituationen kann für diese Bohrungen mit geringer Tiefe somit nicht stattfinden.

II. Bergbauliches Berechtsamwesen

Als ordnende Grundlage der Rohstoffsicherung und des Lagerstättenschutzes im BBergG hat der Gesetzgeber unter anderem die Schaffung eines modernen, elastischen Konzessionssystems für besonders wichtige, dem Grundeigentum entzogene Bodenschätze sowie die Bereinigung des bestehenden Berechtswesens durch das BBergG angesehen[300]. Das Bundesberggesetz sieht für die Aufsuchung sowie den Abbau der hier betrachteten Bodenschätze daher ein zweistufiges System von Genehmigungen vor.

Dem Betriebsplanverfahren als originärem Zulassungsverfahren ist ein Konzessionsverfahren vorgelagert, welches die Voraussetzungen für den Erwerb einer Bergbauberechtigung schafft. Dieses öffentlich-rechtlich ausgestaltete Konzessionssystem ist als präventives Verbot mit Erlaubnisvorbehalt ausgestaltet[301] und letztendlich eine Konsequenz aus § 3 Abs. 2 S. 2 BBergG, nach dem bergfreie Bodenschätze nicht vom Eigentum an einem Grundstück erfasst sind. Die Trennung des Grundeigentums von diesen Bodenschätzen setzt ein Rechtsinstitut voraus, das eine Aufsuchung und Gewinnung unabhängig vom Willen des jeweiligen Grundeigentümers und ohne Rücksicht auf Eigentumsgrenzen ermöglicht[302].

Gemäß § 6 BBergG bedarf derjenige der einen bergfreien Bodenschatz aufsuchen will der Erlaubnis, derjenige der einen bergfreien Bodenschatz gewinnen will der Bewilligung oder des Bergwerkeigentums. Durch den Erwerb einer derartigen bergrechtlichen Berechtigung wird jedoch lediglich ein Rechtstitel erlangt. Die Bergbauberechtigung räumt dem Berechtigten lediglich die Befugnis ein, Bodenschätze aufzusuchen und/oder zu gewinnen. Sie sagt noch nichts darüber aus, wie (betreffend Ort, Zeitpunkt und Mittel) und unter welchen Voraus-

300 Begründung zum Gesetzentwurf der Bundesregierung zum BBergG, BT-Drucks. 08/1315, Seite 2.

301 Instruktiv zur Frage des Instruments eines Verbotes mit Erlaubnisvorbehalt im BBergG *Boldt/Weller, Bundesberggesetz,* § 6, Rn. 7.

302 *BVerwG*, UPR 1999, Seite 75 (76).

setzungen der Inhaber seine Berechtigung ausüben darf[303]. Insoweit unterscheiden sich die Bergbauberechtigungen wesentlich von anderen öffentlich-rechtlichen Erlaubnissen, Genehmigungen oder Planfeststellungen, die gleichzeitig mit der Einräumung der erforderlichen Befugnisse auch deren Ausübung zum Gegenstand haben[304].

Vorzug dieser Konzeption ist die Tatsache, dass die mit der Aufsuchung und Gewinnung verbundenen wirtschaftspolitischen Fragestellungen im Verfahren zur Erteilung von Bergbauberechtigungen vorab entschieden werden und das nachfolgende Betriebsplanverfahren entlastet werden kann[305]. Insbesondere eine Abwägung der Notwendigkeit zur Rohstoffgewinnung aus heimischen Lagerstätten mit etwaigen kollidierenden anderen öffentlichen Belangen kann hiernach bereits in einer Phase einsetzen, in der die Bergbauberechtigungen erteilt werden, und zu Ergebnissen führen, auf denen der Bergbauberechtigte seine Planungen aufbauen und Investitionen treffen kann[306].

Aufgrund der zahlreichen zu prüfenden Voraussetzungen zur Erteilung werden der Behörde jedoch teilweise erhebliche Beurteilungsspielräume[307] eingeräumt und damit ein hohes Maß an Verantwortung im Rahmen des in § 1 BBergG bezeichneten Gesetzeszwecks übertragen. Die Gerichte ordnen dabei die an zahlreichen Stellen des BBergG vorzunehmende nachvollziehende Abwägung und die damit ggf. verbundenen Einschränkungsmöglichkeiten als richterlich voll nachprüfbar ein[308]. Denn die Vergabe einer Bergbauberechtigung steht

---

303 Begründung zum Gesetzentwurf der Bundesregierung zum BBergG, BT-Drucks. 08/1315, Seite 84; *BVerwG*, UPR 1999, Seite 75 (76).

304 So für die Erlaubnis *Boldt/Weller, Bundesberggesetz,* § 11, Rn. 14; Begründung zum Gesetzentwurf der Bundesregierung zum BBergG, BT-Drucks. 08/1315, Seite 87; OVG *Bautzen*, ZfB 1998, Seite 205 (205).

305 OVG *Münster*, NdsVBl. 2004, Seite 180 (183); *Piens/Schulte/Graf Vitzthum*, BBergG, § 11, Rn. 23.

306 *Westermann*, Freiheit des Unternehmens und des Grundeigentümers und ihre Pflichtenbindung im öffentlichen Interesse nach dem Referentenentwurf des Bundesberggesetzes, spricht etwa für § 11 Nr. 10 BBergG davon, dass „die raumordnerische Entscheidung immer vor der betreffenden Maßnahme – hier Beginn des Bergbaus – fallen sollte, da spätere Anpassungen an einer ins Werk gesetzte Tätigkeit an die raumordnerischen Erfordernisse erfahrungsgemäß sehr viel schwerer durchsetzbar sind, als eine Verhinderung des Beginns. Angesichts des hohen Kapitalaufwandes, den der Bergbau erfordert, ist es auch unbedingt erforderlich, dem Unternehmer so früh wie möglich Sicherheit dafür zu geben, dass seine Absichten der Raumordnung entsprechen."

307 *Boldt/Weller, Bundesberggesetz,* § 6, Rn. 8; jedoch mit der Einschränkung das hier lediglich der Gesetzeszweck des § 1 Nr. 1 BBergG explizit aufgeführt ist; *Schulte*, NJW 1981, Seite 88 (91).

308 VGH *Mannheim* ZfB 1989, Seite 57 (66, 67); VG *Weimar*, ZfB 1996, Seite 321 (329) hinsichtlich § 48 Abs. 2 S. 1 BBergG; so auch *Boldt/Weller, Bundesberggesetz,* § 11. Rn. 1; *Frenz,* Bergrecht und Nachhaltige Entwicklung, Seite 22; *Hoppe/Spoer*, Bergrecht und Raumordnung, Seite 89.

aufgrund des umfassenden Rechtsanspruchs auf Erteilung[309] gerade nicht im behördlichen Ermessen. Einen eigenständigen Beurteilungsspielraum hat die Verwaltung nur bei Bewertungen, die ein Gericht nicht selbst durchführen kann oder bei Planungen aller Art[310]. Die im Rahmen einer Erlaubnis oder einer Bewilligung erforderlichen behördlichen Interessenabwägungen sind jedoch gerade nicht Teil einer Planung, sondern unselbstständiger Teil einer gebundenen Entscheidung. Um eine klare systematische Abgrenzung zu vollziehen und somit der Entscheidung des Gesetzgebers für eine gebundene Entscheidung Geltung zu verschaffen, muss die vorzunehmende Interessenabwägung daher der vollen richterlichen Überprüfung unterliegen.

Gleichwohl können sich Spielräume über die inhaltliche Auffüllung der in den §§ 6 ff. BBergG enthaltenen unbestimmten Rechtsbegriffe ergeben, wenn und soweit der Gegenstand des unbestimmten Rechtsbegriffs von einer prognostischen Entscheidung und von Risiken mit wertendem Charakter abhängt und der Behörde insoweit eine „Abwägungsprärogative" zukommt[311]. Man wird daher der Bergbehörde bei Projekten mit schwierigen Prognoseentscheidungen eine besondere Prognoseverantworung und einen entsprechenden Prognosespielraum zusprechen müssen, wie er sich in der Wyhl-Entscheidung des BVerwG wiederfindet [312].

Daher sollen im Folgenden die unterschiedlichen Bergbauberechtigungen zur Aufsuchung und Gewinnung sowie die mögliche Berücksichtigung potenzieller Nutzungskonkurrenzen innerhalb der Versagungsgründe geprüft werden.

1. Erlaubnis, Bewilligung und Bergwerkseigentum, §§ 6 ff. BBergG

Gemäß § 6 Abs. 1 S. 1 BBergG bedarf derjenige der bergfreie Bodenschätze aufsuchen will, der Erlaubnis, derjenige der bergfreie Bodenschätze gewinnen will, der Bewilligung oder des Bergwerkseigentums.

a) Erlaubnis, § 7 BBergG

Die Erlaubnis begründet gemäß § 7 Abs. 1 Nr. 1 BBergG mit konstitutiver Wirkung[313] das Recht, im Erlaubnisfeld die im behördlichen Erlaubnisbescheid bestimmten bergfreien Bodenschätze aufzusuchen. Der konkrete Inhalt einer jeden

---

309 *Boldt/Weller, Bundesberggesetz,* § 6, Rn. 13; Begründung zum Gesetzentwurf der Bundesregierung zum BBergG, BT-Drucks. 08/1315, Seite 86.

310 Grundlegend hierzu *BVerwGE* 34, Seite 301 (304).

311 *Schulte*, NJW 1981, Seite 88 (91); *Wolf/Bachof/Stober/Kluth,* Verwaltungsrecht I, § 31 Rn. 20 mit zahlreichen Beispielen.

312 Vgl. hierz *BVerwGE,* 72, Seite 300 zitiert nach juris Rn. 37.

313 *Boldt/Weller, Bundesberggesetz,* § 7, Rn. 1.

Erlaubnis ist darüber hinaus in der einzelnen Entscheidung über die Erteilung[314] nach § 16 BBergG festzusetzen.

Für ein umfassendes Verständnis der Vorschrift bedarf es zunächst einmal der Feststellung, dass das Bundesberggesetz von drei unterschiedlichen Formen der Erlaubnis ausgeht:

- der Erlaubnis zur Aufsuchung zu gewerblichen Zwecken,
- der Erlaubnis zur Aufsuchung zu wissenschaftlichen Zwecken,
- der Erlaubnis zur großräumigen Aufsuchung.

Eine Begriffsbestimmung enthält das Gesetz in § 4 Abs. 1 S. 2 BBergG jedoch nur für die großräumige Aufsuchung. Danach versteht das Bundesberggesetz unter großräumiger Aufsuchung eine mit Hilfe von geophysikalischen oder geochemischen Verfahren durchgeführte Untersuchung, wenn sie auf die Ermittlung von Kennwerten beschränkt ist, die großräumige Rückschlüsse auf das Vorkommen von Bodenschätzen zulassen.

Während aufgrund der in § 4 Abs. 1 S. 2 BBergG enthaltenen Definition für die großräumige Aufsuchung eine objektive Abgrenzung möglich ist, ist für die Unterscheidung zwischen einer Aufsuchung zu wissenschaftlichen und einer solchen zu gewerblichen Zwecken lediglich eine Unterscheidung aufgrund subjektiver Kriterien möglich. Erfolgt die Aufsuchung mit dem Ziel, die gewonnenen Erkenntnisse wirtschaftlich nutzbar zu machen, insbesondere zum Erwerb einer Gewinnungsberechtigung zu verwenden, so liegt eine Aufsuchung zu gewerblichen Zwecken vor[315]. Sollen die Ergebnisse dagegen ausschließlich zu wissenschaftlichen Zwecken verwendet werden, handelt es sich um eine Aufsuchung zu wissenschaftlichen Zwecken[316].

Die Unterscheidung wird insbesondere dann wichtig, wenn mehrere Erlaubnisse für die Aufsuchung eines bergfreien Bodenschatzes im selben Untersuchungsfeld beantragt sind. Grundsätzlich gewährt die Erlaubnis nach dem Wortlaut von § 7 Abs. 1 S. 1 BBergG ein ausschließliches Recht zur Aufsuchung. Dies bedeutet, dass nur der Aufsuchungsinhaber die Befugnis zur Ausübung der in der Erlaubnis enthaltenen Einzelrechte hat und vor Eingriffen Dritter insoweit geschützt ist[317]. Das Feld einer Erlaubnis, Bewilligung oder eines Bergwerkseigentums ist gemäß § 4 Abs. 7 BBergG ein Ausschnitt aus dem Erdkörper, der von geraden Linien an der Oberfläche und von lotrechten Ebenen nach der Tiefe begrenzt

---

314 Begründung zum Gesetzentwurf der Bundesregierung zum BBergG, BT-Drucks. 08/1315, Seite 85.

315 *Boldt/Weller, Bundesberggesetz,* § 7, Rn. 7.

316 *Boldt/Weller, Bundesberggesetz,* § 7, Rn. 7.

317 *Weller*, ZfB 1990, Seite 111 (113); *Boldt/Weller, Bundesberggesetz,* § 7, Rn. 5.

wird. Eine Tiefenbegrenzung eines Feldes findet aufgrund dieser Definition grundsätzlich nicht statt.

Dieses subjektive Recht des Erlaubnisinhabers hindert die Behörde grundsätzlich daran, innerhalb seines Erlaubnisfeldes einem Dritten eine gleiche Berechtigung einzuräumen und stellt eine erste Stufe zur Vermeidung von Konkurrenzsituationen dar, die im Kontext um die Aufsuchung desselben Bodenschatzes im gleichen Erlaubnisfeld entstehen können. Das ausschließliche Aufsuchungsrecht des Bergbauberechtigten gilt allerdings nur für die in der Berechtsamurkunde bezeichneten Bodenschätze. Es ist deshalb nicht ausgeschlossen, dass sich die Felder mehrerer Bergbauberechtigungen, die unterschiedliche Bodenschätze betreffen, überdecken und – da das BBergG eine Wertigkeit von Bergbauberechtigungen nicht kennt – zur Wahrnehmung ihres Rechts befugt sind[318].

Der Grundsatz der Ausschließlichkeit – der dem Schutz der wirtschaftlichen Interessen des Explorierenden dient – wird jedoch mangels Interessenkollision[319] in § 7 Abs. 2 BBergG zugunsten wissenschaftlicher und großräumiger Aufsuchungen eingeschränkt. Danach besteht die Möglichkeit für die Behörde, neben einer Aufsuchungserlaubnis zu gewerblichen Zwecken für dasselbe Feld und denselben Bodenschatz eine Erlaubnis zur großräumigen Aufsuchung sowie eine oder mehrere Erlaubnisse zu wissenschaftlichen Zwecken zu erteilen.

Neben der Aufsuchung gewährt die Erlaubnis nach § 7 Abs. 1 Nr. 2 BBergG auch ein begrenztes Gewinnungsrecht, weil im Rahmen einer Aufsuchung das Freisetzen und Lösen von Bodenschätzen vielfach unumgänglich ist[320]. Dieses Gewinnungsrecht umfasst alle, das heißt bergfreie sowie grundeigene Bodenschätze, die bei einer planmäßigen Aufsuchung notwendigerweise zu lösen oder freizusetzen sind[321], ist allerdings zur Verhinderung von Missbrauch von einer behördlichen Entscheidung nach § 41 BBergG abhängig.

Zudem wird nach § 7 Abs. 1 Nr. 3 BBergG die Befugnis für die Errichtung und der Betrieb der für die Aufsuchung und die damit nach § 2 Abs. 1 Nr. 1 und 2 BBergG zusammenhängenden Tätigkeiten erforderlichen Betriebseinrichtungen gewährt.

Die Ausübung des durch die Erlaubnis gewährten Explorationsrechts richtet sich nach den Vorschriften des Bundesberggesetzes, die auf die Aufsuchung anwendbar sind, zum Beispiel die Bestimmungen über die Betriebsplanpflicht,

---

318 *Weller*, ZfB 1990, Seite 111 (113).

319 Begründung zum Gesetzentwurf der Bundesregierung zum BBergG, BT-Drucks. 08/1315, Seite 85.

320 Begründung zum Gesetzentwurf der Bundesregierung zum BBergG, BT-Drucks. 08/1315, Seite 85.

321 *Boldt/Weller*, Bundesberggesetz,, § 7, Rn. 2.

§§ 50 ff., 48 Abs. 2 BBergG, sowie über die Benutzung fremder Grundstücke zum Zwecke der Aufsuchung, §§ 39, 40 BBergG[322].

b) Bewilligung, § 8 BBergG

Analog zu den Regelungen der Erlaubnis nach § 7 BBergG gewährt § 8 Abs. 1 BBergG rechtsbegründend die Zulassung, im Bewilligungsfeld bergfreie Bodenschätze zu gewinnen. Der konkrete Inhalt der Bewilligung wird dabei im Einzelfall durch die Entscheidung der Behörde über die Erteilung der Bewilligung bestimmt[323]. Den Kern einer Bewilligung bildet das in § 8 Abs. 1 Nr. 1 BBergG niedergelegte Recht, innerhalb des Bewilligungsfeldes den in der Bewilligung bezeichneten bergfreien Bodenschatz zu lösen und freizusetzen und das Eigentum an ihm zu erwerben. Daneben trägt die Vorschrift auch dem Umstand Rechnung, dass das Gewinnungsrecht nicht in jedem Fall auf die in der Bewilligung bezeichneten Bodenschätze beschränkt sein kann[324]. Da Bodenschätze häufig zusammen vorkommen, ergibt sich teilweise die Notwendigkeit, das Gewinnungsrecht auch auf andere Bodenschätze auszudehnen. Das in § 8 Abs. 1 Nr. 1 BBergG angelegte Mitgewinnungsrecht wird dabei durch § 42 Abs. 1 S. 1 BBergG konkretisiert. Danach hat der Gewinnungsberechtigte das Recht zur Mitgewinnung weiterer Bodenschätze, soweit die von der Bewilligung umfassten bergfreien Bodenschätze mit diesen nach der Entscheidung der zuständigen Behörde nach planmäßiger Durchführung der Gewinnung aus bergtechnischen oder sicherheitstechnischen Gründen nur gemeinschaftlich gewonnen werden können. Der Eigentumserwerb an den gewonnen Bodenschätzen erfolgt dabei nach den Vorschriften des BGB[325]. Neben dem Recht zur Gewinnung enthält § 8 Abs. 1 Nr. 1 BBergG auch das Recht zur Aufsuchung desselben Bodenschatzes innerhalb des Gewinnungsfeldes.

Die Bewilligung gewährt ausweislich des Wortlauts – analog zur Erlaubnis – das ausschließliche Recht die in der Bewilligung bezeichneten Bodenschätze im Bewilligungsfeld zu gewinnen und die dazu erforderlichen Einrichtungen zu errichten und zu betreiben[326]. Das in der Bewilligung bezeichnete Feld weist dabei, ebenso wie das Erlaubnisfeld, nach § 4 Abs. 7 BBergG keine Tiefenbegrenzung auf. Damit ist mit der Erteilung einer Bewilligung jegliche Gewinnung desselben Bodenschatzes durch Dritte in diesem Bewilligungsfeld ausgeschlossen, unabhängig davon, ob sich die einzelnen Gewinnungsformen in irgendeiner Weise beeinflus-

322 *Boldt/Weller*, Bundesberggesetz, § 7, Rn. 1.

323 *Boldt/Weller*, Bundesberggesetz, § 8, Rn. 1.

324 *Boldt/Weller*, Bundesberggesetz, § 7, Rn. 12.

325 Instruktiv zum Vorgang des Eigentumerwerbs: *Boldt/Weller*, Bundesberggesetz, § 7, Rn. 13 ff.

326 *Boldt/Weller*, Bundesberggesetz, § 8, Rn. 6.

sen. Deshalb kann das Problem auftreten, dass eine gleichzeitige Gewinnung desselben Bodenschatzes trotz technischer Trennbarkeit rechtlich nicht möglich ist[327].

In Bezug auf weitere Aufsuchungen bedeutet dies, dass der Gewinnungsberechtigte eine umfassende Exploration des Bewilligungsfeldes im Hinblick auf die in der Bewilligung enthaltenen Bodenschätze vornehmen kann. Es hindert jedoch die Behörde, für dasselbe Feld und denselben Bodenschatz eine weitere Erlaubnis zur Aufsuchung zu gewerblichen Zwecken an Dritte zu vergeben. Gemäß § 8 Abs. 3 BBergG ist jedoch weiterhin die Erteilung einer Erlaubnis zur großräumigen Aufsuchung sowie einer oder mehrerer Erlaubnisse zur wissenschaftlichen Aufsuchung möglich. Als ausschließliches Gewinnungsrecht von bestimmten Bodenanteilen in einem bestimmten, räumlich begrenzten Feld gewährt die Bewilligung auch das ausschließliche Recht, im Bewilligungsfeld bergbauliche Anlagen zu unterhalten[328].

Gemäß § 8 Abs. 1 Nr. 2 BBergG umfasst die Bewilligung auch das Recht, die bei der Anlegung von Hilfsbauten nach § 44 BBergG zu lösenden oder freizusetzenden Bodenschätze zu gewinnen und sich anzueignen. Zudem gewährt § 8 Abs. 1 Nr. 3 BBergG das ausschließliche Recht, die erforderlichen Einrichtungen gemäß § 2 Abs. 1 Nr. 3 BBergG zu errichten und zu betreiben.

Die Bewilligung gewährt dem Inhaber ein absolutes Recht, auf das zum Schutz gegenüber Dritten gemäß § 8 Abs. 2 BBergG die Ansprüche aus dem Eigentum des bürgerlichen Rechts anwendbar erklärt werden. Damit ist der Inhaber einer Bewilligung umfassend geschützt. Ihm stehen sowohl Ansprüche wegen Entziehung nach § 985 BGB, die Klage auf Unterlassung von Eingriffen in das Eigentum nach § 1004 BGB sowie die nachbarrechtlichen Ansprüche der §§ 906, 907 BGB zu[329]. So kann sich der Bewilligungsinhaber beispielsweise nach § 1004 BGB gegen die Unterhaltung fremder bergbaulicher Anlagen zur

---

327 Diese Problemstellung kann insbesondere im Rahmen der Gewinnung von Geothermie vorkommen. Dabei ist etwa folgendes Szenario denkbar: für eine kleine Einfamilienhaussiedlung wird oberflächennahe Erdwärme mit erdgekoppelten Wärmesonden (Tiefe bis 200 m) gewonnen. Ein tiefer Thermalwasseraquifer (1500 m Tiefe) wird mittels einer Dublette für die Wärmeversorgung einer Kleinstadt und für ein Thermalbad genutzt; mit einem prognostizierten Abkühlungskörper und einem hydraulischen Absenkungstrichter wird ein Feld mit einer Fläche von einigen Quadratkilometern beschrieben. Unter diesen beiden geothermischen Nutzungshorizonten liegt in einer Tiefe von 4 bis 6 km das Kluftsystem eines Hot-Dry-Rock-Projektes für ein Erdwärmekraftwerk zur Stromerzeugung. Diese drei Projekte wären unter entsprechenden geologischen und technischen Voraussetzungen realistisch gleichzeitig und ohne gegenseitige Beeinflussung zu betreiben, rechtlich ist diese jedoch aufgrund des Ausschließlichkeitsprinzips nicht möglich; vgl. dazu *Schulz*, Bergrecht und Erdwärme – Gesichtspunkte zur Bemessung von Erlaubnis- und Bewilligungsfeldern, in: Geothermische Energie 10. Jahrgang/Heft 1 Januar /März 2003, Seite 9 (11).

328 *Boldt/Weller*, Bundesberggesetz, § 8, Rn. 5.

329 *Lantzke,* ZfB 1960, Seite 78 (79).

Wehr setzen. Zugunsten des Bewilligungsinhabers ist nach der Rechtsprechung davon auszugehen, dass jede fremde bergbauliche Anlage ihn in seiner bergbaulichen Bewegungsfreiheit beschränkt und behindert[330]. Der Anspruch aus § 907 BGB findet jedoch nach Auffassung des BVerwG keine Anwendung im Verhältnis zwischen Bergbauberechtigten und Grundeigentümer[331]. Aufgrund der Einordnung als absolutes Recht kommen zudem Ansprüche aus Bereicherung und unerlaubter Handlung nach den §§ 812 und 823 BGB in Betracht[332]. Damit schützt das Bergrecht den Inhaber einer Bewilligung umfassend vor Einwirkungen Dritter auf sein Gewinnungsfeld und löst mögliche Konkurrenzsituationen im gleichen Gewinnungsfeld zugunsten bestehender Gewinnungsberechtigter.

Gegenüber Bergbauberechtigten in unmittelbarer Nähe zum eigenen Gewinnungsfeld bestimmt sich der Schutzanspruch jedoch nach § 114 BBergG. Nach § 114 Abs. 2 Nr. 2 BBergG hat der Gewinnungsberechtigte schädigende Einwirkungen auf seinen Gewinnungsbetrieb, die durch Aufsuchungs- oder Gewinnungsarbeiten eines anderen Berechtigten entstehen, zu dulden, ohne dass ihm Ansprüche wegen eingetretener Schäden zustehen[333]. Dieser weitgehende Ausschluss von Ansprüchen ist lediglich insoweit eingeschränkt, wenn betriebliche Maßnahmen eines Unternehmers im Einzelfall alleine den Zweck haben, den Nachbarn zu schädigen, oder wenn um geringwertiger eigener Vorteile willen wichtige Belange der Allgemeinheit oder lebenswichtige Belange eines einzelnen Nachbarn rücksichtslos gefährdet werden[334]. Dies wird damit begründet, dass ein Gewinnungsberechtigter, der seinen Betrieb nach den Vorschriften des Gesetzes betreibt, innerhalb der ihm erteilten Berechtigung handelt. Sein Handeln wird nicht dadurch widerrechtlich, dass in der Natur des Bergbaus liegende unvermeidbare Schädigungen anderer eintreten. Wenn das Bundesberggesetz für die Schädigung von Oberflächeneigentümern in den §§ 114 ff. BBergG eine vom Verschulden unabhängige Schadensersatzpflicht normiert, bei Bergbaubetrieben aber ausdrücklich davon absieht, so entspricht das der Überlegung, dass die Inhaber von Bergbauberechtigungen die sich aus dem Nebeneinanderbestehen notwendig ergebenden Gefahren hinnehmen müssen[335].

Auch im Hinblick auf diese in § 114 Abs. 2 Nr. 2 BBergG statuierten entschädigungslosen Duldungspflichten[336] wird somit deutlich, wie existenziell eine umfassende und angemessene Berücksichtigung tatsächlicher und potenzieller

---

330 *RG*, ZfB 1932, Seite 498.

331 *BVerwG*, ZfB 1968, Seite 84 (89).

332 *RG*, ZfB 1925, Seite 420

333 *Boldt/Weller*, Bundesberggesetz, § 8, Rn. 5.

334 *RG*, ZfB 1915, Seite 406; *RG*, ZfB 1939, Seite 145.

335 *RG*, ZfB 1939, Seite 151; Vgl. auch *Lantzke*, ZfB 1960, Seite 78 (85).

336 *Boldt/Weller*, Bundesberggesetz, § 114, Rn. 128.

Auswirkungen und auch zukünftiger Nutzungskonkurrenzen im Rahmen der Genehmigung bergrechtlicher Tätigkeiten ist.

c) Bergwerkseigentum, § 9 BBergG

Das in § 9 BBergG geregelte Bergwerkseigentum unterscheidet sich in Bezug auf die sachliche Reichweite der öffentlich-rechtlich erteilten Rechtsposition nicht von der Bewilligung. Es überführt lediglich die Bewilligung in ein grundstücksgleiches Recht[337] und kommt damit dem Wunsch der Bergbauwirtschaft nach, eine grundbuch- und damit beleihungsfähige Bergbauberechtigung zu schaffen[338]. Weiterhin gewährt es einen gegenüber der Bewilligung verstärkten Bestandsschutz. Es wird daher mangels spezifischer inhaltlicher Unterschiede zur Bewilligung in Bezug auf die untersuchten Problemstellungen nicht gesondert untersucht.

2. Zulassungsvoraussetzungen zur Erteilung einer Bergbauberechtigung §§ 11 ,12, 13 BBergG

Aufgrund des Rechtsanspruchs auf Erteilung[339] spielen die je nach dem Inhalt der beantragten Bergbauberechtigung gestaffelten Versagungsgründe der §§ 11 bis 13 BBergG eine entscheidende Rolle. Gemäß des strikten Wortlauts dieser Vorschriften „ist" die entsprechende Bergbaugenehmigung zu versagen, wenn einer der enumerativ und in einem Alternativverhältnis stehenden Versagungsgründe gegeben ist[340] und eine Erfüllung der gesetzlichen Bestimmungen nicht auch durch eine Nebenbestimmung nach § 36 VwVfG sichergestellt werden kann[341]. Es besteht daher insoweit kein „Versagungsermessen" der Behörde[342], auch wenn durch die Ausfüllung unbestimmter Rechtsbegriffe eine gewisse Abwägungsprärogative vorhanden ist[343]. Die gesetzlichen Voraussetzungen für

---

337 Begründung zum Gesetzentwurf der Bundesregierung zum BBergG, BT-Drucks. 08/1315, Seite 86.

338 Begründung zum Gesetzentwurf der Bundesregierung zum BBergG, BT-Drucks. 08/1315, Seite 85; *Hoppe/Spoer*, Bergrecht und Raumordnung, Seite 86.

339 *Boldt/Weller*, Bundesberggesetz, § 6, Rn, 13; *Piens/Schulte/Graf Vitzthum*, BBergG, § 11, Rn. 2; Begründung zum Gesetzentwurf der Bundesregierung zum BBergG, BT-Drucks. 08/1315, Seite 86.

340 *Boldt/Weller, Bundesberggesetz,* § 11, Rn. 2; *Piens/Schulte/Graf Vitzthum*, BBergG, § 11, Rn. 2; Begründung zum Gesetzentwurf der Bundesregierung zum BBergG, BT-Drucks. 08/1315, Seite 87.

341 VGH *Mannheim* ZfB 1989, Seite 57 (57, 1. Leitsatz).

342 *Hoppe/Spoer*, Bergrecht und Raumordnung, Seite 89.

343 *Schulte*, NJW 1981, Seite 88 (91).

die Erteilung einer Erlaubnis sind dabei so ausgestaltet, dass eine ordnungsgemäße Aufsuchung der Bodenschätze, auf die sich die Erlaubnis erstreckt, gewährleistet wird und die bei der Exploration gewonnenen Erkenntnisse auch im Allgemeininteresse nutzbar gemacht werden können[344].

Da die im Hinblick auf die Berücksichtigungs- und Lösungsmöglichkeiten von Konkurrenz- und Konfliktsituationen bei Untergrundnutzungen in Betracht kommenden Versagungsgründe zu denjenigen gehören, die sowohl für die Erlaubnis als auch für die Bewilligung und das Bergwerkseigentum gelten, wird im Folgenden der Begriff der Bergbauberechtigung verwendet, ohne dass jeweils die §§ 12 und 13 BBergG zitiert werden.

In Bezug auf die Erteilung einer Bewilligung ist allerdings darauf hinzuweisen, dass § 12 Abs. 2 BBergG festlegt, dass dem Inhaber einer Erlaubnis zur Aufsuchung zu gewerblichen Zwecken, der die in dieser Erlaubnis bezeichneten Bodenschätze im Erlaubnisfeld entdeckt, die von ihm beantragte Bewilligung nur aus Gründen des § 12 Abs. 1 BBergG und nur dann versagt werden kann, wenn die Tatsachen, die eine Versagung rechtfertigen, erst nach der Erteilung der Erlaubnis eingetreten sind. Dies entspricht dem Umstand, dass Erlaubnis und Bewilligung bei zweckgerichteter Betrachtungsweise nur Stufen eines einheitlichen Entwicklungsvorgangs sind und mit der Erteilung einer Erlaubnis und der erfolgreichen Aufsuchung ein Vertrauenstatbestand für die Zukunft gesetzt ist[345]. Die Erlaubnis hat daher eine – relativ umfassende – präjudizielle Wirkung für die Erteilung einer Bewilligung[346]. Damit soll dem Umstand Rechnung getragen werden, dass dem Inhaber einer Erlaubnis bis zur Entdeckung der Bodenschätze in der Regel finanzielle Aufwendungen entstanden sind[347] und ein entsprechender Vertrauensschutz in die Rechtsposition einer gewährten Erlaubnis gewährleistet wird.

Daher muss die Behörde bei der Entscheidung über den Bewilligungsantrag davon ausgehen, dass die Voraussetzungen, die zur Erteilung der Erlaubnis geführt haben, vorliegen[348]. Die Behörde hat in der Folge nur noch zu überprüfen, ob nach der Erteilung der Erlaubnis Gründe eingetreten sind, die eine Versagung der Bewilligung rechtfertigen[349]. Berücksichtigungsfähige Tatsachen sind dabei nur solche, die in ihren Konturen bei der Entscheidung über die Erlaubnis noch nicht erkennbar waren oder bei entsprechender Nachforschung hätten erkennbar

344 *Boldt/Weller, Bundesberggesetz,* § 11, Rn. 2.
345 *Piens/Schulte/Graf Vitzthum,* BBergG, § 12 Rn. 9.
346 *Hoppe/Spoer*, Bergrecht und Raumordnung, Seite 91.
347 *Boldt/Weller, Bundesberggesetz,* § 12, Rn. 9; *Hoppe/Spoer*, Bergrecht und Raumordnung, Seite 91.
348 *Boldt/Weller, Bundesberggesetz,* § 12, Rn. 9; *Hoppe/Spoer*, Bergrecht und Raumordnung, Seite 91.
349 *Hoppe/Spoer*, Bergrecht und Raumordnung, Seite 91.

sein müssen[350]. Keine Tatsachen im Sinne des § 12 Abs. 2 BBergG, sondern nachträgliche Rechtsänderungen sind hingegen Veränderungen der planungsrechtlichen Gegebenheiten[351]. Daher kann wegen Raumordnungszielen oder naturschutzrechtlichen Schutzgebietsanordnungen, die nach Erteilung der Erlaubnis in Kraft getreten sind, die Bewilligung nicht versagt werden[352]. Solche Änderungen der Rechtslage können jedoch ggf. dazu führen, dass für eine Gewinnung zwingend erforderliche Betriebspläne nicht zugelassen werden. Die Behörde ist zudem nicht daran gehindert, auch nachträglich eingetretenen Tatsachen, etwa durch die Erteilung von Auflagen, Rechnung zu tragen, lediglich eine komplette Versagung ist durch § 12 Abs. 2 BBergG eingeschränkt[353].

Systematisch kann eine Einteilung der unterschiedlichen Versagungsgründe zwischen

- formalen Ordnungsvorschriften (§ 11 Nr. 1 und 2 BBergG),
- Vorschriften, die die Transparenz bergbaulicher Tätigkeiten gegenüber der Behörde sichern sollen (§ 11 Nr. 3 bis 5 BBergG),
- Vorschriften, die die Solidität der Bergbauunternehmen bzw. der vertretungsberechtigten Personen verlangen (§ 11 Nr. 6 und 7 BBergG)
- und Vorschriften, die dem besonderen Schutz öffentlicher Interessen dienen (§ 11 Nr. 8 bis 10 BBergG)

erfolgen[354].

Auch der Zulassungstatbestand im Hinblick auf die Erteilung einer Bergbauberechtigung ist also schon von seinen Voraussetzungen her in besonderem Maße auf den in der Zweckbestimmung des § 1 Nr. 1 BBergG kodifizierten Förderzweck des BBergG verpflichtet[355]. Alle Prüfungspunkte des § 11 BBergG spiegeln die Intention des Gesetzgebers bei der Schaffung des Konzessionssystems wider: Verliehene Rechte sollen zügig ausgenutzt werden und es sollen keine Konzessionen auf Vorrat erworben werden können[356].

Die rein formal zu begreifenden Regelungen des § 11 Nr. 1 und 2 BBergG enthalten Vorgaben für die einzureichenden Unterlagen und sind somit für die Berücksichtigung potenzieller Nutzungskonkurrenzen und -konflikte ohne Relevanz. Auch die in § 11 Nr. 3 bis 7 BBergG niedergelegten Versagungsgründe der

350 *Boldt/Weller, Bundesberggesetz,* § 12, Rn. 9; *Hoppe/Spoer*, Bergrecht und Raumordnung, Seite 91.

351 *Hoppe/Spoer*, Bergrecht und Raumordnung, Seite 92.

352 *Hoppe/Spoer*, Bergrecht und Raumordnung, Seite 92.

353 *Piens/Schulte/Graf Vitzthum,* BBergG, § 12 Rn. 10.

354 Einteilung nach *Piens/Schulte/Graf Vitzthum*, BBergG, § 11, Rn. 5.

355 *Hoppe/Spoer*, Bergrecht und Raumordnung, Seite 87.

356 Gesetzentwurf der Bundesregierung zum BBergG, BT-Drucks. 08/1315, Seite 90; *Schulte,* ZfB 1978, Seite 414 (415).

zweiten und dritten Kategorie zur Sicherstellung der gegenüber den Bergbehörden notwendigen Transparenz und Solidität der Bergbaubetreibenden können im Hinblick auf diese Problemfelder keine eigenständigen Lösungsansätze beitragen. Lediglich die Versagungsgründe der vierten Kategorie, die den besonderen Schutz öffentlicher Interessen bedingen, enthalten Ansatzpunkte, entgegenstehende Konkurrenzsituationen und -konflikte rechtlich zu bewältigen und sollen daher im Folgenden näher untersucht werden.

Unabhängig von den Gesichtspunkten des § 11 BBergG ist aufgrund des Ausschließlichkeitsgrundsatzes die Erteilung einer Bergbauberechtigung schon dann zu versagen, wenn für die beantragten Bodenschätze und das beantragte Feld bereits eine andere Bergbauberechtigung besteht[357].

a) Gefährdung einer sinnvollen und planmäßigen Aufsuchung und Gewinnung, § 11 Nr. 8 BBergG

Durch den Versagungsgrund des § 11 Nr. 8 BBergG soll vermieden werden, dass die Erteilung der Bergbauberechtigung zu einer Gefährdung einer sinnvollen und planmäßigen Aufsuchung und Gewinnung bergfreier oder grundeigener Bodenschätze führt[358]. Er dient damit dem Förderzweck des BBergG[359]. Der Schutz erstreckt sich dabei auch auf die Aufsuchung und Gewinnung anderer bergfreier und grundeigener Bodenschätze[360]. Die Vorschrift hat damit eine doppelte Zielrichtung, denn sie will einerseits gewährleisten, dass die von der beantragten Bergbauberechtigung erfassten Bodenschätze sinnvoll und planmäßig aufgesucht und gewonnen werden; andererseits sollen auch Beeinträchtigungen bei der Aufsuchung und Gewinnung anderer Bodenschätze verhindert werden[361].

Teilweise wird vertreten, dass § 11 Nr. 8 BBergG in der Praxis nur von einer untergeordneten Bedeutung ist, da bereits die anderen Versagungsgründe eine ordnungsgemäße Durchführung der Aufsuchung oder Gewinnung sicherstellen und daher bei ordnungsgemäßer Anwendung dieser Vorschriften eine Gefährdung anderer bergfreier und grundeigener Bodenschätze in der Regel nicht zu befürchten ist[362]. Dem ist entgegenzuhalten, dass § 11 Nr. 8 BBergG gerade bei konkurrierenden Nutzungen, die sich auf verschiedene übereinander liegende

---

357 *Boldt/Weller, Bundesberggesetz,* § 11, Rn. 3 mit Verweis auf die in §§ 7, 8, 9, 151 BBergG verankerte Ausschließlichkeit.

358 *Boldt/Weller, Bundesberggesetz,* § 11, Rn. 11; *Piens/Schulte/Graf Vitzthum*, BBergG, § 11, Rn. 15.

359 *Hoppe/Spoer*, Bergrecht und Raumordnung, Seite 87.

360 Begründung zum Gesetzentwurf der Bundesregierung zum BBergG, BT-Drucks. 08/1315, Seite 88.

361 *Weller*, ZfB 1990, Seite 111 (128).

362 *Boldt/Weller, Bundesberggesetz,* § 11, Rn. 11.

Bodenschätze beziehen, durchaus von erheblicher Relevanz ist. In der Regel wird es in einem solchen Fall sinnvoll sein, als erstes die obere Lagerstätte zu explorieren und abzubauen, während die Erteilung einer Bergbauberechtigung für die darunter befindliche Lagerstätte zurückgestellt werden müsste oder nur unter der Bedingung erfolgen könnte, dass eine planmäßige Aufsuchung und Gewinnung der anderen Bodenschätze nicht gefährdet werden darf[363]. Dies spielt insbesondere bei der oberflächennahen Geothermie eine bedeutsame Rolle, da diese grundsätzlich in ganz Deutschland einsetzbar ist und aufgrund der geringen Tiefe der Bohrungen bis 400 m räumlich überlagernde Untergrundnutzungen in größeren Tiefen denkbar sind.

Die behördliche Prüfung des Versagungsgrundes hat dabei aufgrund objektiver Gesichtspunkte zu erfolgen, wobei die Angaben des Antragstellers in dem nach § 11 Nr. 3 BBergG vorzulegenden Arbeitsprogramm zur Beurteilung herangezogen werden können[364]. In diesem Kontext spielt die Größe des beantragten Feldes laut Begründung des Regierungsentwurfs eine entscheidende Rolle[365]. Insbesondere für großräumige und dauerhaft angelegte Nutzungen mit einem erheblichen Raumbedarf und damit korrespondierenden Feldesgrößen – wie etwa bei der Geothermie oder der Exploration und Gewinnung von Erdöl und Erdgas – kann § 11 Nr. 8 BBergG daher eine besondere Relevanz als Versagungsgrund einer konkret beantragten Aufsuchung oder Gewinnung erhalten.

b) Beeinträchtigung von Bodenschätzen, deren Schutz im öffentlichen Interesse liegt, § 11 Nr. 9 BBergG

Von besonderer Bedeutung für die Erteilung von Bergbauberechtigungen – ebenso wie für die Zulassung von Betriebsplänen, auf die später noch eingegangen wird – ist der Gesichtspunkt des Lagerstättenschutzes, wie er auch bereits in der Zweckbestimmung in § 1 Nr. 1 BBergG aufgegriffen wird. Der Versagungsgrund des § 11 Nr. 9 BBergG bezweckt in diesem Kontext den Schutz von Bodenschätzen, an denen ein öffentliches Interesse besteht.

Mit der Bezugnahme auf das öffentliche Interesse enthält § 11 Nr. 9 BBergG einen unbestimmten Rechtsbegriff, der auslegungsfähig und -bedürftig ist[366]. Dies hat insbesondere unter Zuhilfenahme der Zweckbestimmung des § 1 BBergG

363 *Weller*, ZfB 1990, Seite 111 (128).

364 *Boldt/Weller, Bundesberggesetz,* § 11, Rn. 11.

365 Begründung zum Gesetzentwurf der Bundesregierung zum BBergG, BT-Drucks. 08/1315, Seite 88; *Piens/Schulte/Graf Vitzthum*, BBergG, § 11, Rn. 15.

366 *Frenz,* Bergrecht und Nachhaltige Entwicklung, Seite 24.

zu erfolgen[367]. Somit greift der Versagungsgrund des § 11 Nr. 9 BBergG neben dem in der Zweckbestimmung des § 1 Nr. 1 BBergG grundsätzlich niedergelegten Förderzwecks des BBergG[368] auch den Lagerstättenschutz und damit das ordnende Element der Rohstoffsicherung sowie dessen mittel- und langfristige Perspektive auf[369]. Aufgrund des Wortlauts von § 1 Nr. 1 BBergG der sowohl von „fördern“ als auch von „ordnen“ spricht, wäre es eine einseitige Verkürzung des Gesetzeszwecks, wenn man eine der beiden Komponenten hervorhebt, ohne das ausgleichende und begrenzende Element des anderen zu berücksichtigen.

Das von der Vorschrift geforderte öffentliche Interesse liegt laut Begründung des Regierungsentwurfs vor, wenn ein Bodenschatz für die Volkswirtschaft von besonderer Bedeutung ist, etwa wegen seiner Bedeutung für die Herstellung wichtiger Wirtschaftsgüter[370] oder der Sicherstellung der Versorgung[371], wie etwa der Energieversorgung[372], dient. Wie bereits dargestellt, müssen aufgrund des in § 1 Nr. 1 BBergG beinhalteten übergreifenden Ziels einer langfristig vorsorgenden Rohstoffsicherung dabei grundsätzlich auch künftige Nutzungsmöglichkeiten und -potenziale Berücksichtigung finden.

Fraglich ist aber, welche Bodenschätze von einer besonderen Bedeutung für die Volkswirtschaft sind oder der Sicherstellung der Versorgung dienen und damit von § 11 Nr. 9 BBergG umfasst sind. Dabei sind im Hinblick auf die volkswirtschaftliche Komponente insbesondere die Häufigkeit der Vorkommen, die Verfügbarkeit sowie der Bedarf ausschlaggebend. Da es sich hierbei um sich stetig verändernde Faktoren handelt, hat dies zur Folge, dass die Frage, welche Rohstoffe im öffentlichen Interesse schützenswert sind, eine dynamische Komponente aufweist[373]. Hier können auch internationale Faktoren eine Rolle spielen, auch wenn die Bedarfsabschätzung grundsätzlich nach nationalem Recht angestellt wird[374]. Letztlich kann die Entscheidung über die volkswirtschaftliche Bedeutung von Bodenschätzen im beantragten Feld aber nicht endgültig, sondern lediglich als prognostische Einschätzung der Behörde beantwortetet werden, was

367 Vgl. zur Funktion des Gesetzeszwecks bei der Auslegung des Blanketbegriffes „öffentliches Interesse“, *Uerpmann*, Öffentliches Interesse, Seite 215 ff.

368 *Hoppe/Spoer*, Bergrecht und Raumordnung, Seite 87; der jedoch lediglich auf den Förderzweck des § 11 Nr. 9 BBergG verweist.

369 *Frenz,* Bergrecht und Nachhaltige Entwicklung, Seite 24.

370 Begründung zum Gesetzentwurf der Bundesregierung zum BBergG, BT-Drucks. 08/1315, Seite 88; *Weller*, ZfB 1990, Seite 111 (128).

371 Begründung zum Gesetzentwurf der Bundesregierung zum BBergG, BT-Drucks. 08/1315, Seite 88.

372 *Boldt/Weller, Bundesberggesetz,* § 11, Rn. 12.

373 *Frenz,* Bergrecht und Nachhaltige Entwicklung, Seite 27.

374 Vgl. zur Möglichkeit der Berücksichtigung weltweiter Vorkommen, *Frenz,* Bergrecht und Nachhaltige Entwicklung, Seite 29 ff.

insoweit unbefriedigend bleibt, da flankierende gesetzgeberische Wertungsmaßstäbe fehlen und die Prognoseunsicherheit über konkrete technische und ökonomische Entwicklungen erheblich sind und von vielen Variablen wie etwa der Entwicklung der Ölpreise abhängen. Dabei kann die später in der Untersuchung näher beschriebene und in § 5 KSpG vorgesehene Potenzialanalyse, die auch die Berücksichtigung von Nutzungskonkurrenzen umfasst, erste Anhaltspunkte für die Beurteilung der Genehmigungsbehörde liefern.

Besondere Relevanz im Hinblick auf die untersuchten Untergrundnutzungen haben

- die Abgrenzung der Ausdehnung der für eine Speicherung von Kohlendioxid geeigneten Gesteinsschichten nach § 5 Abs. 2 Nr. 1 KSpG,
- die Abschätzung der für die dauerhafte Speicherung von Kohlendioxid nutzbaren Volumina der jeweiligen Gesteinsschichten nach § 5 Abs. 2 Nr. 4 KSpG,
- die Charakterisierung der in den Gesteinsschichten vorhandenen Formationswässer, deren potenzielle Migrationswege und der vorherrschenden Druckverhältnisse nach § 5 Abs. 2 Nr. 5 KSpG,
- die Abschätzung von Druckveränderungen in den Gesteinsschichten durch die vorgesehene dauerhafte Speicherung nach § 5 Abs. 2 Nr. 6 KSpG sowie
- mögliche Nutzungskonflikte durch Exploration, Rohstoffgewinnung, Geothermienutzung, nutzbares Grundwasser, Speicherung oder Lagerung anderer gasförmiger, flüssiger oder fester Stoffe oder wissenschaftliche Bohrungen im Bereich der für die dauerhafte Speicherung geeigneten Gesteinsschichten nach § 5 Abs. 2 Nr. 7 KSpG.

Dabei werden die geologischen Grundlagen von der BGR im Benehmen mit den Ländern erstellt. Durch diese Einbeziehung der Länder sollen regionale Kenntnisse und Belange in die Potenzialanalyse einfließen[375].

Für eine Versagung ist es jedoch erforderlich, dass eine Beeinträchtigung des schützenswerten Bodenschatzes zu besorgen ist[376]. Als Beispiel hierfür ist in der Begründung des Regierungsentwurfs auf die Unmöglichkeit eines Abbaus oder einer Verwertung des Bodenschatzes infolge einer Verunreinigung aufgeführt[377]. Ein weiterer Anwendungsfall ist beispielsweise dann gegeben, wenn die geplante Ausbeutung einer Lagerstätte zum Schaden der Volkswirtschaft eine andere wichtige Lagerstätte so beeinträchtigt, dass sie später gar nicht mehr oder jedenfalls nicht mehr mit wirtschaftlich oder technisch vetretbarem Aufwand abgebaut

---

375 Begründung zum Gesetzentwurf der Bundesregierung zum KSpG, BT-Drucks. 17/5750, Seite 39.

376 Begründung zum Gesetzentwurf der Bundesregierung zum BBergG, BT-Drucks. 08/1315, Seite 88.

377 Begründung zum Gesetzentwurf der Bundesregierung zum BBergG, BT-Drucks. 08/1315, Seite 88.

werden könnte[378]. Die teilweise vertretene einschränkende Auslegung auf die Beeinträchtigung von Bodenschätzen in ihrer natürlichen Lagerstätte[379] lässt sich nicht aus dem Willen des Gesetzgebers begründen und ist folglich abzulehnen.

Unter Bezugnahme der volkswirtschaftlichen Aspekte müsste eine Bergbauberechtigung somit dann untersagt werden, wenn es zu einer Beeinträchtigung der künftigen Verwertung eines volkswirtschaftlich bedeutsameren Bodenschatzes führt oder die Verwertung des Bodenschatzes unmöglich gemacht würde[380]. Dabei kann insbesondere im Hinblick auf die Rohstoffsicherung auch der absehbare künftige Bedarf an einem volkswirtschaftlich bedeutsamen Bodenschatz mit einfließen[381]. Insoweit können Aspekte des Lagerstättenschutzes und der Rohstoffsicherheit zugunsten bedeutsamer Bodenschätze zu einer Versagung der Bergbauberechtigung für Bodenschätze mit geringerem Stellenwert führen. Daher sind sowohl der absehbare künftige Vorrat sowie der Bedarf der deutschen Wirtschaft in die Entscheidung einzubeziehen. Gleichzeitig sinkt die volkswirtschaftliche Bedeutung eines Bodenschatzes mit der Zunahme seiner Substituierbarkeit[382]. Bei dieser Beurteilung wird man der Bergbehörde eine besondere Prognoseverantwortung und einen entsprechenden Prognosespielraum zusprechen müssen, wie er sich auch in der Wyhl-Entscheidung des BVerwG wiederfindet[383].

Als Fazit kann daher festgehalten werden, dass der Versagungsgrund des § 11 Nr. 9 BBergG neben der Sicherstellung der Erdöl- und Erdgasförderung im Kontext der Versorgungssicherheit auch aufgrund der Beeinträchtigung einer geothermischen Nutzung in Betracht kommen kann. Denn die Geothermie ist als Bodenschatz gemäß § 3 Abs. 3 Nr. 2 Buchst. b) BBergG vom Schutzzweck der Norm umfasst und kann zur Sicherstellung einer nachhaltigen und klimaschonenden Energieversorgung sowie zur Erreichung des beschlossenen Ausbaus der erneuerbaren Energien beitragen[384]. Eine Versagung könnte etwa dann in Betracht kommen, wenn sich das im Rahmen der Bergbauberechtigung beantragte Feld als besonders prädestiniert für die Nutzung geothermischer Energie erweist und dies der Bergbaubehörde bei der Erteilung der Bergbauberechtigung bekannt ist.

Ob etwa eine potenzielle Nutzung des Untergrundes zur Gewinnung von Geothermie einer beantragten Bergbauberechtigung entgegensteht, ist jedoch eine Frage des konkreten Einzellfalls. Dabei ist zu beachten, dass die vorsorgen-

---

378 *Weller*, ZfB 1990, Seite 111 (130).

379 So *Boldt/Weller, Bundesberggesetz,* § 11, Rn. 12.

380 *Frenz,* Bergrecht und Nachhaltige Entwicklung, Seite 28.

381 *Frenz,* Bergrecht und Nachhaltige Entwicklung, Seite 28.

382 *Frenz,* Bergrecht und Nachhaltige Entwicklung, Seite 28.

383 Vgl. dazu *BVerwGE,* 72, Seite 300, zitiert nach juris Rn. 37.

384 Zum Potenzial der Geothermie im Hinblick auf die Energieversorgung und zur Einschätzung der Bundesregierung siehe Kapitel 1. Abschnitt 2.

de Rohstoffsicherung in der Begründung des Regierungsentwurfs zum BBergG als Teil der Raumordung und nicht als Teil des Bergrechts bezeichnet wird[385]. Insoweit ist damit ein entsprechender Konkretisierungsgrad im Hinblick auf die Beeinträchtigung schützenswerter Bodenschätze zu verlangen, um den in der Zuweisung zum Ausdruck kommenden Willen des Gesetzgebers zu berücksichtigen. Dem widerspricht auch nicht die gesetzgeberische Vorstellung einer mittel- bis langfristig vorsorgenden Rohstoffsicherung, die sich aus § 1 Nr. 1 BBergG entnehmen lässt[386]. Daher ist der in § 1 Abs. 1 BBergG verankerte und in § 11 Nr. 9 BBergG konkretisierte Lagerstättenschutz auf solche Vorkommen beschränkt, die in ihrem Umfang bekannt sind, in der Landesplanung bereits Berücksichtigung gefunden haben und wenigstens zur Aufsuchung anstehen[387].

Ausweislich des Wortlauts von § 11 Nr. 9 BBergG, der sich ausdrücklich auf die Beeinträchtigung von Bodenschätzen nach § 3 Abs. 1 BBergG bezieht, fällt zudem der Schutz der Speicherung von Gasen zur Sicherstellung der Versorgungssicherheit, wie etwa Erdgas oder Druckluft oder die Speicherung von Kohlendioxid, nicht in den Anwendungsbereich von § 11 Nr. 9 BBergG.

c) Überwiegende öffentliche Interessen, § 11 Nr. 10 BBergG

Gemäß § 11 Nr. 10 BBergG ist die Erlaubnis zu einer Aufsuchung zu versagen, wenn und soweit überwiegende öffentliche Interessen die Aufsuchung im gesamten zuzuteilenden Feld ausschließen. Damit hat der Versagungsgrund des § 11 Nr. 10 BBergG im System der Bergbauberechtigungen eine – im Schrifttum[388] und auch im Gesetzgebungsverfahren[389] problematisierte – Sonderstellung inne, die erhebliche Kontroversen ausgelöst hat.

---

385 Begründung zum Gesetzentwurf der Bundesregierung zum BBergG, BT-Drucks. 08/1315, Seite 67.

386 *Frenz,* Bergrecht und Nachhaltige Entwicklung, Seite 17.

387 *Piens/Schulte/Graf Vitzthum,* BBergG, § 1 Rn. 12.

388 *Kühne,* ZfB 1980, Seite 58 (60); *Schulte*, NJW 1981, Seite 88 (91).

389 Aufgrund der Beschlussempfehlung des Ausschusses für Wirtschaft des deutschen Bundestages wurde die in § 11 Nr. 8 wortgleich enthaltene Regelung des Regierungsentwurfs durch den Bundestag gestrichen (AusschussB, Seite 134, ZfB 122, 312). Begründung hierfür war der aus Sicht des Bundestages ausreichende Schutz überwiegender öffentlicher Interessen durch § 48 Abs. 2 des Regierungsentwurfs. Der Bundesrat verlangte jedoch in seiner zweiten Befassung die Wiederaufnahme der Klausel, weil er der Meinung war, dass der Schutz überwiegender öffentlicher Interessen in § 48 Abs. 2 des Regierungsentwurfs nicht in gleichem Maße Rechnung trage wie eine Verankerung in § 11 (BR-Drucks. 286/80, Seite 1). Der Vermittlungsausschuss entsprach schließlich dem Begehren des Bundesrates (BT-Drucks. 8/4331, Anl. Seite 2) was dazu führte das der ursprüngliche Versagungsgrund des § 11 Nr. 8 als § 11 Nr. 10 BBergG wieder aufgenommen wurde.

Erstens weist der Versagungsgrund keinen unmittelbaren Bezug mehr zum Zweck des Konzessionssystems auf. Dieses wurde geschaffen um Rechtstitel (personale Berechtigungen) zu verleihen, nicht um sachliche Zulassungen zu erteilen, die einem besonderen Verfahren mit eigenen Voraussetzungen – dem Betriebsplanverfahren – obliegen[390]. Durch § 11 Nr. 10 BBergG werden in die Prüfung über personale Berechtigungen Fragestellungen eingebettet, die systematisch erst in der sachlichen Zulassung des Betriebsplans nach §§ 53 ff. BBergG eine Rolle spielen können. Dies wurde auch schon in der Regierungsbegründung thematisiert, in der es heißt: „[...] obwohl eine echte Kollision mit anderen öffentlichen Interessen nicht schon durch das mit der Erteilung der Erlaubnis entstehende Recht, sondern erst durch dessen Ausübung eintreten könnte“[391].

Zweitens erscheint es so, als ob die gesetzlichen Voraussetzungen des § 11 Nr. 10 BBergG über den sachlichen Entscheidungsinhalt hinausreichen. Eine solche überschießende Tendenz von behördlichen Entscheidungsvoraussetzungen ist zwar nicht schlechthin ausgeschlossen, wirft aber Probleme innerhalb des zweistufig aufgebauten bergrechtlichen Genehmigungssystems auf[392].

Als Vorzug dieser – gesetzgeberisch gewollten – vorgezogenen Prüfung ist die Tatsache zu sehen, dass die mit der Aufsuchung und Gewinnung verbundenen wirtschaftspolitischen Fragestellungen im Verfahren zur Erteilung von Bergbauberechtigungen (das „Ob“) vorab entschieden werden. Eine Einbeziehung von Belangen, die die Betriebsweise (das „Wie“) betreffen, kann hingegen aufgrund der zweistufigen Systematik des Bergrechts nicht stattfinden. Diese Entscheidung bleibt dem Betriebsplanverfahren vorbehalten, entsprechende Unterlagen, die eine behördliche Überprüfung erst ermöglichen, sind auch erst in diesem Verfahren vorzulegen[393].

Durch die Konzeption des § 11 Nr.10 BBergG kann eine Abwägung etwa der Notwendigkeit zur Rohstoffgewinnung aus heimischen Lagerstätten mit kollidierenden anderen öffentlichen Belangen bereits in einer Phase einsetzen, in der die Bergbauberechtigungen erteilt werden und zu Ergebnissen führen, auf denen der Bergbauberechtigte seine Planungen aufbauen und Investitionen treffen kann.

Als Reaktion auf diese, durch den Gesetzgeber bewusst in Kauf genommene, Problemstellung muss die Möglichkeit der Versagung nach § 11 Nr. 10 BBergG jedoch von einigen Voraussetzungen abhängig gemacht werden. Daher kann es sich

390 *Hoppe/Spoer*, Bergrecht und Raumordnung, Seite 88.

391 Begründung zum Gesetzentwurf der Bundesregierung zum BBergG, BT-Drucks. 08/1315, Seite 87; VG *Leipzig*, ZfB 1995, Seite 48 (53).

392 *Hoppe/Spoer*, Bergrecht und Raumordnung, Seite 88.

393 *Hoppe/Spoer*, Bergrecht und Raumordnung, Seite 96.

bei den Kriterien für eine Versagung nach § 11 Nr. 10 BBergG nur um solche öffentlichen Interessen handeln, die

- einen Bezug zu dem in Betracht kommenden Feld selbst haben,
- sich auf das gesamte zuzuteilende Feld erstrecken,
- gegenüber den volkswirtschaftlich-bergbaulichen Interessen überwiegen und
- die Aufsuchung ausschließen[394].

aa) Von § 11 Nr. 10 BBergG umfasste öffentliche Interessen

Grundsätzlich sind aufgrund einer fehlenden Einschränkung im Gesetzeswortlaut die von § 11 Nr. 10 BBergG erfassten öffentlichen Belange weit zu verstehen, und umfassen prinzipiell alle von der Rechtsordnung anerkannten öffentlichen Belange[395]. Etwaige im Hinblick auf den verfassungsrechtlichen Bestimmtheitsgrundsatz geäußerten Bedenken[396] greifen nicht durch, da sich sowohl aus § 11 Nr. 10 BBergG selbst, wie auch aus der Begründung des Regierungsentwurfs und der Kasuistik der Rechtsprechung ausreichende Anhaltspunkte für eine Konkretisierung des öffentlichen Interesses ergeben[397]. Es handelt sich vielmehr um einen gegenständlich umfassenden[398] Begriff, der insbesondere die Belange der Raumplanung[399], Belange von Natur und Landschaft[400] sowie, mittelbar über die Zweckbestimmung des § 1 Nr. 1 BBergG begründet, auch Aspekte der Nachhaltigkeit[401] mit einschließt.

Gemäß § 15 BBergG hat die zuständige Behörde vor der Entscheidung über den Antrag den Behörden Gelegenheit zur Stellungnahme zu geben, zu deren Aufgabe die Wahrnehmung öffentlicher Interessen im Sinne des § 11 Nr. 10

394 Begründung zum Gesetzentwurf der Bundesregierung zum BBergG, BT-Drucks. 08/1315, Seite 87.

395 VGH *Mannheim* ZfB 1989, Seite 57 (57, 2. Leitsatz, 66); *Piens/Schulte/Graf Vitzthum,* BBergG, § 11 Rn. 17; *Hoppe/Spoer*, Bergrecht und Raumordnung, Seite 95; *Fischer-Hüftle,* NuR 1989, Seite 106 (108); *Rasel,* Umweltrechtliche Implikationen im Bundesberggesetz, Seite 49; *Frenz,* Bergrecht und Nachhaltige Entwicklung, Seite 33; so bereits *Kühne*, ZfB 1980, Seite 58 (60) zum gleichlautenden § 11 Nr. 8 des urspünglichen Regierungsentwurfs.

396 *Schulte*, NJW 81, Seite 88 (91).

397 *Boldt/Weller, Bundesberggesetz,* § 11, Rn. 14; sowie allgemein zur Konkretisierung des Begriffs des öffentlichen Interesses *Uerpmann*, Öffentliches Interesse, Seite 175 ff.; Zudem ist die Aufnahme solch „offener" Begriffe keine Besonderheit des BBergG sondern kommt etwa auch in § 6 WHG („Wohl der Allgemeinheit") und § 48 Abs. 2 VwVfG („Abwägung mit anderen öffentlichen Interessen"), die ihrerseits auch verfassungsgemäß sind.

398 VG *Leipzig*, ZfB 1995, Seite 48 (54).

399 VG *Leipzig*, ZfB 1995, Seite 48 (54); VG *Weimar*, ZfB 1995, Seite 151 (152), *Rausch*, Umwelt- und Planungsrecht im Bergbau, Seite 33 ff.

400 Vgl. dazu *Kolonko,* ZUR 1995, Seite 126 (127 ff.); *Wilde*, DVBl. 1998, Seite 1321 (1322 f.);

401 Vgl. dazu *Frenz,* Bergrecht und Nachhaltige Entwicklung, Seite 37 ff.

BBergG gehört. Damit soll eine breite Informationsbasis geschaffen werden, damit alle öffentlichen Interessen in den Entscheidungsprozess einfließen können, die gemäß § 11 Nr. 10 BBergG relevant sein können[402].

In der Begründung des Regierungsentwurfs werden beispielhaft und abstrakt die Erfordernisse

- des Naturschutzes und der Landschaftspflege
- der Raumordnung und der Landesplanung
- des Bauplanungsrechts
- des Verkehrs und
- des Gewässerschutzes

als mögliche dem Bergbau entgegenstehende Interessen genannt[403]. Aber auch Belange der Rohstoff- und Energiepolitik, des Lagerstättenschutzes, des Fremdenverkehrs, des Strahlenschutzes sowie der Außenbereichsbebauung kommen in Betracht[404]. Auch das Interesse an einer geordneten städtebaulichen Entwicklung kann dem Bergbau entgegenstehen[405].

Damit eröffnet § 11 Nr. 10 BBergG eine Möglichkeit der Abwägung des konkret beantragten Vorhabens mit konkurrierenden Nutzungsformen des Untergrundes, deren Vorrang ggf. auch im öffentlichen Interesse liegen könnte. Aufgrund des oben beschriebenen Charakters von § 11 Nr. 10 BBergG geht es dabei nicht allein darum, dass das mit Erteilung der Bergbauberechtigung entstehende Recht mit öffentlichen Interessen kollidiert, sondern auch darum, ob seine Ausübung zu einer solchen Kollisionslage führen wird[406].

So können – anders als in § 11 Nr. 9 BBergG – mangels Bezugnahme auf den Begriff des Bodenschatzes potenziell auch andere Nutzungsformen des Untergrundes wie etwa die Speicherung von Erdgas zur Sicherung der Versorgungssicherheit[407] oder die Speicherung von Druckluft oder Wasserstoff[408] im öffentlichen Interesse stehen. Im Hinblick auf die festgestellten Konkurrenz- und Konfliktpotenziale der untersuchten – auch außerhalb des Anwendungsbereichs des BBergG stehenden – Untergrundnutzungen sind dabei insbesondere die Belange der Rohstoff- und Energiepolitik, der Raumordnung und Landesplanung sowie Belange des Lagerstättenschutzes, der Rohstoff-Reservehaltung von besonderer

---

402 *BVerwG*, UPR 1999, Seite 75 (76).

403 Begründung zum Gesetzentwurf der Bundesregierung zum BBergG, BT-Drucks. 08/1315, Seite 87.

404 VGH *Mannheim*, ZfB 1989, Seite 57 (66).

405 *BVerwG*, UPR 1999, Seite 75 (75).

406 *Hoppe/Spoer*, Bergrecht und Raumordnung, Seite 95.

407 Vgl. zur Bedeutung der Erdgasspeicherung Kapitel 1 Abschnitt 3.

408 Vgl. zur Bedeutung der Druckluft und Wasserstoffspeicherung für das zukünftige Energiesystem Kapitel 1 Abschnitt 5.

Bedeutung. Des Weiteren sind die Belange des Klimaschutzes im Sinne der von der Bundesregierung beschlossenen Minderungsziele für Kohlendioxid als öffentliches Interesse bedeutsam.

aaa) Rohstoff- und Energiepolitik

Die Rohstoff- und Energiepolitik ist für ein Industrieland wie Deutschland von überragender Bedeutung. Dies spiegelt sich auch in der Zweckbestimmung des für die Energieversorgung grundlegenden Gesetzes, des EnWG, wider. So beschreibt § 1 Abs. 1 EnWG das Ziel einer möglichst sicheren, preisgünstigen, verbraucherfreundlichen, effizienten und umweltverträglichen leitungsgebundenen Versorgung der Allgemeinheit mit Elektrizität und Gas, die zunehmend auf erneuerbaren Energien beruht. Damit wird das „energiewirtschaftliche Zieldreieck" der Versorgungssicherheit, Wirtschaftlichkeit und Nachhaltigkeit der Energieversorgung gesetzlich verankert. Konkretisiert wird dieses Zieldreieck durch die energiepolitischen Konzepte der Bundesregierung wie etwa das IEKP[409] oder das Energiekonzept 2010/2011[410].

Aus der Zweckbestimmung des § 1 EnWG ist im Hinblick auf die untersuchten Untergrundnutzungen sowie deren Potenziale und Nutzungskonkurrenzen insbesondere das öffentliche Interesse an einer ausreichenden Versorgungssicherheit mit Strom und Gas bedeutsam. Im Kontext der zur Sicherstellung der Versorgungssicherheit und Bezahlbarkeit notwendigen Technologien setzt die Bundesregierung jedoch auf einen breiten Energiemix unterschiedlicher Energieträger. Daher kann sich aus dem öffentlichen Interesse an einer ausreichenden Versorgungssicherheit grundsätzlich kein besonderes Gewicht für eine einzelne der beschriebenen Untergrundnutzungen ergeben. Etwas anderes wäre nur dann vorstellbar, wenn eine spezifische Nutzung an wenigen exklusiven Orten möglich und an allen anderen Standorten quasi ausgeschlossen wäre.

Hinzu tritt hier jedoch das besondere öffentliche Interesse an einem ansteigenden Anteil erneuerbarer Energien, das neben der Erwähnung in § 1 EnWG auch in der Zweckbestimmung des § 1 EEG niedergelegt ist. Bis 2020 soll der Anteil der Stromerzeugung aus erneuerbaren Energien am Bruttostromverbrauch 35 % betragen. Danach strebt die Bundesregierung folgende Entwicklung des Anteils der Stromerzeugung aus erneuerbaren Energien am Bruttostromver-

---

409 Vgl. hierzu die Homepage des Bundesumweltministeriums unter http://www.bmu.de/klimaschutz/downloads/doc/39875.php, (letzter Abruf 10.03.2012).

410 Vgl. für das Energiekonzept 2010 die Homepage des BMU unter http://www.bmu.de/energiekonzept/doc/46394.php, sowie für die Eckpunkte für ein energiepolitisches Konzept 2011 die Homepage des BMWi unter http://www.bmwi.de/BMWi/Navigation/Energie/Energiepolitik/energiekonzept.html, (letzter Abruf jeweils 10.03.2012).

brauch an: 50 % bis 2030, 65 % bis 2040 und 80 % bis 2050[411]. Zur Erreichung dieser Ziele wird es auch notwendig sein, die in der Bundesrepublik vorhandenen geothermischen Potenziale zu nutzen.

bbb) Raumordnung und Landesplanung

Die Belange der Raumordnung und Landesplanung gehören durch ihre beispielhafte Nennung in der Begründung des Regierungsentwurfs unstreitig zu den öffentlichen Interessen im Sinne von § 11 Nr. 10 BBergG[412]. Die Regelung des § 11 Nr. 10 BBergG wurde dabei in den Erörterungen rund um das Gesetzgebungsverfahren geradezu als „Raumordnungsklausel" bezeichnet[413]. Gemäß § 4 Abs. 2 ROG sind bei Entscheidungen öffentlicher Stellen über die Zulässigkeit raumbedeutsamer Planungen und Maßnahmen von Personen des Privatrechts die Erfordernisse der Raumordnung nach den für diese Entscheidungen geltenden Vorschriften zu berücksichtigen. Dabei bedarf es insbesondere keiner besonderen Raumordnungsklausel, ausreichend ist vielmehr eine allgemeine Gemeinwohlkausel.

In diesem Kontext muss in den jeweiligen Fachgesetzen jedoch eine Abwägungs- oder Ermessensentscheidung vorgesehen sein, damit die Erfordernisse der Raumordnung in die Entscheidung Eingang finden können[414]. Da die Erteilung von Bergbauberechtigungen aber jeweils eine gebundene Entscheidung ist, wird daraus teilweise gefolgert, dass Erfordernisse der Raumordnung insoweit bei der Prüfung entgegenstehender öffentlicher Interessen im Kontext des § 11 Nr. 10 BBergG unbeachtlich seien[415].

Dies widerspricht jedoch dem Wortlaut des § 4 Abs. 2 ROG, nach dem es bei der Berücksichtigung der Erfordernisse der Raumordnung auf die maßgebliche fachgesetzliche Vorschrift – hier die des § 11 Nr. 10 BBergG – ankommt. Und § 11 Nr. 10 BBergG verfolgt ausweislich der Begründung des Regierungsent-

---

411 So die Zielfestlegung im Energiekonzept 2010 der Bundesregierung die auch in der aufgrund der Reaktorkatastrophe in Fukushima erfolgten Novellierung 2011 nicht verändert wurde; *BMWi/BMU*, Energiekonzept für eine umweltschonende, zuverlässige und bezahlbare Energieversorgung vom 28. September 2010, Seite 5.

412 Vgl. Begründung zum Gesetzentwurf der Bundesregierung zum BBergG, BT-Drucks. 08/1315, Seite 87; Entschließung der Ministerkonferenz für Raumordnung zur Abstimmung der Verfahren nach dem Bundesberggesetz mit der Raumordnung vom 08. März 1984, abgedruckt in *Bielenberg/Runkel/Spannowsky*, Raumordnungs- und Landesplanungsrecht des Bundes und der Länder, Band 1, B 320, Seite 18.

413 *Kühne*, DVBl. 1984, Seite 709 (710).

414 *Goppel*, in *Spannowsky/Runkel/Goppel*, Raumordnungsgesetz, Kommentar, § 4 Rn. 71.

415 So zu den Grundsätzen und sonstigen Erfordernissen der Raumordnung *Hoppe/Spoer*, Bergrecht und Raumordnung, Seite 98, 99; die aber bezüglich der Ziele der Raumordnung gleichzeitig eine Beachtlichkeit annehmen.

wurfs die Einbeziehung der Erfordernisse der Raumordnung und Landesplanung. Zudem findet auch im Rahmen des § 11 Nr. 10 BBergG eine Abwägung statt, wenn auch nur eine nachvollziehende Abwägung der Behörde, die die in den Gesetzen vorgenommenen Wertungen berücksichtigen muss und daher gleichsam vorgeprägt ist[416]. Erfordernisse der Raumordnung sind daher in die abwägende Prüfung des § 11 Nr. 10 BBergG durch die Bergbehörde einzubeziehen.

Daran schließt sich jedoch zugleich die weitergehende Frage an, ob Zielen der Raumordnung in der Prüfung des § 11 Nr. 10 BBergG eine weitergehende Bindungswirkung zukommt, als etwa Grundsätzen und sonstigen Erfordernissen der Raumordnung. Einen Lösungsansatz hierfür birgt § 3 Abs. 1 Nr. 1 ROG, nach dem Erfordernisse der Raumordnung sowohl die Ziele sowie Grundsätze der Raumordnung als auch sonstige Erfordernisse der Raumordnung sind. Auch § 4 Abs. 2 ROG trifft hierzu keine weitere Unterscheidung. Daher ist von einer einheitlichen Berücksichtigungspflicht auszugehen, bei der zwischen Zielen auf der einen sowie Grundsätzen und sonstigen Erfordernissen der Raumordnung auf der anderen Seite nicht grundsätzlich unterschieden wird[417]. Lediglich wenn ein Fall des § 4 Abs. 1 ROG vorliegt oder das Fachrecht eine erweiterte Bindung von Zielen der Raumordnung explizit vorsieht, kann von der in § 4 Abs. 2 ROG verankerten Einheitlichkeit abgewichen werden. Dies ist in § 11 Nr. 10 BBergG jedoch nicht der Fall. Daher ist von einer einheitlichen Berücksichtigungspflicht auszugehen.

Allerdings müssen die einem bergrechtlichen Vorhaben entgegenstehenden „raumbezogenen" Belange hinreichend konkretisiert und verbindlich sein, um einen Versagungsgrund im Sinne von § 11 Nr. 10 BBergG bilden zu können[418]. Reine „Leitlinien" zur Raumordnung genügen dem Erfordernis der Konkretheit dabei nicht[419]. Auch die in § 2 Abs. 2 ROG niedergelegten bundesrechtlichen Grundsätze der Raumordnung sind regelmäßig zu allgemein und abstrakt, um Aussagen zur Zulässigkeit eines bergbaulichen Vorhabens zu treffen[420]. Denn bei Grundsätzen der Raumordnung handelt es sich gemäß § 3 Nr. 3 ROG um allgemeine Aussagen zur Entwicklung, Ordnung und Sicherung des Raums als Vorgaben für nachfolgende Abwägungs- oder Ermessensentscheidungen. Diese Abwägungsoffenheit wird es im Hinblick auf Grundsätze der Raumordung – jedenfalls im Regelfall – ausschließen, dass ohne die Durchführung eines Betriebs-

---

416 VG *Weimar*, ZfB 1996, Seite 321 (329).

417 *Goppel*, in *Spannowsky/Runkel/Goppel*, Raumordnungsgesetz, Kommentar, § 4 Rn. 72; so auch im Kontext des Bergrechts *Erbguth,* VerwArch. 1996, Seite 258 (274).

418 VG *Gera*, ZfB 1996, Seite 172 (176); VG *Leipzig*, ZfB 1998, Seite 331 (336).

419 VG *Gera*, ZfB 1996, Seite 172 (176).

420 So im Hinblick auf die Zulässigkeit einer Untersuchungsbohrung *BVerwG*, ZfB 1991, Seite 140 (143).

planverfahrens mit hinreichender Sicherheit beurteilt werden kann, ob einschlägige Grundsätze der Raumordnung eine Bergbauberechtigung ausschließen[421]. Etwas anderes kann jedoch für nach § 17 Abs. 1 S. 1 ROG konkretisierte bundesrechtliche Grundsätze gelten. Auch landesrechtliche festgesetzte Grundsätze können im Einzelfall als hinreichend konkretisiert anzusehen sein[422].

Ziele der Raumordnung sind stets konkret genug, denn sie sind verbindliche Vorgaben in Form von räumlich oder sachlich bestimmten oder bestimmbaren, vom Träger der Raumordnung nach § 7 Abs. 2 ROG abschließend abgewogene, textliche oder zeichnerische Festlegungen in Raumordnungsplänen. Sie sind die konkreten Raumnutzungsentscheidungen oder raumwirksame Entscheidungen, die unter bestimmten Voraussetzungen auch (gemeinde-)gebietsscharfe, in besonders gelagerten Fällen sogar parzellenscharfe Raumnutzungsentscheidungen sein können[423]. Auch Ziele können einen Versagungsgrund jedoch nur dann bilden, wenn sie in einem rechtswirksam zustande gekommenen und für verbindlich erklärten Raumordnungsplan und/oder in einem Regionalplan gleicher Qualität ausgewiesen sind und wenn sie durch einen solchen Plan den Vorrang gegenüber dem Bergbau erhalten haben[424].

ccc) Lagerstättenschutz

Auch der Lagerstättenschutz kommt für eine Versagung nach § 11 Nr. 10 BBergG in Betracht[425]. Denn Belange der Rohstoff-Reservehaltung können die Bergbauinteressen in Zeiten überwiegen, in denen der Markt ausreichend mit dem entsprechenden Rohstoff versorgt ist, soweit die Reservehaltung im Einzelfall praktisch durchführbar ist[426]. In diesem Fall genügt es, wenn die Bodenschätze aufgesucht, das heißt für eine spätere Gewinnung erkundet werden[427]. Denn wie ausgeführt, indiziert § 1 Nr. 1 BBergG eine mittel- bis langfristig angelegte Rohstoffsicherung, die, wenn Bodenschätze in ausreichendem Maße vorhanden sind, eine Bevorratung nahelegt. Auch entsprechende „in-situ-Konzepte“ des Bundes oder der Länder können – bei entsprechender Ausgestaltung – zu einer Versagung führen[428].

---

421 *Hoppe/Spoer*, Bergrecht und Raumordnung, Seite 99.

422 VG *Leipzig*, ZfB 1995, Seite 48 (56).

423 *Steiner*, Raumordnungs- und Landesplanungsrecht in *Steiner (Hrsg.)*, Besonderes Verwaltungsrecht, V A, Rn. 43

424 VGH *Mannheim*, ZfB 1989, Seite 57 (75); VG *Gera*, ZfB 1996, Seite 172 (176).

425 VGH *Mannheim*, ZfB 1989, Seite 57 (66).

426 VGH *Mannheim*, ZfB 1989, Seite 57 (57, 7. Leitsatz), VG *Freiburg*, ZfB 1985, Seite 108 (120); VG *Weimar*, ZfB 1995, Seite 225 (236).

427 VGH *Mannheim*, ZfB 1989, Seite 57 (57, 7. Leitsatz), VG *Freiburg*, ZfB 1985, Seite 108 (120); VG *Weimar*, ZfB 1995, Seite 225 (236).

428 Vgl. dazu VGH *Mannheim*, ZfB 1989, Seite 57 (72).

Zudem ist – im Gegensatz zum Schutzbereich des § 11 Nr. 9 BBergG – auch der Schutz anderer unterirdischer Formationen etwa zur Speicherung von Gasen von § 11 Nr. 10 BBergG umfasst. Dies lässt sich aus dem Verhältnis von § 11 Nr. 9 BBergG und § 11 Nr. 10 BBergG begründen. Wie bereits dargelegt bezweckt § 11 Nr. 9 BBergG den Schutz von Bodenschätzen an denen ein öffentliches Interesse, etwa wegen ihrer Bedeutung für die Herstellung wichtiger Wirtschaftsgüter[429] oder der Sicherstellung der Versorgung[430], wie etwa der Energieversorgung[431], besteht. Unter Bezugnahme auf die volkswirtschaftlichen Aspekte müsste eine Bergbauberechtigung nach § 11 Nr. 9 BBergG dann untersagt werden, wenn die Aufsuchung oder Gewinnung zu einer Beeinträchtigung der künftigen Verwertung eines volkswirtschaftlich bedeutsameren Bodenschatzes führt oder die Verwertung dieses Bodenschatzes unmöglich gemacht würde[432]. Dabei ist der Schutz des § 11 Nr. 9 BBergG jedoch rein auf Bodenschätze bezogen. Die durch den ausdrücklichen Wortlaut von § 11 Nr. 9 BBergG entstandene „Schutzlücke“ kann jedoch durch eine entsprechende Anwendung von § 11 Nr. 10 BBergG überwunden werden. Diese Auffassung lässt sich auch auf die Einbeziehung der behälterlosen Speicherung von Gasen in das Bergrecht durch § 126 Abs. 1 BBergG stützen. Denn aus § 126 Abs. 3 BBergG wird ein öffentliches Interesse an einem Endlager für radioaktive Stoffe gefolgert[433]. In Analogie dazu wird man dann aus § 126 Abs. 1 BBergG aus Gründen der Versorgungssicherheit auch ein öffentliches Interesse an der Speicherung von Erdgas und Druckluft entnehmen müssen.

Eine Versagung wäre in diesem Kontext dann möglich, wenn unter Bezugnahme der volkswirtschaftlichen Aspekte die Aufsuchung oder Gewinnung zu einer Beeinträchtigung der künftigen Verwertung einer volkswirtschaftlich bedeutsameren Speicherformation für Gase führt oder die Nutzung dieser Speicherformation unmöglich gemacht würde.

ddd) Klimaschutz

Der Klimaschutz bildet ein eigenständiges öffentliches Interesse im Kontext des § 11 Nr. 10 BBergG, auch wenn hierbei gewisse Überschneidungen mit der Energie- und Rohstoffpolitik nicht zu vermeiden sind.

---

429 Begründung zum Gesetzentwurf der Bundesregierung zum BBergG, BT-Drucks. 08/1315, Seite 88; *Weller*, ZfB 1990, Seite 111 (128).

430 Begründung zum Gesetzentwurf der Bundesregierung zum BBergG, BT-Drucks. 08/1315, Seite 88.

431 *Boldt/Weller, Bundesberggesetz,* § 11, Rn. 12.

432 *Frenz,* Bergrecht und Nachhaltige Entwicklung, Seite 28.

433 OVG *Niedersachsen*, ZfB 2004, Seite 12, zitiert nach juris Rn. 44.

Dies ergibt sich bereits aus der Staatszielbestimmung des Art. 20a GG[434], die auch den Klimaschutz umfasst[435]. Die in Art. 20a GG zum Ausdruck kommende Verpflichtung zum Schutz der natürlichen Grundlagen verpflichtet die staatliche Gewalt verfassungsrechtlich, das Gemeinschaftsgut „natürliche Lebensgrundlagen“ im Sinne eines Optimierungsgebots zu schützen. Art. 20a GG wendet sich in erster Linie an den Gesetzgeber, den die Verpflichtung trifft, den in dieser Norm enthaltenen Gestaltungsauftrag umzusetzen, bezieht jedoch auch die Exekutive und die Rechtsprechung in den Schutzauftrag mit ein. Bei der Konkretisierung unbestimmter Rechtsbegriffe und bei der Betätigung von Ermessen ist das Schutzgebot des Art. 20 a GG Auslegungs- und Abwägungshilfe[436]. Dabei verlangt Art. 20a GG durch den Bezug auf künftige Generationen ausdrücklich die Einbeziehung von Langzeitrisiken im Sinne einer Langzeitverantwortung[437], was insbesondere für die unterschiedlichen untersuchten Untergrundnutzungen eine besondere Relevanz besitzt.

Gemäß den Beschlüssen der Bundesregierung im Energiekonzept 2010/2011 sollen bis 2020 die Treibhausgasemissionen um 40 %, bis 2030 um 55 %, bis 2040 um 70 % und bis 2050 um 80 % bis 95 % jeweils gegenüber 1990 reduziert werden[438]. Um diese Ziele zu erfüllen müssen Emissionsminderungen in allen Sektoren erreicht sowie klimaschützende Technologien entwickelt und eingesetzt werden. Dies sind in besonderer Weise die erneuerbaren Energien. Aber auch ein möglicher Einsatz von CCS kann – wie § 1 KSpG es auch normiert – den Erfordernisses des Klimaschutzes dienen.

eee) Rohstoffsicherungsklausel, § 48 Abs. 1 S. 2 BBergG

Im Rahmen der Abwägung ist durch die Behörde zudem zu beachten, dass der Gesetzgeber mit der Rohstoffsicherungsklausel des § 48 Abs. 1 S. 2 BBergG und der Zweckbestimmung des § 1 Nr. 1 BBergG zu erkennen gegeben hat, dass er

434 Zur Staatszielbestimmung des Art. 20a GG sowie deren objektiv rechtlichen Charakter vgl. *Schmidt-Bleibtreu/Hofmann/Hopfauf*, Kommentar zum Grundgesetz, Art. 20a, Nr. 1, 3; *Sommermann* in *von Münch/Kunig*, Grundgesetz-Kommentar, Band 1, Art. 20a Rn. 1, 10; *Jarass/Pieroth*, Grundgesetz, Kommentar, Art. 20 a, Rn. 1.

435 *BVerwGE*, 125, Seite 68; *Groß*, NVwZ 2011, Seite 129 (130).

436 *BVerwG*, NVwZ 1998, Seite 1080 (1081); *Schmidt-Bleibtreu/Hofmann/Hopfauf*, Kommentar zum Grundgesetz, Art. 20a, Nr. 16; *Sommermann* in *von Münch/Kunig*, Grundgesetz-Kommentar, Band 1, Art. 20a Rn. 30; *Jarass/Pieroth*, Grundgesetz, Kommentar, Art. 20 a, Rn. 20.

437 *Jarass/Pieroth*, Grundgesetz, Kommentar, Art. 20 a, Rn. 6.

438 Vgl. für das Energiekonzept 2010 die Homepage des BMU unter http://www.bmu.de/energie konzept/doc/46394.php, sowie für das Energiekonzept 2011 die Homepage des BMWi unter http://www.bmwi.de/BMWi/Navigation/Energie/Energiepolitik/ energiekonzept.html, (letzter Abruf jeweils 11.03.2012).

dem Interesse an der Aufsuchung und Gewinnung von Bodenschätzen eine Vorrangstellung einräumt wissen will[439].

Teilweise wird auch unter Hinweis auf die Rohstoffsicherungsklausel sowie § 1 Nr. 1 BBergG vertreten, dass es sich hierbei um einen generellen Vorrang handelt, der zudem auch im Hinblick auf das Berechtigungsverfahren Anwendung finden muss[440]. Aus dieser Sicht verleiht § 48 Abs. 1 S. 2 BBergG den bergbaulichen Belangen eine Priorität innerhalb des Abwägungsprozesses gegenüber den Belangen, die in anderen Rechtsvorschriften ihren Niederschlag gefunden haben.

Dem ist jedoch nicht zuzustimmen. Zwar ist den bergbaulichen Belangen aufgrund § 48 Abs. 1 S.2 BBergG besonders Rechnung zu tragen, eine absolute Vorrangregelung zugunsten des Bergbaus bedeutet dies hingegen nicht[441]. Die von § 11 Nr.10 BBergG umfassten öffentlichen Interessen brauchen, sofern die Voraussetzungen des Versagungsgrundes vorliegen, nicht generell hinter die Belange des Bergbaus zurückzutreten. Nach der Entstehungsgeschichte des § 48 Abs. 1 S.2 BBergG sollte durch diese Norm „eine der Bedeutung der Rohstoffsicherung, das heißt der möglichst optimalen Erforschung und Nutzung heimischer Lagerstätten angemessene Abwägung zwischen den divergierenden Interessen erreicht werden“[442]. Einen bestimmten Belang angemessen zu berücksichtigen, ist jedoch weniger, als ihm einen absoluten Vorrang einzuräumen. Daher enthält § 48 Abs. 1 S. 2 BBergG eher ein „Optimierungsgebot“ zugunsten des Bergbaus und verleiht den Belangen des Bergbaus stets ein erhebliches Gewicht in der Abwägung[443].

bb) Raum- und Feldbezug der einzubeziehenden öffentlichen Interessen

Begrenzt wird die Einbeziehung öffentlicher Interessen durch die bereits angesprochenen Anforderungen, die sich einerseits aus dem Wortlaut der Vorschrift, aber auch aus der Begründung des Regierungsentwurfs ergeben[444]. Unstreitig muss es sich um solche Interessen handeln, die einen Bezug zu dem beantragten

439 So *BVerwGE* 74, Seite 315 (318); 81; Seite 329 (340); VG *Weimar*, ZfB 1996, Seite 321 (329); kritisch *Rassel,* Umweltrechtliche Implikationen im Bundesberggesetz, Seite 55 f.

440 *Hoppe*, Nationalpark-Verordnung „Niedersächsisches Wattenmeer“ und bergbauliche Berechtigungen, Seite 56 ff.; *ders*, DVBl. 1987, Seite 757 (761 f.); zustimmend *Peters*, DVBl. 1988, Seite 227 (228).

441 *BVerwG*, UPR 1999, Seite 75 (75); VGH *Mannheim*, ZfB 1989, Seite 57 (71); OVG *Greifswald*, ZfB 2000, Seite 32 (32); *Heitmann*, ZfB 1990, Seite 179 (188).

442 Beschlussempfehlung und Bericht des Ausschusses für Wirtschaft, BT-Drucks. 08/3965, Seite 137; *Piens/Schulte/Graf Vitzthum,* BBergG, § 48, Rn. 12.

443 VGH *Mannheim*, ZfB 1989, Seite 57 (57); *Kolonko,* ZUR 1995, Seite 126 (128);

444 Begründung zum Gesetzentwurf der Bundesregierung zum BBergG, BT-Drucks. 08/1315, Seite 87.

Erlaubnisfeld selbst haben müssen[445]. Es muss sich damit um jeweils „raumbezogene" öffentliche Interessen handeln[446].

Ob sich die Belange jedoch auf das gesamte zuzuteilende Feld erstrecken müssen, ist umstritten. Während dies teilweise unter Berufung auf die Begründung des Regierungsentwurfs gefordert wird[447], lässt die Rechtsprechung eine Abdeckung von wesentlichen Teilbereichen genügen[448]. Da das von der Behörde zuzuteilende Feld ausschließlich vom Antragsteller bestimmt wird[449] und eine auf die komplette Fläche bezogene Auslegung ein erhebliches Missbrauchspotenzial aufweist, erscheint eine – der Auffassung der Rechtsprechung folgende – normative Auslegung geboten. Denn ansonsten hätte es der Antragsteller beispielsweise durch die Ausdehnung des bindenden beantragten Untersuchungsfeldes in der Hand, etwa eine Schutzgebietsfestlegung und mithin den Versagungsgrund des § 11 Nr. 10 BBergG zu umgehen[450]. Auch der Wortlaut des Gesetzes steht einer solchen Auslegung nicht entgegen. Während es im ursprünglichen Referentenentwurf des BBergG noch hieß, „Die Bewilligung ist zu versagen, wenn im gesamten zuzuteilenden Feld öffentliche Interessen die Gewinnung ausschließen[451]", lässt die vom Gesetzgeber endgültig beschlossene Fassung des § 11 Nr. 10 BBergG auch die Deutung zu, dass eine Bergbauberechtigung zu versagen ist, wenn öffentliche Interessen so überwiegen, dass sie die Aufsuchung oder Gewinnung im gesamten Feld ausschließen. Ein partieller Feldbezug ist

---

445 Begründung zum Gesetzentwurf der Bundesregierung zum BBergG, BT-Drucks. 08/1315, Seite 87; *Hoppe/Spoer*, Bergrecht und Raumordnung, Seite 96.

446 *BVerwG*, UPR 1999, Seite 75 (75); VGH *Mannheim*, ZfB 1989, Seite 57 (66); VG *Leipzig*, ZfB 1995, Seite 48 (53); kritisch *Rasel,* Umweltrechtliche Implikationen im Bundesberggesetz, Seite 49 ff.

447 *Boldt/Weller, Bundesberggesetz,* § 11, Rn. 14 unter Hinweis auf die Begründung zum Gesetzentwurf der Bundesregierung zum BBergG, BT-Drucks. 08/1315, Seite 87; *Piens/Schulte/Graf Vitzthum,* BBergG, § 11, Rn. 18; *Rausch*, Umwelt- und Planungsrecht im Bergbau Seite, 31.

448 So halt etwa der VGH *Mannheim*, ZfB 1989, Seite 57 (68,69); VG *Freiburg*, ZfB 1985, Seite 108 (109) eine Abdeckung von 80% für ausreichend. Eine vollständige Deckung der Feldesgrenzen wird insoweit nicht verlangt. Auch das VG *Leipzig*, ZfB 1995, Seite 48 (53) betobt diesbezüglich, dass es entscheidend auf die Umstände des Einzelfalls ankomme.

449 Lediglich § 16 Abs. 2 BBergG lässt eine abweichende Festsetzung des *Erlaubnisfeldes* nur aus bestimmten übergeordneten Gründen wie der Wettbewerbsgefährdung oder Verbesserung der Aufsuchung zu. Eine abweichende Festsetzung eines *Bewilligungsfeldes* ist hingegen nicht möglich.

450 Zutreffend insoweit *Kolonko,* ZUR 1995, Seite 126 (128); so auch *Frenz,* Bergrecht und Nachhaltige Entwicklung, Seite 35; *Rassel,* Umweltrechtliche Implikationen im Bundesberggesetz, Seite 55 f., m.w.N.

451 Zitiert nach *Westermann*, Freiheit des Unternehmens und des Grundeigentümers und ihre Pflichtenbindung im öffentlichen Interesse nach dem Referentenentwurf des Bundesberggesetzes, Seite 38.

jedoch durch eine entsprechend geringere Gewichtung innerhalb der behördlichen Abwägung zu berücksichtigen[452].

cc) Nachvollziehende Abwägung der Bergbehörde

In der Abwägung im Sinne einer Einzelfallprüfung[453] sind ausweislich der Begründung des Regierungsentwurfs die volkswirtschaftlich-bergbaulichen Interessen sowie mögliche entgegenstehende öffentliche Interessen einzustellen. Bezugspunkt der Kollisionsprüfung ist bei der Erlaubnis die Aufsuchung und bei der Bewilligung die Gewinnung des entsprechenden Bodenschatzes. Da das Bundesberggesetz die öffentlichen Interessen nicht näher einschränkt und auch nicht von öffentlich-rechtlichen Vorschriften gesprochen wird, ist – wie dargelegt – davon auszugehen, dass im Rahmen der Abwägung alle von der Rechtsordnung anerkannten öffentlichen Interessen in Betracht kommen[454]. Dabei ist zu beachten, dass nach dem Willen des Gesetzgebers vermieden werden soll, dass Bergbauberechtigungen verliehen werden, die nicht die Erwartung rechtfertigen, jemals ausgeübt zu werden[455]. Es soll verhindert werden, dass jemand ein subjektiv-öffentliches Recht erlangt, das sich im Nachhinein als nicht ausübungsfähig erweist, da die für den Gebrauch notwendige öffentlich-rechtliche Befugnis[456] im Betriebsplanverfahren nicht erteilt werden kann.

Die nachvollziehende Abwägung der Behörde muss dabei die in den Gesetzen vorgenommenen Wertungen berücksichtigen und ist damit gleichsam vorgeprägt[457]. Dabei ist auch die Zweckbestimmung des § 1 BBergG zur Geltung zu bringen. Daraus folgt, dass die durch § 1 Nr. 1 BBergG vermittelte ökonomische, ökologische und zeitliche Dimension der Rohstoffsicherung in die Abwägung der öffentlichen Interessen einzustellen ist. Daher ist die soziale und wirtschaftliche Funktion eines Abbauvorhabens unter Berücksichtigung seiner gesamtwirtschaftlichen Bedeutung in gleicher Weise als öffentliches Interesse zu berücksichtigen wie die langfristige Sicherung der Rohstoffversorgung und das mit der Bodenschutzklausel zum Ausdruck gebrachte Interesse an einem sparsamen und schonenden Umgang mit Grund und Boden[458]. Auch die Erfordernisse der Raumordnung gehen bei hinreichender Konkretheit gleichberechtigt mit anderen

---

452 *Erbguth,* VerwArch. 1996, Seite 258 (278); *Frenz,* Bergrecht und Nachhaltige Entwicklung, Seite 35.

453 *Piens/Schulte/Graf Vitzthum,* BBergG, § 11 Rn. 18.

454 VGH *Mannheim*, ZfB 1889, Seite 57 (66).

455 *BVerwG*, UPR 1999, Seite 75 (75).

456 *BVerwG*, UPR 1999, Seite 75 (76).

457 Vgl. VG *Weimar*, ZfB 1996, Seite 321 (329).

458 *Frenz,* Bergrecht und Nachhaltige Entwicklung, Seite 78.

zu prüfenden Belangen in die nachvollziehende Abwägung des § 11 Nr. 10 BBergG ein.

Die überwiegenden öffentlichen Interessen müssen gemäß § 11 Nr. 10 BBergG die Zulassung der beantragten Bergbauberechtigung „ausschließen“. Damit weist die Vorschrift einerseits einen normtextlichen Bezug zu § 48 Abs. 2 BBergG auf, nach dem auch überwiegende öffentliche Interessen zu einer Versagung führen können. Die beiden Vorschriften unterscheiden sich andererseits jedoch im konkreten Wortlaut: Während in § 48 Abs. 2 BBergG „entgegenstehende öffentliche Interessen“ für eine Versagung ausreichen, fordert § 11 Nr. 10 BBergG, dass diese die Aufsuchung „ausschließen“ müssen.

Damit stellt sich die Frage, welche grundsätzliche Gewichtigkeit die entgegenstehenden öffentlichen Interessen haben müssen, um bereits zu einer Versagung nach § 11 Nr. 10 BBergG zu kommen. Trotz des unterschiedlichen Wortlauts müssen die entgegenstehenden öffentlichen Interessen nach § 11 Nr. 10 BBergG jedoch nicht gewichtiger sein als in § 48 Abs. 2 BBergG[459]. Der unterschiedliche Wortlaut der beiden Vorschriften ist vielmehr auf die zweistufige Konzeption des BBergG und die bereits behandelten Unterschiede zwischen Berechtsamtsverfahren und Betriebsplanzulassung zurückzuführen. Daraus lassen sich die unterschiedlichen behördlichen Entscheidungssituationen folgern und systematische Rückschlüsse auch im Hinblick auf den unterschiedlichen Wortlaut von § 11 Abs. 10 BBergG gegenüber § 48 Abs. 2 BBergG ziehen. Die Entscheidung über die Erteilung einer Bergbauberechtigung kann die Betriebsweise einer Aufsuchung oder Gewinnung nicht überprüfen. Diese ist Teil des Betriebsplanverfahrens. Es kann sich also bei den öffentlichen Interessen, die zu einer Versagung nach § 11 Nr. 10 BBergG führen nur um solche handeln, die sich im späteren Betriebsplanverfahren als unüberwindbar erweisen. „Ausschließen“ in diesem Sinne liegt somit nur vor, wenn die entgegenstehenden öffentlichen Interessen

- weder durch die konkrete Ausgestaltung des Abbauvorhabens überwunden oder in ausreichenden Maße gemindert werden können;
- noch durch behördliche Entscheidungsspielräume im Betriebsplanzulassungsverfahren nach §§ 50 ff. BBergG und in etwa erforderlichen weiteren Verfahren ausgeräumt werden können;
- noch eine Überwindung durch eine Änderung faktischer oder planungsrechtlicher Gegebenheiten wahrscheinlich ist, wobei nur naheliegende oder insoweit nicht völlig unwahrscheinliche Änderungen einzubeziehen sind[460].

Insgesamt setzt eine Versagung aufgrund von § 11 Nr. 10 BBergG daher ein ausreichendes Maß an Beurteilungssicherheit auf Seiten der Behörde und eine

459 *Hoppe/Spoer*, Bergrecht und Raumordnung, Seite 96.

460 *Hoppe/Spoer*, Bergrecht und Raumordnung, Seite 96.

entsprechende Konkretheit entgegenstehender Potenziale und zukünftiger Nutzungen voraus. Diese Beurteilungssicherheit muss sowohl in tatsächlicher als auch in rechtlicher Hinsicht bestehen. Der Konflikt zwischen den in die Abwägung eingestellten öffentlichen Interessen und den volkswirtschaftlich-bergbaulichen Belangen des konkreten Vorhabens sowie sein nicht hinnehmbares Ausmaß müssen in tatsächlicher Weise klar sein. In der Zukunft liegende Nutzungskonkurrenzen und -konflikte können daher nur zu einer Versagung nach § 11 Nr. 10 BBergG führen, wenn die Konfliktsituation zwischen den Nutzungsformen und Potenzialen deutlich zutage tritt und sich auch in vergleichsweise absehbarer Zeit verwirklichen würde sowie sich auch nicht durch eine bestimmte Betriebsführung ausschließen lässt.

Die Behörde verfügt aufgrund der Gebundenheit der Entscheidung über die Erteilung von Bergbauberechtigungen weder über einen eigenen Beurteilungsspielraum noch darf sie politische Wertungen in die Einzelabwägung aufnehmen[461]. Die behördliche Entscheidung muss aufgrund der konkreten Umstände des Einzelfalls getroffen werden[462]. Hierbei ist ausreichend, wenn die in die Abwägung eingestellten entgegenstehenden öffentlichen Belange in ihrer Summe die bergbaulichen überwiegen[463], wobei diese Frage grundsätzlich richterlich voll nachprüfbar ist[464]. Allerdings wird man der Bergbehörde bei Projekten mit schwierigen Prognoseentscheidungen eine besondere Prognoseverantworung und einen entsprechenden Prognosespielraum zusprechen müssen, wie er sich in der Wyhl-Entscheidung des BVerwG wiederfindet[465].

Hier kann die in § 5 KSpG vorgesehene und im Rahmen der Arbeit später noch genauer beschriebene Potenzialanalyse einige Anhaltspunkte für die Beurteilung der Genehmigungsbehörde liefern. Denn die Analyse umfasst nach § 5 Abs. 2 Nr. 7 KSpG auch mögliche Nutzungskonflikte zwischen der Speicherung von Kohlendioxid und der Exploration, Rohstoffgewinnung, Geothermienutzung, nutzbarem Grundwasser, Speicherung oder Lagerung anderer gasförmiger, flüssiger oder fester Stoffe oder wissenschaftliche Bohrungen im Bereich der für die dauerhafte Speicherung geeigneten Gesteinsschichten. Dabei werden die geologischen Grundlagen von der BGR im Benehmen mit den Ländern erstellt. Durch

461 *BVerwG*, ZfB 1995, Seite 273 (273 f.).

462 Vgl. *Erbguth,* VerwArch. 1996, Seite 258 (275 f.); *Frenz,* Bergrecht und Nachhaltige Entwicklung, Seite 36; VGH *Mannheim*, ZfB 1989, Seite 57 (72); VG Leipzig, ZfB 1995, Seite 48 (53).

463 VGH *Mannheim*, ZfB 1989, Seite 57 (66); VG *Leipzig*, ZfB 1995, Seite 48 (53, 55).

464 VGH *Mannheim* ZfB 1989, Seite 57 (66,67); VG *Gera*, ZfB 1996, Seite 172 (175).

465 Vgl. dazu *BVerwGE,* 72, Seite 300, zitiert nach juris Rn. 37.

diese Einbeziehung der Länder sollen regionale Kenntnisse und Belange in die Potenzialanalyse einfließen[466].

Je weiter die Konfliktsituation dabei in die Zukunft rückt, desto geringer ist allerdings die zu fordernde Beurteilungssicherheit der Behörde ausgeprägt und der prognostische Charakter der Entscheidung verstärkt sich. Damit wird auch klar, dass weit in der Zukunft liegende Nutzungskonflikte nur schwer zu einer Versagung einer Bergbauberechtigung nach § 11 Nr. 10 BBergG führen können. Allerdings fehlen in diesem Kontext legislative Beurteilungsmaßstäbe, die die konkrete Entscheidung der Behörde determinieren, aber auch vereinfachen.

III. Berücksichtigung von Nutzungskonkurrenzen im bergbaulichen Verfahrensrecht

Die Vermeidung und rechtliche Bewältigung von Nutzungskonflikten und potenziellen Konkurrenzsituationen kann nicht nur im Rahmen materiellrechtlicher Regelungen erfolgen. Auch durch das im Gesetz vorgesehene Verwaltungsverfahren könnten solche Problemfelder begrenzt und gegebenenfalls gelöst werden. Daher stellt sich die Frage ob in das im BBergG vorgesehene Verwaltungsverfahren konkrete Vorschriften eingebettet sind, die diese Funktion erfüllen können.

1. Vorrang, § 14 BBergG

§ 14 BBergG ist – neben dem Kriterium der Ausschließlichkeit – eine weitere zentrale Vorschrift des Bergrechts zum Umgang mit Konkurrenzsituationen um eine konkrete Bergbauberechtigung. Da für denselben Bodenschatz in demselben Gebiet immer nur eine Aufsuchung zu gewerblichen Zwecken und nur eine Bewilligung erteilt werden kann, wird in § 14 BBergG geregelt, welcher Bewerber Vorrang genießt, wenn mehrere deckungsgleiche Anträge vorhanden sind[467].

Es handelt sich bei § 14 BBergG um ein Mischmodell aus dem Prioritätsprinzip und der Vergabe nach qualitativen Kriterien[468]. Die Begründung dieses Mischmodells liefert die spezifische Situation der Knappheit im Bergbau. Es

---

466 Begründung zum Gesetzentwurf der Bundesregierung zum KSpG, BT-Drucks. 17/5750, Seite 39.

467 Begründung zum Gesetzentwurf der Bundesregierung zum BBergG, BT-Drucks. 08/1315, Seite 89.

468 *P. Franke*, Die Einlagerung von CO_2 in unterirdischen Formationen unter besonderer Berücksichtigung des Bergrechts; in: *Kühne/Ehricke* (Hrsg.), Bergrecht zwischen Tradition und Moderne, 2009, Seite 99 (129); Begründung zum Gesetzentwurf der Bundesregierung zum BBergG, BT-Drucks. 08/1315, Seite 89

handelt sich bei Bodenschätzen um eine Fallgruppe natürlicher Knappheit[469]. Während jedoch die Knappheit in abstrakter Form feststeht, ist der konkrete Umfang hingegen erst feststellbar, wenn Kenntnisse über den geologischen Untergrund – etwa durch eine Aufsuchung – vorhanden sind. In § 14 BBergG werden dabei zwei grundsätzliche Varianten einer Konkurrenzsituation angesprochen[470]. Zum einen der Fall des § 14 Abs. 1 BBergG, in dem der Antrag auf Erteilung einer Bewilligung eines Dritten auf eine bereits bestehende deckungsgleiche Erlaubnis trifft. Zum anderen der Fall des § 14 Abs. 2 BBergG der unmittelbar miteinander konkurrierende Anträge betrifft.

Als spezifische Ausformung des Prioritätsprinzips erfolgt in § 14 Abs. 1 BBergG eine Stufung zwischen Aufsuchungs- und Gewinnungsberechtigung so, dass derjenige, der mit einem entsprechenden wirtschaftlichen Aufwand eine Aufsuchung betreibt, eine Anwartschaft auf Erteilung einer Gewinnungsberechtigung erhält[471]. Gegenüber später auftretenden Interessenten ist er – zumindest teilweise – geschützt. Begrenzt wird dieser Investitionsschutz durch ein zusätzliches qualitatives Element, dass die Entscheidung der Bergbehörde flankiert. Stellt ein Dritter einen Antrag auf Erteilung einer Bewilligung, setzen sich die Interessen des Erlaubnisinhabers gemäß § 14 Abs. 1 S. 2 BBergG nur dann durch, wenn er seinerseits innerhalb von drei Monaten einen Bewilligungsantrag stellt und dieser den gesetzlichen Anforderungen entspricht.

Rein qualitative Kriterien sind schließlich bei gleichartigen Anträgen der Entscheidung nach § 14 Abs. 2 BBergG zu Grunde zu legen[472]. Die Auswahl konkurrierender Anträge soll in diesem Fall unter Berücksichtigung insbesondere des Arbeitsprogramms und der zur Verfügung stehenden Mittel erfolgen, da diese für das von Berechtsamtswesen verfolgte Ziel einer sinnvollen und planmäßigen Aufsuchung und Gewinnung von Bodenschätzen von entscheidender Bedeutung sind[473]. Im Rahmen der Vorrangentscheidung können daher keine Kriterien Berücksichtigung finden, die nicht – mittelbar oder unmittelbar – der

469 *Kupfer*, Die Verteilung knapper Ressourcen im Wirtschaftsverwaltungsrecht, Seite 128 ff., 529 ff.

470 *Boldt/Weller, Bundesberggesetz,* § 14, Rn. 1.

471 *Westermann*, Freiheit des Unternehmens und des Grundeigentümers und ihre Pflichtenbindung im öffentlichen Interesse nach dem Referentenentwurf des Bundesberggesetzes, Seite 34, 36 f.; *P. Franke*, Die Einlagerung von CO_2 in unterirdischen Formationen unter besonderer Berücksichtigung des Bergrechts; in : *Kühne/Ehricke* (Hrsg.), Bergrecht zwischen Tradition und Moderne, 2009, Seite 99 (130).

472 *Boldt/Weller, Bundesberggesetz,* § 14, Rn. 4; *P. Franke*, Die Einlagerung von CO_2 in unterirdischen Formationen unter besonderer Berücksichtigung des Bergrechts; in : *Ehricke*, *Kühne* (Hrsg.), Bergrecht zwischen Tradition und Moderne, 2009, Seite 99 (130).

473 *Boldt/Weller, Bundesberggesetz,* § 14, Rn. 4.

Sicherung der Rohstoffversorgung dienen[474]. Dabei werden gemäß § 14 Abs. 2 S. 1 BBergG jedoch nur diejenigen Anträge miteinander verglichen, bei denen keine Versagungsgründe nach §§ 11 oder 12 BBergG gegeben sind. Bei ihrer Prüfung, welcher der Anträge dem Erfordernis einer sinnvollen und planmäßigen Aufsuchung oder Gewinnung am besten Rechnung trägt, hat die Behörde kein Ermessen[475]. Allerdings geht der bei der behördliche Entscheidung bestehende Beurteilungsspielraum[476] innerhalb des nach § 14 Abs. 2 BBergG erforderlichen Vergleichs so weit, dass sich die Entscheidung insoweit kaum noch von einer Ermessensentscheidung unterscheidet[477].

2. Form, Inhalt und Nebenbestimmungen, § 16 BBergG

Auch in § 16 BBergG sind Bestimmungen eingebettet, die im Hinblick auf Konkurrenzsituationen bedeutsam sind.

a) Abweichende behördliche Festsetzung eines Erlaubnisgebietes, § 16 Abs. 2 BBergG

Grundsätzlich bestimmt sich die Größe des von der Behörde zugewiesenen Erlaubnis- oder Bewilligungsfeldes nach dem gestellten Antrag. Von diesem Grundsatz kann die Behörde jedoch in Bezug auf die Erteilung einer Erlaubnis in zwei Fällen abweichen.

Der erste Fall betrifft die Problemstellung, dass durch den Antrag die Gefahr einer Monopolstellung bei der Aufsuchung und damit eine Beeinträchtigung des Wettbewerbs droht[478]. Welches die aufgrund dieser gesetzgeberischen Wertung optimale Größe eines Erlaubnisfeldes ist, muss die Behörde dabei auf der Grundlage zweier gegenläufiger Interessenlagen entscheiden. Einerseits soll das Erlaubnisfeld eher großflächig angelegt sein, um ein ausreichend großes Untersuchungsgebiet nutzen zu können. Andererseits darf es nicht so groß bemessen sein, dass konkurrierende Aufsuchungsinteressen wegen des Ausschließlichkeitsprinzips praktisch nicht zum Zuge kommen können[479]. Dabei müssen von

---

474 VG *Chemnitz*, ZfB 1996, Seite 156 (164).

475 *Boldt/Weller, Bundesberggesetz,* § 14, Rn. 5.

476 OVG *Magdeburg*, ZfB 1994, Seite 130 (130); VG *Chemnitz*, ZfB 1996, Seite 156 (162, 163).

477 *Boldt/Weller, Bundesberggesetz,* § 14, Rn. 5.

478 Begründung zum Gesetzentwurf der Bundesregierung zum BBergG, BT-Drucks. 08/1315, Seite 89.

479 Vgl. *Schulz*, Bergrecht und Erdwärme – Gesichtspunkte zur Bemessung von Erlaubnis- und Bewilligungsfeldern, in: Geothermische Energie Heft 40, Seite 9 ff.; *Altrock/Große/Lehnert*, Rechtshemmnisse für die Genehmigung tiefengeothermischer Anlagen, Gutachterliche Äußerung im Auftrag des BMU 2009, Seite 15.

den Bergbehörden enge Maßstäbe angelegt werden, wenn konkurrierende Aufsuchungsinteressen nicht auszuschließen sind[480]. Die Notwendigkeit einer solchen behördlichen Beschränkung der Erlaubnisfelder wird dabei in Zukunft eher zunehmen. Denn je größer das Interesse an gleichgelagerten unterirdischen Nutzungen wird, umso enger werden die Erlaubnisfelder aneinander heranrücken. Die Bestimmung der im jeweiligen Fall erforderlichen Feldesgröße ist jedoch keine rechtliche, sondern eine fachliche Frage und muss daher insbesondere einer geologischen Bewertung vorbehalten bleiben[481].

Die zweite Fallgestaltung, in dem die Behörde vom beantragten Erlaubnisfeld abweichen kann, liegt vor, wenn durch eine Begrenzung des Erlaubnisfeldes eine Verbesserung der Exploration zu erreichen ist[482].

Ausweislich des Wortlauts von § 16 Abs. 2 BBergG gilt dies jedoch nur im Hinblick auf die Erteilung einer Erlaubnis. Im Rahmen der Erteilung einer Bewilligung ist eine abweichende Festlegung des vom Antragsteller beantragten Feldes nicht möglich. Somit kann in Bezug auf die Gewinnung von Bodenschätzen eine behördliche Einflussnahme auf die Feldesgröße und damit auf die Vermeidung von Konkurrenzsituationen gleichgelagerter Nutzungen nicht stattfinden.

b) Befristung von Erlaubnis und Bewilligung, § 16 Abs. 4 und 5 BBergG

Ziel des BBergG war die Schaffung eines elastischen Berechtsamtssystems. Im Hinblick auf diese Zielsetzungen wird in § 16 Abs. 4 und 5 BBergG festgelegt, dass nach dem BBergG erteilte Bergbauberechtigungen nur noch zeitlich begrenzt erteilt werden. Die Festsetzung der Geltungsdauer einer Berechtigung liegt dabei nicht im Ermessen der Behörde und ist auch vor dem Hintergrund der in § 1 Nr. 1 BBergG niedergelegten Sicherung der Rohstoffversorgung auszurichten[483]. Die Dauer einer Erlaubnis darf nach § 16 Abs. 4 S. 1 BBergG maximal auf fünf Jahre festgesetzt werden. Die zuständige Behörde hat dabei zu prüfen, welche Dauer im Einzelfall im Rahmen einer planmäßigen Exploration des beantragten Feldes in Betracht kommt. Nur wenn eine ausreichende Untersuchung trotz planmäßiger Aufsuchung nicht möglich gewesen ist, besteht gemäß § 16 Abs. 4 S. 2 BBergG die Möglichkeit einer Verlängerung um drei Jahre. Dieses

---

480 *Schulz*, Bergrecht und Erdwärme – Gesichtspunkte zur Bemessung von Erlaubnis- und Bewilligungsfeldern, in: Geothermische Energie Heft 40, Seite 9 (11).

481 Am Beispiel der Geothermie ausgeführt in *Altrock/Große/Lehnert*, Rechtshemmnisse für die Genehmigung tiefengeothermischer Anlagen, Gutachterliche Äußerung im Auftrag des BMU 2009, Seite 16.

482 Begründung zum Gesetzentwurf der Bundesregierung zum BBergG, BT-Drucks. 08/1315, Seite 89.

483 *Boldt/Weller, Bundesberggesetz,* § 16, Rn. 12.

starre System der Befristungen soll nach dem Willen des Gesetzgebers dazu beitragen, eine zügige Durchführung der Aufsuchung zu gewährleisten. Gleichzeitig soll gewährleistet werden, dass die Größe des durch die Aufsuchung in Anspruch genommenen Gebiets von vornherein durch die sich aus der Höchstdauer ergebenden Möglichkeiten des Unternehmens beschränkt wird[484]. So soll ausgeschlossen werden, dass durch lange Fristen Gebiete auf „Vorrat" vergeben werden, da mit diesem Vorgehen potenzielle Wettbewerber, konkurrierende Nutzungen und die im öffentlichen Interesse liegende Intensivierung der Explorationstätigkeiten behindert würden.

Auch Bewilligung und Bergwerkseigentum führen nicht zum Entstehen von „ewigen Rechten" und einem entsprechenden Ausschluss von konkurrierenden Nutzungen. Nach § 16 Abs. 5 BBergG werden diese beiden Bergbauberechtigungen nur für eine im Einzelfall angemessene Frist erteilt. Die in der Vorschrift genannten fünfzig Jahre stellen hierbei einen Richtwert dar[485]. Jedoch darf die Dauer von fünfzig Jahren nach § 16 Abs. 5 S.2 BBergG nur bei Vorliegen besonderer Voraussetzungen überschritten werden. Dies wäre etwa dann der Fall, wenn dies mit Rücksicht auf die zur Gewinnung üblicherweise erforderlichen Investitionen notwendig ist. Zudem ist eine Verlängerung nach § 16 Abs. 5 S. 3 BBergG möglich, wobei der Endzeitpunkt unter Berücksichtigung einer planmäßigen und ordnungsgemäßen Ausbeutung des Vorkommens festzusetzen ist.

3. Widerruf, § 18 BBergG

Gemäß § 18 Abs. 1 BBergG sind Erlaubnis und Bewilligung zwingend zu widerrufen, wenn nachträgliche Tatsachen eintreten, die zu einer Versagung nach den §§ 11, 12 BBergG hätten führen müssen. Voraussetzung ist daher, dass neue Tatsachen eingetreten sind, das heißt sich die tatsächlichen Verhältnisse, die der Erteilung der Bergbauberechtigung zugrunde gelegt wurden, geändert haben[486]. Eine lediglich andere Beurteilung der Verhältnisse durch die Behörde genügt dagegen grundsätzlich nicht. Keine Tatsachen im Sinne des § 12 Abs. 2 BBergG, sondern nachträgliche Rechtsänderungen sind hingegen Veränderungen der planungsrechtlichen Gegebenheiten[487]. Daher kann wegen Raumordnungszielen oder naturschutzrechtlichen Schutzgebietsanordnungen, die nach Erteilung der

---

484 Begründung zum Gesetzentwurf der Bundesregierung zum BBergG, BT-Drucks. 08/1315, Seite 90.

485 *Boldt/Weller, Bundesberggesetz,* § 16, Rn. 16; in der Praxis wird ein Zeitraum von 20-30 Jahren in der Regel nicht überschritten, vgl. *Kremer/Neuhaus gen. Wever*, Bergrecht, Rn. 117.

486 *Boldt/Weller, Bundesberggesetz,* § 18, Rn. 2.

487 *Kloepfer*, Umweltrecht, § 10 Rn. 199 m.w.N.; a.A. *Hoppe/Spoer*, Bergrecht und Raumordnung, Seite 92

Bergbauberechtigung in Kraft getreten sind, die Bergbauberechtigung nur nach § 49 Abs. 2 Nr. 3 VwVfG versagt werden[488].

Auch die in § 18 Abs. 2 bis 4 BBergG aufgeführten Widerrufstatbestände sind Regelungen, die dem in § 1 Nr. 1 BBergG niedergelegten Grundsatz der Förderung und Ordnung der Aufsuchung und Gewinnung von Bodenschätzen Rechnung tragen[489] und damit auch einen Bezug zur Behandlung von Konkurrenzsituationen im Bergrecht haben. Sie stellen die vom Gesetzgeber angestrebte Elastizität des Bergrechts sicher und sind daher als unabdingbarer Inhalt des Konzessionssystems im BBergG anzusehen[490].

a) Widerruf der Erlaubnis aufgrund von Untätigkeit, § 18 Abs. 2 BBergG

§ 18 Abs. 2 BBergG kodifiziert zwei besondere Widerrufsgründe im Hinblick auf die erteilte bergrechtliche Erlaubnis.

Nach § 18 Abs. 2 S. 1 BBergG ist die Erlaubnis zu widerrufen, wenn nicht innerhalb eines Jahres nach Erteilung der Erlaubnis mit der Aufsuchung begonnen wurde oder die planmäßige Aufsuchung für länger als ein Jahr unterbrochen wurde. Die Begründung hierfür liegt in Sinn und Zweck der Erlaubnis, die nach dem Willen des Gesetzgebers darin liegt, dass das von der Erlaubnis umfasste Feld möglichst intensiv und zügig auf das Vorhandensein von Bodenschätzen untersucht wird[491]. Der Widerruf ist dabei zwingend, es sei denn, der Erlaubnisinhaber hat den verzögerten Beginn oder die Unterbrechung nicht zu vertreten oder die Behörde hat aus wichtigem Grund eine Fristverlängerung um ein Jahr eingeräumt.

Neben diesem obligatorischen Widerrufsgrund enthält § 18 Abs. 2 S.2 BBergG einen weiteren Widerrufsgrund, der jedoch nur im Hinblick auf eine Aufsuchungserlaubnis zu gewerblichen Zwecken in Betracht kommt[492]. Beantragt der Inhaber einer Erlaubnis keine Bewilligung, obwohl alle Voraussetzungen des § 12 BBergG für deren Erteilung vorliegen, so kann die Behörde im Rahmen einer Ermessensentscheidung die Erlaubnis widerrufen. Die Möglichkeit eines solchen Widerrufs liegt dabei in der Natur der Erlaubnis begründet, die lediglich eine die Gewinnung vorbereitende Tätigkeit ist. Bei der Frage, ob im Einzelfall

488 *Hoppe/Spoer*, Bergrecht und Raumordnung, Seite 92.

489 *Boldt/Weller, Bundesberggesetz,* § 18, Rn. 3.

490 Begründung zum Gesetzentwurf der Bundesregierung zum BBergG, BT-Drucks. 08/1315, Seite 91.

491 Begründung zum Gesetzentwurf der Bundesregierung zum BBergG, BT-Drucks. 08/1315, Seite 91; *Boldt/Weller, Bundesberggesetz,* § 18, Rn. 3.

492 Begründung zum Gesetzentwurf der Bundesregierung zum BBergG, BT-Drucks. 08/1315, Seite 91; *Boldt/Weller, Bundesberggesetz,* § 18, Rn. 4.

von der Widerrufsmöglichkeit Gebrauch gemacht wird, ist zu berücksichtigen, ob ein besonderes Interesse an der Gewinnung des entdeckten Bodenschatzes und eine begründete Aussicht auf Gewinnung des Bodenschatzes durch einen anderen als den Erlaubnisinhaber besteht[493].

b) Widerruf der Bewilligung und des Bergwerkeigentums aufgrund von Untätigkeit, §§ 18 Abs. 3 und Abs. 4 BBergG

Auch eine Bewilligung kann nach § 18 Abs. 3 BBergG widerrufen werden, wenn die Gewinnung nicht innerhalb von drei Jahren nach Erteilung aufgenommen oder die regelmäßige Gewinnung länger als drei Jahre unterbrochen wurde. Analog zu § 18 Abs. 2 S. 1 BBergG handelt es sich herbei um einen zwingenden Widerrufsgrund, es sei denn, es liegt ein besonderer Grund nach § 18 Abs. 3 S.2 BBergG vor oder der Inhaber hat die Verzögerung nicht zu vertreten. Eine Möglichkeit zur Fristverlängerung ist nicht vorgesehen. Begründung für den Widerruf nach dreijähriger Untätigkeit oder Unterbrechung der regelmäßigen Gewinnung ist nach Ansicht des Gesetzgebers, dass nach diesem Zeitraum feststeht, dass der Inhaber nicht in der Lage oder bereit ist, den mit der Erteilung der Bewilligung verfolgten, im öffentlichen Interesse liegenden Zweck des § 1 Nr. 1 BBergG nachzukommen[494].

Analog zum Widerruf der Bewilligung ist gemäß § 18 Abs. 4 BBergG auch das Bergwerkseigentum zu widerrufen, allerdings mit einer Frist von 10 Jahren.

IV. Zusammenfassende Bewertung des Berechtsamwesens

Die Erteilung von Bergbauberechtigungen zur Aufsuchung und Gewinnung von Bodenschätzen ist vom Gesetzgeber bewusst als Konzessionssystem ausgestaltet worden und als typisches System zur allgemeinen staatlichen Bewirtschaftung knapper Güter zu bewerten[495]. Dabei ist jedoch zu beachten, dass die vorsorgende Rohstoffsicherung in der Begründung des Regierungsentwurfs primär als Teil der Raumordnung und gerade nicht als Teil des BBergG bezeichnet wird[496]. Allerdings lässt sich die gesetzgeberische Vorstellung einer mittel- bis langfristigen

493 *Boldt/Weller, Bundesberggesetz,* § 18, Rn. 4.

494 Begründung zum Gesetzentwurf der Bundesregierung zum BBergG, BT-Drucks. 08/1315, Seite 91.

495 *Schulte,* NJW1981, Seite 88 (89).

496 Begründung zum Gesetzentwurf der Bundesregierung zum BBergG, BT-Drucks. 08/1315, Seite 67.

Rohstoffsicherung daneben auch unmittelbar dem Gesetzeszweck in § 1 Nr. 1 BBergG entnehmen.

Folgerichtig enthalten die Regelungen zur Erteilung von Bergbauberechtigungen auch Bestimmungen, die auf einen Ausgleich von unterschiedlichen Nutzungsinteressen an Bodenschätzen und damit auch auf die Ausfüllung des Gesetzeszweckes von § 1 Nr. 1 BBergG gerichtet sind. Allerdings beschränkt sich die Prüfung hierbei im Wesentlichen auf konfligierende Interessen und Konkurrenzen im Hinblick auf die vom Vorhabenträger konkret beantragte Aufsuchung und Gewinnung. Diese unmittelbar im Einzelfall auftretenden Konkurrenzsituationen werden vom sowohl von materieller als auch von verfahrensrechtlicher Seite umfassend abgebildet. Im Rahmen der Erteilung der Bergbauberechtigung findet vom Grundsatz her keine „vorsorgende" überörtliche und planerisch abwägende Prüfung dahingehend statt, ob oder inwieweit eine Förderung des betreffenden Rohstoffs gerade am Ort des konkret beantragten Vorhabens sinnvoll ist und benötigt wird. Denn durch die Ausgestaltung der Bergbauberechtigung als Kontrollerlaubnis obliegt es eindeutig dem Vorhabenträger, diese Entscheidung im Rahmen seiner wirtschaftlichen Betätigung zu treffen.

Eine weitergehende Möglichkeit der Berücksichtigung konkurrierender Nutzungen ergibt sich im Rahmen der Erteilung von Bergbauberechtigungen jedoch mittelbar aus den Versagungsgründen des § 11 Nr. 8, 9 und 10 BBergG. Dies ist nur folgerichtig, denn die in § 1 Nr. 1 BBergG beschriebene Sicherung der Rohstoffversorgung muss auch eine zukunftsgerichtete und langfristige Dimension umfassen, um wirksam zu sein. Das Konzessionsverfahren des BBergG ist daher der Ort an dem Unvereinbarkeiten zwischen benachbarten Bergbaubetrieben prinzipiell geprüft werden sollten[497]. Dies muss auch Unvereinbarkeiten mit hinreichend konkretisierten und damit prüffähigen zukünftigen Nutzungsoptionen umfassen und hat den Vorteil, dass wirtschaftspolitische Fragestellungen sowie Fragen zur optimalen Nutzung heimischer Ressourcen in einer Phase geprüft werden können, in der noch keine hohen Investitionen getätigt wurden. Das Verfahren führt dann auch zu Entscheidungen, auf die der Unternehmer seine Planungen aufbauen und Investitionen treffen kann, ohne einen nachträglichen Widerruf nach § 18 BBergG befürchten zu müssen. Im Hinblick auf zeitlich naheliegende oder bereits in Ansätzen konkretisierte Nutzungen kann das vorgesehenen Regulierungsregime des bergrechtlichen Berechtsamwesens auch zu tragfähigen und rechtsicheren Ergebnissen führen. Im Kontext zukünftiger Nutzungsformen und dadurch entstehender potenzielle Nutzungsausschlüsse ergibt sich allerdings das Problem, dass der Behörde konkrete Beurteilungsmaßstäbe und gesetzgeberische Wertungen fehlen, welche Nutzungsformen im Einzelfall

497 OVG *Münster*, NdsVBl 2004, Seite 180 (183).

Vorrang erhalten sollten[498]. Dies ist vor allem auch vor dem Hintergrund der gebundenen Entscheidung und der damit verbundenen lediglich nachvollziehenden Abwägung der Bergbehörden im Rahmen der unbestimmten Rechtsbegriffe allerdings kein sachgerechter Zustand, der zudem zu einem erheblichen Maß an Rechtsunsicherheit führt.

So muss die Genehmigungsbehörde nach § 11 Nr. 9 BBergG eine Prognose über die volkswirtschaftliche Bedeutung unterschiedlicher Bodenschätze abgeben, die sich aus Verfügbarkeit und Bedarf der jeweiligen Bodenschätze zusammensetzt und die sich in Zeiten einer globalisierten Wirtschaft schnell ändern kann. Zudem besteht das Problem, dass von § 11 Nr. 9 BBergG nur Bodenschätze umfasst sind und daher nur einen Teilbereich der absehbaren Untergrundnutzungen abdeckt. Die Speicherung von Gasen wie Erdgas, Wasserstoff und Kohlendioxid werden ausweislich des Wortlauts zudem nicht umfasst, was zu Problemen und Wertungswidersprüchen im konkreten Einzelfall führen kann.

Auch in § 11 Nr. 10 BBergG ergibt sich eine kongruente Problemlage. Zwar sind die von § 11 Nr. 10 BBergG umfassten öffentlichen Interessen weit zu verstehen und umfassen sowohl Aspekte der Rohstoff- und Energiepolitik, des Ausbaus erneuerbarer Energien, der Raumordnung und Landesplanung und des Lagerstättenschutzes. Auch Unvereinbarkeiten unterschiedlicher Nutzungen des Untergrundes können davon umfasst sein. Alle diese Belange müssen ebenso wie die Rohstoffsicherungsklausel des § 48 Abs. 1 S.2 BBergG von der Bergbehörde in die nachvollziehende Abwägung des § 11 Nr. 10 BBergG eingestellt werden. Aber auch hier fehlen konkrete Wertungsmaßstäbe und Priorisierungen, die sich auf das konkret beantragte Projekt anwenden lassen und eine ausreichende Beurteilungssicherheit für das Vorliegen des Versagungsgrundes generieren. Insgesamt setzt eine Versagung aufgrund von § 11 Nr. 10 BBergG ein entsprechendes Maß an Beurteilungssicherheit auf Seiten der Behörde und eine gewisse Konkretheit entgegenstehender Potenziale und zukünftiger Nutzungen voraus. Diese Beurteilungssicherheit muss sowohl in tatsächlicher als auch in rechtlicher Hinsicht bestehen. Der Konflikt zwischen den in die Abwägung eingestellten öffentlichen Interessen und den volkswirtschaftlich-bergbaulichen Belangen des konkreten Vorhabens sowie sein nicht hinnehmbares Ausmaß müssen daher in tatsächlicher Weise klar sein. In der Zukunft liegende Nutzungskonkurrenzen und -konflikte können daher nur zu einer Versagung nach § 11 Nr. 10 BBergG führen, wenn die Konfliktsituation zwischen den Nutzungsformen und Potenzialen klar erkennbar ist und sich auch in vergleichsweise absehbarer Zeit verwirklichen würde.

---

498 *Franke,* Die Einlagerung von CO_2 in unterirdischen geologischen Formationen unter besonderer Berücksichtigung des Bergrechts, in: *Kühne/Ehricke*, Bergrecht zwischen Tradition und Moderne, Seite 132.

Verschärft wird dieses Problem durch den Umstand, dass alle in dieser Arbeit untersuchten Untergrundnutzungen eine spezifische energie- oder klimapolitische Berechtigung aufweisen und Zukunftsoptionen bieten. Während etwa die Geothermie sowie die Speicherung von Druckluft oder Wasserstoff den politisch beschlossenen Ausbau erneuerbarer Energien unterstützen, erhöhen die Förderung von Erdöl und Erdgas oder die Speicherung von Kohlendioxid im Rahmen von CCS die Sicherheit und Unabhängigkeit Deutschlands bei der Rohstoffversorgung. Das Vorliegen eines Versagungsgrundes im Verfahren der Bergbauberechtigung lässt sich wohl nur dann mit der notwendigen Beurteilungssicherheit durch die Bergbehörde feststellen, wenn im konkreten Einzelfall besonders günstige Potenziale für eine spezifische Nutzungsform bestehen und es auch bereits absehbar ist, dass diese in einem absehbaren Zeitraum genutzt werden sollen.

Auch die in §§ 14 ff. BBergG vorgesehenen verfahrensrechtlichen Regelungen tragen dem in § 1 Nr. 1 BBergG niedergelegten Grundsatz der Förderung und Ordnung von Aufsuchung und Gewinnung von Bodenschätzen Rechnung[499] und weisen damit auch einen Bezug zur Behandlung von Konkurrenzsituationen im Bergrecht auf. Sie stellen die vom Gesetzgeber angestrebte Elastizität des Bergrechts sicher und sind daher als unabdingbarer Inhalt des Konzessionssystems im BBergG anzusehen[500]. Allerdings sind auch die verfahrensrechtlichen Regelungen nicht geeignet, eine vorausschauende und langfristig angelegte Beplanung zu ersetzen.

Daher ergibt sich durch die in mittel- bis langfristiger Perspektive deutlich ansteigende Nutzungsverdichtung in der Analyse daher trotz bestehender Ansatzpunkte im BBergG das Bedürfnis nach einer steuernden überörtlichen und überfachlichen Gestaltung, die die für eine rechtssichere Anwendung des Bergrechts notwendigen Beurteilungsmaßstäbe und Priorisierungen beinhaltet. Dabei bietet sich eine Lösung an, die bereits auf der Ebene der Bergbauberechtigungen wirksam wird, um eine angemessene Investitions- und Planungssicherheit für die Unternehmen zu generieren.

Zudem sollte in Zeiten ansteigender Nutzungsdichten im Untergrund über die Ausschließlichkeit der Bergbauberechtigungen und die mit dieser Frage verbundene Möglichkeit von „Stockwerknutzungen" ein und desselben Bodenschatzes noch einmal neu nachgedacht werden. Denn es erscheint gesamt- und volkswirtschaftlich sinnvoll, überlappende Nutzungen – auch ein und desselben Bodenschatzes – in unterschiedlichen Tiefen zuzulassen, sofern ausgeschlossen werden kann, dass die Vorhaben negative Auswirkungen aufeinander haben.

---

499 *Boldt/Weller, Bundesberggesetz,* § 18, Rn. 3.

500 Begründung zum Gesetzentwurf der Bundesregierung zum BBergG, BT-Drucks. 08/1315, Seite 91.

V. Betriebsplanverfahren

Als zweite Stufe steht neben dem Berechtsamtswesen das in den §§ 50 ff. BBergG geregelte Betriebsplanverfahren als weiteres Zulassungsverfahren des Bergrechts. Es ist als Instrument einer Betriebsüberwachung schon lange Bestandteil des deutschen Bergrechts[501]. Die Begründung dieses additiven Zulassungsverfahrens liegt in den im Bergbau bestehenden Besonderheiten einer ständigen räumlichen Weiterentwicklung und Anpassung an die Gegebenheiten von Lagerstätten, die eine präventive und laufende Betriebsüberwachung erfordern[502]. Das Betriebsplanverfahren ist dabei von Abschnittsbildung gekennzeichnet, gleicht aber nicht dem gestuften Anlagengenehmigungsverfahren etwa im Immissionsschutz- oder Atomrecht[503]. Insgesamt lässt sich jedoch konstatieren, dass sich das Betriebsplanverfahren als historisch begründetes Instrument bergbaupolizeilicher Kontrolle in Richtung einer klassischen Anlagengenehmigung entwickelt hat, und somit wie diese die vollständige Bewältigung der Konflikte eines Vorhabens vor Erteilung einer Genehmigung will[504].

Daher dürfen gemäß § 51 Abs. 1 BBergG Aufsuchungs-, Gewinnungs- und Aufbereitungsbetriebe einschließlich der in § 2 Abs. 1 BBergG bezeichneten Tätigkeiten und Einrichtungen nur auf Grund von Betriebsplänen errichtet, geführt und eingestellt werden. Erst nach der Zulassung des Betriebsplans durch die Behörde ist der Unternehmer berechtigt, die entsprechenden Tätigkeiten durchzuführen. Durch die Zulassung des Betriebsplans durch die Bergbehörde wird allerdings kein neues Recht begründet, sondern lediglich die Ausübung des auf der Grundlage einer Bergbauberechtigung oder des auf Grundeigentums beruhenden Aufsuchungs- oder Gewinnungsrechts gestattet. Es handelt sich analog zur Erteilung der Bergbauberechtigungen um ein präventives Verbot mit Erlaubnisvorbehalt[505] (Kontrollerlaubnis), welches gewährleistet, dass der grundrechtlichen Betätigungsfreiheit des Einzelnen keine Gründe des öffentlichen Wohls, insbesondere keine Gefahrensituationen entgegenstehen[506].

Gemäß § 51 Abs. 1 S. 2 BBergG ist der Plan zudem vom Antragsteller aufzustellen und der Bergbehörde vor Ausführung einzureichen. Damit wird klargestellt,

---

501 *Boldt/Weller, Bundesberggesetz,* vor § 50, Rn. 1; *Piens/Schulte/Graf Vitzthum,* BBergG, § 51 Rn. 2.

502 Begründung zum Gesetzentwurf der Bundesregierung zum BBergG, BT-Drucks. 08/1315, Seite 105; *Piens/Schulte/Graf Vitzthum,* BBergG, § 51 Rn. 1.

503 *Cosack*, NuR 2000, Seite 311 (311).

504 *Schulte*, Kernfragen des bergrechtlichen Genehmigungsverfahrens, Seite 38.

505 *Boldt/Weller, Bundesberggesetz,* vor § 50, Rn. 11; *Schulte*, Kernfragen des bergrechtlichen Genehmigungsverfahrens, Seite 42; *Piens/Schulte/Graf Vitzthum,* BBergG, § 51 Rn. 2.

506 *Wahl*, Genehmigung und Planungsentscheidung, DVBl. 1982, Seite 51 (52,53).

dass ausschließlich der Unternehmer sein bergbauliches Vorhaben definiert[507]. Die Bergbehörde wirkt bei der Planaufstellung nicht mit, sie entscheidet lediglich abschließend über dessen Zulassung[508]. Es handelt sich aufgrund der Handlungsbezogenheit des Betriebsplans und aufgrund des vorwiegenden Charakters als Instrument der Gefahrenabwehr gerade nicht um ein Planfeststellungsverfahren[509]. Zudem fehlt in Abgrenzung zur Planfeststellung beim klassischen Betriebsplan jegliche Form der Konzentrationswirkung, wie sie etwa in § 75 Abs. 1 VwVfG normiert ist[510]. Die Zuständigkeit anderer Behörden über Genehmigungen, Erlaubnisse, Bewilligungen, Zulassungen nach anderen Vorschriften zu entscheiden, bleibt daher unberührt[511].

1. Betriebsplanarten

Das Bundesberggesetz unterscheidet mehrere Arten von Betriebsplänen:

- Hauptbetriebspläne nach § 52 Abs. 1 BBergG,
- fakultative Rahmenbetriebspläne nach § 52 Abs. 2 Nr. 1 BBergG,
- obligatorische Rahmenbetriebspläne nach § 52 Abs. 2a BBergG,
- Sonderbetriebspläne nach § 52 Abs. 2 Nr. 2 BBergG,
- gemeinschaftliche Betriebspläne nach § 52 Abs. 3 BBergG,
- und Abschlussbetriebspläne gemäß § 53 BBergG.

Die Verpflichtung zur Vorlage einer bestimmten Art von Betriebsplänen knüpft dabei an die in § 52 ff. BBergG näher bezeichneten betrieblichen Kriterien an, so dass durch die verschiedenen Arten von Betriebsplänen eine größere Betriebsnähe erreicht werden kann[512].

Allerdings ist unmittelbar im BBergG nur unzureichend beantwortet, wie die hintereinander geschalteten und miteinander verzahnten Betriebspläne im Verhältnis zueinander stehen. Es lässt sich aber generell feststellen, dass das Betriebsplanverfahren durch ein abschnitts- und stufenweises Vorgehen gekennzeichnet ist, nämlich einen vor allem den Standort- und das Konzept betreffenden Rahmenbetriebsplan, eine sich anschließende Folge von Hauptbetriebsplä-

507 *Kremer/Neuhaus gen. Wever*, Bergrecht, Seite 47.

508 *Boldt/Weller, Bundesberggesetz,* vor § 50, Rn. 8.

509 *Boldt/Weller, Bundesberggesetz,* vor § 50, Rn. 9; *Piens/Schulte/Graf Vitzthum,* BBergG, § 51 Rn. 7.

510 *Piens/Schulte/Graf Vitzthum,* BBergG, § 50 Rn. 8; Im Schrifttum wurde diese fehlende Konzentrationswirkung als Schwäche des Betriebsplanverfahrens charakterisiert; vgl. dazu *Schulte*, NJW 1981, Seite 88 (95); *Pfadt*, Rechtsfragen zum Betriebsplan im Bergrecht, Seite 169.

511 Begründung zum Gesetzentwurf der Bundesregierung zum BBergG, BT-Drucks. 08/1315, Seite 109; *BVerwG*, DVBl. 1986, Seite 1273 (1273).

512 Begründung zum Gesetzentwurf der Bundesregierung zum BBergG, BT-Drucks. 08/1315, Seite 106.

nen, ergänzt durch Sonderbetriebspläne[513] und schlussendlich die Erstellung eines Abschlussbetriebsplans.

a) Hauptbetriebspläne, § 52 Abs. 1 S. 1 BBergG

Die wichtigste Art des Betriebsplans ist der Hauptbetriebsplan[514], den jeder der Betriebsplanpflicht unterliegende Betrieb aufstellen muss. Dieser vom Gesetzgeber intendierten herausgehobenen Stellung steht jedoch die Tatsache gegenüber, dass § 52 Abs. 1 S. 1 BBergG – im Gegensatz zu den übrigen Betriebsplanarten – keine weitergehenden inhaltlichen Vorgaben enthält. Den Gesetzesmaterialien ist lediglich zu entnehmen, dass der Hauptbetriebsplan „ein umfassendes Bild der geplanten Betriebsanlagen und Einrichtungen sowie ihrer Herstellung vermitteln muss"[515] sowie Auskunft darüber geben muss „wie sich der Betrieb innerhalb des Zeitraums entwickeln soll (zum Beispiel die geplante Aus- und Vorrichtung, der in Aussicht genommener Abbau), welche Aufsuchungs- oder Gewinnungsverfahren angewendet und welche technischen Hilfsmittel verwendet werden sollen"[516]. Da jedoch die Zulassung des Hauptbetriebsplans definitiven Charakter hat – das heißt er entscheidet das, was er entscheidet vorbehaltlos und für die Dauer seiner Geltung endgültig –, muss der zu beurteilende Sachverhalt so vollständig sein, dass seine Beurteilung anhand der Zulassungskriterien der §§ 55 und 48 Abs. 2 BBergG endgültig möglich ist[517].

In der Praxis hat die lediglich generalklauselartige Kodifizierung des Hauptbetriebsplans innerhalb des Bundesberggesetzes dazu geführt, das die inhaltlichen Anforderungen an den Hauptbetriebsplan in der bergbehördlichen Praxis zum Erlass entsprechender Verwaltungsvorschriften geführt hat[518].

Zeitlich ist der Hauptbetriebsplan nach § 52 Abs. 1 S. 1 BBergG regelmäßig auf einen Zeitraum von 2 Jahren begrenzt, um die notwendige Effektivität des Betriebsplanverfahrens zu gewährleisten[519].

---

513 *BVerwG,* ZfB 1992, Seite 38 (43); *Gaentzsch,* FS Sendler, Seite 403 (410).

514 *Zydek,* Bundesberggesetz, Materialien, Seite 237; *Kremer/Neuhaus gen. Wever*, Bergrecht, Seite 55; *Piens/Schulte/Graf Vitzthum,* BBergG, § 52 Rn. 2.

515 *Zydek,* Bundesberggesetz, Materialien, Seite 239.

516 *Zydek,* Bundesberggesetz, Materialien, Seite 239.

517 *Schulte,* Kernfragen des bergrechtlichen Genehmigungsverfahrens, Seite 67.

518 Vgl etwa die Richtlinien des Landesoberbergamtes NRW zur Handhabung des Betriebsplanverfahrens vom 31.08.1999, SBl. LOBA A 7, Anlg. 1, abzurufen unter http://esb.bezreg-arnsberg.nrw.de/.

519 Begründung zum Gesetzentwurf der Bundesregierung zum BBergG, BT-Drucks. 08/1315, Seite 107.

b) *Rahmenbetriebspläne, § 52 Abs. 2 Nr. 1 BBergG und § 52 Abs. 2a BBergG*

Der Rahmenbetriebsplan ist der zuletzt entwickelte Typus von Betriebsplänen. Er war erstmals 1966 Gegenstand einer Verwaltungsvorschrift in NRW[520] und fand dann Aufnahme in das Bundesberggesetz. Dieses kennt zwei Arten von Rahmenbetriebsplänen. Fakultative Rahmenbetriebspläne gemäß § 52 Abs. 2 Nr. 1 BBergG sowie obligatorische Rahmenbetriebspläne nach § 52 Abs. 2a BBergG. Rahmenbetriebspläne bilden die Grundlage und Klammer für einzelne Hauptbetriebspläne und haben eine umfassende Aufsichts- und Steuerungsfunktion[521]. Ihre Zulassungszeiträume umfassen diesem Zweck entsprechend regelmäßig 10 bis 20 Jahre[522].

aa) Fakultativer Rahmenbetriebsplan, § 52 Abs. 2 Nr. 1 BBergG

Während die Verpflichtung zur Aufstellung von Hauptbetriebsplänen gemäß § 51 Abs. 1 BBergG für jeden der Betriebsplanpflicht unterliegenden Betrieb besteht, hängt das Verlangen zur Aufstellung eines fakultativen Rahmenbetriebsplans gemäß § 52 Abs. 2 Nr. 1 BBergG von den betrieblichen Erfordernissen des Einzelfalls ab[523]. Der fakultative Rahmenbetriebsplan hat insoweit nur eine den Hauptbetriebsplan ergänzende oder entlastende Funktion[524]. Mittels eines fakultativen Rahmenbetriebsplans soll die Einordnung eines Bergbauvorhabens über einen längeren, die zweijährige Geltungsdauer eines Hauptbetriebsplanes übersteigenden Zeitraum[525] hinweg ermöglicht werden, um die längerfristige Entwicklung des Betriebs prüfen zu können[526]. Rahmenbetriebspläne werden beispielsweise für die Neuerrichtung eines Bergwerks oder wesentlicher Teile eines Betriebs aufgestellt und insbesondere in planerischer Hinsicht geprüft[527].

In einem Rahmenbetriebsplan nach § 52 Abs. 2 Nr. 1 BBergG ist das Vorhaben noch nicht in Einzelheiten zu beschreiben. Wie der Wortlaut schon nahelegt, hat der Rahmenbetriebsplan nur den Rahmen zu beschreiben, innerhalb dessen be-

---

520 *Cosack*, NuR 2000, Seite 311 (312); Runderlass des Minister für Wirtschaft, Mittelstand und Verkehr vom 09.02.1966, MBl. NW, Seite 1003.

521 *BVerwGE*, 89, Seite 246 (254).

522 *Ludwig*, ZUR 2012, Seite 150 (151) m.w.N.

523 *Boldt/Weller, Bundesberggesetz,* § 52, Rn. 3.

524 *Boldt/Weller, Bundesberggesetz,* § 52, Rn. 3;

525 Dabei muss der Zeitraum der Geltung durch genaue Zeitangabe bestimmt werden, *BVerwG,* ZfB 1992, Seite 38 (38). Je nach konkretem Bergbauvorhaben können das zwischen 5 und 20 Jahren sein; vgl. *Kremer/Neuhaus gen. Wever*, Bergrecht, Seite 50.

526 *Zydek*, Bundesberggesetz, Materialien, Seite 238.

527 *Piens/Schulte/Graf Vitzthum,* BBergG, § 52 Rn. 4.

stimmte einzelne Vorhaben in Zukunft durchgeführt werden sollen[528]. Damit sollen insbesondere

- ein bruchloser Übergang zwischen den nachfolgenden Hauptbetriebsplänen gewährleistet,
- die Zweckmäßigkeit und langfristige Notwendigkeit bestimmter Maßnahmen erkannt und bewertet und
- eine Beschreibung der langfristigen Entwicklungsziele und -richtungen als Vorgabe für anschließende Hauptbetriebspläne ersichtlich werden[529].

Das beabsichtigte Vorhaben, dessen technische Durchführung und der voraussichtliche zeitliche Ablauf brauchen daher nur in allgemein gehaltenen Angaben dargestellt werden[530]. Mit der Zulassung des Rahmenbetriebsplans erhält der Unternehmer die grundsätzliche bergrechtliche Gestattung seines Aufsuchungs- und Gewinnungsrechts innerhalb des im beantragten Rahmenbetriebsplan beschriebenen Umfangs[531]. Die Durchführung des Vorhabens im Einzelnen bedarf jedoch weiterhin der Zulassung des entsprechenden Haupt- oder Sonderbetriebsplans[532].

bb) Obligatorischer Rahmenbetriebsplan, § 52 Abs. 2a BBergG

Durch das Änderungsgesetz vom 12. Februar 1990 wurde durch die Einfügung der §§ 52 Abs. 2a bis 2c sowie 57a bis 57c BBergG für bestimmte Vorhaben eine Veränderung des Rahmenbetriebsplanverfahrens bewirkt. Grundlage dieser Novellierung waren Art. 1 Abs. 1, 12 Abs. 1 der UVP-Richtlinie 85/337/EWG nach der seit dem 03. Juli 1988 alle öffentlichen und privaten Projekte, die möglicherweise erhebliche Auswirkungen auf die Umwelt mit sich bringen, einer Umweltverträglichkeitsprüfung unterzogen werden müssen. Dies betrifft gemäß Art. 1 Abs. 2 UVP-RL auch Vorhaben zur Bodenschatzgewinnung.

Neben einer frühzeitigen Prüfung soll die UVP dabei mittels ihres medienübergreifenden Ansatzes eine „Gesamtschau aller Umweltauswirkungen ermöglichen[533]. Wann ein geplantes Bergbauvorhaben möglicherweise erhebliche Auswirkungen für die Umwelt hat, ist in der aufgrund von § 57c BBergG erlas-

528 *BVerwG*, ZfB 1992, Seite 38 (42); *Boldt/Weller, Bundesberggesetz,* § 52, Rn. 3.

529 *Pollman/Wilke*, Der untertägige Steinkohlebergbau u. seine Auswirkungen auf die Tagesoberfläche, Seite 238.

530 Begründung zum Gesetzentwurf der Bundesregierung zum BBergG, BT-Drucks. 08/1315, Seite 107.

531 *Boldt/Weller, Bundesberggesetz,* § 52, Rn. 3.

532 Vgl. *BVerwGE* 100, Seite 31 ff.

533 BT-Drucks. 11/3919, Seite 13.

senen UVP-V Bergbau[534] aufgeführt. Unterfällt ein Vorhaben unter die Verpflichtung zur Durchführung einer UVP, so ist das Zulassungsverfahren als Planfeststellungsverfahren mit Öffentlichkeitsbeteiligung nach § 57a BBergG, §§ 72 ff. VwVfG zu führen. Das Verfahren zur Durchführung der UVP ist dabei ein unselbstständiger Teil des bergrechtlichen Planfeststellungsverfahrens[535].

Daraus ergeben sich in der Folge auch Auswirkungen auf die Gestaltung und Konkretheit des obligatorischen Rahmenbetriebsplans. So müssen alle für die UVP bedeutsamen Angaben enthalten sein. Dies sind gem. § 57a Abs. 2 S. 2 BBergG insbesondere

- eine Beschreibung der zu erwartenden erheblichen Auswirkungen des Vorhabens auf die Umwelt,
- alle sonstigen Angaben, um solche Auswirkungen feststellen und beurteilen zu können,
- eine Beschreibung der Maßnahmen, mit denen erhebliche Beeinträchtigungen der Umwelt vermieden, vermindert oder ausgeglichen werden können, sowie Ersatzmaßnahmen bei nicht ausgleichbaren aber vorrangigen Eingriffen in Natur und Landschaft.

Weitere Einzelheiten sind in § 2 UVP-V Bergbau und § 57a Abs. 2 S.3 und 5 BBergG geregelt.

Während die Aufforderung zur Aufstellung eines fakultativen Rahmenbetriebsplans im Ermessen der Behörde liegt, ist die Bergbehörde nach § 52 Abs. 2a S. 1 BBergG verpflichtet, die Aufstellung eines Rahmenbetriebsplans durch den Antragsteller zu verlangen. Auf der Grundlage des Verlangens soll die Behörde nach § 52 Abs. 2a S.2 BBergG mit dem Unternehmen Gegenstand, Umfang und Methode der UVP sowie sonstige prüfungsrelevanten Fragen in einem Scoping-Termin erörtern. Zu einem zügigen Verfahrensablauf kann dabei auch die in § 52 Abs. 2a S. 2 2. HS BBergG vorgesehene frühzeitige Einschaltung betroffener Fachbehörden, Sachverständiger und Dritter beitragen[536]. Von erheblicher Bedeutung ist auch § 57a Abs. 3 BBergG, der eine Informationspflicht der beteiligten Behörden in Bezug auf die für die durchzuführende UVP zweckdienlichen Informationen enthält. Dies gilt gemäß § 57a Abs. 3 S.2 BBergG insbesondere für Informationen aus einem ggf. vorausgegangenen Raumordnungsverfahren.

Anders als die Zulassung sonstiger Betriebspläne kommt einem Rahmenbetriebsplanfeststellungsbeschluss eine Konzentrationswirkung gegenüber den in

---

534 Verordnung über die Umweltverträglichkeitsprüfung bergbaulicher Vorhaben vom 13.07.1990, BGBl. I Seite 1420.

535 *Boldt/Weller*, Bundesberggesetz, Ergänzungsband, zu § 52, Rn. 16.

536 BT-Drucks. 11/5532, Seite 38.

die behördliche Prüfung eingeschlossenen, außerbergrechtlichen Belangen zu, wobei es sich um eine rein verfahrensrechtliche Konzentration handelt[537]. Der zugelassene obligatorische Rahmenbetriebsplan ist daher die umfassende und abschließende Feststellung, dass ein Bergbauvorhaben in umweltrechtlicher Hinsicht den öffentlich-rechtlichen Vorschriften entspricht[538]. Der Rahmenbetriebsplan muss zudem den von den jeweiligen Fachgesetzen gestellten materiell-rechtlichen Anforderungen und Maßstäben genügen. Er stellt daher auch die Zulässigkeit des Bergbauvorhabens einschließlich der notwendigen Folgemaßnahmen an anderen Anlagen im Hinblick auf alle von ihm berührten öffentlichen Belange fest, wie sich auch aus § 75 Abs. 1 S. 1 VwVfG ergibt. Dies bedeutet, er muss so konkret sein, wie es für eine Parallelgenehmigung erforderlich wäre, wenn diese selbstständig erginge[539].

Darin unterscheidet sich der obligatorische Rahmenbetriebsplan mit Planfeststellung deutlich vom fakultativen Rahmenbetriebsplan nach § 52 Abs. 2 Nr. 1 BBergG, der wesentliche Einzelheiten der Ausführung des bergbaulichen Vorhabens ebenso wie die Gestattung der Errichtung und Führung des Betriebes späteren Haupt-, Sonder- und Abschlussbetriebsplänen überlässt. Bei der Zulassung des obligatorischen Rahmenbetriebsplans hingegen bleiben für weitere Regelungen durch andere Betriebsplanarten – außer den personenbezogenen Zulassungsvoraussetzungen des § 55 Nr. 2 BBergG – nur noch bergbauliche und bergtechnische Anforderungen, die Dritte außerhalb des Betriebs nicht berühren[540]. Im Gegensatz zum fakultativen Rahmenbetriebsplan, der auch auf räumlich und zeitlich abgrenzbare Teile eines Gesamtvorhabens begrenzt sein kann, kann Gegenstand eines obligatorischen Rahmenbetriebsplans grundsätzlich nur das Gesamtvorhaben sein[541]. Eine Abweichung hiervon ist nur unter den in § 52 Abs. 2b S. 1 BBergG bestimmten Voraussetzungen möglich. Das Erfordernis weiterer Betriebspläne entfällt jedoch auch beim obligatorischen Betriebsplan durch die Konzentrationswirkung grundsätzlich nicht[542]. Jedoch erstrecken sich die Rechtswirkungen des bergrechtlichen Planfeststellungsbeschlusses hinsichtlich der Einwendung und Beteiligung Dritter auch auf nachfolgenden Betriebspläne.

---

537 *Boldt/Weller*, Bundesberggesetz, Ergänzungsband, zu § 57a, Rn. 47; *Gaentzsch*, FS Sendler, Seite 403 (414).

538 *Gaentzsch*, FS Sendler, Seite 403 (415).

539 *Schulte*, Kernfragen des bergrechtlichen Genehmigungsverfahrens, Seite 72; *Gaentzsch*, FS Sendler, Seite 403 (415, 416).

540 *Gaentzsch*, FS Sendler, Seite 403 (417).

541 *Boldt/Weller*, Bundesberggesetz, Ergänzungsband, zu § 51, Rn. 21.

542 *Boldt/Weller*, Bundesberggesetz, Ergänzungsband, zu § 51, Rn. 23.

c) *Weitere Betriebsplanarten*

Weitere Formen von Betriebsplänen sind der Sonderbetriebsplan, gemeinschaftliche Betriebspläne sowie der Abschlussbetriebsplan.

Sonderbetriebspläne sind nach § 52 Abs. 2 Nr. 2 BBergG auf Verlangen der zuständigen Behörde für bestimmte Teile des Betriebs oder für bestimmte Vorhaben aufzustellen, die eine eigenständige Bedeutung haben und sich daher für die Aufnahme in einen Hauptbetriebsplan nicht eignen, deren gesonderte Behandlung zur Erhaltung der Übersichtlichkeit des Hauptbetriebsplans erforderlich ist oder die besonderen zeitlichen Anforderungen genügen müssen[543] .

Für Arbeiten und Einrichtungen, die von mehreren Unternehmen im Sinne von § 4 Abs. 5 BBergG nach einheitlichen Gesichtspunkten durchgeführt, errichtet oder betrieben werden müssen, haben die Unternehmen auf Verlangen der Bergbehörde gemäß § 52 Abs. 3 BBergG gemeinschaftliche Betriebspläne aufzustellen. Nach der Begründung des Regierungsentwurfs kommen dabei Haupt- und Rahmenbetriebspläne in Betracht[544]. Jedoch erscheint eine Anwendung auch auf Sonderbetriebspläne aus systematischen Erwägungen ebenfalls möglich[545].

Auch für die Einstellung eines Betriebs ist gemäß § 53 Abs. 1 S. 1 BBergG ein Abschlussbetriebsplan aufzustellen. Begründet wird dies damit, dass mit der Einstellung der Aufsuchung oder Gewinnung nicht ohne weiteres auch die von einem Aufsuchungs- oder Gewinnungsbetrieb ausgehenden schädlichen Auswirkungen enden[546]. Als konkretisierende Vorschrift der grundlegenden Bestimmungen des § 51 Abs. 1 BBergG[547] bezieht sich die Verpflichtung zur Aufstellung eines Abschlussbetriebsplans auf alle Betriebe die gemäß § 51 BBergG der Betriebsplanpflicht unterliegen. Mit der Auferlegung einer Pflicht zur Aufstellung eines Abschlussbetriebsplans wollte der Gesetzgeber erreichen, dass im Rahmen der Stilllegung bergbaulicher Betriebe alle zum Schutz der Allgemeinheit vor schädlichen Auswirkungen des Betriebes erforderlichen Maßnahmen getroffen werden[548].

---

543 *Zydek,* Bundesberggesetz, Materialien, Seite 238.

544 Begründung zum Gesetzentwurf der Bundesregierung zum BBergG, BT-Drucks. 08/1315, Seite 107.

545 *Kremer/Neuhaus gen. Wever*, Bergrecht, Seite 63; *Boldt/Weller, Bundesberggesetz,* § 52, Rn. 5.

546 Begründung zum Gesetzentwurf der Bundesregierung zum BBergG, BT-Drucks. 08/1315, Seite 108.

547 *Boldt/Weller, Bundesberggesetz,* § 53, Rn. 1.

548 *Zydek,* Bundesberggesetz, Materialien, Seite 242.

2. Zulassung von Haupt- und Sonderbetriebsplänen sowie fakultativen Rahmenbetriebsplänen ohne Planfeststellungsverfahren / Umweltverträglichkeitsprüfung

Die Zulassung dieser Betriebspläne richtet sich im Wesentlichen nach § 55 BBergG. Die in § 55 BBergG enthaltenen Regelungen stellen dabei den materiellen Kern der den Betrieb betreffenden Vorschriften des Bundesberggesetzes dar und sind deshalb von grundlegender Bedeutung, da sie die von den zuständigen Behörden zu beachtenden Schutzziele des Gesetzes festlegen[549].

Die Einreichung eines Betriebsplans durch den Antragsteller ist rechtlich als Antrag auf Zulassung der geplanten Tätigkeiten und Einrichtungen anzusehen[550]. Die Betriebspläne sind zuzulassen, wenn alle Sachentscheidungsvoraussetzungen[551] erfüllt sowie die in § 55 BBergG kodifizierten Zulassungsvoraussetzungen gegeben sind. Es besteht ausweislich des Wortlauts der Vorschrift ein Rechtsanspruch auf Erteilung der Betriebsplanzulassung[552].

Mit der Betriebsplanzulassung erhält der Unternehmer die Möglichkeit, bestimmte Arbeiten durchzuführen, Anlagen zu errichten, technische Arbeitsmittel einzusetzen und Arbeitsstoffe zu verwenden[553].

Da für alle oben beschriebenen besonderen Betriebsplanarten die Anforderungen des § 55 Abs. 1 BBergG unmittelbar oder wie beim Abschlussbetriebsplan des § 53 BBergG vermittelt über § 55 Abs. 2 BBergG gelten, gelten die nachfolgenden Ausführungen auch für die Erteilung dieser Betriebspläne entsprechend ihrer jeweiligen spezifischen Funktion.

a) Verhältnis zwischen Berechtsamtsverfahren und Betriebsplanverfahren

Das Vorliegen von zwei bergrechtlichen Genehmigungserfordernissen für ein und dasselbe bergbauliche Vorhaben wirft die Fragestellung auf, in welchem rechtlichen Verhältnis diese beiden Verfahren zueinander stehen. Zuerst einmal muss festgehalten werden, dass das Bestehen einer Betriebsplanpflicht nicht an das Bestehen einer Bergbauberechtigung gekoppelt ist, wie sich aus § 51 Abs. 1 S.2

---

549 *Boldt/Weller, Bundesberggesetz,* § 55, Rn. 1.

550 *Boldt/Weller, Bundesberggesetz,* § 55, Rn. 3.

551 Instruktiv zu den einzelnen Sachentscheidungsvoraussetzungen *Boldt/Weller, Bundesberggesetz,* § 55, Rn. 3.

552 *Schulte*, Kernfragen des bergrechtlichen Genehmigungsverfahrens, Seite 41; *Erbguth*, VerwArch. 1996; Seite 258 (263); *Niermann*, Betriebsplan und Planfeststellung im Bergrecht, Seite 54 ff.; *Piens/Schulte/Graf Vitzthum,* BBergG, § 55 Rn. 3.

553 Begründung zum Gesetzentwurf der Bundesregierung zum BBergG, BT-Drucks. 08/1315, Seite 110; *Boldt/Weller, Bundesberggesetz,* § 55, Rn. 6.

BBergG ergibt[554]. Gleichwohl stehen Bergbauberechtigung und Betriebsplanzulassung „nicht beziehungslos nebeneinander“[555]. Die Frage des Verhältnisses der beiden Genehmigungsverfahren soll daher abstrakt und vorab behandelt werden.

Durch den Gesetzgeber wurde in § 55 Abs. 1 Nr. 1 BBergG klargestellt, dass das Vorliegen einer Bergbauberechtigung Tatbestandsvoraussetzung für eine Betriebsplanzulassung ist. Keine gesetzliche Regelung besteht hingegen für die Frage, ob die Bergbauberechtigung eine präjudizielle Wirkung für die Entscheidung über die Betriebsplanzulassung hat. Bedeutsam ist dies insbesondere für das Tatbestandsmerkmal des entgegenstehenden öffentlichen Interesses, das sowohl bei Erteilung der Bergbauberechtigung in §§ 11 Nr. 10, 12 Abs. 1 S. 1, 13 Nr. 1 BBergG wie auch im Betriebsplanverfahren gemäß § 48 Abs. 2 S. 1 BBergG zu prüfen ist. Auf der Basis dieser – teilweisen – Kongruenz der Entscheidungsvoraussetzungen ist gefolgert worden, die Bergbehörde müsse im Betriebsplanverfahren die durch die Erteilung der Bergbauberechtigung geschaffene Rechtsposition hinnehmen. Das Betriebsplanverfahren sei nicht dazu da, die bereits bei der Erteilung von Erlaubnis und Bewilligung zu prüfenden Grundsatzfragen nochmals zur Disposition zu stellen und/oder zu korrigieren. Die Betriebsplanzulassung müsse das erteilte Aufsuchungs- oder Gewinnungsrecht respektieren und dürfe mithin nur der Bestimmung der Ausübung des dem Grundsatz nach feststehenden Rechts dienen[556].

Diese Auffassung überzeugt jedoch nicht. Allein aus dem Vorliegen der Tatbestandsvoraussetzung einer Prüfung überwiegender öffentlicher Interessen sowohl bei der Erteilung einer Bergbauberechtigung als auch im Betriebsplanverfahren kann noch nicht die Schlussfolgerung einer präjudiziellen Wirkung des Berechtsamverfahrens auf das Betriebsplanverfahren getroffen werden[557]. Berechtsamtsverfahren und Betriebsplanzulassungsverfahren sind aufgrund der fehlenden Kongruenz im Prüfumfang und in der Prüfdichte vielmehr „strukturell entkoppelt“[558]. Denn die beiden Verfahren unterscheiden sich – auch im Hinblick auf die Prüfungstiefe bezüglich rechtlich geschützter Individualinteressen – vonein-

---

554 Siehe auch Begründung zum Gesetzentwurf der Bundesregierung zum BBergG, BT-Drucks. 08/1315, Seite 106.

555 *Schmidt-Assmann/Schoch*, Bergwerkseigentum und Grundeigentum im Betriebsplanverfahren, Seite 78; *Hoppe/Spoer*, Bergrecht und Raumordnung, Seite 92.

556 *Piens/Schulte/Graf Vitzthum,* BBergG, § 51 Rn. 13; *Frenz,* Bergrecht und Nachhaltige Entwicklung, Seite 76.

557 *Schmidt-Assmann/Schoch*, Bergwerkseigentum und Grundeigentum im Betriebsplanverfahren, Seite 79; *Niermann*, Betriebsplan und Planfeststellung im Bergrecht, Seite 16; *Hoppe/Spoer*, Bergrecht und Raumordnung, Seite 93.

558 *Schmidt-Assmann/Schoch*, Bergwerkseigentum und Grundeigentum im Betriebsplanverfahren, Seite 80.

ander: schlichtes Erlaubnisverfahren hier, umfassendes Genehmigungsverfahren unter Einbindung auch der Oberflächeneigentümer bis hin zum bergrechtlichen Planfeststellungsverfahren dort.

Diese Auffassung lässt sich auch auf die Entstehungsgeschichte des BBergG stützen. Denn entsprechende Regelungen zur Berücksichtigung öffentlicher Interessen enthielten sowohl § 11 Nr. 8 wie auch § 54 Abs. 1 Nr. 8 des Regierungsentwurfs des BBergG. Diese „Doppelung" führte zum Vorschlag des Wirtschaftsausschusses des Bundestages, die Abwägung öffentlicher Belange in einer Vorschrift zusammenzufassen[559]. Im weiteren Verlauf des Gesetzgebungsverfahrens wurden jedoch Bedenken gegen eine Streichung entgegenstehender öffentlicher Interessen im Berechtsamverfahren laut[560]. Daher kam es zur Schaffung des heutigen § 11 Nr. 10 BBergG, § 47 Abs. 2 des Regierungsentwurfs wurde zu § 48 Abs. 2 S. 1 des BBergG.

Gleichwohl kann die bereits auf der Stufe der Erteilung einer Bergbauberechtigung erfolgte Prüfung entgegenstehender öffentlicher Interessen nicht gänzlich folgenlos für die Entscheidung über die Betriebsplanzulassung sein. Da die behördliche Entscheidung über die Erteilung einer Bergbauberechtigung immer auch mit Blick auf ihre prinzipielle Ausnutzung erteilt wird, vermittelt sie auch einen gewissen Vertrauensschutz im Hinblick auf das nachfolgende Betriebsplanverfahren. Daraus ergibt sich, dass die Tatsache einer bereits erteilten Bergbauberechtigung – und die darin bereits erfolgte erste Prüfung entgegenstehender öffentlicher Interessen – in die Abwägung konfligierender Belange nach §§ 55, 48 Abs. 2 BBergG im Rahmen des Betriebsplanverfahrens entsprechend einzustellen ist[561].

b) Zulassungsvoraussetzungen des § 55 Abs. 1 BBergG

§ 55 Abs. 1 BBergG kodifiziert die für die Erteilung von Hauptbetriebsplänen, Sonderbetriebsplänen und – mit der sich aus Satz 2 ergebenden Besonderheit – von Rahmenbetriebsplänen notwendigen Genehmigungsvoraussetzungen.

Relevant sind hier im Hinblick auf die untersuchten Untergrundnutzungen insbesondere § 55 Abs. 1 Nr. 1, 3, 4 und 8 BBergG, die daher näher untersucht werden.

---

559 Beschlussempfehlung und Bericht des Ausschusses für Wirtschaft, BT-Drs. 08/3965, Seite 136 ff.

560 BT-Drs. 08/4220, Seite 1.

561 *Hoppe/Spoer*, Bergrecht und Raumordnung, Seite 94.

aa) Nachweis einer bestehenden Bergbauberechtigung, § 55 Abs. 1 Nr. 1 BBergG

Soweit der Betriebsplan die Aufsuchung oder Gewinnung von Bodenschätzen zum Gegenstand hat, wird die Zulassung des Betriebsplans gemäß § 55 Abs. 1 Nr. 1 BBergG von dem Nachweis der jeweils erforderlichen Bergbauberechtigung abhängig gemacht. Dabei unterscheidet das Bundesberggesetz nicht zwischen bergfreien und grundeigenen Bodenschätzen[562]. Nicht erfasst sind mithin die in § 2 Abs. 1 Nr. 1 BBergG aufgeführte Aufbereitung von Bodenschätzen sowie die in § 2 Abs. 1 Nr. 2 BBergG aufgeführte Wiedernutzbarmachung der Oberfläche und Einrichtung und Betrieb von Anlagen nach § 2 Abs. 1 Nr. 3 BBergG.

Durch diese tatbestandliche Verknüpfung des Betriebsplanverfahrens mit dem Vorliegen einer Bergbauberechtigung wird auch im Hinblick auf die konkrete Durchführung eines bergbaulichen Vorhabens sichergestellt, dass die mit der Vorlage des Betriebsplans beantragte Aufsuchung oder Gewinnung überhaupt möglich ist[563].

bb) Betriebssicherheit und Arbeitsschutz, § 55 Abs. 1 Nr. 3 BBergG

Begründet durch seinen Charakter als Verfahren zur Gefahrenabwehr, hat die Prüfung von Gesichtspunkten der Betriebssicherheit und des Arbeitsschutzes jeher im Mittelpunkt der Betriebsplanprüfung gestanden[564]. Die ursprüngliche Fassung dieser Vorschrift ist im Laufe des Gesetzgebungsverfahrens textlich sowie inhaltlich modifiziert worden und enthält dadurch einige redaktionelle Unklarheiten. § 55 Abs. 1 Nr. 3 BBergG erstreckt sich trotz des leicht widersprüchlichen Wortlauts jedoch lediglich auf die Vorsorge für den Schutz von Beschäftigten und Dritten innerhalb des Betriebs. Die Auswirkungen des Betriebs auf die außerbetrieblichen Sachgüter wie etwa die Umwelt werden von § 55 Abs. 1 Nr. 3 BBergG nicht angesprochen[565].

cc) Lagerstättenschutz, § 55 Abs. 1 Nr. 4 BBergG

Nach § 55 Abs. 1 Nr. 4 BBergG ist bei der Entscheidung über die Betriebsplanzulassung zu prüfen, ob die vom Antragsteller geplanten Tätigkeiten und Einrichtungen den Gesichtspunkten des Lagerstättenschutzes ausreichend Rechnung

562 *Boldt/Weller, Bundesberggesetz,* § 55, Rn. 6.

563 Begründung zum Gesetzentwurf der Bundesregierung zum BBergG, BT-Drucks. 08/1315, Seite 110.

564 *Boldt/Weller, Bundesberggesetz,* § 55, Rn. 13.

565 *Boldt/Weller, Bundesberggesetz,* § 55, Rn. 14; *Piens/Schulte/Graf Vitzthum,* BBergG, § 55 Rn. 34.

tragen[566]. Damit dient auch § 55 Abs. 1 Nr. 4 BBergG dem Schutzzweck des § 1 Abs. 1 BBergG und flankiert im Kontext auf das im Betriebsplan konkretisierte Vorhaben des Bergbauberechtigten die bereits im Hinblick auf Aufsuchung und Gewinnung erfolgte Überprüfung im Hinblick auf den Lagerstättenschutz.

Wie bereits im Rahmen der Versagungsgründe des § 11 Nr. 9 und § 12 Abs.1 i.V.m. § 11 Nr. 9 BBergG erfordert auch § 55 Abs. 1 Nr. 4 BBergG, dass die Beeinträchtigung von Bodenschätzen, deren Schutz im öffentlichen Interesse liegt, zu besorgen ist. Es kann daher im Hinblick auf die Bestimmung von Bodenschätzen, die im öffentlichen Interesse liegen, und auf deren Beeinträchtigung grundsätzlich auf die unter Abschnitt 2 B.III.2.b.bbb. gemachten Ausführungen verwiesen werden.

Da im Rahmen des § 55 Abs. 1 Nr. 4 BBergG die Beeinträchtigung durch die mit dem Betriebsplan beantragten Tätigkeiten und Einrichtungen eintreten muss, kann es auch zu einer Versagung kommen, wenn eine Schädigung volkswirtschaftlich wichtiger Vorkommen durch unsachgemäße Betriebsmaßnahmen erfolgt[567]. Dazu gehört insbesondere der Raubbau, das heißt die Ausnutzung der besten Teile einer Lagerstätte ohne Rücksicht auf eine spätere wirtschaftliche Abbaumöglichkeit weniger lohnender Teile des Vorkommens[568]. Eine Beeinträchtigung kann jedoch auch darin bestehen, dass durch den Abbau einer Lagerstätte anderer damit im räumlichen Zusammenhang stehender Bodenschätze erschwert oder unmöglich gemacht wird[569]. Vor einer Versagung ist dabei insbesondere mit Blick auf die Verhältnismäßigkeit zu prüfen, ob sich nicht durch technische oder organisatorische Maßnahmen und deren rechtliche Verankerung in der Zulassung des Betriebsplans eine sinnvolle Nutzung beider Vorkommen ermöglichen lässt.

Wie auch in § 11 Nr. 9 und § 12 Abs.1 i.V.m. § 11 Nr. 9 BBergG umfasst der Schutzbereich von § 55 Abs. 1 Nr. 4 BBergG jedoch lediglich Bodenschätze und in der Folge von den im Rahmen der Arbeit behandelten Nutzungsformen nur die Geothermie und die Förderung von Erdöl und Erdgas. Die Speicherung von Gasen hingegen ist auch hier vom Anwendungsbereich des § 55 Abs. 1 Nr. 4 BBergG ausgeschlossen.

dd) Sicherheit bestehender Bergbaubetriebe, § 55 Abs. 1 Nr. 8 BBergG

Nach § 55 Abs. 1 Nr. 8 BBergG ist im Betriebsplan auch Vorsorge zu treffen, dass die Sicherheit bereits geführter Aufsuchungs-, Gewinnungs- und Aufberei-

---

566 *Boldt/Weller, Bundesberggesetz,* § 55, Rn. 22.

567 So schon die amtl. Begründung des preußischen Erdölgesetzes vom 12.05.1934; ZfB 1934, Seite 87.

568 *Boldt/Weller, Bundesberggesetz,* § 55, Rn. 23.

569 *Boldt/Weller, Bundesberggesetz,* § 55, Rn. 23.

tungsbetriebe im Sinne der §§ 50 und 51 BBergG nicht gefährdet wird[570]. Obwohl aus der Begründung des Regierungsentwurfs geschlossen werden könnte, dass ein unmittelbares Angrenzen des betroffenen Bergbaubetriebs verlangt wird[571], ist ein solches unmittelbares räumliches Verhältnis nicht zu fordern. Entscheidend ist nach dem Wortlaut des Gesetzes allein, ob ein bereits nach denn §§ 50 und 51 BBergG zulässigerweise geführter Betrieb vorhanden ist, dessen Sicherheit durch die im Betriebsplan vorgesehenen Maßnahmen gefährdet sein könnte[572]. Den Schutz nach § 55 Abs. 1 Nr. 8 BBergG genießen jedoch nach dem Wortlaut nur bereits geführte Bergbaubetriebe; es können also keine Vorsorgemaßnahmen im Hinblick auf den Schutz von Betrieben gefordert werden, die sich erst in der Planung befinden[573].

Zudem bezweckt § 55 Abs. 1 Nr. 8 BBergG ausschließlich die Wahrung sicherheitlicher Belange, wie sich sowohl aus der Aufgabenstellung des Betriebsplanverfahrens wie auch aus der Entstehung der Vorschrift ergibt[574]. Der Schutz individueller Interessen anderer Unternehmer und damit erst recht eine irgendwie geartete vorsorgende Planung ist demnach nicht von § 55 Abs. 1 Nr. 8 BBergG umfasst.

ee) Gemeinschädliche Einwirkungen, § 55 Abs. 1 Nr. 9 BBergG

Nach § 55 Abs. 1 Nr. 9 BBergG ist die Betriebsplanzulassung auch davon abhängig, dass von den beantragten Tätigkeiten und Einrichtungen zur Aufsuchung oder Gewinnung keine gemeinschädlichen Einwirkungen zu erwarten sind.

Das Bundesberggesetz knüpft dabei an den aus dem Allgemeinen Berggesetz von 1965 entnommenen Begriff der Gemeinschädlichkeit an, der in Rechtsprechung und Schrifttum durch eine umfangreiche Kasuistik[575] als gesichert angesehen wurde[576]. Die Voraussetzung für die Annahme gemeinschädlicher Einwirkungen ist demnach, dass der geplante Betrieb eine erhebliche Gefahrenschwelle überschreitet. Es muss ein Schaden in solchem Umfange drohen, dass er sich auf

---

570 *Boldt/Weller, Bundesberggesetz,* § 55, Rn. 36.

571 Die Begründung spricht hier vom „Verhältnis benachbarter Betriebe", Begründung zum Gesetzentwurf der Bundesregierung zum BBergG, BT-Drucks. 08/1315, Seite 111.

572 *Boldt/Weller, Bundesberggesetz,* § 55, Rn. 36.

573 *Weller,* ZfB 1990, Seite 111 (129); Boldt/Weller, Bundesberggesetz, § 55, Rn. 36; VG *Lüneburg,* ZfB 2005, Seite 246, zitiert nach juris Rn. 41; *Piens/Schulte/Graf Vitzthum,* BBergG, § 55 Rn. 99.

574 *Boldt/Weller, Bundesberggesetz,* § 55, Rn. 37.

575 *Ebel/Weller,* Allgemeines Berggesetz, Kommentar, § 196 Anm. 39; *Piens/Schulte/Graf Vitzthum,* BBergG, § 55 Rn 111 ff.

576 Begründung zum Gesetzentwurf der Bundesregierung zum BBergG, BT-Drucks. 08/1315, Seite 111.

das Allgemeinwohl auswirkt[577]. Der Maßstab der Gemeinschädlichkeit ist allerdings nicht das Einfallstor für alle öffentlich-rechtlichen Belange, die der Bergbau berühren kann, in das Betriebsplanzulassungsverfahren[578]. Das wird auch durch die Entstehungsgeschichte des Gesetzes bestätigt. Die im Regierungsentwurf[579] noch enthaltene Voraussetzung, das „dem Betrieb überwiegende öffentliche Interessen, insbesondere im Hinblick auf gemeinschädliche Einwirkungen der Aufsuchung oder Gewinnung, nicht entgegenstehen" dürfen, ist vom Gesetzgeber in § 55 Abs. 1 Nr. 9 BBergG auf die Prüfung am Maßstab nur der gemeinschädlichen Einwirkungen reduziert worden.

Damit ist eine Einbeziehung konkurrierender Nutzungen und eine Abwägung der Nutzungen im Hinblick auf das Allgemeinwohl über § 55 Abs. 1 Nr. 9 BBergG nicht möglich.

c) Zulassungsvoraussetzungen des § 48 Abs. 2 BBergG

Die Möglichkeit der Einbeziehung anderer, als der unmittelbar in § 55 Abs. 1 BBergG genannten öffentlichen Belange war lange umstritten. So wird vertreten, dass § 55 BBergG eine abschließende Regelung der für das Betriebsplanzulassungsverfahren maßgebenden öffentlichen Belange enthalte[580]. Aufgrund der fehlenden Konzentrationswirkung des bergrechtlichen Betriebsplanverfahrens seien die einschlägigen Vorschriften anderer Gesetze durch die jeweilig zuständigen Fachbehörden zu prüfen. Die Bergbehörden dürften ihre Entscheidung über die Betriebsplanzulassung daher nicht auf solche, außerhalb des Bergrechts liegende Gründe stützen[581].

In der Altenberg-Entscheidung des Bundesverwaltungsgerichts[582] wurde zum Verhältnis von § 55 Abs. 1 BBergG und § 48 Abs. 2 S. 1 BBergG erstmals höchstrichterlich Stellung genommen. Demnach ist § 48 Abs. 2 S. 1 BBergG eine die Befugnisse der Bergbehörden im Verfahren der Betriebsplanzulassung erweiternde Norm, die insoweit § 55 Abs. 1 BBergG ergänzt[583]. § 48 Abs. 2 S. 1

---

577 Begründung zum Gesetzentwurf der Bundesregierung zum BBergG, BT-Drucks. 08/1315, Seite 111; mit den Beispielen des Wasserentzugs für ganze Ortschaften oder gefährliche Bodensenkungen in dicht besiedelten Gebieten.

578 *BVerwG*, DVBl. 1986, Seite 1273 (1275).

579 Begründung zum Gesetzentwurf der Bundesregierung zum BBergG, BT-Drucks. 08/1315, § 54 Abs. 1 Nr. 8.

580 So noch *Boldt/Weller, Bundesberggesetz,* § 55, Rn. 50.

581 *Boldt/Weller, Bundesberggesetz,* § 55, Rn. 50.

582 *BVerwGE* 74, Seite 315.

583 *BVerwGE* 74, Seite 315 (323); Bv*erwGE* 81, Seite 329, zitiert nach Juris Rn. 41; *BVerwG*, ZfB 1991, Seite 140 (146) VG *Weimar*, ZfB 1996, Seite 321 (329). Aus der Literatur zustimmend *Seibert*, DVBl. 1986, 1277 (1278); *Büllesbach*, Die rechtliche Beurteilung von Abgra-

BBergG enthält somit nicht nur eine dem Betriebsplan nachgeordnete sondern auch eine nebengeordnete Anordnungsbefugnis der Bergbehörde. Begründet liegt diese Auslegung zugunsten einer ergänzenden Funktion des § 48 Abs. 2 S. 1 BBergG in dem Umstand, dass eine anderweitige Interpretation der Vorschrift einer sinnvollen Gesetzesanwendung entgegenstehen würde[584]. Die Bergbehörde würde aufgrund des bestehenden Rechtsanspruchs auf Erteilung eines Betriebsplans zu dessen Zulassung gezwungen, müsste diesen jedoch auf der Grundlage des § 48 Abs. 2 BBerggG – der eine Befugnisnorm darstellt – im Nachgang unmittelbar wieder einschränken oder widerrufen[585].

Diese Auslegung des § 48 Abs. 2 BBergG findet auch durch das Legislativverfahren bei Entstehung des Bundesberggesetzes Bestätigung[586]. Die Vorschrift wurde als neuer Abs. 2 des § 47 des Regierungsentwurfs[587] auf Vorschlag des Wirtschaftsausschusses des Deutschen Bundestages in das Gesetz eingefügt, weil „die in verschiedenen Vorschriften des Gesetzentwurfs ... enthaltenen Regelungen über eine Abwägung öffentlicher Belange in einem Abs. 2 ... zusammengefasst werden sollten“[588]. Die Streichung der „überwiegenden öffentlichen Interessen“ aus § 54 Abs. 1 Nr. 8 des Regierungsentwurfs[589] war nur „eine Folge der Zusammenfassung der öffentlichen Interessen aus anderen Rechtsbereichen in § 47 Abs. 2“[590].

Damit können sich aus § 48 Abs. 2 BBergG weitere materielle Voraussetzungen für die Zulassung bergrechtlicher Betriebspläne ergeben[591], und eine Versagung des Betriebsplans ist auch möglich, wenn nach § 48 Abs. 2 BBergG überwiegende öffentliche Interessen entgegenstehen. Es handelt sich bei der Entscheidung über Betriebspläne nach § 55 Abs. 1 BBergG jedoch auch weiterhin um eine gebundene Entscheidung, die voll richterlich nachprüfbar ist. § 48 Abs. 2 BBergG ermächtigt die Bergbehörde *nicht* zu einer planerischen oder fachplanerischen Entscheidung, bei der die bergbaulichen Interessen des Unternehmers, die gemäß § 55 BBergG einschlägigen öffentlichen Interessen und alle

bungen, Seite 80 ff.; *Frenz,* Bergrecht und Nachhaltige Entwicklung, Seite 71, a.A. *Piens/Schulte/Graf Vitzthum,* BBergG, § 48 Rn. 5.

584 *BVerwGE* 74, Seite 315 (323); *Kühne*, DVBl. 1984, Seite 709 (713).

585 *BVerwGE* 74, Seite 315 (323); so auch *Piens/Schulte/Graf Vitzthum*, BBergG, § 48 Rn. 4, 5, wo jedoch daraus andere Schlussfolgerungen gezogen werden und eine Anordnung aufgrund von § 48 Abs. 2 S. 1 BBergG als eigenständig betrachtet wird

586 Umfassend zum Entstehungsprozess der Vorschrift *Kühne*, DVBl. 1984, Seite 709 (711 ff.).

587 Begründung zum Gesetzentwurf der Bundesregierung zum BBergG, BT-Drucks. 08/1315.

588 Beschlussempfehlung und Bericht des Ausschusses für Wirtschaft, BT-Drucks. 08/3965, Seite 137.

589 Jetzt § 55 Abs. 1 Nr. 9 BBergG.

590 Beschlussempfehlung und Bericht des Ausschusses für Wirtschaft, BT-Drucks. 08/3965 Seite 137.

591 Vgl. etwa *Erbguth,* VerwArch. 1996, Seite 258 (278); Büllesbach, Die rechtliche Beurteilung von Abgrabungen, Seite 80; a.A. *Piens/Schulte/Graf Vitzthum,* BBergG, § 48 Rn. 5.

sonstigen einschlägigen Interessen im Sinne einer planerischen Abwägung zu berücksichtigen wären[592].

aa) Öffentliche Interessen im Rahmen von § 48 Abs. 2 S. 1 BBergG

Nach dem Wortlaut des § 48 Abs. 2 S. 1 BBergG besteht die Befugnis zur Beschränkung und Untersagung jedoch „unbeschadet anderer öffentlicher Interessen". Daraus ergibt sich die Beschränkung, dass von § 48 Abs. 2 S. 1 BBergG nur solche Interessen umfasst sind, mit deren Wahrnehmung nicht bereits eine andere Behörde betraut ist[593]. Die Vorschrift schleust somit nicht alle öffentlichen Interessen als Genehmigungsvoraussetzungen in das Betriebsplanverfahren ein, sondern nur diejenigen, die nicht ohnehin in einem anderen förmlichen Verfahren geprüft werden[594]. Sie bildet daher einen Auffangtatbestand für diejenigen Anforderungen des Umwelt- und Planungsrechts, deren Prüfung keinem außerbergrechtlichen Verfahren vorbehalten ist[595]. Dabei wird bei der Bestimmung der Behördenzuständigkeit auch auf das Kriterium der Sachnähe abgestellt[596].

Öffentliche Interessen, die daher nicht in die Entscheidung über den Betriebsplan nach § 48 Abs. 2 S. 1 BBergG einbezogen werden können[597], sind vor allem solche des Wasser-, Forst-, Denkmal- und Bauordnungsrechts sowie begrenzt des Immissionsschutzrechts[598]. Daher kann es dazu kommen, dass die Bergbehörde einen Betriebsplan zulässt, dessen Durchführung jedoch aufgrund einer anderweitigen behördlichen Versagung unmöglich ist.

Umstritten ist weiterhin, welchen Gehalt die jeweiligen öffentlichen Interessen aufweisen müssen, damit ihnen überhaupt eine Lenkungs- beziehungsweise Steuerungswirkung mit Blick auf bergbauliche Vorhaben entnommen werden

---

592 *BVerwG*, ZfB 1991, Seite 140 (143 f.).

593 *BVerwGE* 74, Seite 315 (324); *Heitmann*, ZfB 1990, Seite 179 (185); *Piens/Schulte/Graf Vitzthum*, BBergG, § 48 Rn. 17; *Boldt/Weller*, Bundesberggesetz, Ergänzungsband, § 48, Rn. 3; vgl. zur begrenzenden Funktion der Kompetenz des jeweiligen Entscheidungsträgers bei der Bestimmung des öffentlichen Interesses *Uerpmann*, Öffentliches Interesse, Seite 141 ff., 319 f.

594 VG *Koblenz*, ZfB 1984, Seite 470 (476).

595 *Schulte*, ZfB 1987, Seite 179 (186).

596 *BVerwGE* 74, Seite 315 (324).

597 Zu den einzelnen Rechtsgebieten instruktiv *Rausch,* Umwelt- und Planungsrecht im Bergbau, Seite 221 ff.

598 Gemäß *BVerwGE* 74, Seite 315 (325) ist jedenfalls § 22 BImSchG gemäß § 48 Abs. 2 BBergG im Betriebsplanverfahren und nicht im Baugenehmigungsverfahren zu prüfen, da die Immissionen im fraglichen Fall von der bergbaulichen Tätigkeit und nicht von der baulichen Anlage ausgingen. Hier greift daher die Auffangzuständigkeit der Bergbehörde, da § 22 BImSchG solche Anlagen erfasst, die nicht der immissionsschutzrechtlichen Genehmigungspflicht unterliegen und für die keine spezielle Behörde zuständig ist; im Anschluss daran ebenso VG *Weimar*, ZfB 1996, Seite 321 (328).

kann. Die Rechtsprechung wird teilweise so interpretiert, dass außerbergrechtliche Belange nur insoweit für eine Abwägung nach § 48 Abs. 2 S. 1 BBergG in Betracht kommen, als sie ihre Konkretisierung in öffentlich-rechtlichen Vorschriften gefunden haben, die Tätigkeiten verbieten oder beschränken, die ihrer Art nach der Aufsuchung oder Gewinnung von Bodenschätzen dienen können[599].

Begründet wird diese Auffassung mit dem Charakter der Betriebsplanzulassung als gebundene Entscheidung, der nicht durch § 48 Abs. 2 S. 1 BBergG in Frage gestellt werden dürfe. Die Vorschrift erweitere zwar die Befugnisse der Bergbehörde auf die Anwendung außerbergrechtlicher Vorschriften, ermächtigt die Bergbehörde jedoch gerade nicht zu einer planerischen oder fachplanerischen Entscheidung, bei der die bergbaulichen Interessen des Unternehmers, die gemäß § 55 BBergG einschlägigen öffentlichen Interessen und alle sonstigen einschlägigen Interessen im Sinne einer planerischen Abwägung zu berücksichtigen wären[600]. Es gebe keine Verwaltungsentscheidung, bei der die Behörde losgelöst von den das Verwaltungshandeln jeweils steuernden öffentlichen Interessen eine Gestaltungsfreiheit, gebunden nur durch einen gewissen gesetzlichen Rahmen und das Gebot zur gerechten Abwägung der von der Entscheidung berührten Belange, zustünde[601]. Dementsprechend habe das Bundesverwaltungsgericht in seiner Gorleben-Entscheidung die Auffüllung des unbestimmten Rechtsbegriffs durch die Bergbehörde im Kontext politischer Entscheidungen ausdrücklich abgelehnt[602].

Zwar ist es richtig, dass § 48 Abs. 2 BBergG die bergrechtliche Betriebsplanzulassung nicht zu einer Entscheidung mit einem planerischen Gestaltungsspielraum werden lässt. Die sich aus dieser Feststellung anscheinend weiter ergebende, verengte Auffassung zur Auslegung öffentlicher Interessen im Rahmen des § 48 Abs. 2 S. 1 BBergG überzeugt jedoch nicht[603]. Es handelt sich hierbei um eine weder vom Wortlaut der Vorschrift gedeckte Verengung von § 48 Abs. 2 S. 1 BBergG, noch findet solch eine einschränkende Auslegung durch das Gesetzgebungsverfahren Bestätigung[604]. Der Wortlaut des § 48 Abs. 2 S. 1 BBergG spricht aus-

599 *BVerwG*, ZfB 1991, Seite 140 (143 f.); *BVerwG*, DVBl. 1996, Seite 253 (258); VG *Weimar*, ZfB 1996, Seite 321 (328); VG *Leipzig*, ZfB 1998, Seite 331 (335) aus der Literatur *Bohne*, ZfB 1889, Seite 93 (112); *Boldt/Weller*, Bundesberggesetz, Ergänzungsband, § 48, Rn. 9; VG *Lüneburg*, ZfB 2005, Seite 246, zitiert nach juris Rn. 42.

600 Vgl. *BVerwG*, ZfB 1991, Seite 140 (143 f.).

601 VG *Weimar*, ZfB 1996, Seite 321 (328).

602 *BVerwG*, DVBl. 1996, Seite 253 (258).

603 OVG *Lüneburg*, ZUR 2008, Seite 595, zitiert nach juris Rn. 58.

604 *Kühne*, Bergrechtlicher Rahmenbetriebsplan, Seite 60 ff.; *Pohl*, Bestandsschutz bergrechtlicher Betriebsplanzulassungen, Seite 157 f.; *Frenz,* Bergrecht und Nachhaltige Entwicklung, Seite 76; in diese Richtung und unter Bezugnahme auf den Wortlaut von § 48 Abs. 1 BBergG auch *Piens/Schulte/Graf Vitzthum*, BBergG, § 48 Rn. 16;

drücklich von „öffentlichen Interessen" und nicht von „öffentlich-rechtlichen Vorschriften". Zudem wurde die Vorschrift als neuer § 47 Abs. 2 des Regierungsentwurfs[605] erst auf Vorschlag des Wirtschaftsausschusses des Deutschen Bundestages in das Gesetz eingefügt, weil „die in verschiedenen Vorschriften des Gesetzentwurfs [...] enthaltenen Regelungen über eine Abwägung öffentlicher Belange in einem Abs. 2 [...] zusammengefasst werden sollten"[606]. Die Streichung der „überwiegenden öffentlichen Interessen" aus § 54 Abs. 1 Nr. 8 des Regierungsentwurfs[607] war nur „eine Folge der Zusammenfassung der öffentlichen Interessen aus anderen Rechtsbereichen in § 48 Abs. 2"[608], so dass zur Auslegung des Willens des Gesetzgebers auf die Begründung zu § 54 Abs. 1 Nr. 8 des Regierungsentwurf unmittelbar Bezug genommen werden kann[609]. Hier finden sich jedoch keine Anzeichen für eine einschränkende Auslegung, vielmehr wird ganz allgemein auf mögliche tangierende öffentliche Interessen sowie beispielhaft auf Interessen des Gewässerschutzes, des Immissionsschutzes, des öffentlichen Verkehrs oder im Bereich der Verteidigung verwiesen[610]. Insoweit ist nicht ersichtlich, warum eine gegenüber § 11 Nr. 10 BBergG eingeschränkte Auslegung des Begriffs der „öffentlichen Interessen" angezeigt sein sollte, wenn die Regelungen des Berechtsamverfahrens die Berücksichtigung aller von der Rechtsordnung anerkannter öffentlicher Interessen zulässt[611].

Bei mehreren möglichen Auslegungsvarianten verdient diejenige den Vorzug, die eine Wahrung der sachlichen Übereinstimmung mit einer anderen Bestimmung ermöglicht[612]. Unter Berücksichtigung dieses Grundsatzes können die „öffentlichen Interessen" des § 48 Abs. 2 S. 1 BBergG keine anderen sein als diejenigen des § 11 Nr. 10 BBergG, auch weil sich beide Vorschriften systematisch im ersten Kapitel des Bundesberggesetzes finden. Zudem erscheint es auch nicht angezeigt § 48 Abs. 2 S. 1 BBergG anders zu interpretieren als vergleich-

---

605 Begründung zum Gesetzentwurf der Bundesregierung zum BBergG, BT-Drucks. 08/1315.

606 Beschlussempfehlung und Bericht des Ausschusses für Wirtschaft, BT-Drucks. 08/3965, Seite 137.

607 Jetzt § 55 Abs. 1 Nr. 9 BBergG.

608 Beschlussempfehlung und Bericht des Ausschusses für Wirtschaft, BT-Drucks. 08/3965 Seite 137.

609 Begründung zum Gesetzentwurf der Bundesregierung zum BBergG, BT-Drucks. 08/1315, Seite 111.

610 Begründung zum Gesetzentwurf der Bundesregierung zum BBergG, BT-Drucks. 08/1315, Seite 111.

611 VGH *Mannheim* ZfB 1989, Seite 57 (57, 2. Leitsatz, 66); *Piens/Schulte/Graf Vitzthum*, BBergG, § 11 Rn. 17; *Hoppe/Spoer*, Bergrecht und Raumordnung, Seite 95; *Fischer-Hüftle*, NuR 1989, Seite 106 (108); *Rasel*, Umweltrechtliche Implikationen im Bundesberggesetz, Seite 49; *Frenz*, Bergrecht und Nachhaltige Entwicklung, Seite 33.

612 *Larenz/Canaris*, Methodenlehre der Rechtswissenschaft, Seite 143 f.

bare – da ebenfalls gemeinwohlorientierte – unbestimmte Rechtsbegriffe, wie etwa in § 6 WHG oder § 35 BauGB[613].

Vieles spricht auch dafür, dass das BVerwG in seiner Gorleben-Entscheidung[614] nur verdeutlichen wollte, dass die nach § 48 Abs. 2 BBergG gebotene Abwägung nicht den Grundsätzen der planerischen Gestaltungsfreiheit unterliegt, sondern einer gerichtlich voll überprüfbaren Abwägung im Rahmen eines unbestimmten Tatbestandsmerkmals entspricht[615]. Darüber hinaus hat es in jüngeren Entscheidungen zu § 48 Abs. 2 BBergG selbst mehrfach öffentliche Interessen berücksichtigt, die nicht in ausdrücklichen Verbotsnormen verankert sind.

In seinem zweiten Tongrubenurteil hat das BVerwG „die abfallrechtlichen Grundpflichten der Erzeuger und Besitzer von Abfällen" und „die Anforderungen des Bodenschutzrechts" als öffentliche Interessen im Sinne des § 48 Abs. 2 BBergG bezeichnet[616]. In der Entscheidung zum Rahmenbetriebsplan Garzweiler I/II sieht das Gericht im Kontext dieser Vorschrift „auch Raum dafür, gesteuert durch den Grundsatz der Verhältnismäßigkeit, die Interessen der betroffenen Grundstückseigentümer mit den berechtigten Belangen des Bergbaus abzuwägen"[617]. Zudem sei § 48 Abs. 2 S. 1 BBergG die Norm, „über welche Ziele der Raumordnung für das Zulassungsverfahren verbindlich gemacht werden"[618]. Im Walsum-Urteil wurde darüber hinaus die durch Art. 28 Abs. 2 GG garantierte kommunale Selbstverwaltung zu den Rechtsgütern gezählt, deren Schutz zu den öffentlichen Interessen im Sinne des § 48 Abs. 2 BBergG zählt[619]. Der Umstand, dass dieses weite Verständnis der öffentlichen Interessen nicht als Abweichung von der bisherigen Rechtsprechung gekennzeichnet wurde, spricht für die Annahme, dass auch die eingangs zitierten Wendungen aus der älteren Rechtsprechung nicht im Sinne einer Forderung nach der Notwendigkeit expliziter Verbotsnormen zu verstehen gewesen sind[620].

Überwiegende öffentliche Interessen, die nach § 48 Abs. 2 S. 1 BBergG Berücksichtigung finden, müssen daher nicht in expliziten öffentlich-rechtlichen Verbotsnormen verankert sein[621]. Die Vorschrift ist vielmehr weit auszulegen

---

613 *Kühne*, Bergrechtlicher Rahmenbetriebsplan, Seite 62.

614 *BVerwG*, DVBl. 1996, Seite 253.

615 OVG *Lüneburg*, ZUR 2008, Seite 595, zitiert nach juris Rn. 59.

616 *BVerwGE* 123, Seite 247 (254).

617 *BVerwGE* 126, Seite 205 (210, 211).

618 *BVerwGE* 126, Seite 205 (210, 211).

619 *BVerwG*, NVwZ 2007, Seite 700 (702).

620 *Kühne*, Entwicklungslinien der bergrechtlichen Rechtsprechung zur Zulassung bergbaulicher (Groß-) Vorhaben, in: *Kühne/Ehricke*, Entwicklungslinien des Bergrechts, Genehmigungsrechtliche Fragen bei Großvorhaben des Kohlenabbaus, Seite 51 (58 f.)

621 *Piens/Schulte/Graf Vitzthum,* BBergG, § 48 Rn. 16.

und umfasst eine umfassende Prüfung aller in Betracht kommenden öffentlichen Belange[622]. Die Berücksichtigung des Bauplanungsrechts[623] und der gemeindlichen Planungshoheit[624], des Naturschutzes und der Landschaftspflege[625], der Erfordernisse bzw. Belange der Raumordnung[626], das Interesse an der Findung eines Standortes zur Endlagerung wärmeentwickelnder radioaktiver Abfälle[627], der Bodenschutz[628] sowie teilweise sogar Belange des Fremdenverkehrs[629] sind somit als öffentliche Interessen im Rahmen der Prüfung von § 48 Abs. 2 S. 1 BBergG von der Zulassungsbehörde zu prüfen. Infolge eines weitgehenden inhaltlichen Gleichlaufs mit § 11 Nr. 10 BBergG kommen auch Belange der Rohstoff- und Energiepolitik[630], des Lagerstättenschutzes, des Strahlenschutzes sowie der Außenbereichsbebauung in Betracht.

Aus der anerkannten Ergänzungsfunktion des § 48 Abs. 2 BBergG ergibt sich jedoch einschränkend, dass nur solche öffentlichen Interessen erfasst sind, die nicht bereits zu den in § 55 Abs. 1 BBergG enumerativ aufgezählten Zulassungsvoraussetzungen gehören[631]. Daraus folgt, dass die in § 55 Abs. 1 Nr. 4 BBergG aufgeführte Beeinträchtigung von Bodenschätzen, die im öffentlichen Interesse liegen, nicht ein zweites Mal in die Abwägung nach § 48 Abs. 2 S. 1 BBerggG eingestellt werden kann.

---

622 *Schulte*, NJW 1981, Seite 88 (94).

623 Vgl. OVG *Koblenz*, NUR 1994, Seite 44 (44); *Kühne,* DVBl. 1984, Seite 709 (714); *Büllesbach,* Die rechtliche Beurteilung von Abgrabungen, Seite 87 f.; *Niermann*, Betriebsplan und Planfeststellung im Bergrecht, Seite 174 ff.

624 OVG *Koblenz* NuR 1994, Seite 44 (44) zur Berücksichtigung der gemeindlichen Planungshoheit über § 48 Abs. 2 S. 1 BBergG siehe auch *Schoch*, FS Hoppe, Seite 711 (721).

625 *Schulte*, ZfB 1987, Seite 178 (208), *Wilde*, DVBl. 1998, Seite 1321 (1324 f.); *Büllesbach*, Die rechtliche Beurteilung von Abgrabungen, Seite 94 ff. m.w.N.; umstritten ist jedoch die rechtliche Tragweite der naturschutzrechtlichen Eingriffsregelung. Nach der hier vertretenen Ansicht ist § 55 Abs. 1 Nr. 7 BBergG lex specialis gegenüber § 8 Abs. 2 S.4 BNatSchG. Darüber hinausgehende Anforderungen des § 8 Abs. 2 und 3 BNatschG sind indes über § 48 Abs. 2 BBergG im Betriebsplanverfahren zu prüfen.

626 *Kühne,* DVBl. 1984, Seite 709 (711); *Niermann*, Betriebsplan und Planfeststellung im Bergrecht, Seite 172 ff.; *Büllesbach*, Die rechtliche Beurteilung von Abgrabungen, Seite 89 ff.; *Erbguth,* VerwArch. 1996, Seite 258 (271 f.); VG *Leipzig*, ZfB 1998, Seite 331 (335); OVG *Münster*, ZfB 1990, Seite 43 (44); *Boldt/Weller*, Bundesberggesetz, Ergänzungsband, § 48, Rn. 10.

627 OVG *Lüneburg*, ZUR 2008, Seite 595 (595).

628 *BVerwGE*, 123, Seite 247 (247).

629 VG *Karlsruhe*, ZfB 1990, Seite 336 (339); VGH *Mannheim*, ZfB 1989, Seite 57 (66 f.).

630 So zu § 11 Nr. 10 BBergG, VGH *Mannheim*, ZfB 1989, Seite 57 (66).

631 *Boldt/Weller*, Bundesberggesetz, Ergänzungsband 1992, zu § 48, Rn. 5; VG *Weimar*, ZfB 1996, Seite 321 (328); *Frenz,* Bergrecht und Nachhaltige Entwicklung, Seite 72.

Aufgrund der Kongruenz gelten auch für § 48 Abs. 2 S. 1 BBergG die zu § 11 Nr. 10 BBergG beschriebenen Einschränkungen in Bezug auf den Feldbezug der entgegenstehenden Interessen.

bb) Nachvollziehende Abwägung der öffentlichen Interessen

Ob überwiegende öffentliche Interessen einer Aufsuchung oder Gewinnung entgegenstehen, ist im Rahmen einer Güterabwägung im konkreten Einzelfall durch die Bergbehörde festzustellen[632]. Die Betriebsplanzulassung ist also zu untersagen, wenn öffentliche und private Belange die durch die Rohstoffsicherungsklausel mit besonderem Gewicht ausgestatteten bergbaulichen Belange überwiegen und ein Ausgleich der Belange nicht durch Nebenbestimmungen erreicht werden kann.

Insoweit kann daher auf die zu § 11 Nr. 10 BBergG getroffenen Feststellungen sowie die entsprechende Geltung der Ziele, Grundsätze und sonstige Erfordernisse der Raumordnung verwiesen werden.

Wie auch bereits in § 11 Nr. 10 BBergG ist auch bei der Auslegung der „öffentlichen Interessen" im Rahmen von § 48 Abs. 2 S. 1 BBergG die Zweckbestimmung des § 1 BBergG zur Geltung zu bringen. Daraus folgt, dass die durch § 1 Nr. 1 BBergG vermittelte ökonomische, ökologische und zeitliche Dimension der Rohstoffsicherung in die Abwägung der öffentlichen Interessen einzustellen ist. Daher ist die soziale und wirtschaftliche Funktion eines bergbaulichen Vorhabens unter Berücksichtigung seiner gesamtwirtschaftlichen Bedeutung in gleicher Weise als öffentliches Interesse zu berücksichtigen wie die langfristige Sicherung der Rohstoffversorgung und das mit der Bodenschutzklausel zum Ausdruck gebrachte Interesse an einem sparsamen und schonenden Umgang mit Grund und Boden[633]. Auch zum Geltungsumfang der jeweiligen Belange insbesondere im Hinblick auf die Frage, welche Rolle der sogenannten Rohstoffsicherungsklausel des § 48 Abs. 2 S. 2 BBergG im Rahmen der Abwägung zukommt, kann auf das zu § 11 Nr. 10 BBergG Gesagte verwiesen werden.

Dabei ist darauf hinzuweisen, dass auch § 48 Abs. 2 S.1 BBergG nicht zu einer planerischen oder fachplanerischen Entscheidung ermächtigt, nach der die tangierten Interessen im Rahmen einer umfassenden planerischen Abwägung zu berücksichtigen sind[634]. Die Betriebsplanzulassung bleibt eine gebundene Entscheidung, bei der die Bergbehörde im Rahmen einer nachvollziehenden Abwägung die divergierenden Interessen unter Beachtung der Bedeutung und Besonderheiten

632 *Boldt/Weller, Bundesberggesetz,* § 48, Rn. 9.

633 *Frenz,* Bergrecht und Nachhaltige Entwicklung, Seite 78.

634 *BVerwG*, ZfB 1991, Seite 140 (143 f.); VG *Weimar*, ZfB 1996, Seite 321 (330); *Niermann*, Betriebsplan und Planfeststellung im Bergrecht, Seite 53; *Schulte*, ZfB 1987, Seite 178 (186); *Boldt/Weller*, Bundesberggesetz, Ergänzungsband, § 48, Rn. 13.

des Bergbaus zu einem angemessenen Ausgleich zu bringen hat. Sie verfügt dabei gerade nicht über einen planerischen Gestaltungsspielraum, bei dem sie alle durch das Vorhaben tangierten öffentlichen und privaten Belange untereinander und gegeneinander gerecht abzuwägen hat und schöpferisch-gestaltend als Planer tätig wird[635]. Es handelt sich somit auch bei der über § 48 Abs. 2 S. 1 BBergG vermittelten „Abwägung" mit den durch diese Vorschrift ins bergrechtliche Verfahren eingeführten öffentlichen Belangen nicht um eine planerische Entscheidung, sondern um eine „nachvollziehende", eindimensionale[636]. Im Hinblick auf die untersuchten standortgebundenen Untergrundnutzungen und deren Potenziale am konkreten Standort wird man der Bergbehörde bei Projekten mit schwierigen Prognoseentscheidungen auch hier eine besondere Prognoseverantworung und einen entsprechenden Prognosespielraum zusprechen müssen, wie er sich in der Wyhl-Entscheidung des BVerwG wiederfindet[637]. Hier kann die in § 5 KSpG vorgesehene und im Rahmen der Untersuchung des KSPG in dieser Arbeit später beschriebene Potenzialanalyse des Untergrundes, die auch Nutzungskonkurrenzen umfasst einen wertvollen Informationsbeitrag leisten. Dabei werden die geologischen Grundlagen von der BGR im Benehmen mit den Ländern erstellt. Durch diese Einbeziehung der Länder sollen regionale Kenntnisse und Belange in die Potenzialanalyse einfließen[638].

Wie bei § 11 Nr. 10 BBergG mangelt es jedoch auch im Betriebsplanverfahren weitgehend an legislativen Beurteilungsmaßstäben, an denen sich die Behörde im konkreten Genehmigungsverfahren orientieren kann. Im Kontext der Prüfung von Untergrundnutzungen kann eine Versagung aufgrund von § 48 Abs. 2 S. 1 BBergG auch dann in Betracht kommen, wenn etwa in einem bestehenden Gebiet die Summe der Einzelgenehmigungen eine entsprechende Gesamtproblematik hervorruft, die durch Einschränkungen von Einzelgenehmigungen nicht lösbar ist und aus überwiegendem öffentlichen Interesse daher eine Nutzung verhindert werden muss, wobei bei dieser Beurteilung Erfordernisse der Raumordnung eine erhebliche Bedeutung haben[639]. Auch die bereits auf der Stufe der Erteilung einer Bergbauberechtigung erfolgte Prüfung entgegenstehender öffent-

---

635 Wie etwa bei der Bauleitplanung und der Raumordnung, vgl. etwa § 1 Abs. 7 BauGB, § 7 Abs. 2 ROG.

636 *Schulte*, Kernfragen des bergrechtlichen Genehmigungsverfahrens, Seite 43; *ders.*, ZfB 1987, Seite 178 (187)

637 Vgl. dazu *BVerwGE,* 72, Seite 300, zitiert nach juris Rn. 37.

638 Begründung zum Gesetzentwurf der Bundesregierung zum KSpG, BT-Drucks. 17/5750, Seite 39.

639 Vgl. dazu die Entschließung der Ministerkonferenz für Raumordnung zur Abstimmung der Verfahren nach dem Bundesberggesetz mit der Raumordnung vom 8. März 1984, abgedruckt in *Bielenberg/Runkel/Spannowsky,* Raumordnungs- und Landesplanungsrecht des Bundes und der Länder, Kommentar und Textsammlung, Band 1, B 320, Seite 20.

licher Interessen kann nicht gänzlich folgenlos für die Entscheidung über die Betriebsplanzulassung bleiben. Da die behördliche Entscheidung über die Erteilung einer Bergbauberechtigung immer auch mit Blick auf ihre prinzipielle Ausnutzung erteilt wird, vermittelt sie auch einen gewissen Vertrauensschutz im Hinblick auf das nachfolgende Betriebsplanverfahren. Daraus ergibt sich, dass auch die Tatsache einer bereits erteilten Bergbauberechtigung in die Abwägung konfligierender Belange nach §§ 55, 48 Abs. 2 S. 1 BBergG im Rahmen des Betriebsplanverfahrens einzustellen ist[640].

d) Beteiligung Dritter am Betriebsplanzulassungsverfahren

Gemäß § 54 Abs. 2 S. 1 BBergG sind am Betriebsplanzulassungsverfahren die in ihrem Aufgabenbereich betroffenen Behörden und Gemeinden als Planungsträger zu beteiligen. Eine weitergehende Beteiligung der Gemeinden kann zudem durch Rechtsverordnung der Landesregierung vorgeschrieben werden (§ 54 Abs. 2 S. 2 BBergG).

3. Zulassung von obligatorischen Rahmenbetriebsplänen mit Planfeststellung/Umweltverträglichkeitsprüfung

Bei Vorhaben, die gemäß § 57c BBergG i.V.m. der UVP-V Bergbau[641] einer Umweltverträglichkeitsprüfung bedürfen[642], ist gemäß § 52 Abs. 2a BBergG die Aufstellung eines obligatorischen Rahmenbetriebsplans erforderlich. Die Zulassungsentscheidung über den Betriebsplan ist in diesem Fall in die Form eines Planfeststellungsverfahrens nach Maßgabe der §§ 57a sowie 57b BBergG eingebettet. Im Gegensatz zu den anderen Betriebsplanzulassungen hat die Zulassung eines obligatorischen Betriebsplans gemäß § 52 Abs. 2a BBergG i.V.m. §§ 72 Abs. 1 S. 1, 75 Abs. 1 S. 1, 2 HS VwVfG verfahrensrechtliche Konzentrationswirkung. Daher sind im Gegensatz zum herkömmlichen Betriebsplanverfahren keine weiteren Genehmigungen der Fachbehörden erforderlich.

In Bezug auf die Untergrundnutzungen die Gegenstand der Untersuchung sind, fallen folgende Vorhaben unter die UVPV-Bergbau und damit in den Regelungsbereich des § 52 Abs. 2a BBergG:

---

640 *Hoppe/Spoer*, Bergrecht und Raumordnung, Seite 94.

641 Verordnung über die Umweltverträglichkeitsprüfung bergbaulicher Vorhaben vom 13.07.1990 (BGBl. I, Seite 1420), die zuletzt durch Artikel 8 der Verordnung vom 3. September 2010 (BGBl. I Seite 1261) geändert worden ist.

642 Eine Auflistung der UVP-pflichtigen Vorhaben findet sich bei *Erbguth/Schink*, UVPG, § 18, Rn. 5.

- Die Gewinnung von Erdöl und Erdgas zu gewerblichen Zwecken mit einem Fördervolumen von täglich mehr als 500 t Erdöl oder von täglich mehr als 500.000 m^3 Erdgas oder die Errichtung und der Betrieb von Förderplattformen im Bereich der Küstengewässer und des Festlandsockels, § 1 Nr. 2 UVPV-Bergbau;
- Untergrundspeicher für Erdgas mit einem Fassungsvermögen von 1 Milliarde Kubikmeter oder mehr auf Grund einer allgemeinen Vorprüfung des Einzelfalls nach § 3c UVPG oder 100 Millionen Kubikmeter bis weniger als 1 Milliarde Kubikmeter auf Grund einer standortbezogenen Vorprüfung des Einzelfalls nach § 3c UVPG, § 1 Nr. 6 a UVPV-Bergbau;
- Tiefbohrungen zur Gewinnung von Erdwärme ab 1.000 m Tiefe in ausgewiesenen Naturschutzgebieten oder gemäß den Richtlinien 79/409/EWG oder 92/43/EWG ausgewiesenen besonderen Schutzgebieten, § 1 Nr. 8 UVPV-Bergbau;
- Sonstige betriebsplanpflichtige Vorhaben einschließlich der zur Durchführung bergbaulicher Vorhaben erforderlichen betriebsplanpflichtigen Maßnahmen, soweit diese Vorhaben oder Maßnahmen als solche nach Maßgabe der Anlage 1 (Liste „UVP-pflichtige Vorhaben") des UVPG der Umweltverträglichkeitsprüfung bedürfen und ihrer Art oder Gruppe nach nicht unter § 1 Nr. 1 bis 8 UVPV-Bergbau fallen.

Die in § 1 UVP-V Bergbau genannten Sachverhalte können indessen keine abschließende Wertung der UVP-Pflichtigkeit eines Vorhabens darstellen. Denn maßgebliches Kriterium für das Vorliegen einer UVP-Pflicht ist nach der Rechtsprechung des EuGH allein die tatsächlichen Möglichkeit erheblicher Umweltauswirkungen[643]. Daher könnte nach der Rechtsprechung des EuGH durchaus auch eine UVP-Pflicht für die Förderung von unkonventionellem Erdgas mittels Fracking bestehen[644]. Es handelt sich bei dieser bergrechtlichen Planfeststellung allerdings nicht um eine Planfeststellung im herkömmlichen Sinne[645]. Nach überwiegender Ansicht zeichnet sich eine Planfeststellung in ihrer herkömmlichen Form durch eine planerische Gestaltungsfreiheit aus[646], die mit einem umfassenden

643 *EuGH*, Urt. v. 16.9.1999, C-435/97, Rn. 34 ff., 49.

644 Vgl. zu den möglichen Umweltauswirkungen des Fracking, *UBA*, Einschätzung der Schiefergasförderung in Deutschland, Stellungnahme, Seite 9 ff.; wobei das UBA allerdings eine entsprechende Änderung der UVPV-Bergbau präferiert, Seite 23.

645 Für eine andere Bezeichnung plädierend, *Rausch*, Umwelt- und Planungsrecht im Bergbau, Seite 244.

646 *Bonk/Neumann* in *Stelkens/Bonk/Sachs*, Verwaltungsverfahrensgesetz, Kommentar, § 72 Rn. 10; ausführlich zur planerischen Gestaltungsfreiheit und deren Schranken, *Ibler*, Die Schranken planerischer Gestaltungsfreiheit im Planfeststellungsrecht, Seite 36 ff.

Abwägungs- und Gestaltungsspielraum der planenden Stellen einhergeht[647]. Dieser umfassende Prüfansatz korrespondiert mit einem umfassenden Prüfanspruch im Rahmen einer integrierenden Gesamtsicht und Gesamtabwägung und ermöglicht es, öffentliche und private Belange miteinander und untereinander abzugleichen und im Konfliktfall gegebenenfalls einzelne Belange zurückzustellen oder sich anbietende Alternativen zu prüfen[648].

Eine vergleichbare planerische Gestaltungsfreiheit liegt jedoch der bergrechtlichen Planfeststellung gerade nicht zugrunde. Denn die materiellrechtlichen Anforderungen an das planfeststellungsbedürftige Vorhaben ergeben sich aus dem für das konkrete Vorhaben einschlägige materielle Recht, das auch darüber entscheidet, ob die im Planfeststellungsverfahren zu treffende Behördenentscheidung gebunden ist oder ob es Ermessens- oder Beurteilungsspielräume im Sinne einer planerischen Gestaltungsfreiheit gibt[649]. Die Erteilung einer bergrechtlichen Betriebsplanerlaubnis ist jedoch seit jeher – auch nach der Erweiterung der Versagungsgründe des § 55 BBergG um den Versagungsgrund der überwiegenden öffentlichen Interessen des § 48 Abs. 2 S. 1 BBergG – als Kontrollerlaubnis ausgestaltet[650].

An der Ausgestaltung der Rahmenbetriebsplanzulassung als gebundene Entscheidung mit präventivem Erlaubnisvorbehalt sollte auch durch die Einführung der bergrechtlichen Planfeststellung im Rahmen der Bergrechtsnovelle des Jahres 1990 nichts geändert werden[651]. Dies zeigt auch die Regelung des § 52 Abs. 2 a S. 3 BBergG, nach der die Anforderungen eines vorsorgenden Umweltschutzes, die sich bei der Umweltverträglichkeitsprüfung ergeben und über die Zulassungsvoraussetzungen des § 55 BBergG sowie der auf das Vorhaben anwendbaren Vorschriften in anderen Gesetzen hinausgehen, öffentliche Interessen im Sinne des § 48 Abs. 2 BBergG sind.

Daraus ergibt sich eine Sonderstellung der bergrechtlichen Planfeststellung, die als „gebundene Erlaubnis im Gewande einer Planfeststellung“ bezeichnet wurde[652]

647 *BVerwGE* 48, Seite 56 (59); 55, Seite 220 (225 ff.); 85, Seite 44 (48); aus der Literatur statt vieler etwa *Jarass,* DVBl. 1998, Seite 1202 (1207).

648 *Ramsauer*, NVwZ 2008, Seite 944 (946); *BVerwGE* 100, 238, zitiert nach juris Rn. 29; *BVerwGE* 101, Seite 166 (166).

649 *Gaentzsch*, FS Sendler, Seite 403 (412).

650 BV*erwG*, ZfB 1991, Seite 140 (143 f.); VG *Weimar*, ZfB 1996, Seite 321 (330); *Niermann*, Betriebsplan und Planfeststellung im Bergrecht, Seite 53.

651 So heißt es etwa in der BR-Drucks 399/88, Seite 21, dass sicherzustellen sei, dass mit Ausnahme der ausdrücklichen, primär verfahrensrechtlichen Änderungen „keine Veränderungen der Rechtsposition der dem Planfeststellungsverfahren unterliegenden Unternehmen Platz greift“.

652 *Hoppe/Spoer*, UPR, 1999, Seite 246 (246), die die bergrechtliche Planfeststellung als ein „in Form einer Planfeststellung gekleidete Kontrollerlaubnis“ bezeichnen.

und in der es in der Folge gerade keinen planerischen Gestaltungsspielraum der Bergbehörde gibt. Auch die Zulassung eines Rahmenbetriebsplans bleibt somit eine rechtlich gebundene Entscheidung[653], bei der eine Abwägung nur nachvollziehend im Wege der Auslegung unbestimmter Rechtsbegriffe möglich ist[654].

Der zugelassene obligatorische Rahmenbetriebsplan ist daher aufgrund der verfahrensrechtlichen Konzentrationswirkung und der Einbeziehung der Ergebnisse der UVP über § 52 Abs. 2a S. 3 BBergG die umfassende und abschließende Feststellung, dass ein Bergbauvorhaben sowohl in umweltrechtlicher Hinsicht als auch bezüglich aller einkonzentrierten Genehmigungen den öffentlich-rechtlichen Vorschriften entspricht. Dies bedeutet auch, dass er so konkret sein muss, wie es für eine Parallelgenehmigung erforderlich wäre, wenn diese selbstständig erginge[655].

Welche materiellrechtlichen Anforderungen sich insbesondere in Bezug auf die von der Konzentrationswirkung umfassten Genehmigungen und Gestattungen stellen, richtet sich nach dem konkreten Vorhaben und den jeweilig einschlägigen fachgesetzlichen Regelungen. Im bergrechtlichen Kontext lassen sich die oben getroffenen Ausführungen zu §§ 55, 48 Abs. 2 S. 1 BBergG grundsätzlich übertragen, so dass im Folgenden lediglich auf die Unterschiede zum herkömmlichen Betriebsplanverfahren eingegangen werden soll.

a) Erweiterung des Anwendungsbereiches des § 48 Abs. 2 S. 1 BBergG durch § 52 Abs. 2a S. 3 BBergG

Durch § 52 Abs. 2a S. 3 BBergG ist der Anwendungsbereich des § 48 Abs. 2 S. 1 BBergG im Rahmen der bergrechtlichen Planfeststellung zusätzlich erweitert, da auch Anforderungen eines vorsorgenden Umweltschutzes, die sich aus der UVP ergeben und über die Zulassungsvoraussetzungen des § 55 BBergG sowie die auf das Vorhaben konkret anzuwendenden fachgesetzlichen Vorschriften hinausgehen, als öffentliches Interesse im Sinne des § 48 Abs. 2 S. 1 BBergG anzusehen sind. Mit dieser Gleichstellung wird es ermöglicht, aus der UVP resultierende materielle Anforderungen des Umweltschutzes, für die weder im Bergrecht noch in anderen Rechtsnormen eine Grundlage besteht, in den Ent-

653 *BVerwGE* 127, 259 (259); VG *Leipzig*, ZfB 1998, Seite 331 (333); *Gaentzsch*, FS Sendler, Seite 403 (412).

654 *Hoppe/Spoer*, UPR, 1999, Seite 246 (246); *Hoppe/Spoer*, Bergrecht und Raumordnung, Seite 119; *Boldt/Weller*, Bundesberggesetz, Ergänzungsband 1992, zu § 57a, Rn. 48; *Frenz,* Bergrecht und Nachhaltige Entwicklung, Seite 22; *Rausch*, Umwelt- und Planungsrecht im Bergbau, Seite 243

655 *Schulte*, Kernfragen des bergrechtlichen Genehmigungsverfahrens, Seite 72; *Gaentzsch*, FS Sendler, Seite 403 (415, 416).

scheidungsprozess der bergrechtlichen Planfeststellung einzubinden[656]. Damit wird sichergestellt, dass für herausragend wichtige Belange, die sich noch nicht in Form einer Rechtsvorschrift verfestigt haben, die sich im Prüfungsverfahren aber als besonders beachtenswert ergeben, im Rahmen der Abwägung nach § 48 Abs. 2 S. 1 BBergG auch materiell einer vertretbaren Lösung – etwa über die Form einer Auflage – zugeführt werden können[657].

b) *Bindung der bergrechtlichen Planfeststellung an die Ziele der Raumordnung gemäß § 4 Abs. 1 Nr. 3 ROG*

Ein wesentlicher Unterschied ergibt sich zwischen der herkömmlichen Betriebsplanzulassung und der Zulassung eines obligatorischen Rahmenbetriebsplans durch die Regelungen des ROG[658]. Gemäß § 4 Abs. 1 Nr. 3 ROG sind bei Entscheidungen öffentlicher Stellen über die Zulässigkeit raumbedeutsamer Planungen und Maßnahmen von Personen des Privatrechts, die der Planfeststellung oder der Genehmigung mit der Rechtswirkung der Planfeststellung bedürfen, Ziele der Raumordnung zu beachten sowie Grundsätze und sonstige Erfordernisse der Raumordnung in Abwägungs- oder Ermessensentscheidungen zu berücksichtigen. Damit sind auch sogenannte privatnützige Planfeststellungen der strikten Zielbeachtungspflicht unterworfen[659], und zwar unabhängig von der Tatsache, ob die Maßnahme in Wahrnehmung öffentlicher Aufgaben durchgeführt wird.

Fraglich ist jedoch, ob dies in dieser Form auch für bergrechtliche Planfeststellungen gelten kann. § 4 Abs. 1 ROG umfasst typischerweise Entscheidungen, bei denen ein gestalterischer Planungsspielraum besteht, und die deshalb originäre Raumnutzungsentscheidungen sind[660]. Wie bereits beschrieben, besteht ein solcher Spielraum aufgrund der rechtlichen Gebundenheit auch der bergrechtlichen Planfeststellungen gerade nicht. Dies könnte für eine teleologische Reduktion von § 4 Abs. 1 Nr. 3 ROG im Hinblick auf bergrechtliche Entscheidungen sprechen[661]. Demzufolge würde eine Zielbindung nach § 4 Abs. 1 Nr. 3 ROG nur bestehen,

---

656 *Boldt/Weller*, Bundesberggesetz, Ergänzungsband 1992, zu § 57a, Rn. 64.

657 BT-Drucks. 399/88, Seite 17.

658 Raumordnungsgesetz vom 22. Dezember 2008 (BGBl. I Seite 2986), das zuletzt durch Artikel 9 des Gesetzes vom 31. Juli 2009 (BGBl. I Seite 2585) geändert worden ist.

659 Vgl. zur Rechtslage vor 1997 *Schulte*, Raumplanung und Genehmigung bei der Bodenschatzgewinnung, Seite 150 ff. Danach unterlagen gemeinnützige Planfeststellungen gem § 5 Abs. 4 ROG a.F. der strikten Zielbindung, während privatnützige Planfeststellungen keiner Zielbeachtungspflicht unterworfen waren, soweit Fachgesetze keine dahingehende Regelung enthielten.

660 *Hoppe/Spoer*, Bergrecht und Raumordnung, Seite 119.

661 So im Ergebnis VG *Leipzig*, ZfB 1998, Seite 331 (333).

wenn im Rahmen der behördlichen Entscheidung ein umfassender Gestaltungs- und Abwägungsspielraum besteht.

Gegen eine solche restriktive Auffassung spricht indes die normstrukturelle Wirkung von Zielen der Raumordnung[662]. Diese lassen sich auch in gebundene Entscheidungen einfügen, weil sie – im Unterschied zu Grundsätzen und sonstigen Erfordernissen der Raumordnung – gerade nicht auf die Abwägung mit anderen Belangen angelegt sind. Dieser normstrukturelle Unterschied findet sich auch im Wortlaut des § 4 Abs. 1 Nr. 3 ROG wieder, wonach Ziele der Raumordung zu beachten, Grundsätze und sonstige Erfordernisse der Raumordnung lediglich zu berücksichtigen sind. Zudem ergibt sich für Maßnahmen von überörtlicher Bedeutung ansonsten eine Lücke in der Zielbindung, die vom Gesetzgeber so nicht gewollt ist[663]. Für die weitergehende Auffassung spricht auch der konkrete Wortlaut des § 4 Abs. 1 Nr. 3 ROG. Danach sind die umfassten Maßnahmen und Planungen solche mit Planfeststellung oder aber Genehmigungen mit der Rechtswirkung der Planfeststellung. Damit umfasst § 4 Abs. 1 Nr. 3 ROG zwei Alternativen und verweist bezüglich der letzteren auf die allgemeine Vorschrift des § 75 VwVfG, die die Rechtswirkungen der Planfeststellung beschreibt. Dabei ist eine der Planfeststellung eigentümliche und wesensimmanente Rechtswirkung nach § 75 VwVfG die der Konzentrationswirkung[664]. Diese Konzentrationswirkung besteht auch bei der bergrechtlichen Planfeststellung, die somit von der zweiten Alternative des § 4 Abs. 1 Nr. 3 ROG umfasst ist.

Damit erfasst die strikte Zielbeachtungspflicht des § 4 Abs. 1 Nr. 3 ROG auch solche Vorhaben, die gemäß § 1 UVP-V Bergbau UVP-pflichtig sind und infolge von § 52 Abs. 2a BBergG nach Maßgabe der §§ 57a und 57b BBergG eines bergrechtlichen Planfeststellungsverfahrens bedürfen[665]. Grundsätze und sonstige Erfordernisse der Raumordnung sind bei der Entscheidung zu berücksichtigen, wenn sie hinreichend konkretisiert und verbindlich sind. Reine „Leitlinien“ zur Raumordnung genügen dem Erfordernis der Konkretheit dabei nicht[666]. Auch die in § 2 Abs. 2 ROG niedergelegten bundesrechtlichen Grundsätze der Raumordnung sind regelmäßig zu allgemein und abstrakt, um Aussagen zur Zulässigkeit eines bergbaulichen Vorhabens zu treffen[667]. Etwas anderes kann für die Betriebsplanzulassung, insbesondere für nach § 17 Abs. 1 S. 1 ROG kon-

662 *Hoppe/Spoer*, Bergrecht und Raumordnung, Seite 120.

663 *Hoppe/Spoer*, Bergrecht und Raumordnung, Seite 120.

664 *Stelkens/Bonk/Sachs*, Verwaltungsverfahrensgesetz Kommentar, § 75 Rn. 10.

665 So im Ergebnis auch *Frenz,* Bergrecht und Nachhaltige Entwicklung, Seite 85.

666 VG *Gera*, ZfB 1996, Seite 172 (176).

667 So im Hinblick auf die Zulässigkeit einer Untersuchungsbohrung *BVerwG*, ZfB 1991, Seite 140 (143).

kretisierte bundesrechtliche Grundsätze oder für landesrechtliche Grundsätze etwa in Regionalplänen, gelten.

Allerdings werden der Zielbeachtungspflicht nach dem Wortlaut des § 4 Abs. 1 Nr. 3 ROG nur solche Planfeststellungen unterworfen, deren Gegenstand eine raumbedeutsame Maßnahme im Sinne von § 3 Abs. 1 Nr. 6 ROG ist. Danach sind raumbedeutsame Maßnahmen insbesondere Planungen einschließlich der Raumordnungspläne, Vorhaben und sonstige Maßnahmen, durch die Raum in Anspruch genommen oder die räumliche Entwicklung oder Funktion eines Gebietes beeinflusst wird. Bewertet man die in § 1 UVP-V Bergbau aufgeführten und damit dem bergrechtlichen Planfeststellungsverfahren unterworfenen Vorhaben, so stellt man fest, dass diese Vorhaben entweder einen Flächenbedarf von über 10 ha, eine Senkung der Oberfläche von mindestens einem Meter, eine großräumige Grundwasserabsenkung erforderlich machen oder über Förderkapazitäten über 500 t Erdöl am Tag oder 500.000 m^3 Erdgas verfügen. Es handelt sich damit regelmäßig um Vorhaben, die erheblichen Raum beanspruchen oder deren Auswirkungen Einfluss auf die räumliche Entwicklung und Gebietsfunktionen haben.

VI. Zusammenfassende Bewertung des Betriebsplanverfahrens

Im Hinblick auf die Möglichkeit der Berücksichtigung von Nutzungskonkurrenzen im Betriebsplanverfahren muss zwischen dem Betriebsplanverfahren zur Zulassung von Haupt-, Sonder-, Abschluss- und gemeinschaftlichen Betriebspläne sowie fakultativen Rahmenbetriebspläne auf der einen Seite und der Zulassung obligatorischer Rahmenbetriebspläne im bergrechtlichen Planfeststellungsverfahren auf der anderen Seite unterschieden werden. Dabei sind beide Arten der Betriebsplanzulassung in ihrem vorwiegenden Charakter als Instrument einer präventiven und fortlaufenden Betriebsüberwachung und Gefahrenabwehr ausgestaltet und erlauben die Ausübung des auf der Grundlage einer Bergbauberechtigung oder des Grundeigentums beruhenden Aufsuchungs- oder Gewinnungsrechts. Trotz dieses Schwerpunktes ist das Betriebsplanverfahren für die Einbeziehung von Nutzungskonkurrenzen offener, als dies bei einem ersten Blick den Anschein hat.

1. Zulassung von Haupt- und Sonderbetriebsplänen sowie fakultativer Betriebspläne ohne bergrechtliches Planfeststellungsverfahren/ UVP

Das Betriebsplanverfahren zur Zulassung von Haupt- und Sonderbetriebsplänen ist als präventives Verbot mit Erlaubnisvorbehalt ausgestaltet. Ein planerischer

Gestaltungsspielraum der Behörde besteht trotz des etwas irreführenden Namensbestandteils „-plan“ jedoch auch in diesen Verfahren nicht. Auch in diesem zweiten Zulassungsverfahren für bergbauliche Vorhaben spiegelt sich die den Gesetzeszweck in § 1 Nr. 1 BBergG dominierende Sicherung der Rohstoffversorgung wider, wobei gleichzeitig auch die Langfristigkeit der Rohstoffversorgung in den Blick zu nehmen ist. Folgerichtig enthalten die Regelungen zur Genehmigung von Betriebsplänen – in Gleichlauf zum Verfahren zur Erteilung von Bergbauberechtigungen – Bestimmungen, die auf einen Ausgleich von unterschiedlichen Nutzungsinteressen an Bodenschätzen gerichtet sind. Allerdings beschränkt sich die Prüfung hierbei im Wesentlichen auf unmittelbar konfligierende Interessen und Konkurrenzen im Hinblick auf die konkrete beantragte Aufsuchung und Gewinnung. Auch im Rahmen der Genehmigung von Betriebsplänen findet vom Grundsatz her keine „vorsorgende“ überörtliche und planerisch abwägende Prüfung dahingehend statt, ob oder inwieweit eine Förderung des betreffenden Rohstoffs gerade am Ort des konkret beantragten Vorhabens sinnvoll ist und benötigt wird. Denn auch im Betriebsplanverfahren obliegt es eindeutig dem Vorhabenträger diese Entscheidung im Rahmen seiner wirtschaftlichen Betätigung zu treffen.

Zukünftige Nutzungskonkurrenzen und -konflikte können aber über § 55 Abs. 1 Nr. 4 BBergG und § 48 Abs. 2 S. 1 BBergG Berücksichtigung finden. Die Maßstäbe und einzustellenden öffentlichen Interessen sind dabei analog zu denen, die auch bereits im Verfahren zur Erteilung der Bergbauberechtigungen eine Rolle spielen. Insoweit kann daher auf die bereits getroffenen Feststellungen verwiesen werden. Dabei ist jedoch zu beachten, dass die für den Betrieb maßgeblichen Hauptbetriebspläne immer nur zeitlich eng begrenzt zugelassen werden – im Regelfall im Rhythmus von zwei Jahren. Es kann daher und vor dem Hintergrund des Schwerpunktes der Gefahrenabwehr nur zu einer Versagung des Betriebsplans aufgrund von zukünftigen Nutzungskonflikten kommen, wenn die Konfliktsituation während der Dauer des Betriebsplans deutlich zutage tritt. Dies kann insbesondere zukünftige Nutzungen betreffen, wenn die im Betriebsplan zur Genehmigung vorgelegten Aufsuchungs- und Gewinnungsverfahren oder die geplante Entwicklung des Vorhabens andere konfligierende und im öffentlichen Interesse liegende Nutzungen dauerhaft unmöglich machen oder wesentlich erschweren würden. Allerdings ist auch der durch die Zulassung der entsprechenden Bergbauberechtigung entstandene Vertrauensschutz des Antragsstellers in die behördliche Zulassungsentscheidung einzubeziehen.

Gleichzeitig ist die regelmäßige Befristung der Betriebspläne für die Zukunftsoffenheit des Bergrechts förderlich, da die auftretenden Konkurrenzsituationen und ihr Ausmaß einer regelmäßig neuen behördlichen Bewertung unterzogen werden können. Zudem ist es möglich zuerst die beantragte Nutzung zuzulassen und aufgrund von Prognosen zu den konfligierenden zukünftigen Nutzungen dann zu einer Versagung zu kommen, wenn diese ökonomisch und technisch auch nutzbar sind. Im Hinblick auf zukünftige Nutzungsformen und dadurch entstehende potenzielle Nutzungsausschlüsse ergibt sich allerdings – wie auch bereits im Verfahren zur Erteilung der Bergbauberechtigungen – auch hier das Problem, dass der Behörde konkrete Beurteilungsmaßstäbe und gesetzgeberische Wertungen fehlen, welche Nutzungen im Einzelfall Vorrang erhalten sollten[668].

Durch die in mittel- bis langfristiger Perspektive deutlich ansteigende Nutzungsverdichtung ergibt sich in der Analyse daher trotz bestehender Ansatzpunkte im Betriebsplanverfahren ein Bedürfnis nach einer steuernden überörtlichen Gestaltung, die die für eine rechtssichere Anwendung des Bergrechts notwendigen Beurteilungsmaßstäbe und Priorisierungen beinhaltet. Dabei bietet sich eine Lösung an, die bereits auf der Ebene der Bergbauberechtigungen wirksam wird, um eine angemessene Investitions- und Planungssicherheit für die Unternehmen zu generieren.

2. Zulassung von obligatorischen Rahmenbetriebsplänen mit Planfeststellung/UVP

Vergleichbares gilt für Vorhaben, die nach § 57c BBergG i.V.m. der UVP-V Bergbau einer Umweltverträglichkeitsprüfung bedürfen und daher die Zulassung eines obligatorischen Rahmenbetriebsplans erfordern. Zwar hat die Zulassung eines obligatorischen Rahmenbetriebsplans durch die Behörde nach § 52 Abs. 2a BBergG i.V.m. §§ 72 Abs. 1 S.1, 75 Abs. 1 S.1 2. HS VwVfG verfahrensrechtliche Konzentrationswirkung. Allerdings handelt es sich bei der bergrechtlichen Planfeststellung nicht um eine übliche Planfeststellung mit einem entsprechenden planerischen Gestaltungsspielraum, sondern um eine gebundene Entscheidung. Daher obliegt auch in diesem Fall die Entscheidung über die Ausgestaltung und Lage des Vorhabens in der Verantwortung des Antragstellers, der diese im Rahmen seiner wirtschaftlichen Betätigung zu treffen hat. In der Folge kann für die Prüfung konfligierender Nutzungsinteressen auf das zum normalen Betriebsplanverfahren Gesagte verwiesen werden. Eine Besonderheit besteht allerdings in der durch § 52 Abs. 2a S. 3 BBergG normierten Einbeziehung der Ergebnisse der UVP und in der strikten Beachtungspflicht bezüglich von Zielen der Raumordnung durch § 4 Abs. 1 Nr. 3 ROG. Auch bei der Analyse der Zulassung eines obligatorischen Betriebsplanverfahrens zeigt sich, dass das Bergrecht zur

668 *Franke,* Die Einlagerung von CO_2 in unterirdischen geologischen Formationen unter besonderer Berücksichtigung des Bergrechts, in: *Kühne/Ehricke*, Bergrecht zwischen Tradition und Moderne, Seite 132.

Berücksichtigung und Einbindung überörtlicher und überfachlicher Planung grundsätzlich geeignet ist. Eine unmittelbare Einbeziehung konfligierender Nutzungsinteressen in das konkrete Genehmigungsverfahren durch die Auslegung der vorhandenen unbestimmten Rechtsbegriffe ist jedoch mangels gesetzgeberischer Wertungen und Maßstäbe durch die Zulassungsbehörde nur schwer zu gewährleisten.

D. Bergrechtliche Genehmigungsverfahren zur Speicherung von Gasen

Die Speicherung von Gasen ist im Vergleich mit der Aufsuchung von Bodenschätzen eine recht junge Form der Untergrundnutzung in Deutschland. In der Bundesrepublik wurde etwa um das Jahr 1960 mit der Einrichtung behälterloser unterirdischer Gasspeicher begonnen. Aufgrund von erheblichen Vorteilen der Erdgasspeicherung unter Tage im Hinblick auf ökonomische, ökologische und sicherheitstechnische Belange und im Hinblick auf die ansteigende fluktuierende Einspeisung erneuerbarer Energien und den damit verbundenen Speicherbedarf von Druckluft und Wasserstoff ist eine erhebliche Ausweitung der Untergrundspeicherung von Gasen zu erwarten.

Durch die einheitliche Kodifikation der bergrechtlichen Regelungen im BBergG von 1980 wurde die unterirdische behälterlose Speicherung von Gasen erstmals einer bundeseinheitlichen bergrechtlichen Regelung zugeführt[669].

I. Sachlicher Anwendungsbereich

Die Aufsuchung sowie Errichtung und Betrieb von Untergrundspeichern stellen Tätigkeiten dar, die teilweise typischer bergbaulicher Art sind oder im Übrigen weitgehend bergbaulichen Tätigkeiten gleichen. Aus diesem Grund erschien dem Gesetzgeber des Bundesberggesetzes eine Regelung im Rahmen des Bergrechts als geboten[670]. Die ausdrückliche Ausdehnung des Geltungsbereichs des BBergG war erforderlich, weil die Erkundung von Speicherstätten sowie insbesondere die Errichtung und der Betrieb von Untergrundspeichern nicht zwangsläufig von den

669 Begründung zum Gesetzentwurf der Bundesregierung zum BBergG, BT-Drucks. 08/1315, Seite 2.

670 Begründung zum Gesetzentwurf der Bundesregierung zum BBergG, BT-Drucks. 08/1315, Seite 77.

Begriffen „Aufsuchen“ und „Gewinnen“ im Sinne von § 4 Abs. 1 und 2 BBergG umfasst sind[671].

Ausweislich von § 2 Abs. 2 BBergG erstreckt sich der sachliche Anwendungsbereich des Bergrechts daher auch auf das Untersuchen des Untergrundes auf seine Eignung zur Errichtung von Untergrundspeichern (Nr. 1) sowie das Errichten und Betreiben von Untergrundspeichern sowie der Einrichtungen, die überwiegend dem Betrieb eines Untergrundspeichers dienen oder zu dienen bestimmt sind (Nr. 2).

Untergrundspeicher ist dabei nach der Legaldefinition in § 4 Abs. 9 BBergG eine Anlage zur unterirdischen behälterlosen Speicherung von Gasen, Flüssigkeiten und Stoffen mit Ausnahme von Wasser. Der Begriff Gase umfasst dabei ausweislich der Begründung des Regierungsentwurfs auch Pressluft[672].

Da die Speicherung gemäß § 4 Abs. 9 BBergG „behälterlos“ erfolgen muss, fällt die unterirdische Lagerung von Gasen in festen Behältern nicht in den Anwendungsbereich. Dagegen sind unterirdische Hohlräume – wie etwa Kavernen – selbst nicht als Behälter im Sinne der Vorschrift anzusehen, sondern erfüllen das Kriterium[673].

Die erforderliche Abgrenzung zur untertägigen Abfallbeseitigung wird durch den Begriffsbestandteil „speichern“ gewährleistet, der nach allgemeinem Sprachgebrauch den Zweck einer späteren Wiederverwendung beinhaltet[674]. Damit wird deutlich, dass die im Rahmen der CCS-Technologien angestrebte Verpressung von Kohlendioxid aufgrund der beabsichtigten dauerhaften Ablagerung, nicht vom Anwendungsbereich des BBergG umfasst ist. Erfasst sind hingegen die Speicherung von Erdgas, Druckluft und Wasserstoff in unterirdischen Formationen. Auch die nur vorübergehende Speicherung von Kohlendioxid zum Zwecke der späteren Wiederverwendung wird hingegen vom Bergrecht umfasst[675].

---

671 *Kühne,* DVBl. 1985, Seite 207 (208) m.w.N.

672 Begründung zum Gesetzentwurf der Bundesregierung zum BBergG, BT-Drucks. 08/1315, Seite 84.

673 *Boldt/Weller, Bundesberggesetz,* § 126, Rn. 3.

674 Begründung zum Gesetzentwurf der Bundesregierung zum BBergG, BT-Drucks. 08/1315, Seite 77.

675 *Hellriegel,* NVwZ 2010, Seite 1530 (1531).

II. Genehmigungsverfahren/anwendbare Vorschriften

Die in § 126 Abs. 1 BBergG getroffene Regelung gilt sowohl für den Beginn, die Durchführung und Einstellung der Untergrunduntersuchungen als auch die Errichtung, Führung und Einstellung des Betriebs von Untergrundspeichern[676].

Durch § 126 Abs. 2 BBergG wird jedoch klargestellt, dass eine Anwendung der Sonderregelung des § 126 Abs. 1 BBergG ausscheidet, wenn eine Untersuchung des Untergrundes zugleich auch eine Aufsuchung im Sinne des Gesetzes ist. Untersuchungen, die objektiv gesehen Aufsuchungscharakter haben[677], fallen daher nicht unter § 126 Abs. 1 BBergG, sondern unterliegen den allgemeinen für die Aufsuchung von Bodenschätzen geltenden Vorschriften des Gesetzes, wie etwa dem in § 6 BBergG niedergelegten Konzessionssystem[678].

Ausweislich des Wortlauts von § 126 Abs. 1 BBergG sind nur die ausdrücklich genannten Vorschriften des Bergrechts auf die Speicherung von Gasen anwendbar. Dies umfasst die Regelungen

- der §§ 39 und 40 BBergG über das Verhältnis zum betroffenen Grundstückseigentümer,
- der Anordnungsbefugnis nach § 48 BBergG,
- der Anzeige und des Betriebsplanverfahrens (§§ 50 bis 57 BBergG),
- des Rechts der verantwortlichen Personen (§§ 58 bis 62 BBergG),
- die Vorschriften über die Bergaufsicht (§§ 69 bis 74 BBergG),
- die Vorschriften über das Risswerk und seine Anfertigung durch einen anerkannten Marktscheider (§§ 63 und 64 BBergG),
- die Ermächtigung zum Erlass von Bergverordnungen (§§ 65 bis 68 BBergG),
- das Grundabtretungsverfahren (§§ 77 bis 104, 106 BBergG),
- sowie die Vorschriften für die Einrichtung von Hauptstellen für das Grubenrettungswesen (§ 131 BBergG).

Wesentlicher Unterschied der Gasspeicherung gegenüber der Gewinnung von Bodenschätzen ist das fehlende Erfordernis einer Bergbauberechtigung nach den §§ 6 ff. BBergG. Das im Hinblick auf die Gewinnung von Bodenschätzen ausgestaltete, zweistufige bergrechtliche Genehmigungsverfahren verkürzt sich in der Folge auf die Stufe des Betriebsplanverfahrens. Der Eingriff in den Untergrund vollzieht sich daher unter Ausnutzung der nach dem BGB gezogenen

---

676 *Boldt/Weller, Bundesberggesetz,* § 126, Rn. 5.

677 Begründung zum Gesetzentwurf der Bundesregierung zum BBergG, BT-Drucks. 08/1315, Seite 150.

678 *Boldt/Weller, Bundesberggesetz,* § 126, Rn. 6.

Grenzen für die Geltendmachung von Ausschlussrechten der Grundeigentümer[679] – soweit nicht vertraglich andere Regelungen getroffen wurden.

Dies ist auch die Begründung der in § 126 Abs. 1 S. 2 BBergG statuierten Pflicht des Unternehmers, eine entsprechende Bekanntmachung der geplanten Maßnahmen vorzunehmen. Damit soll eine entsprechende Information der betroffenen Grundstückseigentümer gewährleistet und eine Möglichkeit zur Geltendmachung eigener Rechte erreicht werden.

Die vom Gesetzgeber bereits im bergrechtlichen Konzessionsverfahren verortete Abwägung zwischen volkswirtschaftlich-bergbaulichen Belangen und anderen öffentlichen Interessen[680] und die damit verbundene Möglichkeit zur Prüfung von spezifischen Nutzungskonkurrenzen und Unvereinbarkeiten muss aufgrund des fehlenden vorgeschalteten Konzessionsverfahrens vollständig im Betriebsplanverfahren stattfinden. Insoweit kann grundsätzlich auf die getroffenen Ausführungen zur Berücksichtigung entgegenstehender Interessen verwiesen werden.

Fraglich ist allerdings, wie sich die Rohstoffsicherungsklausel des § 48 Abs. 1 S. 2 BBergG und die Zweckbestimmung des § 1 Nr. 1 BBergG im Rahmen einer Abwägung zwischen den konkurrierenden Interessen einer Bodenschatzgewinnung und den Interessen an einer untertägigen Speicherung von Gasen auswirkt. Mit diesen beiden Vorschriften hat der Gesetzgeber zu erkennen gegeben, dass er dem Interesse an der Aufsuchung und Gewinnung von Bodenschätzen eine bestimmte Vorrangstellung eingeräumt wissen will[681]. Teilweise wird vertreten, dass es sich hierbei um einen generellen Vorrang handelt, der auch im Hinblick auf das Berechtigungsverfahren Anwendung finden muss[682]. Aus dieser Sicht verleiht § 48 Abs. 1 S. 2 BBergG den bergbaulichen Belangen eine Priorität innerhalb des Abwägungsprozesses gegenüber anderen Belangen.

Dem ist jedoch nicht zuzustimmen. Zwar ist den bergbaulichen Belangen aufgrund § 48 Abs. 1 S. 2 BBergG besonders Rechnung zu tragen, eine absolute Vorrangregelung zugunsten des Bergbaus bedeutet dies hingegen nicht[683]. Die von § 48 Abs. 2 S. 1 BBergG umfassten öffentlichen Interessen brauchen, sofern

679 Begründung zum Gesetzentwurf der Bundesregierung zum BBergG, BT-Drucks. 08/1315, Seite 150; zum Verhältnis zwischen Grundstückseigentum und Untergrundnutzung instruktiv *Kühne*, RdE 2009, Seite 14 ff.

680 OVG *Münster*, NdsVBl 2004, Seite 180 (183); Begründung zum Gesetzentwurf der Bundesregierung zum BBergG, BT-Drucks. 08/1315, Seite 87.

681 So *BVerwGE* 74, Seite 315 (318); 81; Seite 329 (340); VG *Weimar*, ZfB 1996, Seite 321 (329); kritisch *Rassel,* Umweltrechtliche Implikationen im Bundesberggesetz, Seite 55 f.

682 *Hoppe*, Nationalpark-Verordnung „Niedersächsisches Wattenmeer" und bergbauliche Berechtigungen, Seite 56 ff.; *ders*, DVBl. 1987, Seite 757 (761 f.); zustimmend *Peters*, DVBl. 1988, Seite 227 (228).

683 *BVerwG*, UPR 1999, Seite 75 (75); VGH *Mannheim*, ZfB 1989, Seite 57 (71); OVG *Greifswald*, ZfB 2000, Seite 32 (38).

die Voraussetzungen des Versagungsgrundes vorliegen, jedoch nicht generell hinter die Belange des Bergbaus zurückzutreten. Nach der Entstehungsgeschichte des § 48 Abs. 1 S. 2 BBergG sollte durch diese Norm „eine der Bedeutung der Rohstoffsicherung, das heißt der möglichst optimalen Erforschung und Nutzung heimischer Lagerstätten angemessene Abwägung zwischen den divergierenden Interessen erreicht werden"[684]. Daher ist die behördliche Entscheidung vielmehr aufgrund der konkreten Umstände des Einzelfalls zu treffen[685].

Die nachvollziehende Abwägung der Behörde muss die im Gesetz vorgenommenen Wertungen berücksichtigen und ist damit gleichsam vorgeprägt[686]. Die Behörde verfügt aufgrund der Gebundenheit der Entscheidung über die Erteilung von Bergbauberechtigungen über keinen eigenen Beurteilungsspielraum, noch darf sie politische Wertungen in die Einzelabwägung aufnehmen. Vielmehr hat sie solche öffentlichen Interessen in die Abwägung einzustellen, die von der Rechtsordnung anerkannt sind. Dabei ist ausreichend, wenn die in die Abwägung eingestellten Belange in ihrer Summe die bergbaulichen überwiegen[687]. Die dargestellte Wertung bezieht sich jedoch auf Interessen, die außerhalb des Bergrechts verortet sind, wie etwa den Naturschutz und die Landschaftspflege, die Raumordnung und die Landesplanung, das Bauplanungsrecht, den Verkehrs- oder den Gewässerschutz[688].

Fraglich ist daher, ob das beschriebene Ergebnis so bestehen bleiben kann, oder ob nicht eine teleologische Reduktion von § 48 Abs. 1 S. 2 BBergG im Hinblick auf eine Abwägung zwischen einer Gewinnung von Bodenschätzen und der Speicherung von Gasen angezeigt ist. Bei der unterirdischen Speicherung von Gasen handelt es sich – wie bei der Gewinnung von Bodenschätzen – um eine der bergbaulichen Tätigkeit vergleichbare Nutzung[689]. So stellt etwa die Speicherung von Erdgas in unterirdischen Formationen und Kavernen vereinfacht gesagt nichts anderes als die künstliche Herstellung von in der Natur vorkommenden Lagerstätten von Kohlenwasserstoffen an einem ausgewählten und geeigneten Standort dar. Weiterhin stellt die Zweckbestimmung des § 1 Nr. 1 BBergG auf die Rohstoffsicherung zur Herstellung einer angemessenen Versorgungssicherheit bei der Energie-

---

684 Beschlussempfehlung und Bericht des Ausschusses für Wirtschaft, BT-Drucks. 08/3965, Seite 137; *Piens/Schulte/Graf Vitzthum,* BBergG, § 48, Rn. 12.

685 Vgl. *Erbguth,* VerwArch. 1996, Seite 258 (275 f.); *Frenz,* Bergrecht und Nachhaltige Entwicklung, Seite 36; VGH *Mannheim,* ZfB 1989, Seite 57 (72); VG *Leipzig*, ZfB 1995, Seite 48 (53).

686 VG *Weimar*, ZfB 1996, Seite 321 (329).

687 VGH *Mannheim*, ZfB 1989, Seite 57 (66); VG *Leipzig*, ZfB 1995, Seite 48 (53, 55).

688 So die beispielhafte Aufzählung in der Begründung zum Gesetzentwurf der Bundesregierung zum BBergG, BT-Drucks. 08/1315, Seite 87.

689 So die Begründung zum Gesetzentwurf der Bundesregierung zum BBergG, BT-Drucks. 08/1315, Seite 77.

und Rohstoffversorgung ab[690]. Demselben Zweck dient auch die untertägige Speicherung von Gasen[691], die insoweit im Sinne der Zweckbestimmung als Ausdruck des gesetzgeberischen Willens der Gewinnung von Bodenschätzen gleichzustellen ist. Daher kann § 48 Abs. 1 S. 2 BBergG im Falle einer Konkurrenzsituation zwischen der Gewinnung von Bodenschätzen und der Untertagespeicherung von Gasen kein Vorrang der Bodenschatzgewinnung entnommen werden. Eine Vorprägung der behördlichen Abwägungsentscheidung[692] ist in diesem Fall dem BBergG nicht zu entnehmen.

III. Zusammenfassende Bewertung

Auch bei der Zulassung von Untergrundspeichern für Gase ist eine Berücksichtigung konfligierender – auch zukünftiger – Nutzungskonkurrenzen grundsätzlich möglich. Die vom Gesetzgeber bereits im bergrechtlichen Konzessionsverfahren verortete Abwägung zwischen volkswirtschaftlich-bergbaulichen Belangen und anderen öffentlichen Interessen und die damit verbundene Möglichkeit zur Prüfung von spezifischen Nutzungskonkurrenzen und Unvereinbarkeiten muss aufgrund des fehlenden vorgeschalteten Konzessionsverfahrens allerdings vollständig im Betriebsplanverfahren stattfinden. Dies führt in der Folge zu einer verminderten Investitionssicherheit für den Investor, da die Vorteile einer frühzeitigen behördlichen Prüfung möglicher entgegenstehender öffentlicher Interessen oder von konfligierenden im öffentlichen Interesse liegenden Bodenschätzen erst zu einem Zeitpunkt stattfindet, zu dem der Investor bereits mit erheblichen Planungs- und Projektierungsbemühungen in Vorleistung getreten ist. Daher sollte überlegt werden, ob nicht auch die Aufsuchung und Einrichtung von Untergrundspeichern in das bergrechtliche Konzessionswesen der Berechtsame aufgenommen werden sollte.

690 Begründung zum Gesetzentwurf der Bundesregierung zum BBergG, BT-Drucks. 08/1315, Seite 67.

691 Vgl. zur Bedeutung etwa der Speicherung von Erdgas *Sedlacek*, Untertage-Gasspeicherung in Deutschland, Erdöl Erdgas Kohle, 124 Jg. 2008, Seite 453; zur Bedeutung der Speicherung von Druckluft und Wasserstoff *Radgen,* Zukunftsmarkt Elektrische Energiespeicherung, Fallstudie im Auftrag des UBA, Seite 1; *Oertel,* Energiespeicher – Stand und Perspektiven, Sachstandsbericht zum Monitoring „Nachhaltige Energieversorgung", TAB, Seite 4.

692 So zur Abwägung mit außerbergrechtlichen Belangen das VG *Weimar*, ZfB 1996, Seite 321 (329).

E. Raumordnungsverfahren für Vorhaben, die dem Bergrecht unterfallen

Das Raumordnungsverfahren ist neben den Raumordnungsplänen und den dort vorgesehenen Möglichkeiten der Aufgabenerfüllung des gesetzgeberischen Auftrages aus § 1 Abs. 1 ROG das wesentlichste Instrument der Raumordnung[693]. Dabei stellt das Raumordnungsverfahren nach dem Wortlaut von § 15 Abs. 1 ROG ein „besonderes“ und damit eigenständiges Verfahren dar, das durch die für die Raumordnung zuständige Landesbehörde durchgeführt wird. Im Gegensatz zu den Raumordnungsplänen, die als Rechtsnormen den Generalfall betreffen, befasst sich das Raumordungsverfahren mit dem überörtlich bedeutsamen Einzelfall[694].

Allerdings hat es formalrechtlich eine relativ schwache Bindungswirkung. Das Ergebnis eines Raumordnungsverfahrens zählt gemäß § 3 Abs. 1 Nr. 4 ROG zu den sonstigen Erfordernissen der Raumordnung und ist daher bei raumbedeutsamen Maßnahmen und Planungen nach § 4 Abs. 1 Nr. 1-3 ROG in der Abwägung oder gemäß § 4 Abs. 2 ROG im Rahmen der Ermessensausübung oder Abwägungen bei fachgesetzlichen Zulassungsentscheidungen nach den hierfür geltenden gesetzlichen Bestimmungen zu berücksichtigen. Trotz dieser formalrechtlich geringen Bindungswirkung hat sich das Raumordnungsverfahren durch die breite Beteiligung sämtlicher Betroffener, der Möglichkeit im Rahmen eines Vorverfahrens Einfluss auf die Gestaltung des Vorhabens zu nehmen, der Möglichkeit zur Alternativenprüfung sowie einer frühzeitige Information in der faktischen Rechtswirklichkeit in hohem Maße durchgesetzt[695].

Da nach dem Wortlaut von § 15 Abs. 1 S. 2 ROG die raumbedeutsamen Auswirkungen von Planungen oder Maßnahmen unter überörtlichen Bedingungen zu prüfen sind, ist die überörtliche Raumbedeutsamkeit einer Planung oder Maßnahme „Zulässigkeitsvoraussetzung“ für die Einleitung eines entsprechenden Raumordungsverfahrens[696]. Was unter raumbedeutsamen Maßnahmen zu verste-

---

693 *Goppel*, in *Spannowsky/Runkel/Goppel*, Raumordnungsgesetz, Kommentar, § 15 Rn. 19.

694 *Erbguth*, NVwZ 1992, Seite 551 (551); *Schmitz* in *Bielenberg/Runkel/Spannowsky* K § 15 ROG, Rn. 1; *Wahl*, FS Sendler, Seite 199 (205); *Goppel*, in *Spannowsky/Runkel/Goppel*, Raumordnungsgesetz, Kommentar, § 8 Rn. 19.

695 Vgl. *Goppel*, in *Spannowsky/Runkel/Goppel*, Raumordnungsgesetz, Kommentar, § 15 Rn. 21, 22, *Steiner*, Raumordnungs- und Landesplanungsrecht in *Steiner (Hrsg.)*, Besonderes Verwaltungsrecht, V A, Rn. 81; In der Praxis hat sich die Überzeugungskraft des Votums eines Raumordnungsverfahrens so durchgesetzt, dass es in einigen Ländern einer eigenen Rechtsprechung bedurfte, um es den Zulassungsbehörden zu untersagen, sich ohne eigen vorausgehendeden Abwägung den Ergebnissen des Raumordnungsverfahrens „blindlings“ anzuschließen, vgl. *Goppel*, BayVbl. 1982, Seite 716 (717).

696 *Goppel*, in *Spannowsky/Runkel/Goppel*, Raumordnungsgesetz, Kommentar, § 15 Rn. 23.

hen ist, wird dabei durch § 3 Abs. 1 Nr. 6 ROG für die Raumordnung abschließend bestimmt. Das Erfordernis einer überörtlichen Raumbedeutsamkeit muss dabei nach den tatsächlichen Umständen des Einzelfalls beurteilt werden und ist erfüllt, wenn die Planung oder Maßnahme entweder über den belegten Ort hinausreichend Raum beansprucht oder den Raum beeinflusst[697].

Einen Maßstab kann hierbei die ROV des Bundes liefern, die die gängigen überörtlich raumbedeutsamen Vorhaben aufführt und auf die in § 15 Abs. 1 S. 1 ROG verwiesen wird. Hier sind diejenigen Planungen und Maßnahmen aufgeführt, die regelmäßig raumbedeutsam sind. Sie stimmen dabei in großem Umfang mit den Maßnahmen und Planungen überein, die nach Anlage 1 zum UVPG der Umweltverträglichkeitsprüfung unterliegen. Die Formulierung des § 1 S. 1 ROV als Soll-Vorschrift macht dabei deutlich, dass das Raumordnungsverfahren für diese Vorhaben im Regelfall erfolgen soll, es dabei aber in atypischen Konstellationen Ausnahmen geben kann[698].

Aus dem Bereich des Bergrechts benennt § 1 S. 3 Nr. 16 ROV bergbauliche Vorhaben, soweit diese der bergrechtlichen Planfeststellung nach § 52 Abs. 2 a bis 2c BBergG bedürfen. Dabei handelt es sich um diejenigen bergbaulichen Vorhaben, die nach § 1 UVP-V Bergbau einer Umweltverträglichkeitsprüfung bedürfen. In Bezug auf den Untersuchungsgegenstand sind dies:

- die Gewinnung von Erdöl und Erdgas zu gewerblichen Zwecken mit einem Fördervolumen von täglich mehr als 500 t Erdöl oder von täglich mehr als 500.000 m^3 Erdgas oder die Errichtung und Betrieb von Förderplattformen im Bereich der Küstengewässer und des Festlandsockels, § 1 Nr. 2 UVP-V Bergbau;
- Tiefbohrungen zur Gewinnung von Erdwärme ab 1.000 m Tiefe in ausgewiesenen Naturschutzgebieten oder gemäß den Richtlinien 79/409/EWG oder 92/43/EWG ausgewiesenen besonderen Schutzgebieten;
- Sonstige betriebsplanpflichtige Vorhaben einschließlich der zur Durchführung bergbaulicher Vorhaben erforderlichen betriebsplanpflichtigen Maßnahmen, soweit diese Vorhaben oder Maßnahmen als solche nach Maßgabe der Anlage 1 (Liste „UVP-pflichtige Vorhaben“) des UVPG der Umweltverträglichkeitsprüfung bedürfen und ihrer Art oder Gruppe nach nicht unter § 1 Nr. 1 bis 8 UVP-V Bergbau fallen.

Zudem bestimmt § 1 S.2 ROV, dass den für die Raumordnung zuständigen Landesbehörden die Befugnis zusteht, weitere raumbedeutsame Planungen und Maßnahmen von überörtlicher Bedeutung nach landesrechtlichen Vorschriften in einem

697 *Brandt/Dreher*, NordÖR 2003, Seite 138 (140).
698 *Goppel*, in *Spannowsky/Runkel/Goppel*, Raumordnungsgesetz, Kommentar, § 23 Rn. 11.

Raumordnungsverfahren zu überprüfen. Dies bedeutet, dass der Verordnungsgeber klarstellt, dass er die gesetzliche Ermächtigungsgrundlage nicht vollständig ausgeschöpft hat und daher Raum für ergänzende landesrechtliche Regelungen bleibt[699].

Materiellrechtlich umfasst das Raumordnungsverfahren die Prüfung aller raumbedeutsamen Auswirkungen der Planung oder Maßnahme. Damit sind sämtliche raumrelevanten Belange Gegenstand der Prüfung, auch solche, die sich nicht als Erfordernis der Raumordnung nach § 3 Nr. 1 ROG verfestigt haben[700]. Neben der Abstimmung mit anderen raumbedeutsamen Maßnahmen und Planungen sind dabei auch die vom Träger der Planung eingeführten Standort- und Trassenalternativen zu prüfen, sofern solche vom Träger des Vorhabens eingebracht wurden[701]. Daher verbietet sich auch eine Prüfung einer sogenannten „Nullvariante", bei der das Vorhaben gar nicht verwirklicht würde. Denn eine solche Variante wird regelmäßig nicht vom Träger der Maßnahme oder des Vorhabens eingebracht werden.

F. Fazit

Nach dem Willen des Gesetzgebers ist die vorsorgende Rohstoffsicherung Teil der Raumordnung und nicht Teil des Bergrechts[702]. Dem folgend intendiert das BBergG aus sich selbst heraus kein raumbeanspruchendes oder gar wirtschaftspolitisch umzusetzendes Konzept[703]. Dies spiegelt sich auch in den durchgängig als gebundene Entscheidungen ausgestalteten Genehmigungsverfahren wider. Es wird deutlich, dass eine Prüfung konfligierender Nutzungsinteressen nach dem Regulierungsregime des BBergG immer nur projekt- und einzelfallbezogen stattfindet. Das BBergG ist daher in seinen Zulassungsentschiedungen und -verfahren nur punktuell wirksam, ohne seinerseits raumplanerische Zielsetzungen zu initiieren. Eine überörtliche, überfachliche und raumbezogene Überprüfung eines konkret beantragten Vorhabens findet gerade nicht statt.

Allerdings ist der Bergbau, wo er auftritt, eine raumbeanspruchende Kraft ersten Ranges[704]. Diese für die Oberfläche getroffene Aussage lässt sich auch auf den Untergrund erweitern, wie die Analyse der in dieser Arbeit untersuchten Untergrundnutzungen zeigt. Umso mehr erstaunt es, dass die Vorschriften des

699 *Goppel*, in *Spannowsky/Runkel/Goppel*, Raumordnungsgesetz, Kommentar, § 23 Rn. 11.

700 *Goppel*, in *Spannowsky/Runkel/Goppel*, Raumordnungsgesetz, Kommentar, § 23 Rn. 31.

701 *Goppel*, in *Spannowsky/Runkel/Goppel*, Raumordnungsgesetz, Kommentar, § 23 Rn. 35.

702 Begründung zum Gesetzentwurf der Bundesregierung zum BBergG, BT-Drucks. 08/1315, Seite 67.

703 *Berkemann*, DVBl. 1989, Seite 625 (625).

704 *Schulte,* NJW 1981, Seite 88 (94); *Kühne*, DVBl. 1984, Seite 709 (709).

BBergG auf eine Klärung des Verhältnisses zwischen Bergrecht und Raumordnungs-/Planungsrecht fast völlig verzichten[705]. Denn damit werden Inhalt, Art und Ausmaß der Verteilung von gesellschaftlich wertvollen unterirdischen Nutzungsformen den Mechanismen des Marktes überantwortet und dies als verteilungsgerecht angesehen. Konfligierende Nutzungsinteressen – auch solche die ggf. erst in der Zukunft auftreten – werden dabei mit den rein ökonomischen Kategorien von Angebot und Nachfrage zum Zeitpunkt der Realisierung des Vorhabens faktisch entschieden. Dies birgt die jedoch die Gefahr, dass in Zukunft volkswirtschaftlich bedeutsame Potenziale von in der Entwicklung befindlicher Untergrundnutzungen nicht mehr oder nur noch in begrenztem Ausmaß nutzbar sind und bleibt insoweit unbefriedigend.

Trotz dieses grundsätzlichen Befundes, dass das BBergG in seiner Konzeption ein Gesetz punktuell wirksamer Genehmigungen und kein planerisches Lenkungsgesetz ist, zeigt der Blick auf die Genehmigungsverfahren, dass das Bergrecht nicht – wie des Öfteren angenommen – andere Rechtsmaterien und öffentliche Belange weitestgehend ausschließt oder in ihrer Bedeutung bis zur Unkenntlichkeit reduziert. Es erweist sich vielmehr durch das zweistufige Genehmigungssystem und die Systematik ineinandergreifender und zeitlich befristeter Betriebspläne als dynamisches System, in dem grundsätzlich auch Raum für die Aufnahme – auch auf die Zukunft ausgerichtete Berücksichtigung konkurrierender und konfligierender Untergrundnutzungen besteht, sofern diese konkret genug sind. Unterstützend wirkt dabei das Verwaltungsverfahren, das unmittelbare Konfliktsituationen von vornherein zu vermeiden hilft und zeitliche Befristungen als Regel vorsieht.

Das als Konzessionssystem ausgestaltete Berechtsamwesen – als erste Genehmigungsstufe des BeBergG – ist dabei ein typisches System für eine allgemeine staatliche Bewirtschaftung staatlicher Güter[706]. So bezweckt § 11 Nr. 9 BBergG den Schutz von Bodenschätzen, an denen ein öffentliches Interesse besteht. Dabei können aufgrund des auf eine langfristige und dauerhafte Rohstoffversorgung ausgerichteten Charakters des BBergG grundsätzlich auch künftige Nutzungskonflikte an Bodenschätzen in die behördliche Prüfung einfließen. Zudem ist nach § 11 Nr. 10 BBergG auch die Berücksichtigung der Belange der Energie- und Rohstoffpolitik, der Belange der Raumordnung sowie Landesplanung, der Lagerstättenschutz und die Einbeziehung des Klimaschutzes rechtlich möglich.

Dies gilt jedoch im Wesentlichen für die Berücksichtigung unmittelbarer Nutzungskonkurrenzen, bei denen konkrete Nutzungskonkurrenzen dem beantragten Vorhaben entgegenstehen. Die Einbeziehung konfligierender zukünftiger Nutzungsinteressen und -potenziale in das konkrete Genehmigungsverfahren

705 *Kühne*, DVBl. 1984, Seite 709 (709).

706 *Schulte,* NJW 1981, Seite 88 (89).

durch die Auslegung der vorhandenen unbestimmten Rechtsbegriffe ist jedoch mangels gesetzgeberischer Wertungen und Maßstäbe durch die Zulassungsbehörde nur sehr schwer zu gewährleisten. Gerade auch der Umstand, dass es sich um eine – gerichtlich voll nachprüfbare – nachvollziehende Abwägung im Rahmen unbestimmte Rechtsbegriffe handelt, macht die Notwendigkeit gesetzgeberischer Wertungen für eine rechtsichere adminstrative Entscheidung deutlich.

Dabei spielt auch die gesetzgeberische Zuweisung der vorsorgenden Rohstoffsicherung zur Raumordnung eine Rolle. Dies ist im konkreten Zulassungsverfahren insoweit zu berücksichtigen, dass ein entsprechender Konkretisierungsgrad im Hinblick auf die Beeinträchtigung schützenswerter Bodenschätze zu verlangen ist. Daher ist der in § 1 Abs. 1 BBergG und in § 11 Nr. 9 BBergG konkretisierte Lagerstättenschutz auf solche Vorkommen zu beschränken, die in ihrem Umfang bekannt sind, in der Landesplanung bereits Berücksichtigung gefunden haben oder wenigstens zur Aufsuchung anstehen[707].

Gleiches gilt, trotz des Charakters als Verfahren zur Betriebsüberwachung, für die unterschiedlichen Betriebsplanverfahren – unabhängig davon ob es sich um ein einfaches Verfahren zur Zulassung von Haupt- und Sonderbetriebsplänen oder um eine gebundene bergrechtliche Planfeststellung zur Zulassung eines obligatorischen Rahmenbetriebsplans handelt. Zukünftige Nutzungskonkurrenzen und -konflikte können auch hier über die unbestimmten Rechtsbegriffe von § 55 Abs. 1 Nr. 4 BBergG und § 48 Abs. 2 S. 1 BBergG Eingang in die behördliche Entscheidung finden. Die Maßstäbe und einzustellenden öffentlichen Interessen sind dabei analog zu denen, die auch bereits im Verfahren zur Erteilung der Bergbauberechtigungen eine Rolle spielen, müssen jedoch die bereits bei der Erteilung der Berechtsame getroffene Entscheidungen angemessen berücksichtigen. Zwar nimmt die Konkretheit eines Vorhabens durch den späteren Verfahrensstand bei der Zulassung eines Betriebsplans zu, und die vorgesehene Befristung gewährleistet auch eine gewisse Zukunftsoffenheit. Doch fehlt es auch hier an Maßstäben und Wertungen, um eine rechtssichere Auslegung der unbestimmten Rechtsbegriff zu gewährleisten.

Insgesamt lässt sich daher festhalten, dass insbesondere bei der Berücksichtigung zukünftiger Nutzungspotenziale und –konkurrenzen das Bundesberggesetz aus sich heraus – und auch in Verbindung mit einem Raumordnungsverfahren – keine ausreichend sichere und sachgerechte Beplanung zulässt. Eine entsprechende koordinierende überörtliche und überfachliche Untergrundraumplanung könnten hingegen die wesentlichen wirtschaftspolitischen und raumbedeutsamen Fragen eines Vorhabens frühzeitig einer übergeordneten Bewertung zuführen. Die Ergebnisse können dann in die Verfahren zur Erteilung von Bergbauberechtigungen und

707 *Piens/Schulte/Graf Vitzthum,* BBergG, § 1 Rn. 12.

ins Betriebsplanverfahren über § 11 Nr. 10 BBergG und § 48 Abs. 2 BBergG in die bergrechtlichen Zulassungsverfahren eingehen, so sie im Rahmen der Beplanung hinreichend konkret gefasst sind. In diesem Sinne kann die raumordnerische Abstimmung erheblich zur Investitionssicherheit und zur Beschleunigung bergrechtlicher Genehmigungsverfahren beitragen. Zudem können für eine spezifische Untergrundnutzung prädestinierte geologische Formationen auch langfristig im Sinne einer vorsorgenden Sicherung geschützt werden und der gesetzgeberischen Zuweisung der Rohstoffsicherung zur Raumordnung Rechnung getragen werden. Insoweit ist es verwunderlich, dass es trotz dieser schon in der Gesetzesbegründung des BBergG konkret beschriebenen Aufgabe der Raumordnung zur langfristigen Rohstoffsicherung von Bodenschätzen auch im Untergrund zu keiner entsprechenden Umsetzung gekommen ist.

Allerdings bleibt festzuhalten, dass das Betriebsplanverfahren aufgrund der bereits getätigten Investitionen durch den Antragsteller bei Weitem nicht in gleicher Weise für die Prüfung entgegenstehender konfligierender und zukünftiger Nutzungsinteressen geeignet ist. Die wirtschaftspolitische und raumordnerische Entscheidung sollte vielmehr am besten immer vor der betreffenden Maßnahme, also bei Erteilung der Bergbauberechtigungen fallen, da spätere Anpassungen an einer ins Werk gesetzten Tätigkeit erfahrungsgemäß sehr viel schwerer durchsetzbar sind, als eine Verhinderung des Beginns. Angesichts des hohen Kapitalaufwandes, den der Bergbau erfordert, ist es auch unbedingt erforderlich, dem Unternehmer so früh wie möglich Sicherheit zu geben, auf denen er seine Planungen und Investitionen aufbauen kann[708].

Ein weiteres Problem ist die unterschiedliche Bindung an die Ziele der Raumordnung zwischen den „normalen" Betriebsplanverfahren und dem bergrechtlichen Planfeststellungsverfahren. Während bei den einfachen Betriebsplanverfahren Ziele der Raumordnung gemäß § 4 Abs. 2 ROG lediglich zu berücksichtigen sind unterliegen diejenigen raumbedeutsamen Vorhaben, die der bergrechtlichen Planfeststellung bedürfen einer strikten Zielbindung nach § 4 Abs. 2 Nr. 3 ROG. Dieser strukturelle Unterschied ist zwar in der Pflicht zur Durchführung einer UVP und damit in der besonderen Umweltrelevanz der spezifischen Vorhaben begründet, erschwert jedoch eine einheitliche übergeordnete Beplanung. Daher sollte eine Raumordungsklausel mit einer umfassenden Zielbindung in das BBergG eingeführt werden, um eine gleichmäßige und einheitliche Einbindung der Ziele der Raumordnung auch im Betriebsplanverfahren zu begründen.

Dies spielt insbesondere im Hinblick auf Speicher eine große Rolle, da hier gemäß § 126 BBergG nur die Durchführung eines Betriebsplanverfahrens gesetzlich vorgesehen ist. Daher sollten bei einer Novellierung des BBergG auch

708 *Piens/Schulte/Graf Vitzthum*, BBergG, § 11 Rn. 23.

die Aufsuchung und Einrichtung von Speichern in das bergrechtliche Konzessionssystem der Berechtsame einbezogen werden um eine ausreichende und mit der Nutzung von Bodenschätzen vergleichbare Investitions- und Planungssicherheit zu ermöglichen.

Auch im Hinblick auf die Ausschließlichkeit der Bergbauberechtigungen zeichnet sich Handlungsbedarf ab, der bei einer Novelle des BBergG aufgegriffen werden sollte. In Zeiten ansteigender Nutzungsdichten im Untergrund scheint es angezeigt, über „Stockwerknutzungen" noch einmal neu nachzudenken. Denn es erscheint gesamt- und volkswirtschaftlich sinnvoll, überlappende Nutzungen – auch ein und desselben Bodenschatzes – in unterschiedlichen Tiefen zuzulassen, sofern negative Auswirkungen der Vorhaben aufeinander ausgeschlossen werden können[709].

709 Besonders deutlich wird dies am Beispiel der Geothermie, wo unterschiedliche Nutzungen in unterschiedlichen Tiefen technisch und ökonomisch denkbar sind.

Abschnitt 2: Genehmigungsverfahren nach CCS-Gesetz (KSpG)

A. Entstehung der rechtlichen Regelungen für die Erforschung und Entwicklung der CCS-Technologie

Bei der Abscheidung und Speicherung von Kohlendioxid im Rahmen von CCS handelt es sich um eine neue Technologie, die sich noch in einem technischen Entwicklungsstadium befindet. Gleichwohl wurde bereits 2006 auf den sich abzeichnenden internationalen und nationalen Bedarf eines adäquaten Rechtsrahmens aufmerksam gemacht[710]. Die Grundidee ist es, Kohlendioxid aus Kraftwerken, Industrieanlagen und anderen Prozessen abzuscheiden, zu transportieren und in geeigneten geologischen Formationen zu speichern. Vom Einsatz von CCS erhoffen sich EU und Bundesregierung, aber auch internationale Organisationen wie der IPPC[711] und die IEA[712] – trotz der öffentlichen Kritik an der Technologie – einen nennenswerten Beitrag zum Klimaschutz[713]. So geht die Bundesregierung davon aus, dass die Erreichung der langfristigen Minderungsziele für Kohlendioxid von 80 bis 95 % in Deutschland bis 2050 massive Anstrengungen zur Reduktion von Kohlendioxid sowohl bei den in industriellen Prozessen entstehenden Emissionen als auch bei der Nutzung fossiler Energieträger bedingt. Vor diesem Hintergrund ist davon auszugehen, dass die Abscheidung und Speicherung von Kohlendioxid erforscht und weiterentwickelt werden muss, um feststellen zu

---

710 Auf den rechtspolitischen Handlungsbedarfs eines Rechtsrahmens für CCS weisen unter anderem hin: *Dietrich*, CO_2 Abscheidung und Ablagerung (CAA) im deutschen und europäischen Energieumweltrecht, Seite 249 ff.; *Blohm et al.*, Technische Abscheidung und Speicherung von CO_2 – nur eine Übergangslösung (Positionspapier des UBA zu möglichen Auswirkungen, Potenzialen und Anforderungen); Seite 69 ff.

711 Vgl. dazu: *IPPC*, Carbon Dioxide Capture and Storage: Special Report of the Intergovernmental Panel on Climate Change.

712 Vgl dazu: *IEA*, CO_2Capture and Storage: A Key Carbon Abatement Option.

713 Schlussfolgerungen des europäischen Rates vom 09.03.2007; Mitteilung der Kommission vom 10.01.2007, Begrenzung des globalen Klimawandels auf 2 Grad Celsius – der Weg in die Zukunft bis 2020 und darüber hinaus, KOM (2007) 2.

können, ob diese Technologie eine technisch, wirtschaftlich und umweltgerecht machbare Klimaschutzoption ist[714]. Sollte eine großtechnische Demonstration von CCS zu diesem Ergebnis kommen, könnten die prozessbedingten Kohlendioxidemissionen in der Industrie zu wirtschaftlichen Bedingungen dauerhaft gesenkt und fossile Energieträger mittelfristig weiterhin genutzt werden. Außerdem bietet der Einsatz der Technologie langfristig die Option einer realen Verminderung des Kohlendioxidgehalts in der Atmosphäre, falls es gelingen sollte, CCS in Verbindung mit Biomasseprozessen einzusetzen. Die mit CCS verbundene Möglichkeit der auch mittelfristigen Nutzung von Kohle könnte zudem die Abhängigkeit von Öl- und Gasimporten aus zum Teil geopolitisch unsicheren Regionen verringern und so die Energieversorgungssicherheit erhöhen. Damit bietet sich insoweit eine Option, mit der die Versorgungssicherheit gestärkt und mit den Erfordernissen des Klimaschutzes in Einklang gebracht werden könnte[715].

I. Die europäische CCS-Richtlinie

Die Europäische Union beschäftigte sich mit CCS seit der zweiten Phase des europäischen Programms zur Klimaänderung, die mit der Mitteilung der Kommission vom 09. Februar 2005 mit dem Titel „Strategie für eine erfolgreiche Bekämpfung der globalen Klimaänderung[716]" eingeleitet wurde. Abschließendes Ergebnis des europäischen Diskussionsprozesses war der am 23. Januar 2008 im Rahmen des Energie- und Klimapakets der Europäischen Union veröffentlichte Kommissionsvorschlag für eine CCS-Richtlinie[717]. Die Richtlinie war Teil eines Paketes, das die rechtlichen Grundlagen zur Erreichung der im März 2007 von der Europäischen Union verabschiedeten Klimaschutzziele für das Jahr 2020 schaffen sollte. Nachdem Rat und Parlament das komplette Paket im Dezember 2008 verabschiedeten[718], wurde die CCS-Richtlinie am 05. Juni 2009 im Amts-

714 Begründung zum Gesetzentwurf der Bundesregierung zum KSpG, BT-Drucks. 17/5750, Seite 32.

715 Begründung zum Gesetzentwurf der Bundesregierung zum KSpG, BT-Drucks. 17/5750, Seite 32.

716 Mitteilung der Kommission vom 9. Februar 2005 – Strategie für eine erfolgreiche Bekämpfung der globalen Klimaänderung, KOM(2005) 35.

717 2008/0015 (COD), Vorschlag für eine Richtllinie des europäischen Parlaments und des Rates über die geologische Speicherung von Kohlendioxid und zur Änderung der Richtlinien 85/337/EWG und 96/61/EG des Rates sowie der Richtlinien 2000/60/EG, 2001/80/EG, 2004/35/EG, 2006/12/EG und der Verordnung (EG) Nr. 1013/2006.

718 Einigung der Staats- und Regierungschefs über das Klimapaket bei ihrem Treffen am 11./12. Dezember 2008 über das Klimapaket sowie entsprechende Abstimmung des Parlaments am 17. Dezember 2008.

blatt der Europäischen Union veröffentlicht[719] und trat gemäß Art. 40 der Richtlinie am 25. Juni 2009 in Kraft.

Die nach Art. 39 mit einer Umsetzungsfrist bis zum 25. Juni 2011 versehene CCS-Richtlinie schafft gemäß Art. 1 Abs. 1 CCS-Richtlinie in erster Linie den europäischen Rechtsrahmen für die unterirdische Speicherung von Kohlendioxid und regelt hierfür die Mindestanforderungen an die Auswahl, Zulassung, Überwachung, Stilllegung und Nachsorge von Speicherstätten, die Übertragung der Verantwortung von geschlossenen Speicherstätten auf die öffentliche Hand sowie den diskriminierungsfreien Zugang zu Transport- und Speicherinfrastrukturen. Zweck der Richtlinie ist dabei ausweislich des Wortlauts von Art. 1 Abs. 2 CCS-Richtlinie die dauerhafte Rückhaltung von Kohlendioxid in einer Weise, durch die negative Auswirkungen und Risiken für die Umwelt und die menschliche Gesundheit vermieden oder, wenn dies nicht möglich ist, so weit wie möglich beseitigt werden.

Regelungen zur Abscheidung und zum Transport werden dabei vorwiegend durch Änderungen an bereits bestehenden Richtlinien eingeführt. So wurden beispielsweise die IVU-Richtlinie[720], die Wasserrahmenrichtlinie[721], die Abfallrahmenrichtlinie[722], die UVP-Richtlinie[723], die Umwelthaftungsrichtlinie[724], die Großfeuerungsanlagenrichtlinie[725] sowie die Abfallverbringungsverordnung[726] geändert.

Die Regulierung der geologischen Speicherstätten für Kohlendioxid erfolgt durch die Einbeziehung der Speicherstätten in die UVP-Richtlinie sowie durch

---

719 Richtlinie 2009/31/EG des Europäischen Parlaments und des Rats vom 23. April 2009 über die geologische Speicherung von Kohlendioxid und zur Änderung der Richtlinie 85/337/EWG des Rates sowie der Richtlinien 2000/60/EG, 2001/80/EG, 2004/35/EG, 2006/12/EG und 2008/1/EG des Europäischen Parlaments und des Rates sowie der Verordnung (EG) Nr. 1013/2006.

720 Richtlinie 96/61/EG des Rates vom 24. September 1996 über die integrierte Vermeidung und Verminderung der Umweltverschmutzung.

721 Richtlinie 2000/60/EG des Europäischen Parlaments und des Rates vom 23. Oktober 2000 zur Schaffung eines Ordnungsrahmens für Maßnahmen der Gemeinschaft im Bereich der Wasserpolitik.

722 Richtlinie 2006/12/EG des Europäischen Parlaments und des Rates vom 5. April 2006 über Abfälle.

723 Richtlinie 85/337/EWG des Rates vom 27. Juni 1985 über die Umweltverträglichkeitsprüfung bei bestimmten öffentlichen und privaten Projekten.

724 Richtlinie 2004/35/EG des Europäischen Parlaments und des Rates vom 21. April 2004 über Umwelthaftung zur Vermeidung und Sanierung von Umweltschäden.

725 Richtlinie 2001/80/EG es Europäischen Parlaments und des Rates vom 23. Oktober 2001 zur Begrenzung von Schadstoffemissionen von Großfeuerungsanlagen in die Luft.

726 Verordnung (EG) Nr. 1013/2006 des Europäischen Parlaments und des Rates vom 14. Juni 2006 über die Verbringung von Abfällen.

die CCS-Richtlinie selbst[727]. Dabei bleibt es den Mitgliedsstaaten vorbehalten, im Rahmen ihrer Landnutzungsplanung potenzielle Speicherstätten auszuwählen. Projekte zur Erforschung, Entwicklung oder Erprobung neuer Produkte und Verfahren mit einem geplanten Gesamtspeichervolumen von weniger als 100 kt sind dabei vom Anwendungsbereich der Richtlinie ausgenommen. Zudem werden ab dem Jahr 2013 Abscheidung, Transport und Speicherung von Kohlendioxid in das Emissionshandelssystem einbezogen, um eine Verantwortlichkeit für eventuell auftretende Leckagen zu gewährleisten[728]. In unterirdischen Formationen gespeichertes Kohlendioxid soll hingegen als nicht emittiert angesehen werden und daher nicht der entsprechenden Abgabepflicht von Emissionshandelszertifikaten unterliegen.

Gemäß Art. 4 Abs. 1 CCS-Richtlinie behalten die Mitgliedstsaaten das Recht, die Gebiete in ihrem Hoheitsgebiet zu bestimmen, aus denen die Speicherstätten ausgewählt werden dürfen. Dies schließt nach dem Wortlaut von Art. 4 Abs. 1 S. 2 CCS-Richtlinie das Recht der Mitgliedsstaaten ein, die Speicherung in ihrem gesamten Hoheitsgebiet oder Teilen davon zu untersagen. Gemäß Erwägungsgrund 19 besteht zudem die Möglichkeit, einer anderen Nutzung des Untergrundes wie der Exploration, Gewinnung und Speicherung von Kohlenwasserstoffen oder der geothermischen Nutzung von Aquiferen Vorrang einzuräumen. Dabei sollten die Mitgliedsstaaten nach dem Willen der EU insbesondere anderen energiebezogenen Optionen zur Nutzung einer potenziellen Speicherstätte – zum Beispiel solchen, die für die Sicherheit der Energieversorgung oder für die Entwicklung erneuerbarer Energiequellen von strategischer Bedeutung sind – gebührende Beachtung schenken.

Diejenigen Mitgliedsstaaten, die sich für eine Zulassung der Speicherung auf ihrem Hoheitsgebiet entscheiden, müssen nach Art. 4 Abs. 2 CCS-Richtlinie die Speicherkapazitäten, die auf Teilen oder auf der Gesamtheit ihres Hoheitsgebiets verfügbar sind, abschätzen. Die Eignung einer geologischen Formation für die Nutzung als Speicherstätte wird dabei nach Art. 4 Abs. 3 CCS-Richtlinie durch Charakterisierung und Bewertung des potenziellen Speicherkomplexes und der umliegenden Gebiete nach den Kriterien in Anhang I der Richtlinie bestimmt. Danach ist eine dreistufige Prüfung vorgesehen, bei der in Stufe eins auch die

- Nähe zu wertvollen natürlichen Ressourcen (einschließlich und insbesondere Natura-2000-Gebiete nach der Richtlinie 79/409/EWG des Rates vom 2. April 1979 über die Erhaltung der wildlebenden Vogelarten und der Richtlinie

727 *Doppelhammer*, ZUR 2008, Seite 250 (251).

728 Richtlinie 2009/29/EG des Europäischen Parlaments und des Rats vom 23. April 2009 zur Änderung der Richtlinie 2003/87/EG zwecks Verbesserung und Ausweitung des Gemeinschaftssystems für den Handel mit Treibhausgasemissionszertifikaten.

92/43/EWG des Rates vom 21. Mai 1992 zur Erhaltung der natürlichen Lebensräume sowie der wildlebenden Tiere und Pflanzen, süßes Grundwasser und Kohlenwasserstoffe

- sowie Tätigkeiten im Umfeld des Speicherkomplexes und mögliche Wechselwirkungen mit diesen Tätigkeiten (zum Beispiel Exploration, Gewinnung und Speicherung von Kohlenwasserstoffen, geothermische Nutzung von Aquiferen und Nutzung von Grundwasserreserven)

in die Datenerhebung einzubeziehen sind.

Gemäß Art. 25 Abs. 1 CCS-Richtlinie erstellt und führt die zuständige Behörde ein Register aller erteilten Speichergenehmigungen sowie ein fortlaufendes Register aller geschlossenen Speicherstätten und der umliegenden Speicherkomplexe mit Karten und Schnittdarstellungen ihrer räumlichen Ausdehnung sowie verfügbaren Informationen, anhand derer beurteilt werden kann, ob das gespeicherte Kohlendioxid vollständig und dauerhaft zurückgehalten wird. Dabei sind nationale Zulassungsbehörden nach Art. 25 Abs. 2 CCS-Richtlinie bei einschlägigen Planungsverfahren und bei der Genehmigung einer Tätigkeit, die die geologische Speicherung von Kohlendioxid in den registrierten Speicherstätten beeinträchtigen könnte oder von dieser beeinträchtigt werden könnten, zur Berücksichtigung des Registers verpflichtet.

II. Die Umsetzung der CCS-Richtlinie in nationales Recht

Über den Umstand, dass in Deutschland ein entsprechender Kodifikationsbedarf bezüglich einer nationalen Umsetzung der CCS-Richtlinie bestand, herrschte früh weitgehend Einigkeit[729]. Grundsätzliche politische Übereinstimmung herrschte in der Bundesregierung – sowohl in der 16. als auch in der 17. Legislaturperiode – auch darüber, dass eine möglichst zeitnahe Umsetzung der Richtlinie erfolgen sollte. Entlang der Prozesskette von CCS von Abscheidung, Transport und Speicherung stellen sich dabei vielfältige rechtliche Fragestellungen. Auf die Fragen und die mögliche rechtliche Bewältigung der ersten beiden Prozessschritte – Abscheidung und Transport –[730] wird dabei im Rahmen dieser Arbeit nicht eingegangen

729 Gemeinsamer Bericht von BMWi, BMU und BMBF für die Bundesregierung vom 19. September 2007 zum Entwicklungsstand und Perspektiven von CCS-Technologien in Deutschland, Seite 8; *Kohls/Kahle*, ZUR 2009, Seite 122 (123); *Mißling*, ZUR 2008, Seite 286 (286); *Schulz/Hermann/Barth*, DVBl. 2008, Seite 1417 (1421); a.A. *Hellriegel*, RdE 2008, Seite 111 (117), der vor Entstehung einer speziellen Kodifikation für CCS von einer Anwendung des Abfall-, Berg- und Wasserrechts für die Speicherung von Kohlendioxid ausging.

730 Instruktiv zu den sich rund um Abscheidung und Transport von Kohlendioxid ergebenden rechtlichen Fragestellungen: *Dietrich*, CO_2 Abscheidung und Ablagerung (CAA) im deutschen und europäischen Energieumweltrecht.

werden. Durch ihren Bezugspunkt auf konkurrierende Untergrundnutzungen konzentriert sich die folgende Untersuchung auf die rechtlichen Aspekte, die im Kontext konfligierender Untergrundnutzungen relevant sind.

1. Gesetzgebungsprozess in der 16. Legislaturperiode

Im Rahmen der nationalen Umsetzung arbeiteten BMU und BMWi[731] in gemeinsamer Federführung parallel zu den europäischen Rechtsentwicklungen an ersten Entwürfen für ein nationales CCS-Gesetz. Kompentenzstreitigkeiten zwischen den Ministerien im Vorfeld des Gesetzgebungsverfahrens und die beschlossene gemeinsame Federführung führten jedoch immer wieder zu zeitlichen Verzögerungen im Gesetzgebungsverfahren.

Zudem wurde der Einsatz von CCS als „Brückentechnologie“ in Deutschland auch in der Öffentlichkeit kontroverser diskutiert[732]. Trotzdem wurden eine Einbringung in den Deutschen Bundestag im Frühjahr 2009[733] und eine zügige Verabschiedung des Gesetzes noch im Laufe desselben Jahres angestrebt. Um eine Ermöglichung dieses ambitionierten – im Kontext der anstehenden Bundestagswahl zu interpretierenden – Zeitplans zu gewährleisten, veröffentlichten die zuständigen Ressorts der Bundesregierung am 28. Februar 2009 einen ersten Referentenentwurf, der am 01. April 2009 vom Kabinett beschlossen wurde. Dabei griffen die Ressorts nicht die im Rahmen des Entstehungsprozesses diskutierten Vorschläge einer Einordnung und Anknüpfung der Speicherung des Kohlendioxids ans Bergrecht[734] oder an das Abfallrecht[735] oder das Immissionsschutzrecht[736] auf, sondern bevorzugten ein eigenständiges originäres Regelwerk.

Aber auch die im Regierungsentwurf enthaltenen Regelungen zu Genehmigung und Haftung von Kohlendioxidspeichern und die anschließenden Debatten

731 Die Bundesregierung hatte in ihren Meseberger Beschlüssen sowohl BMU als auch BMWi für zuständig erklärt, vgl. Eckpunkte für ein integriertes Energie- und Klimaprogramm, Kabinettsklausur in Meseberg vom 23./24. August 2007.

732 Instruktiv für die in der öffentlichen Debatte angesprochenen Kritikpunkte: Stellungnahme des *Sachverständigenrates für Umweltfragen (SRU)*, Abscheidung, Transport und Speicherung von Kohlendioxid, Der Gesetzentwurf der Bundesregierung im Kontext der Energiedebatte.

733 *Kohls/Kahle*, ZUR 2009, Seite 122 (123).

734 Vgl. dazu Vorschlag für ein Gesetz über Anlagen zur Abscheidung, zum Transport und zur Speicherung von Kohlendioxid (Kohlendioxid-Anlagengesetz) vom 03.09.2008 im Auftrag von Alstom Deutschland, Babcock Borsig, EnBW, E.ON, RWE und Vattenfall; *Mißling*, ZUR 2008, Seite 286 (290); *Much*, Die Rechtsfragen der Ablagerung von CO_2 in unterirdischen geologischen Formationen, Seite 300; *Hellriegel*, RdE 2008, Seite 319 (322) der sowohl eine Kodifikation im Bergrecht, wie auch ein eigenständiges Gesetz für denkbar hält.

735 *Dietrich*, CO_2 Abscheidung und Ablagerung (CAA) im deutschen und europäischen Energieumweltrecht.

736 Vgl. dazu *Mißling*, ZUR 2008, Seite 286 (291).

im Gesetzgebungsverfahren sorgten nicht für eine Beruhigung der öffentlichen Kontroverse. Auch vor dem Hintergrund der Ablehnung des CCS-Gesetzes durch das Bundesland Schleswig-Holstein[737] kam das Gesetz in der 16. Legislaturperiode nicht mehr zustande. Es unterfiel dem in § 125 GOBT enthaltenen Grundsatz der sachlichen Diskontinuität und galt damit als erledigt[738].

2. Gesetzgebungsprozess in der 17. Legislaturperiode

Nach dem Scheitern des Gesetzgebungsprozesses in der 16. Legislaturperiode war die zeitnahe Umsetzung der CCS-Richtlinie auch Gegenstand der Koalitionsvereinbarung der neuen Bundesregierung von CDU/CSU und FDP[739]. Daher wurden die Arbeiten an einer Umsetzung der CCS-Richtlinie auf der Basis des 2009 beschlossenen Kabinettsentwurfs wieder aufgenommen. Aufgrund von Unstimmigkeiten zwischen den gemeinsam federführenden Ressorts BMU und BMWi wurde allerdings erst am 14. Juli 2010 ein Referentenentwurf für ein Artikelgesetz zur Demonstration und Anwendung von Technologien zur Abscheidung, zum Transport und zur dauerhaften Speicherung von Kohlendioxid veröffentlicht, der am 13. April 2011 im Kabinett beschlossen wurde[740]. Artikel 1 beinhaltet dabei das Kernstück des Kodifikationsvorhabens, das Gesetz zur Demonstration der dauerhaften Speicherung von Kohlendioxid. Die weiteren Artikel enthalten die für eine ordnungsgemäße Richtlinienumsetzung notwendigen Anpassungen des UVPG, des TEHG, des Umweltschadensgesetzes, des KrW/AbfG, der Verordnung über genehmigungsbedürftige Anlagen sowie der Verordnung über Großfeuerungs- und Gasturbinenanlagen. Allerdings kam es durch vielfältigen politischen Protest auch aus den Bundesländern zu Verzögerungen im Rahmen des nachfolgenden parlamentarischen Verfahrens. So forderte der Bundesrat in seiner ersten Stellungnahme bereits eine Vielzahl von Änderungen[741], die die Bundesregierung in weiten Teilen ablehnte[742]. Am 07. Juli 2011 beschloss der Bundestag das Gesetz mit einigen Änderungen[743], dem jedoch der Bundesrat am 23. September 2011 gemäß Art. 84 Abs. 1 S. 5 und 6 GG seine Zustimmung verweigerte[744]. Daraufhin rief die Bundesregierung am 26. Oktober 2011 gemäß

737 Vgl etwa die Rede des Ministerpräsidenten *Carstensen* im Rahmen der Landtagsdebatte vom 17. Juni 2009, Plenarprotokoll 16/114, Seite 8491

738 *Roll*, Kommentar zum GoBT, § 125 Rn. 1.

739 Wirtschaft.Wachstum.Zusammenhalt, Koalitionsvertrag zwischen CDU/CSU und FDP vom 26. Oktober 2009, Seite 28.

740 BT-Drs. 17/5750.

741 Stellungnahme des Bundesrates, BR-Drucks. 214/11.

742 Gegenäußerung der Bundesregierung, BT-Drucks. 17/6264.

743 Gesetzesbeschluss des Deutschen Bundestages vom 07. Juli 2011, BT-Drucks. 487/11.

744 Beschluss des Bundesrates, BR-Drucks. 487/11.

Art. 77 Abs. 2 GG den Vermittlungsausschuss an[745], der am 27. Juni 2012 einen entsprechende Beschlussempfehlung aussprach[746]. Dieser Empfehlung stimmten am 28. Juni 2012 der Deutsche Bundestag und am 29. Juni 2012 der Bundesrat zu[747].

B. Ziele und Zweck des Gesetzes zur Demonstration einer dauerhaften Speicherung von Kohlendioxid

Die Zielstellungen des Gesetzes zur Demonstration einer dauerhaften Speicherung von Kohlendioxid finden sich in § 1 KSpG. Die dort verankerte Zweckbestimmung stellt die Ziel- und Grundsatzbestimmung des Gesetzgebers dar, die als Leitlinie und zentraler Maßstab die Basis für Interpretation und Auslegung des Gesetzes bilden[748]. Mangels materiell-rechtlicher Wirkung kommt § 1 KSpG als eigenständige Grundlage behördlicher Entscheidungen allerdings nicht in Betracht. Die darin enthaltenen Zweckbestimmungen können aber gleichwohl einen mittelbaren Regelungsgehalt entfalten, etwa über die Auslegung von unbestimmten Rechtsbegriffen oder bei Abwägungsentscheidungen im Rahmen des Gesetzesvollzugs[749].

I. Klimaschutz und Versorgungssicherheit

Gemäß § 1 S. 1 KSpG ist Zweck des Gesetzes eine dauerhafte Speicherung von Kohlendioxid in unterirdischen Gesteinsschichten zum Schutz des Menschen und der Umwelt, auch in Verantwortung für künftige Generationen. Hintergrund ist dabei der mit einer dauerhaften Speicherung des Kohlendioxids verbundene Beitrag sowohl zum Klimaschutz als auch im Interesse einer möglichst sicheren, effizienten und umweltverträglichen Energieversorgung und Industrieproduktion[750].

Teilweise wird kritisch hinterfragt, welche Funktion die Sicherstellung der nationalen Energieversorgung und Industrieproduktion in einem umweltrechtlich motivierten KSpG zukommt[751]. Vor dem Hintergrund der mit CCS verbundenen industriepolitischen Vorstellungen der Bundesregierung erscheint es jedoch

745 Vgl. BR-Drucks. 660/11.
746 BT-Drucks. 17/10101.
747 BR-Drucks. 376/12.
748 Begründung zum Gesetzentwurf der Bundesregierung zum KSpG, BT-Drucks. 17/5750, Seite 35.
749 *Kohls/Kahle*, RdE 2009, Seite 197 (198).
750 Begründung zum Gesetzentwurf der Bundesregierung zum KSpG, BT-Drucks. 17/5750, Seite 1.
751 *Kohls/Kahle*, RdE 2009, Seite 197 (198).

verkürzt, von einer rein umweltrechtlichen Motivation des KSpG auszugehen. Die mit dem Einsatz von CCS verbundene Möglichkeit einer klimafreundlicheren Verstromung von fossilen Rohstoffen war von jeher ein industrie- und energiepolitisches Ziel der EU und der Bundesregierung[752]. Durch die Aufnahme der Sicherung der nationalen Energieversorgung durch eine dauerhafte Speicherung von Kohlendioxid erlangt diese wirtschaftspolitische Komponente von CCS – auch im Hinblick auf eine abwägende Auflösung von Interessenkonflikten im Rahmen der im KSpG enthaltenen Planfeststellungsverfahren – einen eigenständigen Bedeutungsgehalt. Die umweltrechtlichen Zielstellungen des KSpG bleiben jedoch unbenommen. Beide Zielstellungen stehen nach dem Willen des Gesetzgebers gleichrangig nebeneinander[753]. Damit handelt es sich beim KSpG um modernes Umweltrecht, welches das bei Industrieprojekten häufig entstehende Spannungsverhältnis zwischen Ökonomie und Ökologie aufgreift und einer umfassenden gesetzgeberischen Lösung zuführt.

Wie sich aus § 1 S. 2 KSpG ergibt, ist Zweck des Gesetzes jedoch nur die Erforschung, Erprobung und Demonstration der Speicherung von Kohlendioxid in unterirdischen Gesteinsschichten. Eine zeitlich unbegrenzte Anwendung von CCS im Rahmen einer auf Dauer angelegten wirtschaftlichen Betätigung ist nicht Zielstellung des Gesetzes[754].

II. Schutz des Menschen und der Umwelt

Dabei ist der Schutz des Menschen und der Umwelt, auch in Verantwortung für künftige Generationen, ausdrücklich als Zweck des Gesetzes in § 1 S. 1 KSpG benannt. Die ursprünglich im Kabinettsentwurf der Bundesregierung vorhandenene Formulierung, die den Schutz des Klimas und das Interesse an der Sicherung der Energieversorgung beinhaltete, wurde im Vermittlungsausschuss gestrichen[755], ist aber weiterhin als impliziter Zweck der Erforschung, Erprobung und Demonstration der Speicherung von Kohlendioxid anzusehen.

Im Sinne der Gefahrenabwehr und Risikovorsorge dienen die Vorschriften des Gesetzes mithin auch dazu, eine Leckage von bereits gespeichertem Kohlendioxid insbesondere zum Schutze der Tier- und Pflanzenwelt, aber auch des Wassers, des Bodens und der übrigen unter den Begriff der Umwelt fallenden

752 Vgl. dazu etwa Erwägungsgrund 7 der CCS-Richtlinie; Gemeinsamer Bericht von BMWi, BMU und BMBF für die Bundesregierung vom 19. September 2007 zum Entwicklungsstand und Perspektiven von CCS-Technologien in Deutschland, Seite 3.

753 Begründung zum Gesetzentwurf der Bundesregierung zum KSpG, BT-Drucks. 17/5750, Seite 35.

754 Begründung zum Gesetzentwurf der Bundesregierung zum KSpG, BT-Drucks. 17/5750, Seite 36.

755 BR-Drucks. 376/12.

Schutzgüter zu verhindern[756]. Das Gesetz erfasst mithin auch den Schutz vor möglichen sonstigen, mittelbar im Zusammenhang mit der Leckage von Kohlendioxid stehenden Risiken und Gefahren. Darüber hinaus verfolgt es ausweislich der Gesetzesbegründung den Zweck, den Menschen vor jeglichen mit der Injektion und der Speicherung von Kohlendioxid zusammenhängenden Risiken und Gefahren zu schützen[757]. Aus der Parallelität von Gewährleistung einer dauerhaften Speicherung und dem Schutz des Menschen und der Umwelt folgt, dass das Gesetz nur eine solche Speicherung ermöglichen will, für die der Schutz von Mensch und Umwelt zugleich Rahmenbedingung ist[758].

III. Verantwortung für künftige Generationen

Durch die Einbeziehung auch künftiger Generationen in die Zweckbestimmung wird zudem eine zukunftsgerichtete und damit langfristige Orientierung in § 1 S. 1 KSpG verankert. Das Gesetz soll damit dem Schutzgedanken im Sinne einer Gefahrenabwehr und Risikovorsorge – auch für künftige Generationen – angemessen Rechnung tragen[759].

Dem Wortlaut zufolge bezieht sich die in § 1 S. 1 KSpG kodifizierte Verantwortung für künftige Generation jedoch neben der Gefahren- und Risikoabwehr auch auf die unmittelbar davor stehenden Interessen des Gesetzgebers, Förderung des Klimaschutz sowie Sicherstellung einer effizienten und umweltgerechte Energieversorgung. Damit können auch die Bedürfnisse künftiger Generationen an einer nachhaltigen und versorgungssicheren Energieversorgung, vermittelt durch § 1 S. 1 KSpG, in den Genehmigungsverfahren zur Speicherung von Kohlendioxid Berücksichtigung finden. Dies bedeutet, dass aufgrund der langfristigen Ausrichtung des Gesetzeszwecks auch die Berücksichtigung potenzieller zukünftiger Nutzungskonkurrenzen im Rahmen der Genehmigungsverfahren abzudecken ist, insbesondere wenn sich diese dauerhaft gegenseitig ausschließen. Diese Auslegung deckt sich auch mit Erwägungsgrund 19 der CCS-Richtlinie, nach dem die Mitgliedsstaaten bei der Umsetzung insbesondere anderen energiebezogenen Optionen zur Nutzung einer potenziellen Speicherstätte – zum Beispiel solchen, die für die Sicherheit der Energieversorgung oder für die Entwicklung erneuerbarer Energiequellen von strategischer Bedeutung sind – gebührende Beachtung schenken sollen.

---

756 Begründung zum Gesetzentwurf der Bundesregierung zum KSpG, BT-Drucks. 17/5750, Seite 36.
757 Begründung zum Gesetzentwurf der Bundesregierung zum KSpG, BT-Drucks. 17/5750, Seite 36.
758 Begründung zum Gesetzentwurf der Bundesregierung zum KSpG, BT-Drucks. 17/5750, Seite 36.
759 Begründung zum Gesetzentwurf der Bundesregierung zum KSpG, BT-Drucks. 17/5750, Seite 36.

C. Genehmigungsverfahren zur Speicherung von Kohlendioxid

Vor dem Hintergrund der möglichen Berücksichtigung von Nutzungskonkurrenzen sollen im Folgenden die Konzeption des KSpG sowie die konkreten Genehmigungsverfahren zur Exploration und zur Speicherung einer umfassenden Prüfung unterzogen werden.

I. Geltungsbereich / landesrechtliche Gebietsbestimmung

Gemäß § 2 Abs. 1 KSpG beschränkt sich das Gesetz auf die Demonstration der dauerhaften Speicherung von Kohlendioxid in unterirdischen Gesteinsschichten einschließlich Untersuchung, Überwachung, Stilllegung und Nachsorge für alle Anlagen und Einrichtungen zur Speicherung sowie den Transport von Kohlendioxid. Sonstige Tätigkeiten im Zusammenhang mit der Speicherung oder dem Transport werden vom KSpG nur umfasst, soweit dies ausdrücklich im Gesetz bestimmt ist. Gleichzeitig bestimmt § 2 Abs. 3 KSpG die Anwendung des Gesetzes auch auf Kohlendioxidspeicher zum Zwecke der Forschung und geht in diesem Punkt über die Erfordernisse der CCS-Richtlinie hinaus, um keine Gesetzeslücke entstehen zu lassen[760].

Der räumliche Geltungsbereich wird von § 2 Abs. 4 KSpG bestimmt. Das Gesetz gilt demnach nicht nur im Staatsgebiet der Bundesrepublik Deutschland, sondern auch im Bereich der deutschen ausschließlichen Wirtschaftszone und des Festlandsockels. Damit können Kohlendioxidspeicher sowohl an geeigneten Standorten an Land als auch Offshore errichtet und betrieben werden.

1. Demonstration der Speicherung, § 2 Abs. 1 KSpG

Mit der in § 2 Abs. 1 KSpG normierten Beschränkung auf die Demonstration und Erprobung einer unterirdischen Speicherung des Kohlendioxid bleibt eine großtechnische Anwendung von CCS in Deutschland ausgeschlossen. Das KSpG bleibt hier in einem relevanten Punkt gegenüber dem in der 16. Legislaturperiode veröffentlichten Regierungsentwurf[761] zurück, der noch die großtechnische und dauerhafte Anwendung von CCS umfasste[762]. Im Vermittlungsausschuss wurden

760 Begründung zum Gesetzentwurf der Bundesregierung zum KSpG, BT-Drucks. 17/5750, Seite 37.

761 Entwurf eines Gesetzes zur Regelung von Abscheidung, Transport und dauerhafter Speicherung von Kohlendioxid, BT-Drucks. 16/12782.

762 Vgl. § 2 des Regierungsentwurfs der 16. Legislaturperiode, BT-Drucks. 16/12782, Seite 8; *Hellriegel*, NVwZ 2010, Seite 1530 (1531).

die im Regierungsentwurf der 17. Legislaturperiode vorgesehenen Beschränkungen aufgrund der unterschiedlichen Auffassungen zwischen Bund und Ländern noch ein weiteres Mal verschärft[763].

Die Einschränkung auf Demonstrationsvorhaben wird durch drei Bestimmungen in § 2 Abs. 2 S. 1 KSpG sichergestellt:

- eine zeitliche Einschränkung, nach der Zulassungen von Kohlendioxidspeichern nur erteilt werden dürfen, wenn ein bescheidungsfähiger Antrag bis 31. Dezember 2016 gestellt wurde,
- eine spezifische Einschränkung des jeweiligen Kohlendioxidspeichers auf ein maximales jährliches Speichervolumen von 1,3 Millionen t Kohlendioxid,
- sowie eine Einschränkung der bundesweiten maximalen Speichermöglichkeiten auf 4 Millionen t Kohlendioxid pro Jahr.

Eine Entscheidung über eine großtechnische Anwendung von CCS soll gemäß § 44 KSpG auf der Grundlage eines Evaluierungsberichts gefällt werden, der dem Deutschen Bundestag bis zum 31. Dezember 2018[764] vorgelegt werden soll.

Insbesondere durch die vorgesehene Beschränkung auf 8 Millionen Tonnen Kohlendioxid im Bundesgebiet, können bereits auf dieser Ebene Konkurrenzsituationen von verschiedenen Kohlendioxidspeicherprojekten auftreten. Daher ist in § 2 Abs. 2 S. 2 KSpG bestimmt, dass im Falle von im Kontext der Mengenbeschränkung konkurrierenden Anträgen nach dem Prioritätsgrundsatz zu verfahren ist. Die Behörden entscheiden in der Reihenfolge des Eingangs der vollständigen Antragsunterlagen bei der jeweils zuständigen Landesbehörde. Gleichzeitig leistet die Beschränkung auf 4 Millionen Tonnen im Bundesgebiet einen Beitrag dazu, die flächenmäßigen Auswirkungen auf Umweltgüter und andere Nutzungsformen des Untergrundes in einem ersten Schritt zu begrenzen[765]. Über die Antragstellungen und deren Stand gibt dabei das ständig aktualisierte öffentliche Register nach § 6 KSpG Auskunft. Aufgrund des erheblichen öffentlichen Widerstands gegen konkret geplante Speicherprojekte ist es in der Praxis jedoch unwahrscheinlich, dass Konkurrenzsituationen auftreten.

---

763 BR-Drucks. 376/12.

764 Das Evaluierungsdatum lag im Kabinettsentwurf vom 13. April 2011 noch am 31. Dezember 2017. Diese Frist wurde im parlamentarischen Verfahren um ein Jahr auf 2018 verlängert. Auf Anregung des Bundesrats wurde zudem eine regelmäßige Evaluierung (in einem Abstand von vier Jahren eingefügt, BT-Drucks. 17/6507; vgl. auch *Bosecke,* Carbon Capture and Storage – rechtliche Regelung einer neuen Klimaschutztechnologie in: Meeresnaturschutz, Erhaltung der Biodiversität und andere Herausforderungen im „Kaskadensystem" des Rechts: Festgabe zur Emeritierung von Detlef Czybulka, Seite 243, Fn. 62.

765 *Bosecke,* Carbon Capture and Storage – rechtliche Regelung einer neuen Klimaschutztechnologie in: Meeresnaturschutz, Erhaltung der Biodiversität und andere Herausforderungen im „Kaskadensystem" des Rechts: Festgabe zur Emeritierung von Detlef Czybulka, Seite 242.

2. Dauerhaftigkeit der Speicherung, § 2 Abs. 1 KSpG

§ 2 Abs. 1 KSpG beschränkt, entsprechend seines Wortlaut und des in § 1 KSpG normierten Gesetzeszwecks, den Geltungsbereich auf Speicher zur dauerhaften Speicherung des Kohlendioxids. Diese Bestimmung grenzt damit den Geltungsbereich des KSpG gegenüber dem Bergrecht ab. Erforderlich ist die Zielstellung einer dauerhaften Injektion und Speicherung des Kohlendioxids[766]. Eine nur vorübergehende Speicherung zum Zwecke der späteren Wiederverwendung[767] bleibt hingegen vom Bergrecht umfasst[768]. Die Erteilung einer entsprechenden Speichergenehmigung richtet sich dabei nach § 126 BBergG und den danach anwendbaren Vorschriften des BBergG, insbesondere denen des Betriebsplanverfahrens.

3. Landesrechtliche Gebietsbestimmung, § 2 Abs. 5 KSpG

Gemäß § 2 Abs. 5 KSpG können die Länder durch Landesgesetz bestimmen, dass eine Erprobung und Demonstration der Kohlendioxidspeicherung nur in bestimmten Gebieten zulässig oder in bestimmten Gebieten unzulässig ist. Diese im Gesetzgebungsverfahren höchst umstrittene Regelung[769] ermöglicht es den Ländern in ihrem Landesgebiet sowohl Positiv- als auch Negativausweisungen vorzugeben und somit auch im Extremfall den Ausschluss des kompletten Landesgebietes vorzunehmen[770]. Sie ist Ausfluss der in Art. 4 Abs. 1 CCS-Richtlinie vorgesehenen Möglichkeit der Mitgliedsstaaten, über die Speicherung auf ihrem Hoheitsgebiet zu befinden. Die Gesetzesbegründung macht jedoch deutlich, dass bei der Festlegung der Gebiete energie- und industriebezogene Optionen zur Nutzung einer potenziellen Speicherstätte, die geologischen Besonderheiten der Gebiete und andere öffentliche Interessen abzuwägen sind und die Gebietsauswahl anhand anerkannter fachlicher und verwaltungsrechtlicher Kriterien zu erfolgen hat[771]. Die Vorschrift enthält insoweit ein Abwägungsgebot. Die Positiv- oder Negativausweisung eines Gebietes als planerische Entscheidung darf somit nicht willkürlich erfolgen und muss den Anforderungen des Rechtsstaatsgebots genügen. Diese – im parlamentarischen Verfahren durchaus umstrittene –

766 Begründung zum Gesetzentwurf der Bundesregierung zum KSpG, BT-Drucks. 17/5750, Seite 36.

767 Vgl. Begründung zum Gesetzentwurf der Bundesregierung zum BBergG, BT-Drucks. 08/1315, Seite 77.

768 *Hellriegel*, NVwZ 2010, Seite 1530 (1531).

769 Vgl. dazu *Bosecke,* Carbon Capture and Storage – rechtliche Regelung einer neuen Klimaschutztechnologie in: Meeresnaturschutz, Erhaltung der Biodiversität und andere Herausforderungen im „Kaskadensystem" des Rechts: Festgabe zur Emeritierung von Detlef Czybulka, Seite 243.

770 Begründung zum Gesetzentwurf der Bundesregierung zum KSpG, BT-Drucks. 17/5750, Seite 37.

771 Begründung zum Gesetzentwurf der Bundesregierung zum KSpG, BT-Drucks. 17/5750, Seite 37.

Auslegung des § 2 Abs. 5 KSpG findet seit dem Beschlussentwurf des Vermittlungsausschuss und dessen Annahme durch Bundestag und Bundesrat nun auch eine unmittelbare Stütze im Gesetzestext. So bestimmt § 2 Abs. 5 S. 2 KSpG, dass bei der Festlegung nach § 2 Abs. 5 S. 1 KSpG sonstige Optionen zur Nutzung einer potenziellen Speicherstätte, die geologischen Besonderheiten der Gebiete und andere öffentliche Interessen abzuwägen sind[772].

Ein kategorischer und rein politisch begründxeter Ausschluss, etwa des kompletten Landesgebietes unter Missachtung des in § 2 Abs. 5 KSpG vorgesehenen Abwägungsgebotes wäre somit rechtsfehlerhaft. Vielmehr sind bei der Ausweisung von Positiv- oder Negativgebieten alle entsprechenden Belange zu ermitteln und bezogen auf das konkrete Gebiet zu gewichten und zu wägen. Dabei kommen durch die beispielhafte Nennung auch von Tourismusbelangen[773] in der Begründung des Regierungsentwurfs nicht nur untergrundbezogene Interessen in Betracht, sondern auch rein oberflächenbezogene öffentliche Interessen. Bei der Abwägung ist dabei auch der Zweck des KSpG selbst, nämlich die dauerhafte Speicherung von Kohlendioxid als Klimaschutzoption zu erproben und zu demosntrieren in die Abwägung einzustellen. Daher dürften das Gewicht entgegenstehender Belange und der Begründungsaufwand mit dem Maß des Ausschlusses von prinzipiell geeigneten Gebieten entsprechend ansteigen[774].

Die im Gesetzgebungsverfahren diskutierte Möglichkeit einer rein politischen und kategorischen Entscheidung wäre jedoch auch aufgrund anderer systematischer Überlegungen nicht möglich, da eine Raumordnungsplanung die entsprechende Fachplanung regelmäßig nicht ersetzen kann. Regelungen der Raumordnung können nicht soweit gehen, dass Fachentscheidungen mit unmittelbarer Verbindlichkeit für jedermann und unter Ausschluss jedes Verwaltungsverfahrens zum konkreten Vollzug von Gesetzen im Einzelfall in normativer Form getroffen werden. Dies widerspräche dem Charakter raumordnender und landesplanerischer Rechtsnormen, die nur Rahmen und Grundlagen hierauf aufbauender Entscheidungen der zuständigen Verwaltungsbehörden nach den jeweiligen Fachgesetzen sein können[775]. Denn der Gesetzesvollzug gehört zum Kernbereich der Exekutive. Wenn auch die Legislative im Rahmen der Raumordnung fachübergreifend und überörtlich planen kann, darf sie doch nicht den Vollzug der Fachgesetze im Einzelfall an sich ziehen oder verhindern[776]. Eine weitergehende

772 BR-Drucks. 376/12.

773 Begründung zum Gesetzentwurf der Bundesregierung zum KSpG, BT-Drucks. 17/5750, Seite 37.

774 *Bosecke,* Carbon Capture and Storage – rechtliche Regelung einer neuen Klimaschutztechnologie in: Meeresnaturschutz, Erhaltung der Biodiversität und andere Herausforderungen im „Kaskadensystem" des Rechts: Festgabe zur Emeritierung von Detlef Czybulka, Seite 244.

775 *BayVerfGH,* NVwZ 1988, Seite 242 (242).

776 *BayVerfGH,* NVwZ 1988, Seite 242 (242).

Auslegung von § 2 Abs. 5 KSpG, die einen kategorischen planerischen Ausschluss gesamter Landesgebiete durch die Legislative zuließe, würde jedoch die praktische Wirksamkeit und den Vollzug des KSpG faktisch aushebeln und somit die Zielerreichung der bundesgesetzlichen Regelung wesentlich in Frage stellen.

Ein kategorischer Ausschluss des Landesgebietes im Rahmen einer raumordnerischen Festlegung widerspricht zudem einem grundlegenden Prinzip der Raumordnung, dem Gegenstromprinzip des § 1 Abs. 3 ROG. Mangels Raumordnungsplanung für den Gesamtraum der Bundesrepublik obliegt es den Ländern, im Zusammenwirken mit den anderen Bundesländern die Raumplanung für den Gesamtraum zu übernehmen[777]. Die Landesplanung muss daher gewährleisten, dass sie ihre Aufgabenstellung nicht nur bezogen auf die Gegebenheiten des Landes, sondern auch im Hinblick auf den Gesamtraum der Bundesrepublik Deutschland erfüllt[778]. Befindet sich beispielsweise in einem Bundesland ein standortgebundener Rohstoff, der nur oder überwiegend dort vorkommt, so muss sich die Sicherung dieses Rohstoffes nicht nur an der Bedeutung für das Land, sondern auch an der Bedeutung für die Bundesrepublik orientieren[779]. Nichts anderes kann insoweit für die unterirdische Speicherung von Kohlendioxid gelten. Auch diese ist an besondere geologische Begebenheiten und Standorte gebunden, die nur in Teilräumen der Bundesrepublik vorkommen. Daher müssen die Länder, in denen geeignete geologische Formationen vorkommen, auch die klima- und industriepolitische Bedeutung der Kohlendioxidspeicherung für die Bundesrepublik beachten. Dem wird ein kategorischer und rein politischer Ausschluss für das komplette Landesgebiet nicht gerecht.

Hat eine Landesregierung ihr Interesse bekundet, einen Gesetzentwurf nach § 2 Abs. 5 KSpG einzubringen, können zur Sicherstellung der Gebietsplanung[780] Anträge nach § 7 KSpG auf Untersuchungsgenehmigungen oder Anträge auf Planfeststellung nach § 12 KSpG gemäß § 45 Abs. 3 KSpG längstenfalls drei Jahre zurückgestellt werden. Gleiches gilt für den Fall, dass der Landesgesetzgeber mehrheitlich eine Gesetzesinitiative nach § 2 Abs. 5 KSpG ergreift bis zum Inkrafttreten des Gesetzes.

---

777 *Runkel*, in *Spannowsky/Runkel/Goppel*, Raumordnungsgesetz, Kommentar, § 1 Rn. 51.

778 *Runkel*, in *Spannowsky/Runkel/Goppel*, Raumordnungsgesetz, Kommentar, § 1 Rn. 109.

779 *Runkel*, in *Spannowsky/Runkel/Goppel*, Raumordnungsgesetz, Kommentar, § 1 Rn. 109.

780 *Bosecke,* Carbon Capture and Storage – rechtliche Regelung einer neuen Klimaschutztechnologie in: Meeresnaturschutz, Erhaltung der Biodiversität und andere Herausforderungen im „Kaskadensystem“ des Rechts: Festgabe zur Emeritierung von Detlef Czybulka, Seite 243.

II. Potenzialanalyse und -bewertung, Speicherregister

In Bezug auf Nutzungskonkurrenzen und -konflikte kommt den Regelungen der §§ 5 und 6 KSpG eine besondere Bedeutung zu. Durch diese beiden Instrumente wird neben einer entsprechenden Transparenz im Hinblick auf die Öffentlichkeit auch sichergestellt, dass die für die Erteilung einer Untersuchungsgenehmigung nach § 7 KSpG oder einer Speichergenehmigung nach § 11 KSpG zuständige Behörde auf entsprechende Informationen und Einschätzungen von BGR und UBA zurückgreifen kann. Die in der Potenzialabschätzung und im Register enthaltenen Informationen können insoweit auch im Rahmen bergrechtlicher Genehmigungsverfahren eine bedeutsame Rolle spielen, insbesondere im Hinblick auf die materiellen Anforderungen von § 11 Nr. 9 und 10 BBergG, § 12 Abs. 1 i. V. m § 11 Nr. 9 und 10 BBergG sowie §§ 55 Nr. 4 BBergG und § 48 Abs. 2 S. 1 BBergG. Sie bilden gleichsam einen inhaltlichen Nucleus für eine mögliche vorbeugende und vorausschauende raumordnerische Planung und der Nutzung der in § 2 Abs. 5 KSpG beschriebenen Möglichkeiten der Gebietsbestimmungen durch die Länder.

1. Potenzialanalyse und Bewertung, § 5 KSpG

Gemäß § 5 Abs. 1 KSpG bewertet das BMWi im Einvernehmen mit dem BMU die in Deutschland vorhandenen Potenziale von Gesteinsschichten, die für eine dauerhafte Speicherung von Kohlendioxid geeignet erscheinen. Besondere Relevanz im Hinblick auf die untersuchten Untergrundnutzungen haben dabei

- die Abgrenzung der Ausdehnung der für eine Speicherung von Kohlendioxid geeigneten Gesteinsschichten nach § 5 Abs. 2 Nr. 1 KSpG,
- die Abschätzung der für die dauerhafte Speicherung von Kohlendioxid nutzbaren Volumina der jeweiligen Gesteinsschichten nach § 5 Abs. 2 Nr. 4 KSpG,
- die Charakterisierung der in den Gesteinsschichten vorhandenen Formationswässer, deren potenzielle Migrationswege und die vorherrschenden Druckverhältnisse nach § 5 Abs. 2 Nr. 5 KSpG,
- die Abschätzung von Druckveränderungen in den Gesteinsschichten durch die vorgesehene dauerhafte Speicherung von Kohlendioxid nach § 5 Abs. 2 Nr. 6 KSpG sowie
- mögliche Nutzungskonflikte durch Exploration, Rohstoffgewinnung, Geothermienutzung, nutzbares Grundwasser, Speicherung oder Lagerung anderer gasförmiger, flüssiger oder fester Stoffe oder wissenschaftliche Bohrungen im Bereich der für die dauerhafte Speicherung geeigneten Gesteinsschichten nach § 5 Abs. 2 Nr. 7 KSpG.

Dabei werden die geologischen Grundlagen von der BGR im Benehmen mit den Ländern erstellt. Durch diese Einbeziehung der Länder sollen regionale Kenntnisse und Belange in die Potenzialanalyse einfließen[781]. Neben diesen, von der BGR zu erarbeitenden geologischen Grundlagen ist das UBA für die Aufstellung erforderlicher Kriterien für eine wirksame Umweltvorsorge zuständig. Die entsprechende Potenzialbewertung und etwaige Änderungen werden gemäß § 5 Abs. 4 KSpG nach Anhörung der Länder durch das BMWi veröffentlicht.

Insbesondere durch die Einbeziehung möglicher Nutzungskonflikte zwischen Kohlendioxidspeichern, Rohstoffgewinnung, Geothermienutzung, nutzbarem Grundwasser, der Speicherung und Lagerung anderer gasförmiger, flüssiger oder fester Stoffe sowie wissenschaftlicher Bohrungen in § 5 Abs. 2 Nr. 7 KSpG enthält diese bundesweite Potenzialabschätzung wertvolle Informationen für die Abschätzung von potenziellen Nutzungskonkurrenzen, die auch in behördlichen Genehmigungsverfahren außerhalb des KSpG – etwa nach dem BBergG – einbezogen werden können.

2. Register, § 6 KSpG

Neben der Potenzialanalyse bestimmt § 6 Abs. 1 KSpG die Einführung eines Registers über Lage und Ausdehnung von Kohlendioxidleitungen und Kohlendioxidspeichern durch die BGR, im Einvernehmen mit dem Umweltbundesamt (UBA). Zweck der Veröffentlichung ist ausweislich des Gesetzeswortlauts die umfassende Information der Öffentlichkeit als Grundlage für einen öffentlichen Meinungsaustausch und einen entsprechenden Willensbildungsprozess[782]. In dieses Register sind nach § 6 Abs. 1 KSpG aufzunehmen:

- Informationen zu bestehenden und geplanten Kohlendioxidleitungen (§ 6 Abs. 1 Nr. 1 KSpG),
- alle nach dem KSpG erteilten Genehmigungen, Planfeststellungsbeschlüsse und Plangenehmigungen sowie Anträge auf solche Entscheidungen (§ 6 Abs. 1 Nr. 2 KSpG),
- alle stillgelegten Kohlendioxidspeicher sowie alle Kohlendioxidspeicher, bei denen eine Übertragung der Verantwortung nach § 31 KSpG stattgefunden hat (§ 6 Abs. 1 Nr. 3 KSpG).

Zudem bestimmt § 6 Abs. 2 KSpG, dass für beantragte, genehmigte und stillgelegte Kohlendioxidspeicher folgende Punkte in das Register aufzunehmen sind:

- die Charakterisierung der von den Kohlendioxidspeichern genutzten Gesteinsschichten mittels der vorhandenen geologischen Daten, einschließlich der Karten und Schnittdarstellungen zur räumlichen Verbreitung (§ 6 Abs. 2 Nr. 1 KSpG),

781 Begründung zum Gesetzentwurf der Bundesregierung zum KSpG, BT-Drucks. 17/5750, Seite 39.
782 Begründung zum Gesetzentwurf der Bundesregierung zum KSpG, BT-Drucks. 17/5750, Seite 39.

- die Charakterisierung der in den Gesteinsschichten vorhandenen Formationswässer und der vorherrschenden Druckverhältnisse (§ 6 Abs. 2 Nr. 2 KSpG),
- die Abschätzung und Ermittlung von Druckveränderungen in den Gesteinsschichten durch die dauerhafte Speicherung (§ 6 Abs. 2 Nr. 3 KSpG),
- weitere verfügbare Informationen, anhand derer beurteilt werden kann, ob das gespeicherte Kohlendioxid vollständig und dauerhaft zurückgehalten werden kann (§ 6 Abs. 2 Nr. 4 KSpG),
- die Ermittlung und Abschätzung der mit der dauerhaften Speicherung verbundenen Umweltauswirkungen (§ 6 Abs. 2 Nr. 5 KSpG),
- andere Nutzungsmöglichkeiten, insbesondere der Geothermie (§ 6 Abs. 2 Nr. 6 KSpG),
- eine dreidimensionale Darstellung der Ausbreitung des Kohlendioxids und, soweit möglich, dessen Konzentration im Ausbreitungsbereich (§ 6 Abs. 2 Nr. 7 KSpG)

Das Register und die darin enthaltenen Informationen werden gemäß § 6 Abs. 3 KSpG laufend durch die BGR aktualisiert. Für die öffentliche Zugänglichkeit gelten die §§ 7 bis 9 des Umweltinformationsgesetzes entsprechend. Durch die Anwendbarkeit der §§ 8 und 9 UIG ist daher auch der Schutz entgegenstehender öffentlicher und privater Belange wie etwa von Geschäftsgeheimnissen gewährleistet.

III. Genehmigungsverfahren zur Exploration von Kohlendioxidspeichern

Gemäß § 7 Abs. 1 Satz 1 KSpG ist eine Untersuchung des Untergrundes auf seine Eignung zur Errichtung und zum Betrieb eines Kohlendioxidspeichers genehmigungspflichtig.

Nach dem Wortlaut des § 7 Abs. 1 Satz 2 KSpG handelt es sich bei der Explorationsgenehmigung um ein präventives Verbot mit Erlaubnisvorbehalt[783], die in ihren Anforderungen in weiten Teilen den bergrechtlichen Genehmigungsvoraussetzungen für Bergbauberechtigungen entlehnt ist[784]. Trotz dieser Orientierung

783 *Hellriegel*, NVwZ 2010, Seite 1530 (1532); *Wahlhäuser*, UPR 2009, Seite 295 (297); *Bosecke,* Carbon Capture and Storage – rechtliche Regelung einer neuen Klimaschutztechnologie in: Meeresnaturschutz, Erhaltung der Biodiversität und andere Herausforderungen im „Kaskadensystem" des Rechts: Festgabe zur Emeritierung von Detlef Czybulka, Seite 246.

784 Die Nähe zum bergrechtlichen Genehmigungsprogramm wird neben der Gebundenheit der Entscheidung auch durch die vielfältigen Bezugnahmen zu Wertungen des BBergG in der Gesetzesbegründung deutlich, vgl. die Begründung zum Gesetzentwurf der Bundesregierung zum KSpG, BT-Drucks. 17/5750, Seite 40 und 41.

am Anforderungskatalog des BBergG gibt es relevante Abweichungen einer Explorationsgenehmigung nach § 7 KSpG. Insbesondere ist die Explorationsgenehmigung auf die im Hinblick auf die Eignung des Untergrundes zur Speicherung von Kohlendioxid notwendigen Untersuchungshandlungen beschränkt und bezieht sich nicht auf Untersuchungen des Untergrundes mit anderen Zielrichtungen[785]. Sie berechtigt daher weder zur zielgerichteten Aufsuchung noch zur Aneignung zufällig gewonnener Bodenschätze nach dem Bundesberggesetz[786].

§ 7 Abs. 1 S. 2 KSpG benennt dabei die materiellen Voraussetzungen für die Erteilung, bei denen es sich – in Entsprechung zu den Genehmigungsvoraussetzungen des BBergG – um unbestimmte Rechtsbegriffe handelt, die sowohl sach- als auch personenbezogener Art sind. Diese sind damit richterlich voll nachprüfbar[787] und schaffen die gesetzlichen Grundlagen für eine bundesweit einheitliche und planmäßige Untersuchung[788]. Nach § 8 Abs. 1 S. 3 KSpG hat der Antragsteller insbesondere das Untersuchungsfeld und die Gesteinsschichten genau zu bezeichnen und in Karten mit geeignetem Maßstab einzutragen. Gemäß § 8 Abs. 2 S. 1 KSpG sind im Genehmigungsverfahren zudem die fachlich betroffenen Behörden sowie die Öffentlichkeit zu beteiligen.

Für die Berücksichtigung von Nutzungskonkurrenzen durch die zuständige Behörde sind insbesondere die materiellen Voraussetzungen des § 7 Abs. 1 S. 2 Nr. 2, 3, 8 KSpG sowie die § 7 Abs. 4, § 8 Abs. 1 S. 3 KSpG und § 8 Abs. 2 S. 2 KSpG relevant, die im Folgenden näher untersucht werden.

1. Untersuchungsprogramm, § 7 Abs. 1 S. 2 Nr. 2 KSpG

§ 7 Abs. 1 S. 2 Nr. 2 KSpG bindet die Erteilung der Untersuchungsgenehmigung an die Vorlage eines entsprechenden Untersuchungsprogramms. Es dient der Gewährleistung einer sowohl fachgerechten als auch zeitlich ordnungsgemäßen Untersuchung[789]. Der Antragsteller muss nachweisen, dass die Untersuchungsarbeiten nach Art und Umfang dem Maßstab der Anlage 1 des KSpG gerecht werden und in einem angemessenen Zeitraum erfolgen. Bedeutung im Hinblick auf Nutzungskonkurrenzen hat die mit der Aufstellung des Untersuchungsprogramms

---

785 Begründung zum Gesetzentwurf der Bundesregierung zum KSpG, BT-Drucks. 17/5750, Seite 40; *Wahlhäuser*, UPR 2009, Seite 295 (297).

786 Begründung zum Gesetzentwurf der Bundesregierung zum KSpG, BT-Drucks. 17/5750, Seite 40.

787 So zu den unbestimmten Rechtsbegriffen in den bergrechtlichen Genehmigungen: VGH *Mannheim* ZfB 1989, Seite 57 (66, 67); VG *Weimar*, ZfB 1996, Seite 321 (329) hinsichtlich § 48 Abs. 2 S. 1 BBergG; weiterhin *Boldt/Weller, Bundesberggesetz,* § 11. Rn. 1; *Frenz,* Bergrecht und Nachhaltige Entwicklung, Seite 22; *Hoppe/Spoer*, Bergrecht und Raumordnung, Seite 89.

788 Begründung zum Gesetzentwurf der Bundesregierung zum KSpG, BT-Drucks. 17/5750, Seite 39.

789 Begründung zum Gesetzentwurf der Bundesregierung zum KSpG, BT-Drucks. 17/5750, Seite 40.

verbundene zeitliche Begrenzung, insbesondere im Hinblick auf das in § 7 Abs. 4 KSpG enthaltene Ausschließlichkeitsrecht und den dort verankerten Schutz vor konkurrierenden Nutzungen. Gemäß § 7 Abs. 4 KSpG ist die zuständige Behörde daran gehindert, weitere sich in sachlicher und zeitlicher Hinsicht überschneidende Genehmigungen zur Untersuchung der betroffenen Gesteinsschichten auf ihre Eignung zur dauerhaften Speicherung zu erteilen. Sie darf während der Gültigkeitsdauer der Untersuchungsgenehmigung auch keine anderweitigen Nutzungen oder Explorationen des Speicherkomplexes zulassen, soweit diese die Eignung als Kohlendioxidspeicher beeinträchtigen würden.

2. Beeinträchtigungen von Bodenschätzen und vorhandenen Nutzungsmöglichkeiten des Untergrundes, deren Schutz jeweils im öffentlichen Interesse liegt, sowie von berg- und wasserrechtlichen Zulassungen, § 7 Abs. 1 S. 2 Nr. 3 KSpG

Gemäß § 7 Abs. 1 S. 2 Nr. 3 KSpG ist eine Explorationsgenehmigung nur zu erteilen, wenn Beeinträchtigungen von Bodenschätzen und vorhandenen Nutzungsmöglichkeiten des Untergrundes, deren Schutz jeweils im öffentlichen Interesse liegt, sowie Beeinträchtigungen von berg- und wasserrechtlichen Zulassungen ausgeschlossen sind. § 7 Abs. 1 S. 2 Nr. 3 KSpG dient ausweislich der Gesetzesbegründung dem Schutz wichtiger Bodenschätze und bereits erworbener berg- und wasserrechtlicher Rechtspositionen und greift dabei die Wertungen von § 11 Nr. 8 und 9 BBergG sowie von § 55 Absatz 1 Nr. 4 BBergG auf[790].

a) Beeinträchtigung von berg- und wasserrechtlichen Zulassungen

Die Zulassungsvoraussetzung des § 7 Abs. 1 S. 2 Nr. 3 KSpG dient durch die Verknüpfung mit berg- und wasserrechtlichen Zulassungen dem Schutz bereits bestehender subjektiver Rechtspositionen[791]. Denn die Explorationsgenehmigung für einen Kohlendioxidspeicher darf nicht erteilt werden, wenn berg- oder wasserrechtliche Zulassungen beeinträchtigt würden. § 7 Abs. 1 S. 2 Nr. 3 KSpG greift dabei insbesondere Wertungen des § 11 Nr. 8 BBergG auf und erfasst sowohl Gestattungen des Berechtsamwesens als auch die anderen Zulassungsentscheidungen des Bergrechts[792]. Die Vorschrift geht jedoch in ihrem Schutzbereich über das Bergrecht hinaus, da auch der Schutz wasserrechtlicher Gestattungen

790 Begründung zum Gesetzentwurf der Bundesregierung zum KSpG, BT-Drucks. 17/5750, Seite 40.

791 Begründung zum Gesetzentwurf der Bundesregierung zum KSpG, BT-Drucks. 17/5750, Seite 40.

792 *Bosecke,* Carbon Capture and Storage – rechtliche Regelung einer neuen Klimaschutztechnologie in: Meeresnaturschutz, Erhaltung der Biodiversität und andere Herausforderungen im „Kaskadensystem“ des Rechts: Festgabe zur Emeritierung von Detlef Czybulka, Seite 246.

umfasst ist. Inhaltlich kann jedoch durch die ausdrückliche Bezugnahme in der Gesetzesbegründung auf die zu § 11 Nr. 8 BBergG getroffenen Aussagen verwiesen werden.

b) Beeinträchtigung von Bodenschätzen und vorhandenen Nutzungsmöglichkeiten, deren Schutz im öffentlichen Interesse liegt

Im Hinblick auf den Schutz vor Beeinträchtigungen von Bodenschätzen greift § 7 Abs. 1 S. 2 Nr. 3 KSpG insbesondere auf die Wertung des § 11 Nr. 9 BBergG zurück, weitet aber den Schutzbereich über die vom Bergrecht in § 3 BBergG definierten Bodenschätze auch auf andere vorhandene Nutzungsmöglichkeiten des Untergrundes aus[793]. Beispielhaft für die von § 7 Abs. 1 S. 2 Nr. 3 KSpG umfassten Nutzungen sind in der Begründung des Regierungsentwurfs die Untergrundspeicherung und Druckluftspeicherung[794] genannt.

Ausgehend von dem Zweck der Untersuchung, die Voraussetzungen für die dauerhafte Speicherung von Kohlendioxid im Interesse des Klimaschutzes und im Interesse der Sicherung der Energieversorgung und Industrieproduktion zu schaffen, sind gleichwohl nicht alle Bodenschätze oder vorhandene Nutzungsmöglichkeiten des Untergrundes per se geschützt. Einer Explorationsgenehmigung entgegenstehend sind nur solche Nutzungen, deren Bedeutung für das Allgemeinwohl höher einzuschätzen ist als eine dauerhafte Speicherung von Kohlendioxid[795].

Nach den laut Gesetzesbegründung maßgeblichen Wertungen des § 11 Nr. 9 BBergG sowie des § 55 Abs. 1 Nr. 4 BBergG bedarf es daher eines besonderen öffentlichen und damit volkswirtschaftlichen Interesses an den Bodenschätzen oder anderen Nutzungsmöglichkeiten, so dass grundsätzlich auf die zu § 11 Nr. 9 BBergG gemachten Ausführungen verwiesen werden kann. Dieses besondere volkswirtschaftliche Interesse wird daher insbesondere dann zu bejahen sein, wenn der Bodenschatz bzw. die Nutzungsmöglichkeit einen wesentlichen Beitrag zur Energieversorgungssicherheit leistet oder Voraussetzung für die Herstellung wichtiger Wirtschaftsgüter ist[796]. Wann dies genau der Fall ist, wird jedoch in Bezug auf eine im Einzelfall entgegenstehende konkrete Nutzungsmöglichkeit ohne zusätzliche Wertungen, etwa durch raumordnerische Festlegungen durch die Zulassungsbehörde, schwierig zu bestimmen sein. Es stellt sich die Frage, wie etwa eine entgegenstehende singuläre geothermische Nutzung oder ein einzelner Erdgas- oder Druckluftspeicher einen wesentlichen Beitrag zur Energieversorgungssicherheit leisten können. Eine Versagung könnte jedoch etwa dann in Betracht kommen,

793 Begründung zum Gesetzentwurf der Bundesregierung zum KSpG, BT-Drucks. 17/5750, Seite 40.
794 Begründung zum Gesetzentwurf der Bundesregierung zum KSpG, BT-Drucks. 17/5750, Seite 40.
795 Begründung zum Gesetzentwurf der Bundesregierung zum KSpG, BT-Drucks. 17/5750, Seite 40.
796 Begründung zum Gesetzentwurf der Bundesregierung zum KSpG, BT-Drucks. 17/5750, Seite 40.

wenn sich die im Rahmen der Explorationsgenehmigung zu untersuchende geologische Formation als besonders prädestiniert für andere konfligierende Nutzungen erweist, dies der Zulassungsbehörde bekannt ist und eine entsprechende Nutzung bereits durch die Exploration unmöglich oder wesentlich erschwert würde.

Besondere Bedeutung im Hinblick auf die einer dauerhaften Speicherung von Kohlendioxid entgegenstehenden Nutzungen kommen dabei nach Auffassung des Gesetzgebers solchen Bodenschätzen und Nutzungsmöglichkeiten zu, die ebenfalls dem Klimaschutz dienen, wie etwa die hydrothermale und petrothermale Geothermie sowie die Druckluftspeicherung[797]. Dies deckt sich insoweit mit Erwägungsgrund 19 der CCS-Richtlinie nach dem die Mitgliedsstaaten insbesondere anderen energiebezogenen Optionen zur Nutzung einer potenziellen Speicherstätte – zum Beispiel solchen, die für die Sicherheit der Energieversorgung des Mitgliedstaats oder für die Entwicklung erneuerbarer Energiequellen von strategischer Bedeutung sind – gebührende Beachtung schenken sollen und gibt für die konkrete behördliche Entscheidung im Einzelfall einen kleinen gesetzgeberischen Fingerzeig.

Weiterhin hat die zuständige Behörde auch Wertungen aus anderen Gesetzen bei der Prüfung des Schutzwertes einer entgegenstehenden Nutzung zu beachten, soweit diese einen entsprechenden Bezug zur beantragten Exploration haben. Hier ist insbesondere die Rohstoffsicherungsklausel § 48 Abs. 1 S. 1 BBergG relevant, nach der dafür Sorge zu tragen ist, dass auch bei der Anwendung anderer Gesetze als dem BBergG die Aufsuchung und Gewinnung von Bodenschätzen so wenig wie möglich beeinträchtigt werden soll. Diese gesetzgeberische Wertung ist daher auch für die Erteilung einer Explorationsgenehmigung nach § 7 KSpG und die Bewertung möglicherweise entgegenstehender Nutzungen relevant. Denn an der Aufsuchung und Nutzung von Bodenschätzen besteht ein erhebliches volkswirtschaftliches Interesse[798], das insoweit in die nachvollziehende Abwägung zur Ausfüllung des unbestimmten Rechtsbegriffs einzustellen ist.

Bedingung für ein Entgegenstehen ist allerdings, dass die Nutzungsmöglichkeiten nicht lediglich abstrakt vorhanden sein dürfen, sondern am jeweiligen Explorationsstandort möglich sein müssen[799]. Leider führt der Gesetzgeber nicht genauer aus, wie konkret die Nutzungsmöglichkeiten vorhanden sein müssen und überlässt dies einer Wertung der Exekutive und – da es sich aufgrund der Gebundenheit der Entscheidung über eine Explorationsgenehmigung um eine richterlich voll nachprüfbare Entscheidung handelt – der Judikative. Aufgrund

797 Begründung zum Gesetzentwurf der Bundesregierung zum KSpG, BT-Drucks. 17/5750, Seite 40.

798 Vgl. *BVerfGE* 30, Seite 292 (323); *NWVerfGH*, NVwZ-RR 1998, Seite 473 (475), die das Interesse an einer gesicherten Rohstoffversorgung als „Gemeinschaftsgut höchsten Ranges" bezeichnen.

799 Begründung zum Gesetzentwurf der Bundesregierung zum KSpG, BT-Drucks. 17/5750, Seite 40.

des Wortlauts der Begründung des Regierungsentwurfs, der von „möglich sein“ spricht, wird man nicht davon ausgehen dürfen, dass eine entgegenstehende Nutzung bereits beantragt sein muss. Es dürften insoweit wohl auch Planungen ausreichen. Wie weit sich diese verfestigt haben müssen, ist gerade in Bezug auf rein unternehmerische Entscheidungen eine komplizierte Fragestellung, die nur im Einzelfall beantwortet werden kann. Zudem müssen sich die Beeinträchtigungen bereits durch die Explorationsmaßnahmen ergeben, was in der Praxis wohl nur in Einzelfällen relevant sein dürfte. Daher lässt sich als Fazit festhalten, dass hier aus Gründen der Rechts- und Investitionssicherheit in einem modernen umweltrechtlich determinierten Gesetz eine klarere gesetzgeberische Aussage wünschenswert gewesen wäre.

3. Entgegenstehende andere öffentlich-rechtliche Vorschriften oder überwiegende öffentliche Interessen, § 7 Abs. 1 S. 2 Nr. 8 KSpG

Gemäß § 7 Abs. 1 S. 2 Nr. 8 KSpG ist die Explorationsgenehmigung zudem zu untersagen, soweit andere öffentlich-rechtliche Vorschriften oder überwiegende öffentliche Interessen entgegenstehen.

a) Öffentlich-rechtliche Vorschriften

Entgegenstehende öffentlich-rechtliche Vorschriften sind alle aufgrund anderer Rechtsvorschriften bestehenden Genehmigungsvoraussetzungen oder sonstige selbstständige Pflichten[800]. Da der Untersuchungsgenehmigung keine Konzentrationswirkung zukommt, sind die anderen öffentlich-rechtlichen Vorschriften damit zwar Zulassungsvoraussetzung, aber kein Entscheidungsinhalt der Untersuchungsgenehmigung. Diese Entscheidung bleibt weiterhin den fachlich zuständigen Behörden vorbehalten. Gemäß § 8 Abs. 2 S. 1 KSpG sind im Genehmigungsverfahren die fachlich betroffenen Behörden zu beteiligen.

b) Überwiegende öffentliche Interessen

Weiterhin dürfen der Untersuchung auch keine überwiegenden öffentlichen Interessen entgegenstehen. Aufgrund des Verweises in der Gesetzesbegründung auf das Urteil des BVerwG zu § 48 Abs. 2 S. 1 BBergG ist hierbei ein weites Verständnis des Begriffes öffentliche Interessen angezeigt, das gerade auf andere Belange als den Schutz vor betrieblichen Gefahren im engeren Sinne abzielt[801]. Hieraus wird der Auffangcharakter von § 7 Abs. 1 S. 2 Nr. 8 KSpG deutlich. Die

---

800 Begründung zum Gesetzentwurf der Bundesregierung zum KSpG, BT-Drucks. 17/5750, Seite 41.

801 *BVerwGE* 126, Seite 205 ff.

Berücksichtigungsfähigkeit der überwiegenden öffentlichen Interessen erweitert dabei die behördliche Entscheidungsbefugnis gegenüber einer normalen Kontrollerlaubnis, indem sie auf Tatbestandsebene Abwägungselemente einführt[802]. Bereits in § 7 Abs. 1 S. 2 Nr. 3 KSpG durch die Behörde geprüfte Ausschlussgründe können indes nicht mehr ein weiteres Mal in die Prüfung nach § 7 Abs. 1 S. 2 Nr. 8 KSpG eingestellt werden.

Bei der Beurteilung sind neben den oberirdischen Auswirkungen der Untersuchung auch unterirdische Nutzungen und Nutzungsmöglichkeiten, soweit sie nicht vom Prüfprogramm des § 7 KSpG – insbesondere von § 7 Abs. 1 S. 2 Nr. 3 KSpG – erfasst sind, zu berücksichtigen (zum Beispiel Untertagedeponien)[803]. Nach der Rechtsprechung zu § 48 Abs. 2 S. 2 BBergG kommen daher Belange des Bauplanungsrechts[804] und der gemeindlichen Planungshoheit[805], des Naturschutzes und der Landschaftspflege[806], der Erfordernisse bzw. Belange der Raumordnung[807], das Interesse an der Findung eines Standortes zur Endlagerung wärmeentwickelnder radioaktiver Abfälle[808] sowie teilweise Belange des Fremdenverkehrs[809] als öffentliche Interessen im Rahmen der Prüfung von § 7 Abs. 1 S. 2 Nr. 8 KSpG in Betracht. Auch Belange der Rohstoff- und Energiepolitik[810], des Lagerstättenschutzes, des Strahlenschutzes sowie der Außenbereichsbebauung

---

802 *Bosecke,* Carbon Capture and Storage – rechtliche Regelung einer neuen Klimaschutztechnologie in: Meeresnaturschutz, Erhaltung der Biodiversität und andere Herausforderungen im „Kaskadensystem" des Rechts: Festgabe zur Emeritierung von Detlef Czybulka, Seite 246.

803 Begründung zum Gesetzentwurf der Bundesregierung zum KSpG, BT-Drucks. 17/5750, Seite 41.

804 Vgl. OVG *Koblenz*, NUR 1994, Seite 44 (44); *Kühne,* DVBl. 1984, Seite 709 (714); *Büllesbach*, Die rechtliche Beurteilung von Abgrabungen, Seite 87 f.; *Niermann*, Betriebsplan und Planfeststellung im Bergrecht, Seite 174 ff.

805 OVG *Koblenz* NuR 1994, Seite 44 (44) zur Berücksichtigung der gemeindlichen Planungshoheit über § 48 Abs. 2 S. 1 BBergG siehe auch *Schoch*, FS Hoppe, Seite 711 (721).

806 *Schulte*, ZfB 1987, Seite 178 (208), *Wilde*, DVBl. 1998, Seite 1321 (1324 f.); *Büllesbach*, Die rechtliche Beurteilung von Abgrabungen, Seite 94 ff. m.w.N.; umstritten ist jedoch die rechtliche Tragweite der naturschutzrechtlichen Eingriffsregelung. Nach der von *Gerigk*, ZfB 1987, Seite 232 (235), *Wilde*, DVBl. 1998, Seite 1321 (1325) und *Schulte*, ZfB 1987, Seite 178 (207) vertretenen Ansicht ist § 55 Abs. 1 Nr. 7 BBergG lex specialis gegenüber der naturschutzrechtlichen Eingriffsregelung. Dagegen vertritt *Kolonko*, ZUR 1995, Seite 126 (131) einen differenzierten Ansatz, nachdem kein vollständiger Ausschluss erfolgt und über die Anforderungen des § 55 Abs. 1 Nr. 7 BBergG hinausgehende Anforderungen des § 8 Abs. 2 und 3 BNatschG über § 48 Abs. 2 BBergG im Betriebsplanverfahren zu prüfen sind.

807 *Kühne,* DVBl. 1984, Seite 709 (711); *Niermann*, Betriebsplan und Planfeststellung im Bergrecht, Seite 172 ff.; *Büllesbach*, Die rechtliche Beurteilung von Abgrabungen, Seite 89 ff.; *Erbguth,* VerwArch. 1996, Seite 258 (271 f.); VG *Leipzig*, ZfB 1998, Seite 331 (335); OVG *Münster*, ZfB 1990, Seite 43 (44); *Boldt/Weller*, Bundesberggesetz, Ergänzungsband, § 48, Rn. 10.

808 OVG *Lüneburg*, ZUR 2008, Seite 595 (595).

809 VG *Karlsruhe*, ZfB 1990, Seite 336 (339); VGH *Mannheim*, ZfB 1989, Seite 57 (66 f.).

810 so zu § 11 Nr. 10 BBergG, VGH *Mannheim*, ZfB 1989, Seite 57 (66).

können einschlägig sein. Insoweit – und aufgrund des inhatlichen Gleichlaufs von § 48 Abs. 2 S. 2 BBergG sowie § 11 Nr. 10 BBergG – kann auf die Ausführungen zu § 11 Nr. 10 BBergG verwiesen werden.

Allerdings ist es nach dem Wortlaut von § 7 Abs. 1 S. 2 Nr. 8 KSpG nicht notwendig, dass die überwiegenden öffentlichen Interessen eine Exploration im gesamten zuzuteilenden Feld ausschließen. Dies ist insoweit nur konsequent, da nach der Rechtsprechung zu § 11 Nr. 10 BBergG inzwischen auch die Abdeckung wesentlicher Teilbereiche des beantragten Feldes als ausreichend angesehen wird[811]. Es ist daher zu begrüßen, dass im Rahmen des KSpG auf dieses umstrittene Merkmal verzichtet wird. Der Grad der Abdeckung entgegenstehender öffentlicher Interessen muss bei der Prüfung des § 7 Abs. 1 S. 2 Nr. 8 KSpG im Rahmen der nachvollziehenden Abwägung jedoch entsprechend beachtet werden.

4. Ausschließlichkeit der Explorationsgenehmigung, § 7 Abs. 5 KSpG

§ 7 Abs. 5 KSpG gewährt dem Inhaber einer Explorationsgenehmigung ein alleiniges Recht zur Untersuchung[812]. Die Regelung lehnt sich damit konsequenterweise an die im Bergrecht in § 7 Abs. 1 BBergG übliche Ausschließlichkeit der Untersuchungsgenehmigung[813] an und hat zur Folge, dass nur der Inhaber der Explorationsgenehmigung die Befugnis zur Ausübung der in der Untersuchungsgenehmigung zugewiesenen Rechte hat. Die zuständige Behörde ist daher daran gehindert, weitere sich in sachlicher und zeitlicher Hinsicht überschneidende Genehmigungen zur Untersuchung der betroffenen Gesteinsschichten auf ihre Eignung zur dauerhaften Speicherung zu erteilen. § 7 Abs. 5 KSpG stellt insoweit eine erste Stufe zur Vermeidung von konkreten Konkurrenzsituationen dar, die im Kontext um die Exploration ein und derselben unterirdischen Formationen entstehen können.

Die Behörde darf während der Gültigkeitsdauer der Untersuchungsgenehmigung auch keine anderen Nutzungen des Speicherkomplexes zulassen, soweit diese die Eignung als Kohlendioxidspeicher beeinträchtigen würden[814]. Bereits zugelassene Nutzungen und solche, die auf verfestigten Anspruchspositionen beruhen, sind im Zusammenspiel mit § 7 Abs. 1 Nr. 3 KSpG jedoch umfassend geschützt.

---

811 So halt etwa der VGH *Mannheim*, ZfB 1989, Seite 57 (68,69); VG *Freiburg*, ZfB 1985, Seite 108 (109) eine Abdeckung von 80 % für ausreichend. Eine vollständige Deckung der Feldesgrenzen wird insoweit nicht verlangt. Auch das VG *Leipzig*, ZfB 1995, Seite 48 (53) betobt diesbezüglich, dass es entscheidend auf die Umstände des Einzelfalls ankomme.

812 Begründung zum Gesetzentwurf der Bundesregierung zum KSpG, BT-Drucks. 17/5750, Seite 41.

813 *Boldt/Weller, Bundesberggesetz,* § 7, Rn. 5.

814 Begründung zum Gesetzentwurf der Bundesregierung zum KSpG, BT-Drucks. 17/5750, Seite 41.

5. Verfahrensrechtlicher Vorrang zwischen konkurrierenden Explorationsanträgen, § 8 Abs. 1 S. 5 KSpG

§ 8 Abs. 1 S. 5 KSpG regelt den Umgang bei einer Konkurrenzsituation mehrerer gleichgerichteter Explorationsanträge im Hinblick auf dieselben unterirdischen Formationen und stellt eine weitere Regelung zum Umgang mit Nutzungskonkurrenzen dar. Entsprechend der Vorschrift ist über den Antrag zuerst zu entscheiden, dessen Untersuchungsprogramm den Voraussetzungen des § 7 Abs. 1 KSpG am besten Rechnung trägt; bei gleichwertigen Anträgen genießt der Antrag Vorrang, der zuerst genehmigungsfähig ist. Es handelt sich daher um eine Regelung, die einen Vorrang deckungs- und zeitgleicher Explorationsanträge auf der Grundlage rein qualitativer Maßstäbe bestimmt. Lediglich in dem Fall, dass beide Anträge als gleichwertig durch die Zulassungsbehörde eingestuft werden, gilt das Prioritätsprinzip unter Bezugnahme auf die Genehmigungsfähigkeit des Antrags.

6. Verfahrensrechtlicher Vorrang zwischen einem Explorationsantrag nach KSpG und Anträgen auf Erlaubnis nach § 7 BBergG, § 8 Abs. 4 KSpG

§ 8 Abs. 4 KSpG dient dem Schutz desjenigen, der bereits einen vollständigen Antrag auf Untersuchungsgenehmigung gestellt hat und trägt dem Umstand Rechnung, dass bereits die Antragstellung auf Exploration eines möglichen Kohlendioxidspeichers mit entsprechenden Investitionen verbunden ist[815]. Aufgrund dieses Umstandes schützt § 8 Abs. 4 S. 1 KSpG den Antragsteller einer Explorationsgenehmigung nach § 7 KSpG davor, dass über zeitlich später gestellte Anträge auf Erteilung einer Erlaubnis zur Bodenschatzgewinnung nach § 7 BBergG entschieden wird, bevor eine behördliche Entscheidung über die Explorationsgenehmigung nach KSpG getroffen wurde.

Um die Angemessenheit dieser Regelung sicherzustellen und die volkswirtschaftlich relevante Bodenschatzgewinnung nicht unnötig zu behindern, begrenzt § 8 Abs. 4 S. 1 KSpG die Nachrangigkeit bergrechtlicher Erlaubnisanträge auf solche Untersuchungen, von denen nachteilige Auswirkungen auf die Exploration des Kohlendioxidspeichers erwartet werden. Ist eine Beeinträchtigung auszuschließen, kann über den Antrag auf Erlaubnis nach § 7 BBergG parallel entschieden werden.

§ 8 Abs. 4 S. 2 KSpG dehnt die Regelung auf die Fälle aus, in denen § 51 Absatz 1 BBergG den ersten bergrechtlichen Zulassungstatbestand darstellt, und ist dem mehrstufigen Verfahren im Bergrecht geschuldet. Nur ein zeitlich nachrangiger Antrag auf der ersten Stufe, das heißt ein erster bergrechtlicher Antrag,

815 Begründung zum Gesetzentwurf der Bundesregierung zum KSpG, BT-Drucks. 17/5750, Seite 42.

kann gegenüber dem Antrag auf Exploration eines Kohlendioxidspeichers nach § 7 KSpG nachrangig sein, da ansonsten bereits eine schützenswerte subjektive Rechtsposition nach dem BBergG und damit eine gemäß § 7 Abs. 1 Nr. 3 KSpG zu prüfende Genehmigungsvoraussetzung erlangt worden ist.

7. Zusammenfassende Bewertung

Das KSpG übernimmt in Bezug auf seine Konzeption die Unterscheidung des Bergrechts zwischen Exploration und der tatsächlichen Ausübung der Untergrundnutzung. Im Hinblick auf die Genehmigungsvoraussetzungen zur Exploration einer geologischen Formation in Bezug auf ihre Eignung zur dauerhaften Speicherung von Kohlendioxid lehnt es sich ausweislich der vielfältigen Bezugahmen in der Begründung zum Gesetzentwurf der Bundesregierung im Wesentlichen an die Wertungen des BBergG an. Auch bei der Explorationsgenehmigung nach § 7 KSpG handelt es sich um eine klassische Kontrollgenehmigung in der Form des präventiven Verbotes mit Erlaubnisvorbehalt.

Gleichzeitig spiegelt sich auch in den, in § 7 KSpG enthaltenen, unbestimmten Rechtsbegriffen die – auch auf Langfristigkeit – angelegte Zweckbestimmung des § 1 KSpG wider. Folgerichtig enthalten die Regelungen zur Erteilung einer Untersuchungsgenehmigung auch Bestimmungen, die auf einen Ausgleich von unterschiedlichen Nutzungsinteressen und damit auch auf die Ausfüllung des Gesetzeszweckes gerichtet sind. Eine Möglichkeit der Berücksichtigung konkurrierender Nutzungen ergibt sich im Rahmen der Untersuchungsgenehmigung dabei aus den Versagungsgründen des § 7 Abs. 1 Nr. 3 und § 7 Abs. 1 Nr. 8 KSpG, die sich in ihren Wertungen im Wesentlichen an die Bestimmungen des BBergG anlehnen. Allerdings sind im KSpG auch Erweiterungen aufgeführt, da bei der Prüfung des § 7 Abs. 1 Nr. 3 KSpG auch andere vorhandene Nutzungsmöglichkeiten des Untergrundes außerhalb der Bodenschatzgewinnung in die Prüfung einfließen und der überwiegende Abdeckungsgrad von entgegenstehenden öffentlichen Interessen in Bezug auf das Explorationsfeld gegenüber dem BBergG aufgehoben wurde.

Im Rahmen der Erteilung einer Untersuchungsgenehmigung findet vom Grundsatz her jedoch keine „vorsorgende“ überörtliche und planerisch abwägende Prüfung dahingehend statt, ob oder inwieweit eine Speicherung von Kohlendioxid gerade am Ort der konkret beantragten Exploration sinnvoll ist und benötigt wird. Denn durch die Ausgestaltung als Kontrollerlaubnis obliegt es eindeutig dem Vorhabenträger, diese Entscheidung im Rahmen seiner wirtschaftlichen Betätigung zu treffen. Im Hinblick auf zukünftige Nutzungsformen und dadurch entstehende potenzielle Nutzungsausschlüsse ergibt sich daher auch im KSpG das Problem, dass der Behörde konkrete Beurteilungsmaßstäbe und gesetzgeberische Wertungen fehlen, welche Nutzungsformen im Einzelfall Vorrang erhalten sollten. Verschärft wird dieses Problem durch den Umstand, dass alle in dieser Arbeit untersuchten Untergrundnutzungen eine spezifische energie- oder klimapolitische Berechtigung aufweisen und Zukunftsoptionen bieten. Während etwa die Geothermie sowie die Speicherung von Druckluft oder Wasserstoff den politisch beschlossenen Ausbau erneuerbarer Energien unterstützen, erhöhen die Förderung von Erdöl und Erdgas oder die Speicherung von Kohlendioxid im Rahmen von CCS die Sicherheit und Unabhängigkeit Deutschlands bei der Rohstoffversorgung. Das Vorliegen eines Versagungsgrundes im Verfahren der Bergbauberechtigung lässt sich wohl nur dann mit der notwendigen Beurteilungssicherheit durch die Bergbehörde feststellen, wenn im konkreten Einzelfall besonders günstige Potenziale für eine spezifische Nutzungsform bestehen und es auch bereits absehbar ist, dass diese Potenziale in einem absehbaren Zeitraum genutzt werden sollen.

Zudem ist zu beachten, dass sich die Prüfung konfligierender Interessen und Konkurrenzsituationen auf die konkrete beantragte Exploration beziehen muss, die in der Praxis wohl nicht besonders konfliktträchtig im Hinblick auf den Ausschluss oder die wesentliche Erschwerung von anderen Untergrundnutzungen ist. Konkurrenzsituationen durch die Speicherung müssen im nachfolgenden Verfahren der Speichergenehmigung nach §§ 11 ff. KSpG gelöst werden. Dies ergibt sich bereits aus der unterschiedlichen Ausgestaltung der Verfahren als Kontrollerlaubnis bei der Exploration und Planfeststellung bei der Speichergenehmigung.

Durch die in mittel- bis langfristiger Perspektive deutlich ansteigende Nutzungsverdichtung ergibt sich in der Analyse daher trotz bestehender Ansatzpunkte im Rahmen der Explorationsgenehmigung nach § 7 KSpG auch hier ein Bedürfnis nach einer steuernden überörtlichen Gestaltung, die die für eine rechtssichere Anwendung notwendigen Beurteilungsmaßstäbe und Priorisierungen beinhaltet und Investitionssicherheit schafft. Dabei kann insbesondere die in § 5 KSpG verankerte Potenzialanalyse gleichsam einen Nucleus für eine übergeordnete Beplanung bieten, da sie durch die Einbeziehung möglicher konfligierende Interessen zwischen Kohlendioxidspeichern, Rohstoffgewinnung, Geothermienutzung, nutzbarem Grundwasser, der Speicherung und Lagerung anderer gasförmiger, flüssiger oder fester Stoffe sowie wissenschaftlicher Bohrungen in § 5 Abs. 2 Nr. 7 KSpG wertvolle Informationen beinhaltet.

IV. Genehmigungsverfahren zur Speicherung von Kohlendioxid

Gemäß § 11 Abs. 1 S. 1 KSpG bedürfen die Errichtung, der Betrieb und die wesentliche Änderung eines Kohlendioxidspeichers der Planfeststellung durch die zuständige Behörde, wobei gemäß § 11 Abs. 1 S. 2 KSpG die §§ 72 bis 78 des VwVfG Anwendung finden. Das gesetzlich vorgesehene Planfeststellungsverfahren ist dabei das klassische Zulassungsverfahren für Vorhaben mit einem hohen Raumbedarf, wie etwa Infrastruktur- oder Entsorgungsanlagen[816]. Der mit solchen Vorhaben verbundene hohe Raumbedarf resultiert dabei in einem besonderen räumlichen Koordinierungsbedarf, dem die Planfeststellung durch ihre besondere verwaltungsverfahrensrechtliche Ausgestaltung gerecht wird. Die Genehmigung eines Kohlendioxidspeichers als örtliches Punktvorhaben[817] und die gebotene Berücksichtigung aller betroffenen Belange in einem effektiven Verfahren legen daher aus Sicht des Gesetzgebers die Anwendung der Planfeststellung als besondere Verfahrensart nahe[818].

Dabei dient die Planfeststellung auf der einen Seite als Instrument der staatlichen Zulassungs- bzw. Eröffnungskontrolle eines konkreten Vorhabens[819]. Der Planfeststellungsbeschluss hat die in § 75 VwVfG angeordnete Konzentrations- und Gestaltungswirkung. Er deckt damit grundsätzlich andere behördliche Prüfungen und Entscheidungen mit ab, die gleichwohl dem materiellen Recht der mitberührten Sachbereiche unterliegen[820], und determiniert künftige Entscheidungen rechtsgestaltend vor. Daher enthält die Planfeststellung Elemente, welche eine übliche Genehmigung in Form einer Kontrollerlaubnis kennzeichnen[821]. Dabei handelt es sich üblicherweise um Genehmigungsvoraussetzungen, die der Gefahrenabwehr und Risikovorsorge in Bezug auf Umwelt- und sonstige Rechtsgüter dienen[822]. Diese Genehmigungselemente sind in den unterschiedlichen Fachgesetzen verschieden stark ausgeprägt. Bei Zulassungen von Vorhaben, deren Schwerpunkt in erster Linie in der räumlichen Verortung liegt, sind diese eher schwächer ausgeprägt[823]. Bei anderen Vorhaben, bei denen neben den raumplanerischen Elementen die Gefahren- und Risikovorsorge wesentlich stärker im Vordergrund stehen, sind diese Elemente deutlicher hervorgehoben.

Zudem ist die Planfeststellung andererseits auch eine raumplanerische Entscheidung, in der selbst und unmittelbar über die Einordnung eines Vorhabens in

---

816 *Wickel*, ZUR 2011, Seite 115 (120).

817 Vgl. zum Begriff des örtlichen Punktvorhabens *Bonk/Neumann* in *Stelkens/Bonk/Sachs*, Verwaltungsverfahrensgesetz Kommentar, § 72 Rn. 3.

818 Begründung zum Gesetzentwurf der Bundesregierung zum KSpG, BT-Drucks. 17/5750, Seite 43; *Wickel*, ZUR 2011, Seite 115 (118).

819 *Kloepfer*, Umweltrecht, § 5 Rn. 29, der die Planfeststellung im Übergangsbereich von administrativer Kontrolle im Sinne der Anlagengenehmigung und der Planung verortet.

820 *BVerwGE* 70, Seite 242 (244); 71, Seite 163 (164); 85, Seite 44 (46).

821 *Steinberg/Berg/Wickel*, Fachplanung, § 1 Rn. 8; *Jarass*, DVBl. 1998, Seite 1202 (1203)

822 *Ronellenfitsch*, DÖV 1991, Seite 771 (779).

823 Vgl. *Gaentzsch,* FS für Sendler, Seite 403 (423).

den Raum und damit auch verbindlich über kollidierende Raumnutzungsinteressen entschieden wird[824]. Im Planfeststellungsbeschluss selbst ist daher festzusetzen, welchen Raum das Vorhaben zulässigerweise beanspruchen darf[825]. Eine Regelung, die die Errichtung und den Betrieb einer Anlage von einer vorherigen Planfeststellung abhängig macht, enthält zudem im Allgemeinen zugleich die materielle Ermächtigung der Planfeststellungsbehörde zur Planung und eröffnet ihr regelmäßig auch eine entsprechende planerische Gestaltungsfreiheit[826].

Welche Entscheidungsbefugnisse und -spielräume der Planfeststellungsbehörde zustehen, ergibt sich nicht schon aus der gesetzlichen Anordnung eines Planfeststellungsverfahrens, sondern aus der materiellen Ausgestaltung im jeweiligen Fachrecht[827]. Allein der Umstand, dass ein bestimmtes Vorhaben in einem Planfeststellungsverfahren zuzulassen ist, besagt nicht automatisch, dass der zuständigen Behörde ein dem Abwägungsgebot unterliegender planerischer Gestaltungsspielraum zukommen muss[828]. Möglich sind somit sowohl eine inhaltliche Ausgestaltung als Planungsentscheidung mit Abwägungsspielraum der Behörde als auch eine Ausformung als gebundene Entscheidung mit einem Rechtsanspruch auf Erlass eines Planfeststellungsbeschlusses bei Vorliegen der Tatbestandsvoraussetzungen, wie etwa im Bergrecht oder Atomgesetz.

Für eine gebundene Entscheidung spricht die vom üblichen Fachplanungsrecht abweichende Ausgestaltung von § 13 KSpG, die sich durchaus mit den Anforderungen des § 9 b AtG vergleichen lässt[829]. Während der Gesetzgeber sonst regelmäßig bestimmt, dass bei der Planfeststellung die von dem Vorhaben berührten öffentlichen und privaten Belange einschließlich der Umweltverträglichkeit im Rahmen der Abwägung zu berücksichtigen sind[830], fehlt eine entsprechende Abwägungsklausel in § 13 KSpG. Vielmehr regelt § 13 Abs. 1 KSpG die Zulassungsvoraussetzungen umfassend im Sinne von konkreten Genehmigungsvoraussetzungen. Zudem erweitert § 13 Abs. 1 S. 2 KSpG diese um weitere

---

824 *Much*, Die Rechtsfragen der Ablagerung von CO_2 in unterirdischen geologischen Formationen, Seite 211; *Steinberg/Berg/Wickel*, Fachplanung, § 1 Rn. 5.

825 *Steinberg/Berg/Wickel*, Fachplanung, § 1 Rn. 6.

826 Vgl. zum Beispielzum Beispiel zur abfallrechtlichen Planfeststellung, *BVerwGE* 97, 143.

827 *Bonk/Neumann* in *Stelkens/Bonk/Sachs*, Verwaltungsverfahrensgesetz Kommentar, § 72 Rn. 9; *Gaentzsch,* FS für Sendler, Seite 403 (412).

828 OVG *Lüneburg*, ZUR 2006, Seite 489, zitiert nach juris Rn. 58.

829 *Wickel,* ZUR 2011, Seite 115 (119) zum wortgleichen § 13 Abs. 1 Nr. 1 des Gesetzentwurfs der Bundesregierung zur Regelung von Abscheidung, Transport und dauerhafter Speicherung von Kohlendioxid 2009, BT-Drs. 16/12782; zur Gebundenheit der Entscheidung nach § 9b AtG vgl. OVG *Lüneburg*, ZUR 2006, Seite 489 zitiert nach juris Rn. 59; *BVerwG*, NVwZ 2007, Seite 833 (833).

830 So beispielsweise § 17 Abs. 1 Satz 2 FStrG, § 28 Abs. 1 Satz 2 PBefG, § 18 Abs. 1 Satz 1 AEG, § 8 Abs. 1 Satz 2 LuftVG, § 14 Abs. 1 Satz 2 WaStrG.

Erfordernisse aus der als Kontrollerlaubnis ausgestalteten Explorationsgenehmigung nach § 7 KSpG. Damit sind die materiellen Voraussetzungen für die Erteilung der Speichergenehmigung umfassend im Gesetz geregelt und unterscheiden sich nach Struktur, Normprogramm und Detailreichtum nicht wesentlich von anderen gebundenen Genehmigungstatbeständen etwa des BImSchG oder des BBergG sowie der als gebundene Entscheidung ausgestalteten Untersuchungsgenehmigung nach § 7 KSpG. In diesem Kontext stellt sich daher die Frage, welche Gesichtspunkte gegebenenfalls noch Gegenstand einer Abwägung sein könnten, wenn das Gesetz die Zulassungsentscheidung im Einzelnen durch Erteilungsvoraussetzungen und Versagungsgründe durchstrukturiert. Zudem läge die Ausformung der Planfeststellung eines Kohlendioxidspeichers als gebundene Entscheidung auch inhaltlich durchaus nahe, da es sich bei der untertägigen Speicherung von Kohlendioxid um eine, nahe an den im Bergrecht normierten Nutzungsformen orientierte Nutzung des Untergrundes handelt und es im Rahmen der bergrechtlichen Planfeststellung nach Auffassung des BVerwG gerade einen Anspruch auf Erteilung und keinen planerischen Gestaltungsspielraum der Behörde gibt[831]. Damit einher ginge in der Folge eine umfassende Nachprüfung durch die Gerichte und damit eine stärkere Kontrolle der Exekutive.

Im Rahmen der Planfeststellung für die Zulassung eines Kohlendioxidspeichers sind jedoch laut der Gesetzesbegründung alle von dem Vorhaben berührten öffentlichen und privaten Belange zu ermitteln, zu bewerten sowie gegeneinander und untereinander abzuwägen[832]. Diese Aussage weist deutlich darauf hin, dass es dem Gesetzgeber hier auf eine umfassende Abwägung mit einem planerischen Gestaltungsspielraum der Behörde ankam. Zudem wird im Kontext des § 13 Abs. 1 Nr. 1 ganz allgemein auf die Regelungssystematik des § 32 Abs. 1 KrW/AbfG verwiesen sowie von einer im Rahmen der Planfeststellung durchzuführenden Alternativenprüfung gesprochen[833]. Auch hieraus lässt sich ein Hinweis auf einen gestalterischen Planungsspielraum der Planfeststellungsbehörde ziehen. Denn die Prüfung von Standortalternativen ist geradezu ein Kernelement eines planerischen Gestaltungsspielraums und der Hinweis auf die Standortgebundenheit schränkt diesen lediglich ein. Auch die Entscheidung gegen eine Kodifikation im BBergG sondern in einem eigenständigen Gesetz streitet für eine von der bergrechtlichen Planfeststellung abweichende Beurteilung des § 13 KSpG. Es handelt sich bei der Zulassungsentscheidung für einen Kohlendioxidspeicher – wie bei der abfallrechtlichen Planfeststellung[834] – damit um ein mixtum compositum

831 Vgl. *BVerwGE* 127, Seite 259 (259).

832 Begründung zum Gesetzentwurf der Bundesregierung zum KSpG, BT-Drucks. 17/5750, Seite 43.

833 Begründung zum Gesetzentwurf der Bundesregierung zum KSpG, BT-Drucks. 17/5750, Seite 43.

834 Vgl. zur Struktur der abfallrechtlichen Planfeststellung, *Paetow* in FS Sendler, Seite 425.

zwischen der am Modell des präventiven Verbots mit Erlaubnisvorbehalt ausgerichteten Anlagen- und Unternehmergenehmigung und Elementen der echten Planungsentscheidung.

Damit handelt es sich in Abgrenzung zur bergrechtlichen Planfeststellung und zur Explorationsgenehmigung des § 7 KSpG bei der Zulassung eines Kohlendioxidspeichers nach § 13 KSpG um eine echte Abwägungsentscheidung mit einem planerischen Gestaltungsspielraum der Planfeststellungsbehörde[835]. Die zuständige Planfeststellungsbehörde hat daher auf der Grundlage des vorgelegten Plans private und öffentliche Belange in einem Akt planender Gestaltung durch Abwägung zum Ausgleich zu bringen oder erforderlichenfalls zu überwinden[836]. Dies schließt regelmäßig einen – gerichtlich nicht voll überprüfbaren – Gestaltungsspielraum über das Ob und Wie der Realisierung des Vorhabens ein[837]. Diese planerische Gestaltungsfreiheit der Behörde ergibt sich dabei – auch ohne ausdrückliche Erwähnung – aus der Übertragung der Planungsbefugnis in Verbindung mit der Erkenntnis, dass die Befugnis zur Planung – einen mehr oder weniger ausgedehnten Spielraum an Gestaltungsfreiheit einschließt und einschließen muss, weil Planung ohne Gestaltungsfreiheit ein Widerspruch in sich wäre[838].

Der Vorhabenträger hat damit keinen allgemeinen Rechtsanspruch auf die beantragte Feststellung des Plans, sondern lediglich einen Anspruch auf fehlerfreie Betätigung des Planungsermessens[839]. Nur wenn und soweit sich im Abwägungsprozess die rechtliche Unbedenklichkeit erweist und nachteilige Einwirkungen auf Rechte und Belange Dritter durch Schutzmaßnahmen ausgeglichen werden können und deshalb die Gestaltungsfreiheit auf Null geschrumpft ist, besteht ein formeller Planfeststellungsanspruch[840].

Allerdings unterscheidet sich die behördliche Raumplanungsentscheidung im Rahmen der Fachplanung deutlich von der integrierten Raumplanung. Im Rahmen der Raumplanung realisiert der Planungsträger, der sowohl für die Aufstellung des Plans als auch für dessen rechtsverbindliche Feststellung zuständig ist, grundsätzlich seine Planungsvorstellungen im Sinne seiner originären Planungskompe-

---

835 *Hellriegel*, NVwZ 2010, Seite 1530 (1532); *Bosecke,* Carbon Capture and Storage – rechtliche Regelung einer neuen Klimaschutztechnologie in: Meeresnaturschutz, Erhaltung der Biodiversität und andere Herausforderungen im „Kaskadensystem“ des Rechts: Festgabe zur Emeritierung von Detlef Czybulka, Seite 249.

836 *BVerwGE* 74, Seite 124 (133); *Bonk/Neumann* in *Stelkens/Bonk/Sachs*, Verwaltungsverfahrensgesetz Kommentar, § 72 Rn. 10.

837 *Bonk/Neumann* in *Stelkens/Bonk/Sachs*, Verwaltungsverfahrensgesetz Kommentar, § 72 Rn. 10.

838 *BVerwGE* 34, Seite 301 (304); *BVerwGE* 48, Seite 56 (59).

839 *BVerwGE* 48, Seite 56 (66); *BVerwGE* 81, Seite 128 (132 ff.); *Bonk/Neumann* in *Stelkens/Bonk/Sachs*, Verwaltungsverfahrensgesetz Kommentar, § 74 Rn. 30.

840 *Bonk/Neumann* in *Stelkens/Bonk/Sachs*, Verwaltungsverfahrensgesetz Kommentar, § 74 Rn. 30 m.w.N.

tenz[841]. Im Gegensatz zur klassischen staatlichen Raumplanung initiiert der Antragsteller die Planfeststellung und stellt bezüglich des konkreten Vorhabens den Plan auf. Anschließend prüft die zuständige Behörde das Vorhaben und vollzieht damit lediglich eine Planung des Vorhabenträgers nach[842]. Dennoch übernimmt die zuständige Planfeststellungsbehörde nach außen die Planungsverantwortung und trifft schließlich auch die konkrete planerische Raumnutzungsentscheidung[843].

Gemäß § 11 Abs. 2 KSpG kann unter den Voraussetzungen des § 74 Abs. 6 VwVfG anstelle eines Planfeststellungsbeschlusses auch eine Plangenehmigung erteilt werden. Dies gilt jedoch nur mit der Maßgabe, dass es sich um eine Beantragung einer wesentlichen Änderung der Errichtung oder des Betriebs eines Speichers im Sinne von § 3 Nr. 17 KSpG handeln muss, die ihrerseits jedoch nicht einer UVP-Pflicht unterworfen sein darf.

Wie sich aus der Regelung des § 12 Abs. 4 KSpG ergibt, setzt der Antrag auf Errichtung und Betrieb eines Kohlendioxidspeichers – abweichend von der Regelungssystematik des Bergrechts – nicht zwingend voraus, dass der Antragsteller vorab eine Untersuchungsgenehmigung nach § 7 KSpG eingeholt hat[844]. Denn § 12 Abs. 4 KSpG privilegiert den Inhaber einer Untersuchungsgenehmigung und setzt damit denknotwendig voraus, dass auch Dritte einen entsprechenden Antrag auf Errichtung und Betrieb eines Kohlendioxidspeichers einreichen können. Durch die gesetzgeberische Anordnung eines Planfeststellungsverfahrens wird sichergestellt, dass über die Genehmigung eines Kohlendioxidspeichers und seine öffentlich-rechtliche Zulässigkeit in einem Verfahren durch eine Behörde eine einheitliche Sachentscheidung mit umfassender Rechtswirkung und Problembewältigung getroffen wird[845].

Weiterhin muss der Antragsteller nach § 12 Abs. 2 KSpG alle zur Prüfung des Vorhabens erforderlichen Unterlagen beifügen. Bezüglich des Verfahrens wird das Bundesministerium für Wirtschaft und Technologie nach § 26 KSpG ermächtigt, im Einvernehmen mit dem Bundesministerium für Umwelt, Naturschutz und Reaktorsicherheit durch Rechtsverordnung mit Zustimmung des Bundesrates das Verfahren für die Untersuchungsgenehmigung, die Planfeststellung und die Plangenehmigung sowie die Stilllegungsgenehmigung zu regeln. Insbesondere Einzelheiten des Antragsinhalts nach § 12 Abs. 1 KSpG und der nach § 12 Abs. 2 KSpG vorzulegenden Unterlagen und weitere Anforderungen

---

841 Zu den damit verbundenen Konsequenzen und der Pflicht der Planungsbehörde im Rahmen der Abwägung Alternativen zu prüfen und zu wägen instruktiv: *Schlarmann,* DVBl. 1992, Seite 873 ff.

842 *Jarass*, DVBl. 1998, Seite 1202 (1203).

843 *Steinberg/Berg/Wickel*, Fachplanung, § 3 Rn. 86 ff; *BVerwGE* 97, Seite 143 (148 f.).

844 *Wahlhäuser*, UPR 2009, Seite 295 (297).

845 *Bonk/Neumann* in *Stelkens/Bonk/Sachs*, Verwaltungsverfahrensgesetz Kommentar, § 72 Rn. 5.

an den Antragsinhalt und an vorzulegende Unterlagen können festgelegt werden sowie den Inhalt des Planfeststellungsbeschlusses oder der Plangenehmigung nach § 13 Abs. 2 KSpG näher bestimmen.

1. Planfeststellung, § 13 KSpG

Die materiellen Voraussetzungen zur Erteilung der Planfeststellung zur Errichtung und zum Betrieb eines Kohlendioxidspeichers ergeben sich aus § 13 Abs. 1 KSpG. Für diese Genehmigungselemente innerhalb der Planfeststellung gelten nicht grundsätzlich die Regeln der fachplanerischen Abwägungsentscheidung. Vielmehr sind die Voraussetzungen für die genehmigungsrechtliche Zulässigkeit jeweils nach den eigenen materiell-rechtlichen Bestimmungen zu prüfen und festzustellen[846]. In der Gesetzesbegründung werden dabei Bezüge zur Regelungssystematik des § 32 Abs. 1 KrW-/AbfG hergestellt[847], so dass für § 32 Abs. 1 KrW-/AbfG getroffene Aussagen auf die Zulassung von Errichtung und Betrieb eines Kohlendioxidspeichers grundsätzlich übertragen werden können. § 13 Abs. 1 KSpG normiert daher keine Versagungsgründe, sondern legt positiv Voraussetzungen fest[848]. Sind die in § 13 Abs. 1 KSpG vorgeschriebenen Voraussetzungen nicht erfüllt, muss die beantragte Speicherzulassung abgelehnt werden.

Da es sich bei der Zulassung eines Kohlendioxidspeichers um eine umfassende Abwägungsentscheidung handelt, ergibt sich weiterhin zusätzlich auch der oben beschriebene umfassende planerische Gestaltungsspielraum der entsprechenden Planfeststellungsbehörde. Auch das Vorliegen der Voraussetzungen des § 13 Abs. 1 KSpG nimmt der Behörde dabei nicht ihre Gestaltungsfreiheit[849]. Vielmehr kommt der planerische Gestaltungsspielraum der Behörde erst zum Tragen, wenn die entsprechenden Zulassungsvoraussetzungen erfüllt sind[850]. Dabei ist allerdings davon auszugehen, dass in der Praxis eine Versagung trotz des Vorliegens der gesetzlich eng beschriebenen Zulassungsvoraussetzungen

846 *Steinberg/Berg/Wickel*, Fachplanung, § 1 Rn. 8.

847 Begründung zum Gesetzentwurf der Bundesregierung zum KSpG, BT-Drucks. 17/5750, Seite 43.

848 So zu den Bestimmungen des KrW-/AbfG *Frenz*, Kreislaufwirtschafts- und Abfallgesetz, Kommentar, § 32, Rn. 1; *Beckmann* in *Landmann/Rohmer*, Band II, § 32 Krw/AbfG, Rn. 11; unmittelbar zu den Regelungen des KSpG, *Bosecke,* Carbon Capture and Storage – rechtliche Regelung einer neuen Klimaschutztechnologie in: Meeresnaturschutz, Erhaltung der Biodiversität und andere Herausforderungen im „Kaskadensystem" des Rechts: Festgabe zur Emeritierung von Detlef Czybulka, Seite 243.

849 So zu den Bestimmungen des KrW-/AbfG *Frenz*, Kreislaufwirtschafts- und Abfallgesetz, Kommentar, § 32, Rn. 4 m.w.N.

850 So zu den Bestimmungen des KrW-/AbfG *Frenz*, Kreislaufwirtschafts- und Abfallgesetz, Kommentar, § 32, Rn. 4; *Beckmann* in *Landmann/Rohmer*, Band II, § 32 Krw/AbfG, Rn. 10.

kaum noch in Betracht kommen dürfte. Zumindest bestünde in diesem Fall eine erhebliche Gefahr, dass eine entsprechende Versagung ermessensfehlerhaft wäre.

Die Planfeststellung muss dabei selbstverständlich rechtsstaatlichen Anforderungen genügen. Sie hat daher entsprechende gesetzliche Vorgaben zu beachten und bedarf, da sie gemäß § 15 KSpG enteignungsrechtliche Vorwirkungen hat, einer – auch vor Art. 14 Abs. 1 GG standhaltenden – Rechtfertigung. Formelle Schranken der Planfeststellungsbehörde ergeben sich dabei insbesondere durch die entsprechende Anwendung des Verwaltungsverfahrensrechts. Materielle Schranken ergeben sich zum einen aus dem Erfordernis einer Planrechtfertigung des konkreten Vorhabens[851], aus zwingenden Geboten und Verboten des materiellen Rechts, die einer Abwägung nicht zugänglich sind und in ihr nicht überwunden werden können (Planungsleitsätze)[852] sowie aus den Anforderungen des Abwägungsgebots[853]. Weitere materiellrechtliche Schranken folgen zum anderen aus der Bindung an vorgelagerte Planungsentscheidungen wie beispielsweise Linienführungsbestimmungen[854] sowie aus den Erfordernissen der Raumordnung, denen das konkrete Vorhaben entsprechen muss[855].

Diese vom BVerwG entwickelte vierstufige Dogmatik zur materiell-rechtlichen Bindung für Planfeststellungsbehörden wurde vom BVerwG unter Berücksichtigung der jeweiligen Besonderheiten der Fachplanung modifiziert, insbesondere in Bezug auf die konkreten Anforderungen der einzelnen Stufen. Grundsätzlich hält es jedoch an der vierstufigen Ausgestaltung der materiellrechtlichen Bindung fest. Die Unterscheidung dieser Voraussetzungen ist dabei insbesondere im Hinblick auf die gerichtliche Kontrolldichte bedeutsam[856].

a) Bindung an vorgeschaltete Planungsentscheidungen

Gemäß § 13 Abs. 1 S. 4 KSpG sind bei der Planfeststellung und der Plangenehmigung die Ziele der Raumordnung zu beachten sowie Grundsätze und sonstige Erfordernisse der Raumordnung zu berücksichtigen. Diese im Rahmen einer fachgesetzlichen Raumordnungsklausel im KSpG verankerte Bindung an vorausgegangene planerische Entscheidungen beschränkt die konkreten Entscheidungsmöglichkeiten der für die Zulassung eines Kohlendioxidspeichers zuständigen Planfeststellungsbehörde.

---

851 *BVerwGE*, 71, Seite 166 (166); *BVerwGE*, 72, Seite 282 (282).

852 *BVerwGE*, 34, Seite 301 zitiert nach juris Rn. 21.

853 *BVerwGE*, 48, Seite 56 (56).

854 *BVerwGE* 62, Seite 342 (342).

855 *BVerwGE* 56, Seite 110 (122); *BVerwGE*, 75, Seite 214 (223); *BVerwG*, NvWZ-RR 1997, Seite 523; *BVerwG* NuR 2005, Seite 777; *Bonk/Neumann* in *Stelkens/Bonk/Sachs*, Verwaltungsverfahrensgesetz Kommentar, § 72 Rn. 64, m.w.N.

856 Vgl. dazu *Jarass*, DVBl. 1998, Seite 1202 (1203 f.).

Bedeutsam sind nach der Formulierung des § 13 Abs. 1 S. 4 KSpG dabei insbesondere die Ziele der Raumordnung. Bei Ihnen handelt es sich um verbindliche Vorgaben in Form von räumlich oder sachlich bestimmten oder bestimmbaren, vom Träger der Raumordnung nach § 7 Abs. 2 ROG abschließend abgewogene textliche oder zeichnerische Festlegungen in Raumordnungsplänen und konkrete Raumnutzungsentscheidungen oder raumwirksame Entscheidungen, die unter bestimmten Voraussetzungen auch (gemeinde-)gebietsscharfe, in besonders gelagerten Fällen sogar parzellenscharfe Flächennutzungsentscheidungen sein können[857]. Ziele der Raumordnung sind verbindliche Festlegungen[858] und daher in jedem Einzelfall rechtswirksame planerische Aussagen sowie abwägungsfest. Sie können im Rahmen nachgelagerter Abwägungs- oder Ermessensentscheidungen nicht zugunsten anderer Belange zurückgestellt werden. Möglich bleibt jedoch eine zielinterne, zielkonforme, konkretisierende Ausgestaltung durch den gebundenen Planungsträger[859]. Während planerische Grundsätze bloße Maßstäbe sind, kann man Ziele daher als landesplanerische Letztentscheidung bezeichnen[860]. In der logischen Folge müssen bei der Festlegung von Raumordungszielen eventuell bestehende Zielkonflikte öffentlicher oder privater Belange bei der Festlegung ausgetragen und bereinigt sein[861]. Allerdings ist gemäß § 6 Abs. 1 ROG zur Erreichung einer gewissen Flexibilität auch die Festlegung eines Regel-Ausnahme-Verhältnis als Ziel möglich, sofern der Planungsträger neben den Regel- auch die Ausnahmevoraussetzungen mit hinreichender tatbestandlicher Bestimmtheit oder doch wenigstens Bestimmbarkeit selbst festlegt[862].

Verstößt die Zulassung eines beantragten Kohlendioxidspeichers gegen festgesetzte Ziele, ist dies auch in der Abwägung grundsätzlich nicht überwindbar und die Zulassung des Speichers zu versagen. Möglich bleibt aber auch in diesem Fall eine Zielabweichung gemäß § 6 Abs. 2 ROG in einem eigenständigen Verfahren[863] soweit die Abweichung unter raumordnerischen Gesichtspunkten vertretbar ist und die Grundzüge der Planung nicht berührt werden.

Grundsätze und sonstige Erfordernisse der Raumordnung sind gemäß § 13 Abs. 1 S. 4 KSpG lediglich zu berücksichtigen und daher in die Abwägungsent-

---

857 *Hoppe*, DVBl. 1993, Seite 681 (682); Steiner, Raumordnungs- und Landesplanungsrecht in *Steiner (Hrsg.)*, Besonderes Verwaltungsrecht, V A, Rn. 45.

858 *Hoppe*, DVBl. 1993, Seite 681 (682).

859 *Hoppe*, DVBl. 1999, Seite 1457 (1460).

860 *Steiner*, Raumordnungs- und Landesplanungsrecht in *Steiner (Hrsg.)*, Besonderes Verwaltungsrecht, V A, Rn. 12.

861 *Hoppe*, DVBl. 1993, Seite 681 (682) m.w.N.

862 *BVerwGE* 119, Seite 54 (54).

863 Instruktiv zum Zielabweichungsverfahren *Goppel*, in *Spannowsky/Runkel/Goppel*, Raumordnungsgesetz, Kommentar, § 6 Rn. 11 ff.

scheidung der Behörde einzubeziehen. Sie können im Rahmen der Abwägung zugunsten überwiegender anderer Belange zurückgestellt werden.

b) Planrechtfertigung

Eine hoheitliche Planung findet ihre Rechtfertigung nicht in ihrer selbst und um ihrer selbst willen[864].

Daher bedürfen gemeinnützige Vorhaben[865] für ihre Zulassung einer Planrechtfertigung[866]. Dieses ungeschriebene Erfordernis jeder Fachplanung leitet sich aus dem Grundsatz der Verhältnismäßigkeit staatlichen Handelns her, das mit Eingriffen in Rechte Dritter verbunden ist[867]. Mit derselben Begründung ist jedoch auch für privatnützige Vorhaben eine Planrechtfertigung erforderlich[868]. Daher ist das an die Rechtmäßigkeit der Bauleitplanung angelegte Kriterium der Rechtfertigungsbedürftigkeit mittlerweile auf alle Bereiche der Fachplanung übertragen worden[869]. Eine zusätzliche eigenständige Bedeutung kommt der Planrechtfertigung zudem in den Fällen zu, wenn für die Verwirklichung eines Vorhabens auf das Eigentum Dritter unmittelbar zugegriffen werden muss und der Planfeststellungsbeschluss die Zulässigkeit einer späteren Enteignung für das konkrete Vorhaben dem Grunde nach feststellt[870]. Eine solche enteignungsrechtliche Vorwirkung ist für Kohlendioxidspeicher in § 15 KSpG vorgesehen, deren Errichtung und Betrieb daher auch aus diesem Grund der Planrechtfertigung bedarf.

Trotz dieser besonderen Funktion, welche das BVerwG der Planrechtfertigung zubilligt, sind nach seiner Rechtsprechung nur relativ geringe Anforderun-

---

864 *BVerwGE*, 56, Seite 110 (118); Bonk/*Neumann* in *Stelkens/Bonk/Sachs*, Verwaltungsverfahrensgesetz Kommentar, § 74 Rn. 33.

865 Zur Unterscheidung zwischen gemeinnützigen und privatnützigen Vorhaben siehe *Bonk/Neumann* in *Stelkens/Bonk/Sachs*, Verwaltungsverfahrensgesetz Kommentar, § 72 Rn. 28.

866 Trotz Kritik aus der Literatur an der Planrechtfertigung als eigenständige Voraussetzung halten das BVerwG und die Untergerichte an der Planrechtfertigung als eigenständiger Prüfvoraussetzung fest, vgl. etwa *BVerwGE* 71, Seite 166 (168); *BVerwGE* 72, Seite 282 (284); *BVerwGE* 75, Seite 214 (238); *BVerwGE* 85, Seite 44 (51).

867 *BVerwGE* 125, Seite 116 (177); *BVerwG*, NVwZ 2007, Seite 1074 (1077).

868 *BVerwG*, NVwZ 2007, Seite 1074 (1077); *Bonk/Neumann* in *Stelkens/Bonk/Sachs*, Verwaltungsverfahrensgesetz Kommentar, § 72 Rn. 29 m.w.N.; Zudem wurde die prinzipielle Unterscheidung von gemeinnütziger und privatnütziger Planfeststellung durch das BVerwG aufgegeben, *BVerwGE* 85, Seite 44, so dass die Unterscheidung zwischen privatnütziger und gemeinnütziger Planfeststellung insoweit entfallen kann, *Steinberg/Berg/Wickel*, Fachplanung, § 1 Rn. 26; *BVerwG*, DVBl. 1990 mit Anmerkungen von *Weidemann*, Seite 589 (592).

869 *Blumenberg*, DVBl. 1989, Seite 86 (91).

870 *BVerwG*, NVwZ 2005, Seite 940; OVG *Lüneburg*, DVBl. 2006, Seite 1044 (1047).

gen an diese Prüfungsstufe zu stellen[871]. So genügt es etwa, wenn das Vorhaben objektiv erforderlich und damit vernünftigerweise geboten sowie geeignet ist, die Ziele des Fachplanungsgesetzes zu fördern, und die mit dem Vorhaben verfolgten Ziele generell geeignet sind, entgegenstehende Rechtspositionen zu überwinden[872]. Es geht daher nicht um eine vor Art. 14 Abs. 3 GG standhaltende Rechtfertigung des Vorhabens[873], sondern um eine Plausibilitätskontrolle der Zielkonformität des Vorhabens[874], um sicherzustellen, dass die Eignung des Vorhabens zur Zielerreichung nicht grundsätzlich ausgeschlossen ist[875]. Die Planrechtfertigung ist dabei der Betätigung planerischen Ermessens vorgelagert[876].

Ob für das konkrete Vorhaben eine Planrechtfertigung gegeben ist, ist eine rechtlich gebundene Entscheidung[877] und unterliegt im Grundsatz voller richterlicher Kontrolle. Ob das konkrete Vorhaben aufgrund der mit ihm verfolgten öffentlichen Interessen entgegenstehende Belange tatsächlich überwinden kann, ist nach dem BVerwG erst in der Abwägungsentscheidung zu prüfen[878]. Auch viele weitere praktisch bedeutsame Aspekte, wie etwa die Prüfung von Planungsalternativen[879] oder die zweckmäßige Größe des Vorhabens[880], bleiben bei der Planrechtfertigung ausgeklammert und werden der Abwägung zugeordnet[881].

aa) Gesetzliche Planungsziele

Aufgrund der in § 15 KSpG bestimmten enteignungsrechtlichen Vorwirkung des Planfeststellungsbeschlusses müssen Errichtung, Betrieb und wesentliche Änderung des Kohlendioxidspeichers daher aus Gründen des Wohls der Allgemeinheit objektiv erforderlich oder – nach einer anderen Formulierung – vernünftigerweise geboten sein[882]. Ein konkretes Vorhaben dient einem Gemeinwohlinteresse, wenn es den gesetzlich bestimmten Zielen des jeweiligen Fachplanungsrechts

---

871 *BVerwGE* 56, Seite 110 (120 f.); *BVerwGE* 71, Seite 166 (168).

872 *BVerwGE* 71, Seite 166 (168); *Blumenberg*, DVBl. 1989, Seite 86 (91).

873 *BVerwGE* 72, Seite 282 (284 f.).

874 *Wahl,* NVwZ 1990, Seite 426 (434); *Jarass*, DVBl. 1998, Seite 1202 (1205).

875 *Jarass*, DVBl. 1998, Seite 1202 (1204).

876 *Bonk/Neumann* in *Stelkens/Bonk/Sachs*, Verwaltungsverfahrensgesetz Kommentar, § 74 Rn. 39.

877 *BVerwGE* 84, Seite 123 (131); *BVerwGE* 107, Seite 142 (145).

878 Dies kritisieren *Wahl,* NVwZ 1990, Seite 426 (434); *Jarass*, DVBl. 1998, Seite 1202 (1204), die aufgrund der vom BVerwG vorgesehenen abschließenden Prüfung im Rahmen der Abwägung für eine gänzliche Aufgabe der Planrechtfertigung als eigenständige Prüfungsebene und eine vollständige Integration in die Abwägung plädieren.

879 *BVerwGE* 75, Seite 214 (236 f.).

880 *BVerwGE* 69, Seite 256 (271).

881 *Jarass*, DVBl. 1998, Seite 1202 (1204).

882 *Bonk/Neumann* in *Stelkens/Bonk/Sachs*, Verwaltungsverfahrensgesetz Kommentar, § 74 Rn. 33 m.w.N.

entspricht[883]. Ausweislich von § 1 KSpG dient die Erforschung, Erprobung und Demonstration der dauerhaften Speicherung von Kohlendioxid in unterirdischen Gesteinsformationen dem Klimaschutz sowie einer möglichst sicheren, effizienten und umweltverträglichen Energieversorgung. Beide Interessen sind anerkannte und schutzbedürftige Allgemeinwohlbelange, zu deren Schutz auch privatnützige Vorhaben beitragen können. Die Demonstration der unterirdischen Speicherung von Kohlendioxid ist auch vernünftigerweise geboten, da in Anbetracht des sich bereits vollziehenden Klimawandels und der Klimaschutzziele die Erforschung und Erprobung *aller* technischen Möglichkeiten zur Verringerung von CO_2-Emissionen aus Kraftwerken und Industrieanlagen erforderlich ist und nicht voreilig Optionen verworfen werden sollten[884]. Aktuelle Studien gehen davon aus, dass der Ausstoß von anthropogenen Treibhausgasen in den Industriestaaten bis 2050 um 80 bis 95 % vermindert werden muss, um die negativen Auswirkungen des Klimawandels zu begrenzen. Dies erfordert massive Anstrengungen zur Reduktion von Kohlendioxid sowohl im Energie- wie auch im industriellen Sektor. Vor diesem Hintergrund gehen viele Klimaschutzszenarien davon aus, dass die CO_2-Abscheidung und -speicherung demonstriert werden muss, um feststellen zu können, ob diese Technologie eine technisch, wirtschaftlich und umweltgerecht machbare Klimaschutzoption ist[885].

bb) Bedarf

Dabei muss der Kohlendioxidspeicher nicht lediglich abstrakt geeignet sein, dieses Planungsziel zu fördern. Damit er im Sinne einer Planrechtfertigung erforderlich ist, muss darüber hinaus ein konkreter Bedarf bestehen. Über das Vorliegen eines entsprechenden Bedarfs entscheidet nach § 15 S. 3 KSpG ebenfalls die zuständige Behörde. Der entsprechende Bedarf ist dabei prognostisch zu ermitteln[886]. Die Behörde hat hierfür die entsprechende geeignete fachspezifische Methode zu wählen, den Sachverhalt zutreffend zu ermitteln, der ihrer Prognose zugrunde zu legen ist und ihr Ergebnis einleuchtend zu begründen[887]. Die Feststellung eines Bedarfs setzt jedoch nicht zwingend eine bereits gegenwärtige Nachfrage voraus, es reicht wenn sich der entsprechende Bedarf bei vorausschauender Betrachtung in absehbarer Zeit mit hinreichender Sicherheit erwarten lässt[888].

883 *BVerwGE* 114, Seite 364 (375); *Jarass*, NuR 2004, Seite 69 (71).
884 Begründung zum Gesetzentwurf der Bundesregierung zum KSpG, BT-Drucks. 17/5750, Seite 36.
885 Begründung zum Gesetzentwurf der Bundesregierung zum KSpG, BT-Drucks. 17/5750, Seite 32.
886 *Bonk/Neumann* in *Stelkens/Bonk/Sachs*, Verwaltungsverfahrensgesetz Kommentar, § 74 Rn. 50.
887 *BVerwGE* 75, Seite 214 (234 f.).
888 *Bonk/Neumann* in *Stelkens/Bonk/Sachs*, Verwaltungsverfahrensgesetz Kommentar, § 74 Rn. 50.

In diesem Kontext hat der Gesetzgeber den konkreten Bedarf an Demonstrationsprojekten durch § 2 Abs. 2 KSpG in zwei Arten begrenzt. So dürfen einerseits gemäß § 2 Abs. 2 Nr. 3 KSpG maximal 8 Millionen t Kohlendioxid gespeichert werden, andererseits darf nach § 2 Abs. 2 Nr. 2 KSpG kein Kohlendioxidspeicher eine jährliche Speichermenge von 3 Millionen t überschreiten. Flankiert werden diese quantitativen Begrenzungen durch eine zeitliche Befristung in § 2 Abs. 2 Nr. 1 KSpG, nach der Zulassungen ausgeschlossen sind, für die nicht bis zum 31. Dezember 2016 ein bescheidungsfähiger Antrag vorliegt.

Durch diese Festlegungen hat der Gesetzgeber einen konkreten Rahmen für den Bedarf an Demonstrationsvorhaben vorgegeben, an den die zuständigen Behörden gebunden sind.

c) Zwingende Gebote und Verbote materiellen Rechts (Planungsleitsätze)

Die beantragte Errichtung oder der beantragte Betrieb des Kohlendioxidspeichers muss zudem allen zwingenden materiellen Rechtssätzen oder in anderen Worten „striktem Recht" entsprechen[889]. Sie können sich aus dem jeweiligen Fachgesetz und im übrigen aus solchen Rechtsvorschriften ergeben, die bei der Planfeststellung infolge der Konzentrationswirkung des § 75 Abs. 1 Satz 1 VwVfG zusätzlich zu beachten sind[890] und die für den von ihnen erfassten Sachbereich zwingende Anforderungen an die Zulassung von Vorhaben normieren[891]. Diese zwingenden materiell-rechtlichen Gebote oder Verbote begrenzen die planerische Gestaltungsfreiheit der Behörde, indem sie konkrete Anforderungen an die Zulassung und Ausgestaltung des Vorhabens stellen[892], die in der Abwägung nicht

889 *BVerwG,* NVwZ 1993, Seite 565 (567); *BVerwGE* 100, Seite 370 (380); *BVerwG,* NVwZ-RR 1998, Seite 284 (287); in seinen früheren Entscheidungen sprach das BVerwG in diesem Kontext von internen und externen Planungsleitsätzen *BVerwGE* 71, Seite 163 (165); *BVerwGE* 72, Seite 282 (289). Zu den internen Planungsleitsätzen zählte das BVerwG solche Anforderungen, die sich unmittelbar aus dem jeweiligen Fachplanungsrecht ergeben. Externe Planungsleitsätze waren Vorgaben, die andere Gesetze an das Vorhaben stellten. Nach dieser Differenzierung sollten nur interne Planungsleitsätze zwingendes Recht enthalten. Externe Planungsleitsätze sollten hingegen im Rahmen der Abwägung überwindbar sein. Hierin sahen etwa *Wahl,* NVwZ 1990, Seite 426 (436) zu Recht eine ungerechtfertigte Zurückstellung der nicht fachspezifischen Anforderungen, bei denen es sich zumal meist um Umweltbelange handelte. Darüber hinaus waren diese Differenzierung sowie der Begriff der Planungsleitsätze selbst irreführend. Das BVerwG änderte daher seine Rechtsprechung und gab die Unterscheidung auf.

890 *BVerwGE* 90, Seite 42.

891 *BVerwGE* 48, Seite 56 (61); *BVerwGE* 71, Seite 163; *Bonk/Neumann* in *Stelkens/Bonk/Sachs*, Verwaltungsverfahrensgesetz Kommentar, § 74 Rn. 130.

892 *Bonk/Neumann* in *Stelkens/Bonk/Sachs*, Verwaltungsverfahrensgesetz Kommentar, § 74 Rn. 130.

überwunden werden können[893]. Sie sind daher vor jeder Abwägung zu berücksichtigen, wenn sie die Zulassung des Vorhabens als solche betreffen[894].

Soweit sie dem beantragten Vorhaben entgegenstehen, führt dies ohne weiteres zu dessen Unzulässigkeit. Diese strikte Versagung der Planfeststellung aufgrund entgegenstehenden Rechts findet ihre Berechtigung dabei in der Funktion der Planfeststellung als Instrument der Eröffnungskontrolle von Vorhaben. Zwingende Vorgaben unterliegen dabei regelmäßig der vollen gerichtlichen Kontrolle.

Ob eine Vorschrift eine strikte Beachtung verlangt oder ob es sich gegebenenfalls um eine Abwägungsdirektive handelt, ist durch Auslegung der konkreten Vorschrift zu ermitteln[895]. Anhaltspunkte für eine entsprechende Auslegung der Vorschrift können sich zunächst daraus ergeben, ob die Norm eine Beachtenspflicht enthält oder lediglich eine Berücksichtigung entsprechender Interessen anordnet. Denn in der planungsrechtlichen Terminologie deutet „beachten" regelmäßig auf eine strikte Geltung hin, während „berücksichtigen" oder „sollen" auf einen der Abwägung zugänglichen Belang hinweist[896]. Darüber hinaus ist allgemein vom Vorliegen einer strikten Norm auszugehen, wenn diese tatbestandliche Bestimmungen enthält, die zwingend zu beachten sind, das heißt deren Voraussetzungen zur Überwindung des jeweiligen Rechtsguts erfüllt sein müssen[897].

Bei Vorschriften die eine Abwägungsdirektive beinhalten, handelt es sich hingegen um gesetzgeberische Zielvorgaben, denen im Abwägungsvorgang eine der Vorschrift entsprechende Bedeutung zukommt. Ob sich eine Abwägungsdirektive in der Abwägung durchsetzt, entscheidet sich erst in einer Bewertung der konkreten Einzelfallumstände vor dem Hintergrund der jeweiligen landesplanerischen Konzeption[898]. Selbst wenn man bestimmte Belange im Sinne einer früheren Rechtsprechung des BVerwG als „Optimierungsgebote"[899] betrachtet und ihnen eine möglichst weitgehende Beachtung zuweist[900], können diese in der

---

893 *BVerwGE* 71, Seite 163; *Hoppe* in *Hoppe/Bönker/Grotenfels*, Öffentliches Baurecht, Seite 177.

894 *Jarass*, DVBl. 1998, Seite 1202 (1206).

895 *Jarass*, DVBl. 1998, Seite 1202 (1206); *Frenz*, Kreislaufwirtschafts- und Abfallgesetz, Kommentar, § 32, Rn. 7.

896 *Jarass*, DVBl. 1998, Seite 1202 (1206).

897 *Dreier*, Die normative Steuerung der planerischen Abwägung, Seite 125; *Frenz*, Kreislaufwirtschafts- und Abfallgesetz, Kommentar, § 32, Rn. 10.

898 BVerwGE 125, Seite 116, zitiert nach juris Rn. 164.

899 *BVerwGE* 71, Seite 163 (165).

900 Seit seiner Entscheidung vom 28. Januar 1999, *BVerwGE* 108, Seite 248 (256) spricht das *BVerwG* jedoch von Abwägungsdirektiven womit wohl auch eine entsprechende inhaltliche Korrektur der Rechtsprechung verbunden ist; vgl. *BVerwGE* 125, Seite 116, zitiert nach juris Rn. 164.

Abwägung mit anderen Zielen zurücktreten[901]. Sie unterliegen den Anforderungen des Abwägungsgebots und können daher in der Abwägung überwunden werden[902], implizieren aber eine gesteigerte Begründungslast des Plangebers[903].

Ein für die Bewertung von Nutzungskonkurrenzen relevantes Optimierungsgebot enthält auch § 48 Abs. 1 S. 1 BBergG, nach dem die Aufsuchung und Gewinnung von Bodenschätzen so wenig wie möglich beeinträchtigt werden soll. Eine vergleichbare Wirkung haben Ausnahme- und Befreiungstatbestände, sofern die Planfeststellungsbehörde entscheidungsbefugt ist[904].

Leider verbleiben jedoch bei der Auslegung des zwingenden oder disponiblen Charakters einer Vorschrift Unsicherheiten. Dies liegt häufig an den unklaren Formulierungen, die insbesondere im Hinblick auf die Rechtsfolge ausdrücklich oder implizit als zwingend formuliert sein können. Damit kann ihre tatbestandliche Bestimmtheit so gering ausfallen, dass der zuständigen Planfeststellungsbehörde bei der Anwendung ein weiterer einer Abwägung vergleichbarer Spielraum verbleibt[905]. Als Beispiel hierfür werden etwa § 31 Abs. 1 KrW/AbfG oder relativ unbestimmte Ziele der Raumordnung genannt[906], die auch im Kontext der Planfeststellung für die Errichtung und den Betrieb eines Kohlendioxidspeichers Relevanz haben. In Fällen, in denen die Abgrenzung zwischen strikten und nur zu berücksichtigenden Vorgaben fließend verläuft, muss dies bei der Anwendung durch die Behörde berücksichtigt werden. Werden die Vorgaben als zwingend eingestuft, ist ihre Relativität ausreichend zu würdigen und sie sind darüber hinaus in die Abwägung einzustellen[907]. Werden sie als lediglich zu berücksichtigen eingestuft, ist ihnen im Rahmen der Abwägung ein entsprechend verstärktes Gewicht zuzuordnen[908].

Gemäß § 12 Abs. 1 KSpG hat der Antragsteller seine Fachkunde nachzuweisen (§ 12 Abs. 1 Nr. 2 KSpG). Zudem ist er verpflichtet, die genaue Lage und Bezeichnung des Kohlendioxidspeichers und des Speicherkomplexes durch Eintragung in Karten mit geeignetem Maßstab konkret zu bezeichnen (§ 12 Abs. 1 Nr. 5 KSpG) sowie eine Beschreibung der Anlage und der verwendeten Technologien beizufügen (§ 12 Abs. 1 Nr. 6 KSpG). Ferner muss der Antrag die insgesamt zu speichernde Menge an Kohlendioxid, dessen voraussichtliche Herkunft,

---

901 *BVerwG,* NVwZ 1991, Seite 69, zitiert nach juris Rn. 7*; Blumenberg*, DVBl. 1989, Seite 86 (93).

902 *BVerwG*, ZfBR 2005, Seite 71, zitiert nach juris Rn. 5.

903 BVerwGE 125, Seite 116, zitiert nach juris Rn. 164.

904 *Jarass*, DVBl. 1998, Seite 1202 (1206) m.w.N.

905 *Jarass*, DVBl. 1998, Seite 1202 (1207).

906 *Jarass*, DVBl. 1998, Seite 1202 (1207).

907 *Jarass*, DVBl. 1998, Seite 1202 (1207).

908 *Jarass*, DVBl. 1998, Seite 1202 (1207).

Zusammensetzung sowie Injektionsrate, Injektionsdruck und maximalen Reservoirdruck angeben (§ 12 Abs. 1 Nr. 7 KSpG).

Für die Berücksichtigung konkurrierender Untergrundnutzungen sind im Rahmen der Speichergenehmigung insbesondere die §§ 13 Abs. 1 S. 1 Nr. 1, 13 Abs. 1 S. 1 Nr. 8, 13 Abs. 1 S. 2 iVm § 7 Abs. 1 S. 2 Nr. 3 KSpG relevant, die daher im Folgenden näher untersucht werden.

aa) Beeinträchtigung des Wohls der Allgemeinheit oder entgegenstehende überwiegende private Belange § 13 Abs. 1 S. 1 Nr. 1 KSpG

Gemäß § 13 Abs. 1 S. 1 Nr. 1 KSpG darf die Planfeststellung oder Plangenehmigung nur erteilt werden, wenn sichergestellt ist, dass unter Berücksichtigung der Standortgebundenheit die Errichtung und der Betrieb des geplanten Kohlendioxidspeichers das Wohl der Allgemeinheit nicht beeinträchtigen und überwiegende private Belange nicht entgegenstehen.

Aufgrund des Wortlauts von § 13 Abs. 1 S. 1 Nr. 1 KSpG stellt sich die Frage, ob diese Tatbestandsvoraussetzung tatsächlich zwingendes Recht darstellt, das einer Abwägung nicht zugänglich ist und in ihr nicht überwunden werden kann. Gegen diese Auslegung spricht der Wortlaut der Vorschrift, denn das abwägende Element der Formulierung „überwiegende private Belange" ist evident[909]. Und auch eine behördliche Entscheidung, ob das Wohl der Allgemeinheit beeinträchtigt ist, beinhaltet die Abwägung von für und gegen das konkrete Vorhaben streitenden öffentlichen Belangen. Dies bedeutet im Ergebnis, dass die Prüfung des § 13 Abs. 1 S. 1 Nr. 1 KSpG eine umfassende abwägende Betrachtung aller durch das Vorhaben berührten öffentlichen und privaten Interessen bedarf. Die Beurteilung, ob das Wohl der Allgemeinheit durch das Vorhaben beeinträchtigt wird, ist dabei nicht eindimensional mit Blick auf jedes einzelne Schutzgut festzustellen[910]. Vielmehr sind auch die in § 1 KSpG getroffenen Wertungen in die Auslegung einzubeziehen. Die dauerhafte Speicherung von Kohlendioxid leistet nach § 1 S. 1 KSpG sowohl einen Beitrag zum Klimaschutz als auch zu einer möglichst sicheren, effizienten und umweltverträglichen Energieversorgung und Industrieproduktion[911], die ihrerseits mit Belangen etwa des Gesundheits- und Umweltschutzes kollidieren kann. Dieser Konflikt kann letztendlich nur durch eine Abwägung der im konkreten Einzelfall berührten Belange entschieden werden.

909 *Wickel*, ZUR 2011, Seite 115 (118) zum wortgleichen § 13 Abs. 1 Nr. 1 des Gesetzentwurfs der Bundesregierung zur Regelung von Abscheidung, Transport und dauerhafter Speicherung von Kohlendioxid 2009, BT-Drs. 16/12782.

910 *Paetow* in *Kunig/Paetow/Versteyl*, KrW-/AbfG, Kommentar, § 32 Rn. 15.

911 Begründung zum Gesetzentwurf der Bundesregierung zum KSpG, BT-Drucks. 17/5750, Seite 1.

Durch die in der Begründung zum Regierungsentwurf angeordnete Anknüpfung zur Regelungssystematik des § 32 Abs. 1 KrW/AbfG[912] ist § 13 Abs. 1 S. 1 Nr. 1 KSpG durch eine nachvollziehende Abwägung auszufüllen, die zu prüfen hat, welche Belange überwiegen[913]. Die Notwendigkeit einer nachvollziehenden Abwägung durch die Behörde ändert jedoch nichts an der Tatsache, dass es sich auch bei der Vorausetzung des § 13 Abs. 1 S. 1 Nr. 1 KSpG um eine zwingende Voraussetzung und damit um einen Planungsleitsatz handelt[914].

bb) Entgegenstehende öffentlich-rechtliche Vorschriften, § 13 Abs. 1 S. 1 Nr. 8 KSpG

Gemäß § 13 Abs. 1 S. 1 Nr. 8 KSpG dürfen sonstige öffentlich-rechtliche Vorschriften dem Vorhaben nicht entgegenstehen. Der Verweis auf entgegenstehende öffentlich-rechtliche Vorschriften dient ausweislich der Begründung des Regierungsentwurfs der Klarstellung, dass der Planfeststellungsbeschluss an die Grenzen gebunden ist, die durch andere öffentlich-rechtliche Vorschriften aufgestellt worden sind[915]. Welche öffentlich-rechtlichen Vorschriften entgegenstehen können, ist eine Frage des konkreten Einzelfalls.

cc) Beeinträchtigung von Bodenschätzen oder anderen Nutzungsmöglichkeiten des Untergrundes, § 13 Abs. 1 S. 2 KSpG iVm § 7 Abs. 1 S. 2 Nr. 3 KSpG

Ergänzend erklärt § 13 Abs. 1 S. 2 KSpG die Zulassungsvoraussetzungen nach § 7 Abs. 1 S. 2 Nr. 1 sowie 3 bis 7 KSpG für entsprechend anwendbar.

Im Hinblick auf die Berücksichtigung von möglichen Nutzungskonkurrenzen im konkreten Planfeststellungsverfahren ist hier insbesondere § 7 Abs. 1 S. 2 Nr. 1 KSpG relevant. Danach müssen Beeinträchtigungen von Bodenschätzen und vorhandenen Nutzungsmöglichkeiten des Untergrundes, deren Schutz jeweils im öffentlichen Interesse liegt, sowie Beeinträchtigungen von bergrechtlichen Genehmigungen und wasserrechtlichen Zulassungen ausgeschlossen sein.

Ausweislich des Wortlauts der Vorschrift, der von einem Ausschluss von Beeinträchtigungen spricht, liegt es nahe, dass es sich bei § 13 Abs. 1 S. 2 iVm § 7 Abs. 1 S. 2 Nr. 3 KSpG um zwingendes Recht handelt. Dies kann in einem ersten Schritt jedoch nur für die Beeinträchtigung von bestehenden bergrechtlichen Genehmigungen und wasserrechtlichen Gestattungen angenommen werden, die

---

912 Begründung zum Gesetzentwurf der Bundesregierung zum KSpG, BT-Drucks. 17/5750, Seite 43.

913 *Frenz*, Kreislaufwirtschafts- und Abfallgesetz, Kommentar, § 32, Rn. 14 m.w.N.

914 So zur einschlägigen Bestimmung des KrW/AbfG: *Beckmann* in *Landmann/Rohmer*, Band II, § 32 Krw/AbfG, Rn. 10.

915 Begründung zum Gesetzentwurf der Bundesregierung zum KSpG, BT-Drucks. 17/5750, Seite 44.

als bestehende subjektive Rechtspositionen eine besonders hohe Bedeutung beanspruchen.

Im Hinblick auf die zweite Alternative der entgegenstehenden Beeinträchtigung von Bodenschätzen und vorhandenen Nutzungsmöglichkeiten ist hingegen erneut eine Abwägung erforderlich. Einer Explorationsgenehmigung entgegenstehend sind nämlich ausweislich der Begründung zu § 7 Abs. 1 S. 2 Nr. 3 KSpG nur solche Nutzungen, deren Bedeutung für das Allgemeinwohl höher einzuschätzen ist als eine dauerhafte Speicherung von Kohlendioxid[916].

Nach den laut Gesetzesbegründung maßgeblichen Wertungen der § 11 Nr. 8 und 9 BBergG sowie § 55 Abs. 1 Nr. 4 BBergG[917] bedarf es daher eines besonderen öffentlichen und damit volkswirtschaftlichen Interesses an den Bodenschätzen oder anderen Nutzungsmöglichkeiten, so dass insoweit auf die zu diesen Vorschriften gemachten Ausführungen verwiesen werden kann[918]. Dieses besondere volkswirtschaftliche Interesse wird insbesondere dann zu bejahen sein, wenn der Bodenschatz bzw. die Nutzungsmöglichkeit einen wesentlichen Beitrag zur Energieversorgungssicherheit leistet oder Voraussetzung für die Herstellung wichtiger Wirtschaftsgüter ist[919].

Besondere Bedeutung im Hinblick auf die einer dauerhaften Speicherung von Kohlendioxid entgegenstehenden Nutzungen kommt dabei nach Auffassung des Gesetzgebers solchen Bodenschätzen und Nutzungsmöglichkeiten zu, die ebenfalls dem Klimaschutz dienen (zum Beispiel die hydrothermale und petrothermale Geothermie sowie die Druckluftspeicherung)[920]. Auch diese vom Gesetzgeber geforderte Abwägung ist jedoch als nachvollziehende Abwägung ausgestaltet. Dies ergibt sich durch die Bezugnahme auf die Regelungssystematik des § 31 Abs. 1 KrW/AbfG und auch durch die Bezugnahme auf die bergrechtlichen Vorschriften der § 11 Nr. 8 und 9 BBergG sowie § 55 Abs. 1 Nr. 4 BBergG, die ebenso als nachvollziehende Abwägungen ausgestaltet sind. Es handelt sich damit auch bei der zweiten Alternative von § 13 Abs. 1 S. 2 iVm § 7 Abs. 1 S. 2 Nr. 3 KSpG um eine zwingende Genehmigungsvoraussetzung im Sinne eines Planungsleitsatzes.

Bedingung für ein Entgegenstehen ist jedoch, dass die Nutzungsmöglichkeiten nicht lediglich abstrakt vorhanden sein dürfen, sondern am jeweiligen Standort möglich sein müssen[921]. Leider führt der Gesetzgeber auch im Hinblick auf die Errichtung und den Betrieb von Kohlendioxidspeichern – wie auch bereits in

---

916 Begründung zum Gesetzentwurf der Bundesregierung zum KSpG, BT-Drucks. 17/5750, Seite 40.
917 Begründung zum Gesetzentwurf der Bundesregierung zum KSpG, BT-Drucks. 17/5750, Seite 40.
918 Siehe dazu die Ausführungen zu § 11 Nr. 9 BBergG
919 Begründung zum Gesetzentwurf der Bundesregierung zum KSpG, BT-Drucks. 17/5750, Seite 40.
920 Begründung zum Gesetzentwurf der Bundesregierung zum KSpG, BT-Drucks. 17/5750, Seite 40.
921 Begründung zum Gesetzentwurf der Bundesregierung zum KSpG, BT-Drucks. 17/5750, Seite 40.

Bezug auf die Untersuchungsgenehmigung – nicht genauer aus, wie konkret die Nutzungsmöglichkeiten vorhanden sein müssen, und überlässt dies einer Wertung der Exekutive und – da es sich aufgrund der Gebundenheit der Entscheidung über eine Explorationsgenehmigung um eine richterlich voll nachprüfbare Entscheidung handelt – der Judikative. Aufgrund des Wortlauts der Begründung des Regierungsentwurfs, der von „möglich sein" spricht, wird man nicht davon ausgehen dürfen, dass eine entgegenstehende Nutzung bereits beantragt sein muss. Es dürften insoweit wohl auch Planungen ausreichen. Wie weit sich diese verfestigt haben müssen, ist gerade in Bezug auf rein unternehmerische Entscheidungen eine komplizierte Fragestellung, die nur im Einzelfall beantwortet werden kann. Auch hier wäre eine klarere gesetzgeberische Aussage wünschenswert gewesen.

d) Abwägungsgebot

Nach Prüfung der zwingenden Versagungsgründe des § 13 Abs. 1 KSpG hat die Planfeststellungsbehörde in einem weiteren Schritt alle von der Planung berührten öffentlichen und privaten Belange gegeneinander und untereinander gerecht abzuwägen[922]. Die Grundlagen für die Dogmatik und Struktur des Abwägungsgebots wurden durch das BVerwG bereits in einer Leitentscheidung vom 12. Dezember 1969[923] unter Rückgriff auf Art. 14 GG im Städtebaurecht gelegt und charakterisieren es als Grundsatz rechtsstaatlicher Planung. Daher orientieren sich die an das gesetzgeberische Gebot einer umfassenden und abschließenden Abwägung zu stellenden Anforderungen zunächst an der für die gemeindliche Bauleitplanung entwickelten Abwägungsdogmatik der Ermittlung, Einstellung und Gewichtung der abwägungsrelevanten Belange und dem Ausgleich der entsprechenden konfligierenden und konkurrierenden Interessen[924]. Das Abwägungsgebot zielt dabei auf einen verhältnismäßigen Ausgleich der betroffenen Belange und konkretisiert in einer, den Besonderheiten der planerischen Entscheidung angepassten Weise, den verfassungsrechtlichen Grundsatz der Verhältnismäßigkeit. Es beruht daneben auch unmittelbar auf dem Rechtsstaatsprinzip und den betroffenen Grundrechten der Verfassung[925], ist aber auch einfachgesetzlich in § 75 Abs. 1a VwVfG niedergelegt.

---

922 *Bonk/Neumann* in *Stelkens/Bonk/Sachs*, Verwaltungsverfahrensgesetz Kommentar, § 74 Rn. 54 m.w.N.

923 *BverwGE* 34, Seite 301.

924 Instruktiv zur Abwägung im Rahmen der Abwägung der gemeindlichen Bauleitplanung, *Hoppe* in *Hoppe/Bönker/Grotefels*, Öffentliches Baurecht, Seite 166 ff.; *Krautzberger* in *Battis/Krautzberger/Löhr*, BauGB, § 1 Rn. 87 ff.; *Söfker* in *Ernst/Zinkhahn/Bielenberg/Krautzberger*, BauGB, § 1, Rn. 179 ff.; *Hoppe*, DVBl. 2003, Seite 697.

925 *Durner*, Konflikte räumlicher Planung, Seite 297 ff., Seite 301 ff., Seite 549.

Das Abwägungsgebot verlangt, dass

- eine Abwägung überhaupt stattfindet,
- in die Abwägung alle Belange eingestellt werden, die nach Lage der Dinge in sie eingestellt werden müssen,
- die Bedeutung der von der Abwägung betroffenen Belange nicht verkannt wird sowie
- der Ausgleich zwischen den betroffenen Belangen nicht in einer Weise vorgenommen wird, die zur objektiven Gewichtigkeit der einzelnen Belange außer Verhältnis steht[926].

aa) Abwägungsausfall

Erste Fehlerquelle innerhalb der Abwägung ist das Fehlen einer solchen. Dies kann etwa dann der Fall sein, wenn sich die Behörde irrigerweise für gebunden hält oder sich zu Unrecht an Vorstellungen des Planungsträgers gebunden fühlt[927]. Die Behörde muss somit selbst abwägen, wobei sie auf Planungsunterlagen des Vorhabenträgers zurückgreifen kann. Sie muss diese jedoch abwägend nachvollziehen und sich zu eigen machen[928]. An einer Abwägung fehlt es ferner, wenn sich die Planfeststellungsbehörde von sachfremden Erwägungen leiten lässt, wenn sie sich etwa dem Willen führender Politiker oder sonstigem politischen Druck unterordnet[929].

bb) Abwägungsdefizit

Welche privaten und öffentlichen Belange in die Abwägung einzubeziehen sind, richtet sich nach der Lage der Dinge im Einzelfall[930], wobei im Wesentlichen Gegenstand, Reichweite und Auswirkungen der konkreten Planung die Belange bestimmen. Dabei sind sowohl der Begriff der privaten als auch der öffentlichen Belange weit zu fassen[931]. Zu den einzubeziehenden Belangen zählen neben verfassungsrechtlich geschützten Interessen insbesondere die in Rechtsvorschriften niedergelegten Anforderungen und gesetzgeberischen Vorgaben, die nicht als

---

926 *BVerwGE* 34, Seite 301 (309); *Bonk/Neumann* in *Stelkens/Bonk/Sachs*, Verwaltungsverfahrensgesetz Kommentar, § 74 Rn. 55; *BVerwGE* 48, Seite 56 (63); In dieser Entscheidung hat das BVerwG zudem klar gestellt, dass sich diese Anforderung sowohl auf den Abwägungsvorgang als auch auf das Abwägungsergebnis bezieht.

927 *BVerwG,* NVwZ 1993, Seite 565 zitiert nach juris Rn. 71.

928 *BVerwG* NVwZ-RR 1998, Seite 297 zitiert nach juris Rn. 7; OVG *Lüneburg*, NVwZ-RR 2003, 478 (480).

929 *BVerwGE* 75, Seite 214 (245 ff.).

930 *BVerwGE* 34, Seite 301 (309); *BVerwGE* 45, Seite 309 (314); *BVerwG*, NVwZ 1988, Seite 363.

931 *Hoppe* in: *Hoppe/Bönker/Grotefels*, Öffentliches Baurecht, Seite 170.

„zwingendes Recht“ eingeordnet werden. Erfasst werden jedoch auch zwingende gesetzliche Vorgaben, die nicht verletzt aber in ihren Schutzgütern geschmälert werden[932]. Die zu berücksichtigenden Belange sind jedoch nicht auf gesetzliche Vorgaben beschränkt, vielmehr können auch andere Belange im Einzelfall einzubeziehen sein[933]. Nicht zu berücksichtigen sind Belange die nicht schutzwürdig sind[934] oder die für die Planfeststellungsbehörde nicht erkennbar sind, weil sie weder geltend gemacht wurden, noch sich ihr sonst in irgendeiner Weise aufdrängen mussten[935]. Dabei kommt auch dem durchzuführenden Einwendungs- und Anhörungsverfahren eine erhebliche Bedeutung zu. Denn dieses dient ja nicht zuletzt auch der Informationsbeschaffung der Behörde. In der Folge ergibt sich damit nicht nur ein Mitwirkungsrecht des Betroffenen im Verfahren, sondern auch eine materiell-rechtlich wirksame Mitwirkungslast[936]. In die Abwägung fließen auch die Grundsätze und sonstigen Erfordernisse der Raumordnung sowie die Ergebnisse der durchgeführten UVP ein.

Maßgeblich sind dabei grundsätzlich die Verhältnisse im Zeitpunkt der Planfeststellung[937], wobei künftige Entwicklungen einzubeziehen sind, soweit sich diese im Wege einer Prognose hinreichend sicher abschätzen lassen[938]. Dies muss in einer der jeweiligen Materie angemessenen und methodisch einwandfreien Weise erarbeitet werden[939], wobei klar ist, dass eine zukunftsorientierte Planung nur auf einer dementsprechend gesicherten Prognose aufbauen kann. Ein Prognosemangel liegt dann vor, wenn eine unzureichende Ermittlung von den der Prognose zugrundeliegenden Prognosedaten, eine fehlende Plausibilität und Schlüssigkeit des Prognoseschlusses von vorhandenen Daten auf die Prognose, eine mangelnde Qualität der Prognosemethode oder eine mangelnde Konsistenz in der Methodenanwendung gegeben ist sind[940].

Ob das Vorhaben bei Berücksichtigung der widerstreitenden Belange und trotz unvermeidbarer Unsicherheiten in der Prognose durchgeführt werden kann, ist dann eine Frage der Abwägung, die sich in jedem Einzelfall gesondert

932 *Jarass*, DVBl. 1998, Seite 1202 (1207).

933 *Jarass*, DVBl. 1998, Seite 1202 (1207).

934 Beispielsweise völlig geringfügige private Belange, *BVerwGE* 59 Seite 87 (103); rechtlich nicht geschützte Interessen, *BVerwG*, NVwZ-RR 1994, Seite 373; oder tatsächliche Chancen und Vorteile, mit deren Wegfall der Betroffen jederzeit rechnen muss, *BVerwGE* 59, Seite 87 (103).

935 *BVerwGE* 59, Seite 87 (104); VGH *München*, ZfW 2006, Seite 232 (234).

936 *Redeker*, NJW 1980, Seite 1593 (1597), *Steinberg*, Fachplanung, § 4 Rn. 90.

937 *Bonk/Neumann* in *Stelkens/Bonk/Sachs*, Verwaltungsverfahrensgesetz Kommentar, § 74 Rn. 60.

938 *BVerwG*, NVwZ-RR 1999, Seite 629 (630)

939 So zur luftverkehrsrechtlichen Planfeststellung, *BVerwGE* 56, Seite 110 (121); *BVerwGE* 69, Seite 256 (272); *BVerwGE* 87, Seite 332 (355).

940 *Hoppe*, DVBl. 1992, Seite 853 (857).

stellt[941]. Auch eine entsprechende Reservehaltung und Erweiterungsmöglichkeiten können dabei in die Prognosen einfließen[942].

cc) Abwägungsfehleinschätzung

Bei der Abwägung der von einem Vorhaben berührten Belange ist grundsätzlich von der Gleichrangigkeit der verschiedenen öffentlichen und privaten Belange auszugehen[943]. Wie die öffentlichen und privaten Belange konkret zu bewerten und zu gewichten sind, richtet sich dabei nach dem einschlägigen Fachplanungsrecht und den Vorschriften, die sonst für die jeweiligen Belange einschlägig sind. Die endgültige Gewichtung der Belange ergibt sich immer erst in der konkreten Situation aus der jeweiligen Betroffenheit und der Bedeutung der einschlägigen Belange[944]. Für die konkrete Gewichtung lassen sich dabei folgende Grundsätze nennen: Je dringlicher der Bedarf, desto bedeutsamer ist sein Gewicht im Rahmen der Abwägung[945]. Je seltener ein Vorkommen, desto höher ist es zu bewerten[946]. Je gewichtiger standortspezifische Vorzüge, wie etwa die Bodenbeschaffenheit, Entwässerungsmöglichkeiten, verkehrsmäßige Anbindung, desto eher können entgegenstehende Anhaltspunkte zurückgedrängt werden[947]. Nichts anderes kann insoweit auch für geologische Formationen und Gesichtspunkte oder die Anbindung an einen für die Kohlendioxidspeicherung notwendige Transportinfrastruktur gelten. Auch die Staatszielbindung des Art. 20a GG hat die weiter oben bereits beschriebene Bedeutung auch im Kontext der Planfeststellung.

Der Gesetzgeber hat dabei zudem die Möglichkeit die Gewichtigkeit „von bestimmten Belangen kraft seiner parlamentarischen Entscheidungskompetenz einen abwägungsbedeutsamen Vorrang“ einzuräumen[948] und damit Einfluss auf das Abwägungsergebnis zu nehmen. Diese normierten Optimierungsgebote bzw. „Vorrangregelungen“ müssen möglichst weitgehend beachtet werden und schränken so die Gestaltungsfreiheit der Behörde ein[949]. In Abgrenzung zu zwin-

941 *BVerwGE* 69, Seite 256 (272); *BVerwG*, DVBl. 1987, Seite 573 (581).

942 So zur Planfeststellung für Verkehrswege *BVerwG*, DVBl. 1987, 1267; *Steinberg*, Fachplanung, § 4 Rn. 33.

943 *Blumenberg*, DVBl. 1989, Seite 86 (92); *BVerwGE* 47, Seite 144 (148), *BVerwGE* 48, Seite 56 (67 f.).

944 *Wahl/Dreier*, NVwZ 1999, Seite 607 (616, 617)

945 *BVerwG*, NVwZ-RR 1991, Seite 601 (615); *Wahl/Dreier*, NVwZ 1999, Seite 607 (617)

946 in Bezug auf Flora und Fauna: VGH *München*, NuR 1994, Seite 244 (246); *Wahl/Dreier*, NVwZ 1999, Seite 607 (617).

947 *Wahl/Dreier*, NVwZ 1999, Seite 607 (617).

948 *BVerwG*, NVwZ-RR 1991, Seite 118 (120).

949 *BVerwGE* 71, Seite 163 (165); *Bonk/Neumann* in *Stelkens/Bonk/Sachs*, Verwaltungsverfahrensgesetz Kommentar, § 74 Rn. 67; *Blumenberg*, DVBl. 1989, Seite 86 (93).

genden Vorschriften bleiben sie jedoch der Abwägung zugänglich und können innerhalb dieser überwunden werden. Ein Zurückstellen von Optimierungsgeboten hinter andere Belange löst jedoch einen erhöhten Rechtfertigungsbedarf und entsprechend argumentativen Aufwand aus[950].

Nach der Begründung des KSpG kommt bei der entsprechenden Anwendung von § 7 Abs. 1 Nr. 3 KSpG auf die Errichtung und den Betrieb von Kohlendioxidspeichern, Bodenschätzen und anderen Nutzungsmöglichkeiten, die ebenfalls dem Klimaschutz dienen eine besondere Bedeutung zu[951]. Auch die im Bergrecht normierte „Vorrangklausel" des § 48 Abs. 1 S. 1 BBergG muss insoweit beachtet werden, als mögliche dem Bergrecht unterfallende Nutzungsformen mit der Speicherung konkurrieren.

Materiell-rechtliche Vorschriften können auch bloße Abwägungsdirektiven enthalten, die lediglich eine Berücksichtigung des entsprechenden Belangs in der Abwägung verlangen, ohne eine besondere Gewichtung vorzunehmen. Hierzu gehören etwa die Grundsätze und sonstigen Erfordernisse der Raumordnung, soweit sich aus ihrem Wortlaut kein Optimierungsgebot oder ein Vorrang herauslesen lässt.

Maßgeblich für die konkrete Abwägung sind die Verhältnisse im Zeitpunkt der Planfeststellung[952]. Wie auch auf der Oberfläche[953] ist dabei der Raumbedarf des Kohlendioxidspeichers ins Verhältnis zur objektiven Gewichtigkeit anderer öffentlicher und privater Belange zu setzen. Diesem Abwägungsgebot kommt dabei aufgrund der erheblichen räumlichen Ausdehnung eines Kohlendioxidspeichers und der mit ihm verbundenen Druckeinwirkungen auf den Untergrund und der Irreversibilität des Nutzungsausschlusses eine besondere Bedeutung zu.

Auch künftige Entwicklungen sind einzubeziehen, soweit sich diese im Wege einer Prognose hinreichend sicher abschätzen lassen[954]. Diese muss in einer der jeweiligen Materie angemessenen und methodisch einwandfreien Weise erarbeitet werden[955] wobei klar ist, dass eine weiter in die Zukunft orientierte Planung nur auf einer dementsprechend unsicheren Prognose aufbauen kann. Auch eine entsprechende Reservehaltung und Erweiterungsmöglichkeiten können in die Prognosen einfließen[956]. Einen Nucleus dieser Abschätzung kann dabei die in § 5 KSpG vorgesehene Potenzialanalyse bilden.

---

950 *Jarass*, DVBl. 1998, Seite 1202 (1208).

951 Begründung zum Gesetzentwurf der Bundesregierung zum KSpG, BT-Drucks. 17/5750, Seite 40.

952 *Bonk/Neumann* in *Stelkens/Bonk/Sachs*, Verwaltungsverfahrensgesetz Kommentar, § 74 Rn. 60.

953 Vgl. *BVerwGE* 75, 214 (253).

954 *BVerwG,* NVwZ-RR 1999, Seite 629 (630)

955 so zur luftverkehrssrechtlichen Planfeststellung, *BVerwGE* 56, Seite 110 (121); *BVerwGE* 69, Seite 256 (272); *BVerwGE* 87, Seite 332 (355); *Wahl/Dreier*, NVwZ 1999, Seite 607 (616).

956 So zur Planfeststellung für Verkehrswege *BVerwG*, DVBl. 1987, 1267; *Steinberg*, Fachplanung, § 4 Rn. 33.

Ob das Vorhaben bei Berücksichtigung der widerstreitenden Belange und trotz unvermeidbarer Unsicherheiten in der Prognose durchgeführt werden kann, ist dann eine Frage der Abwägung, die sich in jedem Einzelfall gesondert stellt[957]. Die prognostischen Erwägungen und Wertungen müssen so begründet und offengelegt sein, dass die Anwendung der Prognoseelemente erkennbar und nachvollziehbar ist[958].

dd) Abwägungsdisproportionalität

Auch wenn ein Belang abwägungserheblich ist und deshalb in der Abwägung berücksichtigt werden muss, muss er sich nicht zwingend im Abwägungsergebnis niederschlagen[959]. Maßgeblich ist vielmehr das konkret beantragte Vorhaben. Ob gegenläufige öffentliche oder private Interessen sich im Planungsergebnis, in der konkreten Ausgestaltung des Vorhabens oder einem gänzlichen Verzicht niederschlagen, entscheidet sich aufgrund der konkreten Planungssituation, insbesondere der Bedeutung des Vorhabens für das Gemeinwohl einerseits und dem Gewicht der entgegenstehenden Belange andererseits. Die Ausgleichsentscheidung zwischen konfligierenden und konkurrierenden Belangen muss ein sachgerechtes Verhältnis zwischen den objektiven Gewichten dieser gegenläufigen Belange herstellen, der Abgleich darf dabei nicht außer Verhältnis zur objektiven Gewichtigkeit der einzelnen Belange erfolgen, er muss proportional sein[960]. Ist dies nicht der Fall liegt ein Fehler in der Abwägungsdisproportionalität vor.

2. Raumordnungsverfahren für Kohlendioxidspeicher

Neben den Raumordnungsplänen und den dort vorgesehenen Möglichkeiten der Aufgabenerfüllung des gesetzgeberischen Auftrages aus § 1 Abs. 1 ROG ist das Raumordnungsverfahren ein weiteres wesentliches Instrument der Raumordnung[961]. Dabei stellt das Raumordnungsverfahren nach dem Wortlaut von § 15 Abs. 1 ROG ein „besonderes" und damit eigenständiges Verfahren dar, das durch die für die Raumordnung zuständige Landesbehörde durchgeführt wird. Im Gegensatz zu den Raumordnungsplänen, die als Rechtsnormen den General-

957 *BVerwGE* 69, Seite 256 (272); *BVerwG*, DVBl. 1987, Seite 573 (581).

958 *Tettinger*, DVBl. 1982, Seite 421 (427); *Nierhaus*, DVBl. 1977, Seite 19 (24); *Steinberg*, Fachplanung, § 4 Rn. 96.

959 *Bonk/Neumann* in *Stelkens/Bonk/Sachs*, Verwaltungsverfahrensgesetz Kommentar, § 74 Rn. 69; *Di Fabio* in FS Hoppe, Seite 75 (91).

960 *Hoppe*, DVBl. 1992, Seite 853 (857).

961 *Goppel*, in *Spannowsky/Runkel/Goppel*, Raumordnungsgesetz, Kommentar, § 15 Rn. 19.

fall betreffen, befasst sich das Raumordungsverfahren mit dem überörtlich bedeutsamen Einzelfall[962].

Allerdings hat es formalrechtlich eine relativ schwache Bindungswirkung. Das Ergebnis eines Raumordnungsverfahrens zählt gemäß § 3 Abs. 1 Nr. 4 ROG zu den sonstigen Erfordernissen der Raumordnung und ist daher bei raumbedeutsamen Maßnahmen und Planungen nach § 4 Abs. 1 Nr. 1-3 ROG in der Abwägung oder gemäß § 4 Abs. 2 ROG im Rahmen der Ermessensausübung bei fachgesetzlichen Zulassungsentscheidungen nach den hierfür geltenden gesetzlichen Bestimmungen zu berücksichtigen. Trotz dieser formalrechtlich geringen Bindungswirkung hat sich das Raumordnungsverfahren durch die breite Beteiligung sämtlicher Betroffener, die Möglichkeit im Rahmen eines Vorverfahrens Einfluss auf die Gestaltung des Vorhabens zu nehmen, die Möglichkeit zur Alternativenprüfung sowie die Möglichkeit zur frühzeitige Information in der faktischen Rechtswirklichkeit in hohem Maße durchgesetzt[963].

Da nach dem Wortlaut von § 15 Abs. 1 S. 2 ROG die raumbedeutsamen Auswirkungen von Planungen oder Maßnahmen unter überörtlichen Bedingungen zu prüfen sind, ist die überörtliche Raumbedeutsamkeit einer Planung oder Maßnahme „Zulässigkeitsvoraussetzung" für die Einleitung eines entsprechenden Raumordnungsverfahrens[964]. Dieses Erfordernis muss nach den tatsächlichen Umständen des Einzelfalls beurteilt werden und ist erfüllt, wenn die Planung oder Maßnahme entweder über den belegten Ort hinausreichend Raum beansprucht oder den Raum beeinflusst[965].

Einen Maßstab kann hierbei die ROV des Bundes liefern, die die gängigen überörtlich raumbedeutsamen Vorhaben aufführt und auf die in § 15 Abs. 1 S. 1 ROG verwiesen wird. Hier sind diejenigen Planungen und Maßnahmen aufgeführt, die regelmäßig raumbedeutsam sind. Sie stimmen dabei in großem Umfang mit den Maßnahmen und Planungen überein, die nach Anlage 1 zum UVPG der Umweltverträglichkeitsprüfung unterliegen. Die Formulierung des § 1 S. 1 ROV als Soll-Vorschrift macht dabei deutlich, dass das Raumordnungsverfahren

---

962 *Erbguth*, NVwZ 1992, Seite 551 (551); *Schmitz* in *Bielenberg/Runkel/Spannowsky* K § 15 ROG, Rn. 1; *Wahl*, FS Sendler, Seite 199 (205); *Goppel*, in *Spannowsky/Runkel/Goppel*, Raumordnungsgesetz, Kommentar, § 8 Rn. 19.

963 Vgl. *Goppel*, in *Spannowsky/Runkel/Goppel*, Raumordnungsgesetz, Kommentar, § 15 Rn. 21, 22, *Steiner*, Raumordnungs- und Landesplanungsrecht in *Steiner (Hrsg.)*, Besonderes Verwaltungsrecht, V A, Rn. 81; In der Praxis hat sich die Überzeugungskraft des Votums eines Raumordnungsverfahrens so durchgesetzt, dass es in einigen Ländern einer eigenen Rechtsprechung bedurfte, um es den Zulassungsbehörden zu untersagen, sich ohne eigen vorausgehendende Abwägung des Ergebnisses des Raumordnungsverfahrens „blindlings" anzuschließen.

964 *Goppel*, in *Spannowsky/Runkel/Goppel*, Raumordnungsgesetz, Kommentar, § 15 Rn. 23.

965 *Brandt/Dreher*, NordÖR 2003, Seite 138 (140).

für diese Vorhaben im Regelfall erfolgen soll, es dabei aber in atypischen Konstellationen Ausnahmen geben kann[966].

Die Speicherung von Kohlendioxid unterfällt gemäß den Änderungen des UVPG durch Artikel 2 des Gesetzes zur Demonstration und Anwendung von Technologien zur Abscheidung, zum Transport und zur dauerhaften Speicherung von Kohlendioxid der UVP-Pflicht und ist daher als raumbedeutsam einzustufen. Ebenfalls für die Raumbedeutsamkeit streitet die Dauerhaftigkeit der Raumbeeinflussung, da Ziel der Speicherung die dauerhafte Rückhaltung des Kohlendioxids ist.

Zudem bestimmt § 1 S. 2 ROV, dass den für die Raumordnung zuständigen Landesbehörden die Befugnis zusteht, weitere raumbedeutsame Planungen und Maßnahmen von überörtlicher Bedeutung nach landesrechtlichen Vorschriften in einem Raumordnungsverfahren zu überprüfen. Dies bedeutet, dass der Verordnungsgeber klarstellt, dass er die gesetzliche Ermächtigungsgrundlage nicht vollständig ausgeschöpft hat und daher Raum für ergänzende landesrechtliche Regelungen bleibt[967].

Materiell-rechtlich umfasst das Raumordnungsverfahren die Prüfung aller raumbedeutsamen Auswirkungen der Planung oder Maßnahme. Damit sind sämtliche raumrelevanten Belange Gegenstand der Prüfung, auch solche, die sich nicht als Erfordernis der Raumordnung nach § 3 Nr. 1 ROG verfestigt haben[968]. Neben der Abstimmung mit anderen raumbedeutsamen Maßnahmen und Planungen sind dabei auch die vom Träger der Planung eingeführten Standort- und Trassenalternativen zu prüfen, sofern solche vom Träger des Vorhabens eingebracht wurden[969]. Daher verbietet sich auch eine Prüfung einer sogenannten „Nullvariante“ bei der das Vorhaben gar nicht verwirklicht würde. Denn eine solche Variante wird regelmäßig nicht vom Träger der Maßnahme oder des Vorhabens eingebracht werden.

3. Zusammenfassende Bewertung

Im Rahmen der Planfeststellung für die Zulassung eines Kohlendioxidspeichers sind laut der Gesetzesbegründung alle von dem Vorhaben berührten öffentlichen und privaten Belange zu ermitteln, zu bewerten sowie gegeneinander und untereinander abzuwägen[970]. Damit handelt es sich in Abgrenzung etwa zur bergrechtlichen Planfeststellung oder auch zur Explorationsgenehmigung des § 7 KSpG

---

966 *Goppel*, in *Spannowsky/Runkel/Goppel*, Raumordnungsgesetz, Kommentar, § 23 Rn. 11.

967 *Goppel*, in *Spannowsky/Runkel/Goppel*, Raumordnungsgesetz, Kommentar, § 23 Rn. 11.

968 *Goppel*, in *Spannowsky/Runkel/Goppel*, Raumordnungsgesetz, Kommentar, § 23 Rn. 31.

969 *Goppel*, in *Spannowsky/Runkel/Goppel*, Raumordnungsgesetz, Kommentar, § 23 Rn. 35.

970 Begründung zum Gesetzentwurf der Bundesregierung zum KSpG, BT-Drucks. 17/5750, Seite 43.

bei der Zulassung eines Kohlendioxidspeichers nach § 13 KSpG um eine echte Abwägungsentscheidung mit einem planerischen Gestaltungsspielraum der Planfeststellungsbehörde[971]. Die zuständige Planfeststellungsbehörde hat daher auf der Grundlage des vorgelegten Plans private und öffentliche Belange in einem Akt planender Gestaltung durch Abwägung zum Ausgleich zu bringen oder erforderlichenfalls zu überwinden[972]. Dies schließt regelmäßig einen – gerichtlich nicht voll überprüfbaren – Gestaltungsspielraum über das Ob und Wie der Realisierung des Vorhabens ein[973]. Anders als eine reine Kontrollgenehmigung stellt die für die Zulassung eines Kohlendioxidspeichers vorgesehene Planfeststellung zusätzlich eine Raumnutzungsentscheidung dar, in der selbst und unmittelbar über die Verortung eines konkreten Vorhabens und damit auch verbindlich über den Ausschluss kollidierender Raumnutzungsinteressen entschieden wird[974]. Allerdings kommt der planerische Gestaltungsspielraum der Behörde erst zum Tragen, wenn die entsprechenden in § 13 KSpG normierten Zulassungsvoraussetzungen erfüllt sind.

Die in § 13 KSpG gewählte und an die Regelungen von § 32 Abs. 1 KrW-/AbfG angelehnte Zulassung eines Kohlendioxidspeichers stellt daher – im Gegensatz etwa auch zu den Regelungen des bergrechtlichen Planfeststellungsverfahrens – eine moderne und sachgerechte Regulierung in Bereichen dar, in denen neben dem Schutz von Menschen und Umwelt auch konfligierende Nutzungsinteressen eine deutliche Rolle spielen. Dabei können nach der Prüfung der zwingenden Versagungsgründe des § 13 Abs. 1 KSpG alle weiteren von dem Vorhaben betroffenen öffentlichen und privaten Belange gegeneinander und untereinander abgewogen und zu einem sachgerechten Ergebnis verbunden werden. Zwar können auch durch die Auslegung von unbestimmten Rechtsbegriffen mittelbar vergleichbare Effekte erzielt werden. Es fehlt mithin aber an dem in § 13 KSpG enthaltenen planerischen Gestaltungsspielraum der Behörde.

Allerdings unterscheidet sich auch die Raumnutzungsentscheidung im Rahmen eines Planfeststellungsverfahrens in einem Punkt wesentlich von der integrierten überörtlichen und überfachlichen Raumplanung. Denn der der Planfeststellungsbehörde zugewiesenene Gestaltungs- und Ermessensspielraum umfasst zwar eine eigenständige Beurteilung der Erforderlichkeit des Vorhabens und eine eigenverantwortliche Abwägung aller von der Planung berührter Belange, gewährt aber nicht im Sinne einer echten raumplanerischen Gestaltungsfreiheit die

971 *Hellriegel*, NVwZ 2010, Seite 1530 (1532).

972 *BVerwGE* 74, Seite 124 (133); *Bonk/Neumann* in *Stelkens/Bonk/Sachs*, Verwaltungsverfahrensgesetz Kommentar, § 72 Rn. 10.

973 *Bonk/Neumann* in *Stelkens/Bonk/Sachs*, Verwaltungsverfahrensgesetz Kommentar, § 72 Rn. 10.

974 *Steinberg*, Fachplanung, § 1 Rn. 5.

Befugnisse zur Alternativplanung[975]. Die Abgrenzung zwischen Raum- und Fachplanung vollzieht sich dabei maßgeblich über die Aufgabenbestimmung der Raumordnung. Dabei ist es Aufgabe der Raumordnung, raumbedeutsame Planungen und Maßnahmen aufeinander abzustimmen und verschiedene fachplanerische Ansprüche zu koordinieren[976]. Sie regelt die Verortung von Raumnutzungsansprüchen und von Raumfunktionen[977]. Die Raumordnungsplanung hat dabei nach Abwägungsgrundsätzen – unter anderem aus den Vorgaben der Fachplanung – eine gesamträumliche, zusammenfassende Konzeption zu entwickeln[978], an deren Ziele die Fachplanungen wiederum über § 4 Abs. 1 ROG gebunden sind. Die Raumordnungsplanung kann jedoch eine Fachplanung regelmäßig nicht ersetzen[979]. Die Planfeststellungsbehörde ist an das Ergebnis eines gegebenenfalls vorhandenen zielförmig festgelegten landesplanerischen Standortvergleichs gebunden, was jedoch nicht in einer Realisierungspflicht kumuliert[980]. Denn anders als bei der klassischen staatlichen Raumplanung stellt zunächst der Antragsteller des konkreten Vorhabens den Plan auf. Anschließend prüft die zuständige Behörde diesen Plan, übt ihr fachgesetzliches Planungsermessen aus und vollzieht damit eine Planung des Vorhabenträgers nach, so dass eine Art „kombinierte Planungsbefugnis“[981] zwischen Antragsteller und Behörde besteht. Damit ergibt sich in der Folge eine arbeitsteilige Aufgabenstruktur zwischen den Trägern der Raumordnung und der jeweiligen Fachplanung, deren aufgabenspezifischen Kompetenzen und Gestaltungsspielräume durch rechtliche Bindungen, Abstimmungsgebote und Beteiligungsverfahren miteinander verschränkt sind[982].

D. Fazit

Die Genehmigungsverfahren zur Exploration und Genehmigung von Kohlendioxidspeichern erfüllen die Anforderungen an ein modernes Umweltgesetz. Insbesondere die Ausgestaltung der Speichergenehmigung als Planfeststellung mit einem

975 VGH *Mannheim*, VBlBW 1982, Seite 202 (202).

976 *BVerwGE* 125, Seite 116 zitiert nach juris Rn. 64.

977 *Deutsch*, NVwZ 2010, Seite 1520 (1522); *Durner*, Konflikte räumlicher Planung, Seite 205; *Schink*, DÖV 2011, Seite 905 (908).

978 *Hoppe* in: *Hoppe/Bönker/Grotefels*, Öffentliches Baurecht, § 1 Rn. 5; *Runkel*, in *Spannowsky/Runkel/Goppel*, Raumordnungsgesetz, Kommentar, § 1 Rn. 72.

979 Vgl. dazu *BVerwG*, NVwZ 2003, Seite 742; *Gruber* DÖV 1995, Seite 488 (489).

980 *BVerwGE* 125, Seite 116 zitiert nach juris Rn. 54.

981 *Steinberg*, Fachplanung, § 4 Rn. 75.

982 *BVerwGE* 125, Seite 116 zitiert nach juris Rn. 69.

planerischen Gestaltungsspielraum der Behörde ermöglicht eine Entscheidung, in der auch über die Verortung eines konkreten Vorhabens und damit auch verbindlich über den Ausschluss kollidierender Raumnutzungsinteressen entschieden wird.

Allerdings findet auch in der Planfeststellung nach § 13 KSpG vom Grundsatz her nur eine fachgesetzliche Prüfung des konkreten Vorhabens und damit eine objektbezogene Prüfung und Abwägung statt. Eine „vorsorgende" überörtliche und planerisch abwägende Prüfung dahingehend, ob oder inwieweit eine Speicherung gerade am Ort des konkret beantragten Vorhabens sinnvoll ist und benötigt wird, findet indes nicht statt. Zudem fehlt das im Bergrecht zur Generierung von Planungs- und Investitionssicherheit förderliche vorgeschaltete Konzessionssystem zur staatlichen Bewirtschaftung knapper Güter.

All dies führt dazu, dass es auch im Hinblick auf die Genehmigungsverfahren des KSpG und die Entwicklung von Kohlendioxidspeichern rein den Mechanismen des Marktes überantwortet und dies als verteilungsgerecht angesehen wird, wo und wie solche Speicher entstehen. Konfligierende Nutzungsinteressen – auch solche die ggf. erst in der Zukunft auftreten – werden dabei mit den rein ökonomischen Kategorien von Angebot und Nachfrage zum Zeitpunkt der Realisierung des Vorhabens faktisch entschieden. Dies birgt jedoch die Gefahr, dass in Zukunft volkswirtschaftlich bedeutsame Potenziale von in der Entwicklung befindlicher Untergrundnutzungen nicht mehr oder nur noch in begrenztem Ausmaß nutzbar sind und bleibt insoweit unbefriedigend. Insbesondere im Hinblick auf Kohlendioxidspeicher ist dieser – auch bereits zum Bergrecht getroffene – Befund besonders problematisch, da das Kohlendioxid grundsätzlich für immer unter der Erde verbleiben soll. Während bei anderen Nutzungen nach deren Aufgabe grundsätzlich eine anderweitige Verwendung möglich bleibt, ist dies aus dem vorgenannten Grund bei Kohlendioxidspeichern nicht der Fall. Die dafür genutzen geologischen Formationen und auch tieferliegende Schichten bleiben dauerhaft für andere Untergrundnutzungen ausgeschlossen, da diese potenziell immer eine Gefahr für die Dichtheit der Speicher darstellen.

Daher sollte eine entsprechende koordinierende überörtliche und überfachliche Untergrundraumplanung etabliert werden, in der die wesentlichen wirtschaftspolitischen und raumbedeutsamen aber auch verteilungspolitische Fragen des Vorhabens frühzeitig geklärt werden. Diese Intention verfolgt auch der Gesetzgeber, wie die Regelung des § 2 Abs. 2 Nr. 6 S. 8 ROG zeigt. Danach sollen neben den räumlichen Voraussetzungen für den Ausbau der erneuerbaren Energien und für eine sparsame Energienutzung auch die raumordnerischen Voraussetzungen für den Erhalt und die Entwicklung natürlicher Senken für klimaschädliche Stoffe und für die Einlagerung dieser Stoffe geschaffen werden.

Entsprechende raumordnerische Festlegungen können dann in die Verfahren zur Erteilung von Explorationsgenehmigungen nach § 7 KSpG und ins Planfeststellungsverfahren nach § 13 KSpG eingehen. In diesem Sinne kann die raumordnerische Abstimmung auch erheblich zur Investitionssicherheit und zur Beschleunigung der Genehmigungsverfahren beitragen und das gegenüber dem Bergrecht fehlende Konzessionssystem ersetzen. Auch können für eine spezifische Untergrundnutzung prädestinierte geologische Formationen langfristig im Sinne einer vorsorgenden Sicherung gesichert werden. Dabei kann insbesondere die in § 5 KSpG verankerte Potenzialanalyse einen Nucleus für eine übergeordnete Beplanung bieten, da sie durch die Einbeziehung möglicher konfligierender Interessen zwischen Kohlendioxidspeichern, Rohstoffgewinnung, Geothermienutzung, nutzbarem Grundwasser, der Speicherung und Lagerung anderer gasförmiger, flüssiger oder fester Stoffe sowie wissenschaftlicher Bohrungen in § 5 Abs. 2 Nr. 7 KSpG wertvolle Informationen beinhaltet.

Abschnitt 3: Gesamtergebnis

Als raumbedeutsame Maßnahme stehen die Projekte zum Rohstoffabbau sowie zur Speicherung von Gasen sowohl in Konkurrenz untereinander, wie auch in Konkurrenzsituationen zu anderen raumbeanspruchenden Maßnahmen wie etwa der Speicherung von Kohlendioxid unter Tage. Wie die Analyse der Genehmigungsverfahren im BBergG und im KSpG jedoch zeigt, sind diese nicht umfassend in der Lage, den aufgrund der vielfältigen und teilweise auch in der Zukunft konfligierenden Nutzungsinteressen notwendigen Abgleich mit konkurrierenden Belangen zu gewährleisten.

Denn in den klassischen Verfahren zur Erteilung von Bergbauberechtigungen sowie im Betriebsplanverfahren fehlt es an einem spezifischen Instrumentarium zur planerischen Lenkung der Bodenschatzgewinnung[983] und Untergrundspeicherung von Gasen, soweit es um deren planmäßige Steuerung in einem bestimmten Planungsraum geht. Umwelt- und planungsrechtliche Einflüsse im Hinblick auf eine nachhaltige Entwicklung können im Rahmen des Bergrechts nur über die unbestimmten Rechtsbegriffe in den bergrechtlichen Konzessions- und Betriebsplanverfahren Berücksichtigung finden[984]. Das bergrechtliche Berechtsamts- und Zulassungsverfahren ist als fachgesetzlich ausgestaltetes Instrumentarium jedoch stets nur auf ein konkretes Abbauvorhaben bezogen. Dem vorgelagert vermögen die Instrumente des BBergG nur eingeschränkt zu greifen[985]. Damit trifft das Bergrecht nur Aussagen zur Zulässigkeit konkreter Vorhaben und ist in seiner Wirkung nur punktuell und anlassbezogen wirksam, ohne seinerseits planerische Zielsetzungen zu initiieren. Der in § 1 Nr. 1 BBergG intendierte auch mittel- und langfristig vorsorgende Lagerstättenschutz bleibt mangels weiterer planungsrechtlicher Instrumentalisierung einer abwägungsbezogenen Entscheidung anderer Verfahren vorbehalten[986]. Flankierende Bedeutung erlangen hier insbesondere die in § 2 Abs. 2 Nr. 4 S. 4 ROG und § 2 Abs. 2 Nr. 4 S. 5 ROG enthaltenen Aufträge an die Träger der Raumordnung, für die vorsorgende Sicherung sowie die geordnete

983 *Frenz,* Bergrecht und Nachhaltige Entwicklung, Seite 16; *Berkemann,* DVBl. 1989, Seite 625 (625 f.).

984 *Frenz,* Bergrecht und Nachhaltige Entwicklung, Seite 12.

985 *Frenz,* Bergrecht und Nachhaltige Entwicklung, Seite 16.

986 *Berkemann,* DVBl. 1989, Seite 625 (625).

Aufsuchung und Gewinnung standortgebundener Rohstoffe die räumlichen Voraussetzungen zu schaffen und den räumlichen Erfordernissen für eine kostengünstige, sichere und umweltverträgliche Energieversorgung Rechnung zu tragen.

Gleiches gilt auch für die Genehmigungsverfahren des KSpG. Denn trotz der Verankerung eines vollumfänglichen Planfeststellungsverfahrens mit einem planerischen Gestaltungsspielraum der Genehmigungsbehörde bleibt auch hier ein Defizit in der planerischen Steuerung. Denn wie dargelegt, findet auch hier vom Grundsatz her nur eine Prüfung des konkreten Vorhabens und damit eine objektbezogene Prüfung und Abwägung statt. Eine „vorsorgende" überörtliche und planerisch abwägende Prüfung dahingehend, ob oder inwieweit eine Speicherung gerade am Ort des konkret beantragten Vorhabens sinnvoll ist und benötigt wird, greift insoweit auch hier nicht Platz. Gestützt wird auch dieser Befund durch § 2 Abs. 2 Nr. 6 ROG und dem darin enthaltenen Auftrag an die Träger der Raumordnung, die räumlichen Voraussetzungen für den Ausbau der erneuerbaren Energien, für eine sparsame Energienutzung sowie für den Erhalt und die Entwicklung natürlicher Senken für klimaschädliche Stoffe und für die Einlagerung dieser Stoffe zu schaffen. In diesem Kontext muss auch § 2 Abs. 5 KSpG gesehen werden, der insoweit für die Länder als wesentliche Träger der Raumordnung nur eine Selbstverständlichkeit beschreibt.

Die Analyse bestätigt daher die grundsätzliche Aussage, dass es im Kontext von Fachplanungen – wie im Bergrecht und im KSpG vorgesehen – lediglich um die Optimierung eines konkreten Projekts eines Unternehmens gehen kann. Eine Findung des Gemeinwohls durch Gewichtung und Sichtung öffentlicher und privater Belange ist hingegen nur im Rahmen einer Gesamtplanung vollumfänglich möglich.

Zudem birgt die Verankerung der unterschiedlichen Untergrundnutzungen in zwei Gesetzen und unterschiedlichen Grundformen der Genehmigungsverfahren das Problem einer strukturellen Disparität zwischen den möglichen Nutzungsformen. Dies gilt sowohl innerhalb des BBergG zwischen der Nutzungen von Bodenschätzen und der Errichtung und dem Betrieb von Speichern, aber auch zwischen diesen Formen der Untergrundnutzung und der im KSpG normierten Speicherung von Kohlendioxid. Während im Bergrecht ausschließlich gebunden Entscheidungen zu finden sind und die Einbeziehung von Nutzungskonkurrenzen über unbestimmte Rechtsbegriffe erfolgen muss, sind Errichtung und Betrieb eines Kohlendioxidspeichers der Planfeststellung und damit einem Abwägungsvorgang unterstellt. Daraus ergeben sich in der Folge unterschiedliche administrative Gestaltungsspielräume und gerichtliche Prüfdichten, die durch eine einheitliche überörtliche und überfachliche Beplanung ausgeglichen werden könnten.

Kapitel 3
Potenziale des Raumordnungsrechts zur Lösung von Konkurrenz- und Konfliktsituationen untertägiger Nutzungen

Aufgrund des getroffenen Befundes bei der Analyse der Genehmigungsverfahren von Untergrundnutzungen soll im Folgenden das bestehende Raumordnungsrecht im Hinblick auf die Möglichkeit einer entsprechenden überörtlichen und überfachlichen Beplanung des Untergrundes untersucht werden.

Abschnitt 1: Entwicklung und Aufgaben der Raumordnung

A. Entwicklung des Raumordnungsrechts

Die Anfänge der Raumordnung als überörtliche Planung, wie sie als „Regional- und Landesplanung“ seit Mitte der zwanziger Jahre des 20. Jahrhunderts angestrebt wurde, sind in den ersten Planungsverbünden der industriellen Ballungsgebiete zu verorten, wie etwa dem Zweckverband für den Großraum Berlin[987] oder der Verbandsordnung für den Siedlungsverband Ruhrkohlenbezirk[988]. Raumordnung als eigenständige Verwaltungsaufgabe entstand dabei als Antwort auf kommunale, nicht mehr zu bewältigende Siedlungsprobleme, die im Zuge der Industrialisierung und Verstädterung in bestimmten Ballungsräumen auftraten[989]. Eine zweite Wurzel lag in den Bemühungen des Deutschen Reiches und insbesondere Preußens zur Verbesserung der Agrarstruktur in ländlichen und strukturschwachen Gebieten[990]. Gesetzliche Regelungen zur Einführung einer großräumigen Bodennutzungsplanung kamen jedoch aufgrund der politischen Probleme der Weimarer Republik nicht mehr zustande. Erst nach 1933 brachten das Wohnsiedlungsgesetz und das Siedlungsordnungsgesetz Ansätze einer überörtlichen Konzeption im Siedlungswesen.

In der NS-Zeit wurde die vorhandene dezentrale und nicht flächendeckende Struktur der Regional- und Landesplanung „von unten“ zugunsten einer einheitli-

---

987 Gesetz über den Zweckverband für Groß-Berlin vom 19.07.1911, Pr GS Seite 123.

988 Gesetz betreffend die Verbandsordnung für den Siedlungsverband Ruhrkohlenbezirk vom 05.05.1920, Pr GS Seite 286.

989 *Battis*, Öffentliches Baurecht und Raumordnungsrecht, 2 I 2, Seite 22.

990 *Blotevogel*, Herausforderungen für die Raumordnungsplanung heute – Neue Zielsetzungen, harte und weiche Steuerungsmodi in: *Steger/Bunzel (Hrsg.)*, Raumordnungsplanung quo vadis? Zwischen notwendiger Flankierung der kommunalen Bauleitplanung und unzulässigem Durchgriff, Seite 12.

chen und zentralen Struktur „von oben her“ aufgegeben. Hierbei fand auch erstmals der Begriff „Raumordnung“ Anwendung[991]. Dieses neue Verständnis der „Raumordnung“ löste die räumliche Planung aus ihrem engen Zusammenhang mit dem Bau- und Siedlungswesen heraus und trat den Fachplanungen mit dem Anspruch einer Gesamtplanung gegenüber[992]. Allerdings konnte die sich dafür geschaffene Reichsstelle Raumordnung nicht gegenüber der überkommenen Ressorts als Träger der methodisch und inhaltlich höher entwickelten Fachplanungen, insbesondere der Verkehrsplanung durchsetzen[993].

Die Zielsetzungen und der Einsatz der Raumordnung in der NS-Zeit führten nach 1945 zu erheblichen Vorbehalten gegenüber jeder Form von zentraler Planung. In der Zeit der auf diesen Vorbehalten begründeten Planung beschränkte sich die Raumplanung daher auf die Koordination der Einzelplanungen im Wege der Überzeugung der Beteiligten. Nach ersten Planungsgesetzen etwa in NRW[994] folgte 1965 das erste bundeseinheitliche Raumordnungsgesetz[995], das sich trotz der vom BVerfG im Baurechtsgutachten[996] zugewiesenen Vollkompetenz des Bundes für die Raumordnung im Gesamtstaat kraft Natur der Sache auf die zusätzliche Rahmenkompetenz des Art. 75 Nr. 4 GG a.F. stützte. In der anschließend eintretenden Phase der Planungseuphorie erließen alle Bundesländer eigene Raumordnungsgesetze. Dabei wurde die Raumordnung überwiegend als Teil der Landesentwicklungspolitik begriffen was zu einer entsprechenden Parlamentarisierung der Raumordnung führte[997]. Paradoxerweise stand dem Ausbau der Instrumente ein unübersehbarer Steuererungsverlust in der politischen und administrativen Praxis gegenüber, der sich aus dem Ausbau der Planungskompetenzen in den Fachgesetzen und einem erfolgreichen Beharren der Fachpolitik gegenüber einer übergeordneten Koordination oder gar Integration ergab[998].

Im Laufe der 1990-Jahre trat daher eine Phase der Ernüchterung ein und die Raumordnung konzentrierte sich auf die im engeren Sinne raumbezogenen Themenfelder und verzichtete auf weitergehende fachplanerische Steuerungsansprüche. In dieser Zeit erfolgte eine weitere bedeutsame Novelierung durch das Rau-

---

991 *Battis*, Öffentliches Baurecht und Raumordnungsrecht, 2 I 2, Seite 22.

992 *Brohm*, Öffentliches Baurecht, § 2 Rn. 18.

993 *Battis*, Öffentliches Baurecht und Raumordnungsrecht, 2 I 2, Seite 23 m.w.N.

994 Nordrhein-Westfälischen Landesplanungsgesetze vom 11. 03.1950, GVBl. Seite 41.

995 Raumordnungsgesetz vom 08.04.1965, BGBl. I Seite 306

996 *BVerfGE* 3, Seite 427.

997 Vgl dazu etwa *Battis*, Öffentliches Baurecht und Raumordnungsrecct, 2 I 2, Seite 24, mit einer Aufzählung der unterschiedlichen landesrechtlichen Raumordnungsgesetze auf Seite 28.

998 *Blotevogel*, Herausforderungen für die Raumordnungsplanung heute – Neue Zielsetzungen, harte und weiche Steuerungsmodi in: *Steger/Bunzel (Hrsg.)*, Raumordnungsplanung quo vadis? Zwischen notwendiger Flankierung der kommunalen Bauleitplanung und unzulässigem Durchgriff, Seite 17

mordnungsgesetz vom 18. August 1997[999], die sich erneut auf die Rahmenkompetenz des Art. 75 Nr. 4 GG a.F. stützte. Nach der Förderalismusreform, die durch das verfassungsändernde Gesetz vom 30. Juni 2006 zu einer umfassenden Änderung des Grundgesetzes führte, wurde auch das Raumordnungsgesetz neu gefasst. Es stützt sich jetzt auf die konkurrierende Gesetzgebungskompetenz des Art. 74 Abs. 1 Nr. 31 GG und trat für den Bund am 31. Dezember 2008 sowie für die Raumordnung in den Ländern am 30. Juni 2009 in Kraft und wurde zuletzt durch Art. 9 des Gesetzes vom 31. Juli 2009[1000] geändert.

B. Funktion und Aufgabe der Raumordnung

„Planung beruht auf einer analysierenden Erfassung gegenwärtiger Lagen, auf einer Prognose künftiger Entwicklungen und dem Vorentwurf einer normativen Ordnung“[1001]. Dabei beschränkte sich das klassische Verständnis der Raumplanung bisher weitgehend auf die Entwicklung, Ordnung und Sicherung des Raumes an der Oberfläche. Denn in der verhältnismäßig kleinen und dicht besiedelten Bundesrepublik besteht ständig ein erheblicher Bedarf an Flächen für private und öffentliche Vorhaben[1002], die miteinander um denselben Raum konkurrieren und nicht selten unvereinbar gegeneinander stehen. Eine rationale und effiziente Nutzung und Verteilung der vorhandenen Flächenressourcen ist für eine sinnvolle ökonomische, ökologische sowie gesellschaftliche Entwicklung unabdingbar und bedarf daher einer möglichst umfassenden Entscheidungsgrundlage. Als Instrument einer überörtlichen und überfachlichen Ordnung des Raumes auf der Grundlage von vorgegebenen oder zu entwickelnden Leitvorstellungen[1003] dient die Raumordnung als staatliche Gesamtkonzeption für die Entwicklung des Staatsgebiets und seiner Teilräume. Dabei lässt sich feststellen, dass in jüngster Vergangeheit das Raumordnungsrecht als politisches Steuerungsinstrument eine gewisse Renaissance erfahren hat[1004]. Die Gründe für diesen Wandel sind vielfältig, liegen jedoch insbesondere in den sich abzeichnenden gesellschaftlichen Herausforderungen des demographischen Wandels sowie des Klimaschutzes und der Energiewende, der in der Planungswissenschaft konstatierten Renaissance der strategischen Planung, der Aufwertung informeller Modi als Handlungsmodi in der

999 BGBl. I Seite 2108.

1000 BGBl. I Seite 2585.

1001 *Hoppe*, Planung, in *Isensee/Kirchhof* (Hrsg.), Handbuch des Staatsrechts der Bundesrepublik Deutschland, Band III, § 71 Rn. 2.

1002 *Steiner*, Raumordnungs- und Landesplanungsrecht, in: *Steiner (Hrsg.)*, Besonderes Verwaltungsrecht, V A, Rn. 3.

1003 *BVerfGE* 3, Seite 407 (425, 427 f.).

1004 *Schink*, DÖV 2011, Seite 905 (905) m.w.N.

politischen Praxis sowie nicht zuletzt in den bestätigenden Entscheidungen hoher Verwaltungsgerichte über die Legitimität förmlicher Raumordnungsziele[1005].

Zentrale Aufgabe der Raumordnung ist gemäß § 1 Abs. 1 S. 1 ROG, den Gesamtraum der Bundesrepublik Deutschland und seine Teilräume durch zusammenfassende, überörtliche und fachübergreifende Raumordnungspläne, durch raumordnerische Zusammenarbeit und durch Abstimmung raumbedeutsamer Planungen und Maßnahmen zu entwickeln, zu ordnen und zu sichern. Zusammenfassend und fachübergreifend ist sie, weil sie vielfältige, das heißt grundsätzlich alle, Fachplanungen in einem Raum aufeinander abstimmt; übergeordnet ist sie, weil sie überörtlich ist[1006].

Durch die Kodifikation dieser drei Tätigkeiten erfährt der Begriff der Raumordnung dabei seine weitere Konkretisierung. Dabei sind nach § 1 Abs. 1 S. 2 ROG die unterschiedlichen Anforderungen an den Raum aufeinander abzustimmen und die auf der jeweiligen Planungsebene auftretenden Konflikte auszugleichen sowie eine Vorsorge für einzelne Nutzungen und Funktionen des Raums zu treffen.

Wie bereits in Kapitel 1 dargestellt, besteht eine der Oberflächennutzung vergleichbare Problemlage bezüglich des Untergrundes in Deutschland, da auch hier die Nutzungsdichte perspektivisch deutlich ansteigen wird und Konkurrenz- und Konfliktsituationen absehbar sind. Daran schließt sich die Frage an, ob und wie die Aufgaben, Wertungen und Instrumente der Raumordnung für den Untergrund nutzbar gemacht werden können und wer für die Wahrnehmung dieser Aufgabenstellung sinnvollerweise in Betracht kommt. Dabei sollen zuerst die Funktionen und Leitvorstellungen der Raumordnung beschrieben sowie die Möglichkeit einer Untergrundraumordnung auf der Basis des bestehenden ROG eruiert werden. Im Anschluss danach wird untersucht, welche Instrumente der Raumordnung auf welcher Ebene zur Verfügung stehen und wie sich deren Wirksamkeit im Kontext einer Untergrundraumordnung gestaltet.

I. Ordnungsfunktion

Teil der Ordnungsaufgabe der Raumordnung ist es nicht miteinander verträgliche Nutzungen getrennt zu halten[1007] und – losgelöst von Entschädigungsfragen und dem unmittelbaren Gesundheitsschutz der Bevölkerung – ein verträgliches Mit-

---

1005 *Blotevogel*, Herausforderungen für die Raumordnungsplanung heute – Neue Zielsetzungen, harte und weiche Steuerungsmodi in: *Steger/Bunzel (Hrsg.)*, Raumordnungsplanung quo vadis? Zwischen notwendiger Flankierung der kommunalen Bauleitplanung und unzulässigem Durchgriff, Seite 17.

1006 *Ronellenfitsch*, FS Hoppe, Seite 355 (361).

1007 *Runkel*, in *Spannowsky/Runkel/Goppel*, Raumordnungsgesetz, Kommentar, § 1 Rn. 49.

einander von Nutzungen und Funktionen zu gewährleisten. Dieser Koordinierungsauftrag bezüglich unterschiedlicher Nutzungen und ihrer Anforderungen an den Raum ist einer der zentralen Aufgaben der Raumordnung. Die Zusammenschau der verschiedenen Sektorpolitiken unter räumlichen Gesichtspunkten gehört daher zum Kernbereich dieses Rechtsgebiets[1008]. Auch die räumliche Bündelung von Nutzungen verbunden mit einer weitgehenden Freihaltung des übrigen Raums von diesen Aktivitäten ist Teil der Ordnungsaufgabe der Raumordnung[1009]. Beispiele hierfür sind etwa die Konzentration von Anlagen zur Nutzung der Windenergie oder der gewerblichen Massentierhaltung.

In der Regel wird es allerdings nicht ausreichen, die raumbedeutsamen Planungen und Maßnahmen lediglich untereinander und mit den Erfordernissen der Raumordnung abzustimmen[1010]. Häufig sind auch auftretende Nutzungskonflikte auszugleichen, wobei sich dieser Ausgleich nur auf die jeweils konkreten Maßnahmen und Planungen mit ihren räumlichen Auswirkungen beziehen kann. Abstrakt generelle Entscheidungen und Prioritätensetzungen, wie etwa eine grundlegende Entscheidung zwischen Straßen- und Schienenausbau oder zwischen Abfallbeseitigung auf Deponien oder der thermischen Verwertung von Abfällen, sind hingegen nicht Aufgabe der Raumordnung, sondern obliegen einem politischen Entscheidungsprozess.

Wie sich aus § 1 Abs. 1 S. 2 ROG ergibt, beschränkt sich die Aufgabe des Konfliktausgleichs im Rahmen der Raumordnung zudem auf Konflikte, die auf der jeweiligen Planungsebene auftreten. Im Rahmen der Raumordnung können daher regelmäßig nur großräumige Konfliktlagen ausgeglichen werden. Kleinräumigere Konflikte müssen den nachfolgenden Planfeststellungs- oder Genehmigungsverfahren überlassen bleiben. Jede Ebene soll den Teil eines umfassenden Konflikts lösen, der auf ihrer Ebene auftritt und mit Hilfe der ihr zugewiesenen Instrumente gelöst werden kann[1011]. Dies bedeutet im Umkehrschluss jedoch auch, dass nur solche Konfliktbereiche auf nachfolgende Planungs- oder Genehmigungsebenen weitergereicht werden können, die sich mit dem dort vorhandenen rechtlichen Instrumentarium lösen lassen.

II. Entwicklungs- und Sicherungsfunktion

Neben der klassischen Ordnungsfunktion stellt § 1 Abs. 1 S. 1 ROG klar, dass gleichberechtigt auch eine dynamisch zu verstehende Sicherungs- und Entwick-

1008 *Runkel*, in *Spannowsky/Runkel/Goppel*, Raumordnungsgesetz, Kommentar, § 1 Rn. 82.
1009 *Runkel*, in *Spannowsky/Runkel/Goppel*, Raumordnungsgesetz, Kommentar, § 1 Rn. 49.
1010 *Runkel*, in *Spannowsky/Runkel/Goppel*, Raumordnungsgesetz, Kommentar, § 1 Rn. 85.
1011 *Runkel*, in *Spannowsky/Runkel/Goppel*, Raumordnungsgesetz, Kommentar, § 1 Rn. 87.

lungsaufgabe der Raumordnung besteht, in deren Rahmen Grund und Boden für Siedlungstätigkeiten, wirtschaftliche Entwicklung und Infrastrukturprojekte genutzt oder für Raumfunktionen gesichert werden soll[1012]. Diese Entwicklungsimpulse eröffnen zumeist andere als die Bestandsnutzungen und sichern im Rahmen einer Vorsorge neue Nutzungen oder Funktionen durch Nutzungsänderungen durch Dritte[1013].

Im Rahmen der Entwicklungsfunktion der Raumordnung stellt sich die Aufgabe die Entwicklungsabsichten der unterschiedlichen Raumnutzer derart aufeinander abzustimmen und zuzuordnen, dass eine insgesamt ausgewogene Gesamtnutzung des Raumes stattfindet und die einzelnen Nutzungsarten sinnvoll miteinander verknüpft werden[1014]. Noch vor der Entfaltung fachplanerischer Aktivitäten ist es zudem eine Aufgabe der Raumordnung, für den Raumbedarf entsprechender Nutzungen Vorsorge zu treffen, damit die fachplanerischen Vorhaben nicht später durch anderweitige Entwicklungen unmöglich oder wesentlich erschwert werden[1015]. Dies kann etwa durch eine entsprechende Sicherung von entsprechenden Flächen in der Raumordnung geschehen. Beispiel für eine solche Flächensicherung ist etwa die raumordnungsrechtliche Ausweisung einer Flughafenerweiterungsfläche, die diese gegenüber entgegenstehenden Nutzungsinteressen schützt und insoweit eine räumliche Entwicklungsaufgabe verfolgt[1016]. Auch die Sicherung von Standorten und Trassen für Infrastrukturvorhaben ist ein weiterer Anwendungsbereich.

Diese Entwicklungsfunktion der Raumordnung wird jedoch derzeit als Aufgabe der Raumnutzung noch wenig wahrgenommen[1017], zumeist dominiert die Sicherung vorhandener Raumfunktionen die Planung, die zumeist darin besteht, bestimmte in einem Bereich besonders ausgeprägte Funktionen vor ökonomisch attraktiven Raumnutzungswünschen zu sichern[1018]. Dazu gehören Natur und Landschaft, Grundwasser und Naherholung aber beispielsweise auch die langfristige Sicherung von oberflächennahen Rohstoffen vor Überbauung[1019].

1012 *Runkel*, in *Spannowsky/Runkel/Goppel*, Raumordnungsgesetz, Kommentar, § 1 Rn. 47.
1013 *Runkel*, in *Spannowsky/Runkel/Goppel*, Raumordnungsgesetz, Kommentar, § 1 Rn. 48.
1014 *Runkel*, in *Spannowsky/Runkel/Goppel*, Raumordnungsgesetz, Kommentar, § 1 Rn. 49.
1015 *Runkel*, in *Spannowsky/Runkel/Goppel*, Raumordnungsgesetz, Kommentar, § 1 Rn. 88.
1016 Vgl. *BVerwG*, NVwZ 2006, Seite 1055 ff.
1017 *Runkel*, in *Spannowsky/Runkel/Goppel*, Raumordnungsgesetz, Kommentar, § 1 Rn. 48.
1018 *Runkel*, in *Spannowsky/Runkel/Goppel*, Raumordnungsgesetz, Kommentar, § 1 Rn. 50.
1019 *Runkel*, in *Spannowsky/Runkel/Goppel*, Raumordnungsgesetz, Kommentar, § 1 Rn. 50.

III. Leitvorstellung der Raumordnung

Leitvorstellung bei der Erfüllung dieser Aufgaben ist gemäß § 1 Abs. 2 S. 1 ROG eine nachhaltige Raumentwicklung, die die sozialen und wirtschaftlichen Ansprüche an den Raum mit seinen ökologischen Funktionen in Einklang bringt und zu einer dauerhaften, großräumig ausgewogenen Ordnung mit gleichwertigen Lebensverhältnissen in den Teilräumen führt. Daraus wird deutlich, dass im Rahmen einer nachhaltigen Raumentwicklung keine Gewichtungsvorgabe oder gar Vorrangregelung einzelner Belange verbunden ist. Vielmehr wird die prinzipielle Gleichwertigkeit von wirtschaftlichen und sozialen Raumansprüchen mit den ökologischen Funktionen des Raums betont[1020].

Allerdings besteht zwischen diesem kodifizierten Anspruch und den Möglichkeiten der Raumordnung ein Missverhältnis. Denn zur Verwirklichung dieser gesetzgeberischen Leitvorstellungen ist die Raumordnung instrumentell defizitär ausgestaltet[1021]. So können zwar Raumordnungspläne aufgestellt werden, die den Ansprüchen einer nachhaltigen Entwicklung genügen. Es fehlt indes an einem Maßnahmeninstrumentarium – vergleichbar mit dem besonderen Städtebaurecht des BauGB mit seinen städtebaulichen Sanierungs- und Entwicklungsmaßnahmen – das neben einer reinen Planung besondere Genehmigungstatbestände, Finanzierungsinstrumente und eine Förderung für Gebiete mit Missständen oder Entwicklungsbedarf bereithält[1022].

IV. Bezugsräume der Raumordnung

Gemäß § 1 Abs. 1 S. 1 ROG ist der Bezugspunkt der Raumordnung sowohl der Gesamtraum der Bundesrepublik Deutschland als auch seine Teilräume. Raumordnung als administrative Aufgabe ist dabei nach dem Verständnis des Grundgesetzes und ihm folgend nach dem ROG in erster Linie Angelegenheit der Länder[1023].

1. Raumordnung für den Gesamtraum

In Bezug auf die Ordnung und Entwicklung des Gesamtraums ergibt sich die Problemstellung, dass hierfür keine adäquaten Instrumente der Raumplanung bereitstehen, da es – mit Ausnahme der Pläne für See-, Binnen- und Flughäfen gemäß § 17 Abs. 2 ROG – keinen bundesweiten Raumordnungsplan mit Zielen

---

1020 *Runkel*, in *Spannowsky/Runkel/Goppel*, Raumordnungsgesetz, Kommentar, § 1 Rn. 95 m.w.N.
1021 *Runkel*, in *Spannowsky/Runkel/Goppel*, Raumordnungsgesetz, Kommentar, § 1 Rn. 103.
1022 Vgl. *Battis/Klein/Rustenberg*, DVBl. 2009, Seite 682.
1023 *Runkel*, in *Spannowsky/Runkel/Goppel*, Raumordnungsgesetz, Kommentar, § 1 Rn. 53.

gibt, die eine positive Bindungswirkung entfalten[1024]. Es ist daher mangels administrativer Kompetenzen nicht möglich, dass der Bund den Auftrag des § 1 Abs. 1 S. 1 ROG eigenständig erfüllt. Vielmehr richtet sich dieser gesetzgeberische Auftrag an die Länder, die damit nicht nur die Aufgabe haben, ihre Teilräume zu entwickeln, zu ordnen und zu sichern, sondern zugleich und im Zusammenspiel mit den anderen Ländern diese Aufgabe auch für den Gesamtraum wahrzunehmen haben[1025].

2. Raumordnung für Teilräume

Wie bereits festgehalten, ist Raumordnung als administrative Aufgabe im Kern Aufgabe der Bundesländer. Dabei setzt das ROG die Teilräume instrumentell mit den Bundesländern gleich, indem es beispielsweise in § 8 Abs. 1 S. 1 Nr. 1 ROG festlegt, dass für das Gebiet eines jeden Landes ein Raumordnungsplan aufzustellen ist[1026].

Auch die in der Raumordnung zur Verfügung stehenden Instrumente wie Raumordnungspläne oder Raumordnungsverfahren richten sich an die Länder oder werden von diesen als Verwaltungsaufgabe wahrgenommen. Dabei können Teilräume auf Landesebene auch weiter untergliedert werden, indem auf der Ebene von Regionen eine Aufstellung von Regionalplänen vorgenommen wird.

1024 *Runkel*, in *Spannowsky/Runkel/Goppel*, Raumordnungsgesetz, Kommentar, § 1 Rn. 51.
1025 *Runkel*, in *Spannowsky/Runkel/Goppel*, Raumordnungsgesetz, Kommentar, § 1 Rn. 51.
1026 *Runkel*, in *Spannowsky/Runkel/Goppel*, Raumordnungsgesetz, Kommentar, § 1 Rn. 53.

Abschnitt 2: Unterirdische Raumordnung

A. Raumordnung des Untergrundes im ROG

Derzeit steht die Nutzung der Erdoberfläche im Fokus des Raumordnungs- und Landesplanungsrechts. Jedoch ermöglicht das ROG ggf. auch schon heute planerische Vorgaben für unterirdische Nutzungsformen. Zwar enthält das ROG dazu keine ausdrückliche Kodifizierung einer solchen „Tiefenwirkung" der Raumordnung. Diese ergibt sich jedoch möglicherweise aus dem Regelungszusammenhang des Gesetzes. So hat sich in der Praxis der Landesplanung und vom Landesplanungsrecht her der Einsatz insbesondere des planerischen Instrumentariums auch auf unterirdische Nutzungsansprüche respektive auf die diesbezügliche Freihaltung, aber auch auf Schutzerfordernisse unter Tage gerichtet[1027]. Beispiele aus der planerischen Praxis sind etwa Rohstofflagerflächen und Bergbau[1028], Leitungsinfrastruktur[1029] oder der Schutz von Grundwasser[1030].

B. Raumbezug unterirdischer Nutzungen

Um die Frage der Möglichkeit einer Untergrundraumordnung jenseits praktischer Erwägungen zu klären, stellt sich zuallererst die Frage des Raumbezugs von unterirdischen Nutzungen. Denn wenn es sich bei Untergrundnutzungen nicht um raumbedeutsame Maßnahmen im Sinne von § 3 Abs. 1 Nr. 6 ROG handeln kann, unterfallen diese auch a priori nicht in den Anwendungsbereich des ROG. Denn die Maßgabe des Raumbezugs wirkt nicht nur konstitutiv für die Raumordnung, sondern gleichsam begrenzend. Gemäß § 3 Abs. 1 Nr. 6 ROG sind solche Maßnahmen als raumbedeutsam einzustufen, wenn durch sie Raum in Anspruch genommen oder die räumliche Entwicklung oder die Funktion eines Gebietes beeinflusst wird. Allerdings wird auch in § 3 Abs. 1 Nr. 6 ROG – ebenso wenig wie in der allgemeinen Aufgabenbeschreibung des § 1 Abs. 1 ROG –

1027 *Erbguth*, ZUR 2011, Seite 121 (121).

1028 So etwa in § 18 LePro NRW, § 2 Nr. 11 LPlG M-V.

1029 Vgl. dazu OVG *Bautzen*, NVwZ-RR 2010, Seite 873.

1030 Etwa in § 2 Nr. 11 LPlG M-V.

nicht der Bezugsrahmen bestimmt, ob „Raum“ eindimensional oder dreidimensional zu verstehen ist[1031]. Daher ist mangels Einschränkung grundsätzlich von einem weiten Begriffsverständnis – wie in der Landesplanung praktiziert – auszugehen.

Dieses weite Begriffsverständnis deckt sich auch mit der Aufgabenstellung der Raumordnung. Denn sie ist auf eine rationale und effiziente Nutzung und Verteilung der vorhandenen Flächenressourcen ausgerichtet und daher für eine sinnvolle ökonomische, ökologische sowie gesellschaftliche Entwicklung unabdingbar. Als Instrument einer überörtlichen und überfachlichen Ordnung des Raumes auf der Grundlage von vorgegebenen oder erst zu entwickelnden Leitvorstellungen[1032] dient die Raumordnung als staatliche Gesamtkonzeption für die Entwicklung des Staatsgebiets und seiner Teilräume. Und Teil des Staatsgebietes ist auch der unter der Oberfläche befindliche Untergrund. Eine zusätzliche Stütze findet diese Auffassung zudem in den Regelungen zur Raumordnung der AWZ. Nach der Erstreckungsklausel des § 1 Abs. 4 ROG findet im Rahmen der Vorgaben des Seerechtsübereinkommens der Vereinten Nationen vom 10. Dezember 1982[1033] auch in der deutschen ausschließlichen Wirtschaftszone Raumordnung statt. Und gemäß Art. 56 Abs. 1a SRÜ umfassen die souveränen Rechte der Staaten in der AWZ auch den Meeresboden sowie den Untergrund.

Dabei braucht es auch keinen faktischen oder mittelbaren Oberflächenbezug der Untergrundnutzungen. Ein solcher ließe sich zwar über die Möglichkeit der Entstehung von Schäden, der für den Betrieb der Untergrundnutzungen notwendigen Bauwerke oder aufgrund der Notwendigkeit von Infrastruktureinrichtungen konstruieren. In Anbetracht des zunehmenden Koordinierungsbedarfs und vor dem Hintergrund der Aufgabenstellung und Leitvorstellung der Raumordnung sollte eine unterirdische Raumordnung jedoch nicht in solche Abhängigkeiten gestellt werden[1034].

I. Bundesrechtliche Grundsätze der Raumordnung mit Bezug zum Untergrund

Auch die kodifizierten bundesgesetzlichen Grundsätze des § 2 Abs. 2 Nr. 4 und Nr. 6 ROG sowie die Regelung des § 2 Abs. 5 KSpG streiten dafür, dass nach Auffassung des Gesetzgebers bereits von den bestehenden Regelungen der Raumordnung alle Bereiche der Untergrundnutzung – auch ohne faktischen

1031 *Erbguth*, ZUR 2011, Seite 121 (122).
1032 *BVerfGE* 3, Seite 407 (425, 427 f.).
1033 BGBl. II, Seite 1798.
1034 *Erbguth*, ZUR 2001, Seite 123.

Oberflächenbezug – umfasst sind. Die Grundsätze der Raumordnung treffen dabei allgemeine Aussagen zu Entwicklung, Ordnung und Sicherung des Raums[1035]. Im Hinblick auf die Frage, ob es bereits im bestehenden ROG eine dort verankerte Möglichkeit gibt, neben der Oberfläche auch den Untergrund einer entsprechenden Raumplanung zuzuführen, sind insbesondere die §§ 2 Abs. 2 Nr. 4 S. 4, 2 Abs. 2 Nr. 4 S. 5 sowie § 2 Abs. 2 Nr. 6 ROG relevant und sollen im Folgenden auf diese Fragestellung hin untersucht werden. Eine umfassendere Analyse der Rechtswirkungen und Potenziale bundesrechtlicher und landesrechtlicher Grundsätze findet später im Kontext der Regelungsmöglichkeiten durch die unterschiedlichen staatlichen Ebenen statt.

1. Vorsorgende Sicherung und geordnete Aufsuchung von standortgebundenen Rohstoffen, § 2 Abs. 2 Nr. 4 S. 4 ROG

Gemäß § 2 Abs. 2 Nr. 4 S. 4 ROG stellt die Schaffung der räumlichen Voraussetzungen für eine vorsorgende Sicherung sowie für die geordnete Aufsuchung und Gewinnung von standortgebundenen Rohstoffen einen Grundsatz der Raumordnung dar. Dieser seit dem ROG 1998 deutlicher als vorher angesprochene Grundsatz stellt seither die vorsorgende Sicherung sowie geordnete Aufsuchung und Gewinnung von standortgebundenen Rohstoffen auf eine verbesserte Grundlage[1036]. Denn die Aufgabe einer vorsorgenden Sicherung kann bei regional oder national bedeutsamen größeren Vorkommen nur auf der Ebene der Raumordnung adäquat wahrgenommen werden[1037]. Dabei bezieht sich die Vorschrift auf oberflächennahe Bodenschätze wie etwa Braunkohle, aber auch auf andere standortgebundene Energierohstoffe wie Erdöl, Erdgas und Steinkohle, die in tieferen Erdschichten zu finden sind.

2. Räumliche Erfordernisse einer kostengünstigen, sicheren und umweltverträglichen Energieversorgung, § 2 Abs. 2 Nr. 4 S. 5 ROG

Ebenso als Grundsatz der Raumordnung kodifiziert sind die in § 2 Abs. 2 Nr. 4 S. 5 ROG normierten räumlichen Erfordernisse einer kostengünstigen, sicheren und umweltverträglichen Energieversorgung. Es müssen daher die erforderlichen unterirdischen Räume gesichert werden, falls die Technologien zur Speicherung von Kohlendioxid genutzt werden und falls Geothermie stärker und großflächi-

---

1035 *Battis*, Öffentliches Baurecht und Raumordnungsrecht, 2 I 2, Seite 21.

1036 *Schulte*, IzR 1998, Seite 315 (315).

1037 *Runkel*, in *Spannowsky/Runkel/Goppel*, Raumordnungsgesetz, Kommentar, § 2 Rn. 104.

ger zum Einsatz kommen soll[1038]. Gleiches gilt auch für den Einsatz von Gas im Bereich fossiler Kraftwerke und die damit notwendigen Speicherkapazitäten im Bereich von Erdgasspeichern sowie den Einsatz von Druckluft- und Wasserstoffspeichern als Puffer für den Ausgleich der fluktuierend einspeisenden erneuerbaren Energien. Auch in § 2 Abs. 2 Nr. 4 S. 5 ROG findet sich damit ein eindeutiger Bezug zur Möglichkeit und Notwendigkeit einer unterirdischen Raumordnung.

3. Klimaschutz und energiepolitische Erfordernisse, § 2 Abs. 2 Nr. 6 S. 8 ROG

§ 2 Abs. 2 Nr. 6 S. 8 ROG steht in engem Zusammenhang mit dem zuvor genannten Grundsatz im Hinblick auf die räumlichen Erfordernisse einer sicheren, bezahlbaren und nachhaltigen Energieversorgung. Gemäß § 2 Abs. 2 Nr. 6 S. 8 ROG ist es ein bundesrechtlicher Grundsatz der Raumordnung die räumlichen Voraussetzungen für den Ausbau der erneuerbaren Energien, für eine sparsame Energienutzung sowie für den Erhalt und die Entwicklung natürlicher Senken für klimaschädliche Stoffe und für die Einlagerung dieser Stoffe zu schaffen. Ausweislich der Begründung des Regierungsentwurfs des Gesetzes zur Neufassung des ROG und zur Änderung anderer Vorschriften vom 22. September 2008[1039] bezieht sich die in der Vorschrift aufgeführte Einlagerung klimaschädlicher Stoffe vor allem auf den Transport und die Lagerung von Kohlendioxid in unterirdischen Formationen, da die raumordnerische Sicherung der standortgebundenen Einlagerung Voraussetzung für die Anwendbarkeit der Technologie ist[1040]. Diese 2008 eingefügte Vorschrift stellt daher einen im Kontext der Novellierung der Raumordnung vorweggenommenen – und weitgehend unbeachteten – Teil der Umsetzung der CCS-Richtlinie dar. Damit ergibt sich neben der Regelung des § 2 Abs. 5 KSpG auch durch das ROG, dass die Ablagerung von Kohlendioxid nach der Wertung des Bundesgesetzgebers der Steuerung der Raumordnung unterliegt.

II. Länderklausel, § 2 Abs. 5 KSpG

In die gleiche Richtung weist auch § 2 Abs. 5 KSpG, der die Regelung in § 2 Abs. 2 Nr. 6 S. 8 ROG aufgreift und eine landesrechtliche Möglichkeit zur Be-

---

1038 *Runkel*, in *Spannowsky/Runkel/Goppel*, Raumordnungsgesetz, Kommentar, § 2 Rn. 105.
1039 BT-Drucks. 16/10292.
1040 BT-Drucks. 16/10292, Seite 22.

stimmung von Gebieten zur Kohlendioxidspeicherung im Rahmen einer Positiv- sowie auch einer Negativausweisung durch die Länder vorsieht.

C. Fazit

Untergrundnutzungen können auch ohne Oberflächenbezug als raumbedeutsame Maßnahme klassifiziert werden. Konsequenterweise normiert daher das ROG, dass sowohl die unterirdische Aufsuchung und Gewinnung von Bodenschätzen und Rohstoffen als auch die Nutzung des Untergrundes zur Sicherung der Energieversorgung sowie die Speicherung von Kohlendioxid in unterirdischen Formationen von bundesrechtlich geregelten Grundsätzen der Raumordnung gemäß § 2 ROG umfasst sind. Damit wird deutlich, dass Bezugspunkt der Raumordnung nicht nur Oberflächen-, sondern auch Untergrundnutzungen sein können und in diesem Kontext auch raumplanerische Festlegungen zur Ordnung, Sicherung und Entwicklung von unterirdischen Nutzungsformen getroffen werden können.

Abschnitt 3: Ebenen und Instrumente zur Realisierung einer unterirdischen Raumordnung

Da sich im Rahmen der Entwicklungsfunktion der Raumordnung die Aufgabe stellt, die Entwicklungsabsichten der unterschiedlichen Raumnutzer derart aufeinander abzustimmen und zuzuordnen, dass eine insgesamt ausgewogene Gesamtnutzung des Raumes stattfindet und die einzelnen Nutzungsarten sinnvoll miteinander verknüpft werden[1041], soll im Folgenden untersucht werden, welche Möglichkeiten der bestehende Rechtsrahmen für eine untertägige Raumordnung zur Bewältigung der ansteigenden Zahl unterirdischer Raumnutzungskonkurrenzen bietet und wo er gegebenenfalls noch um neue Instrumente und Optionen erweitert werden sollte. In einem ersten Schritt stehen hierbei die bestehenden Instrumente der Raumordnung im Zentrum. In einem zweiten Schritt wird dann die administrative Aufgabenzuweisung innerhalb der Raumordnung dargestellt und auf die Tauglichkeit einer Raumordnungsplanung der einzelnen Ebenen im Kontext einer möglichen Untergrundraumordnung geprüft.

A. Instrumente der Raumordnung

Die umfassende Aufgabenstellung der Raumordnung, wie sie in § 1 Abs. 1 S. 1 ROG niedergelegt ist, wird dabei durch die Nennung der von der Legislative zur Verfügung gestellten Instrumente gleichsam begrenzt wie geschützt[1042].

Die Instrumente der Raumordnung bestehen primär in der zusammenfassenden, überörtlichen und fachübergreifenden Raumplanung und in der Abstimmung von raumbedeutsamen Planungen und Maßnahmen anderer[1043]. Wie sich aus dem Wortlaut von § 1 Abs. 1 S. 1 ROG ergibt, stehen raumordnerische Zusammenarbeit und die Entwicklung, Sicherung und Ordnung des Raumes durch Raumordnungspläne sowie die Abstimmung raumbedeutsamer Planungen und

1041 *Runkel*, in *Spannowsky/Runkel/Goppel*, Raumordnungsgesetz, Kommentar, § 1 Rn. 49.
1042 *Runkel*, in *Spannowsky/Runkel/Goppel*, Raumordnungsgesetz, Kommentar, § 1 Rn. 55.
1043 *Runkel*, in *Spannowsky/Runkel/Goppel*, Raumordnungsgesetz, Kommentar, § 1 Rn. 56.

Maßnahmen gleichberechtigt nebeneinander. Dabei sind gemäß § 1 Abs. 1 S. 2 ROG die unterschiedlichen Anforderungen an den Raum aufeinander abzustimmen und die auf der jeweiligen Planungsebene auftretenden Konflikte auszugleichen sowie eine Vorsorge für einzelne Nutzungen und Funktionen des Raums zu treffen.

Maßgebliches Instrument im Hinblick auf Konfliktsituationen ist die Erstellung von Raumordnungsplänen. Daher wird im Folgenden der Raumordnungsplan umfassend untersucht und gegenüber anderen Planungsinstrumenten abgegrenzt. Die raumordnerische Zusammenarbeit und die Abstimmung raumbedeutsamer Planungen werden lediglich der Vollständigkeit halber kurz beschrieben.

I. Raumordnungspläne, § 8 ROG

Aus dem strikten Wortlaut von § 1 Abs. 1 S. 1 ROG ergibt sich, dass es zur Aufgabenwahrnehmung der Länder zwingend gehört landesweite Raumordungspläne im Sinne von § 8 Abs. 1 Satz 1 Nr. 1 ROG aufzustellen[1044]. Daneben müssen nach § 8 Abs. 1 Nr. 2 ROG Raumordnungspläne für die Teilräume der Länder (Regionalpläne) erstellt werden, die gemäß § 8 Abs. 2 ROG aus dem Raumordnungsplan für das Landesgebiet zu entwickeln sind. Wie § 7 Abs. 1 S. 3 ROG zeigt, ist zudem die Erstellung von räumlichen und sachlichen Teilplänen möglich. Beispiele für solche Teilpläne sind etwa die Braunkohlepläne in NRW oder Sachsen, die der Sicherung von standortgebundenen Rohstoffen dienen[1045].

Diese Pläne sind dabei durch Fortschreibung aktuell zu halten, damit sie ihre Entwicklungs-, Ordnungs- und Sicherungsfunktion ausreichend erfüllen können[1046]. Die Länge dieses Zeitraums wird von § 7 Abs. 1 ROG vorgegeben, der einen regelmäßig mittelfristigen Zeitraum vorgibt. Dies ist insoweit sachgerecht, da sich räumliche Entwicklungen im Regelfall in größeren Zeiträumen vollziehen. Allerdings können auch konkrete Anlässe ein Grund dafür sein, Raumordnungspläne auch außerhalb dieser zyklischen Fortschreibung anzupassen, wie beispielsweise die Deutsche Einheit, die Osterweiterung der Europäischen Union oder der demographische Wandel mit sich stark verändernden Bevölkerungsannahmen[1047]. Aber auch raumbedeutsame Fachplanungen mit bundesweiten räumlichen Auswirkungen können Anlass geben, landesweite Raumordnungspläne fortzuschreiben, wie zum Beispiel ein neuer Bundesverkehrswegeplan[1048]. Auch tech-

1044 *Runkel*, in *Spannowsky/Runkel/Goppel*, Raumordnungsgesetz, Kommentar, § 1 Rn. 58.
1045 *Schulte*, IzR 1998, Seite 315 (316).
1046 *Runkel*, in *Spannowsky/Runkel/Goppel*, Raumordnungsgesetz, Kommentar, § 1 Rn. 59.
1047 *Runkel*, in *Spannowsky/Runkel/Goppel*, Raumordnungsgesetz, Kommentar, § 1 Rn. 59.
1048 *Runkel*, in *Spannowsky/Runkel/Goppel*, Raumordnungsgesetz, Kommentar, § 1 Rn. 59.

nologische Entwicklungen bei Untergrundnutzungen können daher ein Anlass zur Fortschreibung der Raumordungspläne und Erstreckung auf den Untergrund sein. Aufgrund der zu den einzelnen Technologien getroffenen Entwicklungsprognosen ist allerdings erst ab 2020 von einer deutlichen Zunahme von Konkurrenzsituationen auszugehen. Dieser Befund bleibt auch unabhängig davon bestehen, dass sich gegen einzelne Untergrundnutzungen ein – teils erheblicher – öffentlicher Widerstand aufgebaut hat und die tatsächliche Realisierung der derzeit aufgestellten Prognosen unsicher bleibt. Dies betrifft insbesondere die Regionen der Norddeutschen Tiefebene, des Süddeutschen Molassebeckens sowie den Oberrheingraben, da auf die hier gelegenen salinaren Aquifere, ausgeförderten Erdöl- und Erdgasspeicher und Salzformationen nahezu alle der untersuchten Untergrundnutzungen angewiesen sind.

Dabei hat der Raumordnungsplan definitionsgemäß nach § 3 Abs. 1 Nr. 7 ROG die Funktion eines überörtlichen und fachübergreifenden sowie zusammenfassenden Planwerks. Dies grenzt den Raumordungsplan sowohl im Hinblick auf die kommunale Bauleitplanung, als auch gegenüber der Fachplanung ab.

1. Abgrenzung zur kommunalen Bauleitplanung

Die Abgrenzung der Kompetenzen der Träger der Raumordnungsplanung gegenüber der kommunalen Planungshoheit ist eine Frage, die sich seit Anbeginn der Raumordnungsplanung und immer wieder aufs Neue stellt. Dabei ist von der Rechtsprechung grundsätzlich anerkannt, dass die Raumordnungsplanung im mehrstufigen System der räumlichen Gesamtplanung Vorgaben machen kann, die sich auf die Gestaltungsmöglichkeiten von Gemeinden auswirken und im Fall von raumordnerischen Festlegungen mit Zielqualität auch Bindungswirkungen im Sinne von § 1 Abs. 4 BauGB gegenüber den Gemeinden auslösen[1049].

Der Aufgabenbereich der Raumordnung ist dabei aufgrund der verfassungsrechtlichen Aufteilung der Gesetzgebungskompetenzen zwischen dem Recht der Raumordnung und dem Bodenrecht einer Beschränkung unterworfen. Dabei wird im Konfliktfall häufig auf die Kriterien „örtlich“ bzw. „überörtlich“ abgestellt[1050]. Raumordnungsplanung und Bauleitplanung können daher als unterschiedliche

1049 *Bunzel*, Grenzen der Gestaltungsmöglichkeiten der Raumordnung im Lichte der kommunalen Planungshoheit, in: *Steger/Bunzel (Hrsg.)*, Raumordnungsplanung quo vadis? Zwischen notwendiger Flankierung der kommunalen Bauleitplanung und unzulässigem Durchgriff, Seite 43 m.w.N.

1050 *Spannowsky*, DÖV 1997, Seite 757 (757).

Ebenen eines in mehreren Konkretisierungsstufen vom Groben ins Kleinteilige gestaffelten Systems der räumlichen Gesamtplanung beschrieben werden[1051].

Dabei ist zu beachten, dass der in Art. 74 Abs. 1 Nr. 31 GG normierten Kompetenz des Bundes für die Raumordnung die in Art. 74 Abs. 1 Nr. 18 GG niedergelegte Kompetenz für das Bodenrecht gegenübersteht. Durch diese im Grundgesetz verankerte Trennung der beiden Rechtsbereiche ergibt sich, dass die Aufgabenstellungen der Raumordnung nicht solche Aufgabenbereiche umfassen kann, die Regelungsgegenstand des Bodenrechts sind und insbesondere im BauGB ihre Ausformung gefunden haben[1052]. Dabei muss die Kompetenz- und Aufgabenabgrenzung jedoch berücksichtigen, dass die Raumplanung und die im BauGB niedergelegte Bebauungsplanung auch Stufen eines Raumplanungssystems darstellen[1053], wobei keine der Stufen Aufgaben an sich ziehen darf, die der Gesetzgeber der anderen Stufe zugewiesen hat. Daher muss zwischen dem Konkretisierungsgrad bauplanerischer Darstellungs- und Festsetzungsmöglichkeiten und den Festlegungen in Raumordnungsplänen mit Zielcharakter regelmäßig ein hinreichender Gestaltungsspielraum für eigene, substanziell gewichtige planerische Entscheidungen auf gemeindlicher Ebene verbleiben[1054].

Zudem ist im Rahmen der Raumordnungsplanung die verfassungsrechtliche Kodifikation der gemeindlichen Planungshoheit als wesentlicher Teil der gemeindlichen Selbstverwaltungsgarantie in Art. 28 Abs. 2 GG für Angelegenheiten der örtlichen Gemeinschaft zu beachten[1055]. Da aber jeder Raumordnungsplan mit seinen Zielen auch in den räumlichen Verantwortungsbereich von Gemeinden eingreift, sind diese Eingriffe systemimmanent im stufenweisen Aufbau der Raumordnung angelegt. Sie bedürfen allerdings der Rechtfertigung[1056] durch

1051 *Bunzel*, Grenzen der Gestaltungsmöglichkeiten der Raumordnung im Lichte der kommunalen Planungshoheit, in: *Steger/Bunzel (Hrsg.)*, Raumordnungsplanung quo vadis? Zwischen notwendiger Flankierung der kommunalen Bauleitplanung und unzulässigem Durchgriff, Seite 43 m.w.N.

1052 *Runkel*, in *Spannowsky/Runkel/Goppel*, Raumordnungsgesetz, Kommentar, § 1 Rn. 64.

1053 Vgl. dazu *Spannowsky*, DÖV 1997, Seite 757 ff.

1054 *BVerfGE* 56, Seite 298 zitiert nach juris Rn. 52, *Halama* in FS Schlichter, 1995, Seite 201 (218); vgl. auch *Battis*, JA 1981, Seite 316 ff.

1055 Vgl. zum Spannungsfeld zwischen Raumplanung und gemeindlicher Bauleitplanung *Spoer* in FS Hoppe, Seite 343 ff.; *Battis* in FS Hoppe, Seite 303 (308); *Reidt*, Abwehransprüche von Gemeinden gegen Zielfestlegungen in Raumordnungsplänen und deren gerichtliche Durchsetzung, in: *Steger/Bunzel (Hrsg.)*, Raumordnungsplanung quo vadis? Zwischen notwendiger Flankierung der kommunalen Bauleitplanung und unzulässigem Durchgriff, Seite 130.

1056 *BVerwGE* 90, Seite 329 (335); *BVerwGE* 118, Seite 181 (185); *BVerwG* NVwZ 2005, Seite 584 (585); NWVerfGH, NVwZ 2009, Seite 1287 (1287)

überörtliche Interessen von höherem Gewicht[1057] und dürfen nicht den unantastbaren Kern des Selbstverwaltungsrechts als äußerste Grenze betreffen[1058].

Kompetenzeröffnende Voraussetzung für eine Raumordnungsplanung ist daher ein entsprechendes überörtliches Interesse. Für die Beurteilung welche Gemeinwohlinteressen von überörtlicher Bedeutung sind, kann als Orientierungsrahmen auf den Katalog der bundesrechtlichen Grundsätze der Raumordnung in § 2 Abs. 2 ROG sowie die in § 8 Abs. 5 ROG aufgeführten Festlegungen zur Raumstruktur zurückgegriffen werden[1059]. Einer Planung kommt dann überörtliche Bedeutung zu, wenn die durch sie zu bewältigende Aufgabe eine über das Gebiet der Gemeinde hinausreichende Bedeutung hat[1060]. Dabei werden Flächenfunktionszuweisungen in Form von Vorranggebieten für Natur und Landschaft, Wasser- und Rohstoffvorkommen oder Land- bzw. Forstwirtschaft sowie Standortfestlegungen für regional bedeutsame Großvorhaben wie etwa Kraftwerke oder Flughäfen regelmäßig von überörtlicher Bedeutung sein, da sie sich durch besondere geographische Bedürfnisse und damit eine entsprechende Standortgebundenheit auszeichnen[1061]. Wie § 8 Abs. 5 S. 1 Nr. 2 Nr. b ROG und § 2 Abs. 2 Nr. 4 S. 4 ROG zeigen, können auch Standorte für die vorsorgende Sicherung sowie geordnete Aufsuchung und Gewinnung von standortgebundenen Rohstoffen im Freiraum festgelegt werden. Gleiches muss in Ausfüllung von § 2 Abs. 5 KSpG sowie § 2 Abs. 2 Nr. 6 S. 8 ROG und § 2 Abs. 2 Nr. 4 S. 5 ROG auch für die Speicherung von Kohlendioxid gelten sowie für die Speicherung von anderen Gasen wie Wasserstoff und Druckluft. Auch für diese Nutzungsformen des Untergrundes ist regelmäßig von einer überörtlichen Bedeutung auszugehen, da sie auf spezielle geologische Gegebenheiten angewiesen und damit standortgebunden sowie zumindest auch regional bedeutsam sind. Zentrales Kriterium für eine Einschränkung der gemeindlichen Planungshoheit ist dabei, ob eine entsprechende Raumordnungsplanung durch überörtliche Interessen von höherem Gewicht erforderlich ist und einzelne Gemeinden nicht willkürlich benachteiligt

1057 *Bunzel*, Grenzen der Gestaltungsmöglichkeiten der Raumordnung im Lichte der kommunalen Planungshoheit, in: *Steger/Bunzel (Hrsg.)*, Raumordnungsplanung quo vadis? Zwischen notwendiger Flankierung der kommunalen Bauleitplanung und unzulässigem Durchgriff, Seite 44.

1058 Vgl. *BVerwGE* 79, Seite 127.

1059 *Bunzel*, Grenzen der Gestaltungsmöglichkeiten der Raumordnung im Lichte der kommunalen Planungshoheit, in: *Steger/Bunzel (Hrsg.)*, Raumordnungsplanung quo vadis? Zwischen notwendiger Flankierung der kommunalen Bauleitplanung und unzulässigem Durchgriff, Seite 45.

1060 *Halama* in FS Schlichter, 1995, Seite 201 (218).

1061 *Runkel*, in *Spannowsky/Runkel/Goppel*, Raumordnungsgesetz, Kommentar, § 1 Rn. 71; *Halama* in FS Schlichter, 1995, Seite 201 (218); *BVerwGE* 90, Seite 329 zitiert nach juris Rn. 20; *BVerwGE* 118, Seite 181 zitiert nach juris Rn. 14.

werden[1062]. Ob eine entsprechende Festlegung im konkreten Einzelfall durch überörtliche Interessen gerechtfertigt ist, muss sich dabei aus den Erfordernissen des Planungsraums ergeben und explizit begründet werden[1063].

Weiterhin ist für Eingriffe in die Selbstverwaltungsgarantie einer Kommune durch raumplanerische Festsetzungen der Grundsatz der Verhältnismäßigkeit heranzuziehen[1064]. Im Einzelnen ergeben sich für die Raumordnung dabei folgende Anforderungen:

- Nach dem Grundsatz der sachlichen Legitimation darf die Landesplanung nur aus sachlich gerechtfertigten, insbesondere raumbedeutsamen Gründen in die Planungshoheit der Gemeinden eingreifen;
- Der Grundsatz der Geeignetheit verlangt, dass die landesplanerischen Maßnahmen grundsätzlich geeignet sind, den angestrebten Zweck zu erreichen;
- Die Ziele der Raumordnung als das von der Landesplanung gewählte Eingriffsmittel müssen erforderlich sein, um den Zweck zu erreichen, der durch andere, weniger einschneidende Mittel nicht erreicht werden könnte;
- Der Grundsatz der Verhältnismäßigkeit im engeren Sinne gebietet, dass Eingriffsmittel und angestrebter Zweck in einem angemessenen Verhältnis stehen[1065].

Aufgrund des beschriebenen Spannungsverhältnisses sind parzellenscharfe Ausweisungen nur in Ausnahmefällen zulässig, nämlich entweder dann, wenn sich die Parzellenschärfe wegen der Anlehung an natürliche Gegebenheiten nicht vermeiden lässt oder dann, wenn ein unabweisbares regionalplanerisches Steuerungsbedürfnis gegenüber der kommunalen Ebene bis hin zur Standortgenauigkeit die Genauigkeit erfordert[1066].

Weiterhin darf eine entsprechende raumordnerische Entscheidung nicht willkürlich sein. Das Willkürverbot leitet sich dabei aus Art. 3 Abs. 1 GG ab, wird jedoch auch zum Rechtsstaatprinzip des Art. 20 Abs. 3 GG[1067] und als Teil des

1062 *BVerfGE* 79, Seite 127 (152); *BVerfGE* 26, Seite 228 (241, 244 f.); *BVerfGE* 56, Seite 298 (313 f.)

1063 *Bunzel*, Grenzen der Gestaltungsmöglichkeiten der Raumordnung im Lichte der kommunalen Planungshoheit, in: *Steger/Bunzel (Hrsg.)*, Raumordnungsplanung quo vadis? Zwischen notwendiger Flankierung der kommunalen Bauleitplanung und unzulässigem Durchgriff, Seite 46.

1064 *BVerwGE* 118, Seite 181 (185); *BVerwG* DVBl. 1983, Seite 1152 (1153).

1065 *Runkel* in *Ernst/Zinkahn/Bielenberg/Krautzberger*, BauGB, § 1 Rn. 56.

1066 *Schmidt-Eichstaedt*, LKV 2012, Seite 49 (51) m.w.N.; vgl. auch *Bunzel*, Grenzen der Gestaltungsmöglichkeiten der Raumordnung im Lichte der kommunalen Planungshoheit, in: *Steger/Bunzel (Hrsg.)*, Raumordnungsplanung quo vadis? Zwischen notwendiger Flankierung der kommunalen Bauleitplanung und unzulässigem Durchgriff, Seite 56 ff.

1067 *Stern*, Staatsrecht, Band I, Seite 790.

objektiven Gerechtigkeitsprinzips[1068] verstanden. Die Verwaltung hat gesetzesmäßige und gerechte Entscheidungen herbeizuführen und darf sich – soweit ihr ein Entscheidungsspielraum zusteht – nur von sachlichen Gesichtspunkten leiten lassen[1069]. Stützt sich der Plangeber auf Einschätzungen und Prognosen, müssen diese unter Heranziehung des jeweils gebotenen empirischen Materials plausibel sein[1070] und unter Berücksichtigung aller verfügbarer Daten in einer der Materie angemessenen und methodisch einwandfreien Weise erarbeitet worden sein[1071]. Im Rahmen der Bewertung von Untergrundnutzungen können dabei die in § 5 Abs. 1 KSpG vorgesehene Potenzialanalyse sowie der im Bundestag angeregte bundesweite Nutzungskatalog für den Untergrund[1072] einen wertvollen Beitrag leisten.

2. Abgrenzung zur Fachplanung

Angesichts der vielfältigen Regelungsinhalte des Fachrechts, mit denen zum Beispiel der Bedarf und die Linienführung von Projekten bestimmt werden, bedarf die Frage einer Klärung, welche Aufgaben durch das Fachrecht und welche durch die Raumordnung wahrgenommen werden. Die Abgrenzung zwischen Raum- und Fachplanung vollzieht sich dabei maßgeblich über die Aufgabenbestimmung der Raumordnung. Wie bereits ausgeführt, ist es Aufgabe der Raumordnung, raumbedeutsame Planungen und Maßnahmen aufeinander abzustimmen und auftretende Konflikte auszugleichen. Sie regelt die Verortung von Raumnutzungsansprüchen und von Raumfunktionen[1073]. Die Raumordnungsplanung hat dabei nach Abwägungsgrundsätzen unter anderem aus den Vorgaben der Fachplanung eine gesamträumliche, zusammenfassende Konzeption zu entwickeln[1074], an deren Ziele die Fachplanungen wiederum über § 4 Abs. 1 ROG gebunden sind. Die Raumordnungsplanung kann jedoch eine Fachplanung regelmäßig nicht ersetzen[1075]. Regelungen der Raumordnung können nicht soweit gehen,

---

1068 *BVerfGE*, 23, Seite 353 (372 f.).

1069 *Bunzel*, Grenzen der Gestaltungsmöglichkeiten der Raumordnung im Lichte der kommunalen Planungshoheit, in: *Steger/Bunzel (Hrsg.)*, Raumordnungsplanung quo vadis? Zwischen notwendiger Flankierung der kommunalen Bauleitplanung und unzulässigem Durchgriff, Seite 49 m.w.N.

1070 *NRWVerfGH*, NVwZ 2009, Seite 1287 (1287).

1071 *BVerwGE* 56, Seite 110 (110).

1072 Antrag von CDU/CSU und FDP vom 29.09.2010 „Umfassende Datenbasis für Nutzungsmöglichkeiten des Untergrunds schaffen", BT-Drs. 17/3056.

1073 *Deutsch*, NVwZ 2010, Seite 1520 (1522); *Durner*, Konflikte räumlicher Planung, Seite 205; *Schink*, DÖV 2011, Seite 905 (908)

1074 *Hoppe* in: *Hoppe/Bönker/Grotefels*, Öffentliches Baurecht, § 1 Rn. 5; *Runkel*, in *Spannowsky/Runkel/Goppel*, Raumordnungsgesetz, Kommentar, § 1 Rn. 72.

1075 Vgl. dazu *BVerwG*, NVwZ 2003, Seite 742; *Gruber* DÖV 1995, Seite 488 (489).

dass Fachentscheidungen mit unmittelbarer Verbindlichkeit für jedermann und unter Ausschluss jedes Verwaltungsverfahrens zum konkreten Vollzug von Gesetzen im Einzelfall in normativer Form getroffen werden, da dies dem Charakter raumordnender und landesplanerischer Rechtsnormen widerspricht, die nur Rahmen und Grundlagen hierauf aufbauender Entscheidungen der zuständigen Verwaltungsbehörden nach den jeweiligen Fachgesetzen sein können[1076]. Denn der Gesetzesvollzug gehört zum Kernbereich der Exekutive. Wenn auch die Legislative im Rahmen der Raumordnung fachübergreifend planen kann, darf sie jedoch nicht den Vollzug der Fachgesetze im Einzelfall an sich ziehen oder verhindern[1077]. Um die Kompetenzen der Fachplanung zu wahren, muss die Raumordnung ihr daher einen hinreichend großen (Gestaltungs-)Spielraum bewahren. Der Fachplanung obliegt daher die Prüfung örtlicher Einzelheiten und die Erfüllung spezifisch-fachgesetzlicher Anforderungen. Allerdings ist das OVG Münster in seiner Datteln-Entscheidung davon ausgegangen, dass rechtlich verbindliche Vorgaben zur Reduzierung von Treibhausgasen im Landesplanungsrecht getroffen und verankert werden können[1078]. Auch an ein Ergebnis eines etwaigen landesplanerischen Standortvergleichs ist die zuständige Fachbehörde gebunden[1079]. Dies geht jedoch nicht soweit, dass es aufrund von zielförmigen raumordnerischen Festlegungen zu einer Realisierungspflicht kommen kann[1080].

Es handelt sich bei dem Verhältnis von Raum- und Fachplanung jedoch nicht um ein Konkurrenzverhältnis. In der Regel stehen den Fachplanungsträgern keine ausreichenden Instrumente zur vorsorgenden Sicherung ihrer raumbedeutsamen Planungen und Maßnahmen zu Gebote[1081]. Diese sind Aufgabe der Raumordnung. Damit ergibt sich in der Folge eine arbeitsteilige Aufgabenstruktur zwischen den Trägern der Raumordnung und der jeweiligen Fachplanung, deren aufgabenspezifischen Kompetenzen und Gestaltungsspielräume durch rechtliche Bindungen, Abstimmungsgebote und Beteiligungsverfahren miteinander verschränkt sind[1082].

1076 *BayVerfGH*, NVwZ 1988, Seite 242.
1077 *BayVerfGH*, NVwZ 1988, Seite 242.
1078 OVG *Münster*, ZUR 2009, Seite 597 ff.
1079 *BVerwGE* 125, Seite 116 zitiert nach juris Rn. 54.
1080 *BVerwGE* 125, Seite 116 zitiert nach juris Rn. 76 ff.
1081 *Runkel*, in *Spannowsky/Runkel/Goppel*, Raumordnungsgesetz, Kommentar, § 1 Rn. 90.
1082 *BVerwGE* 125, Seite 116 zitiert nach juris Rn. 69.

II. Raumordnerische Zusammenarbeit

Neben Planung und Abstimmung nennt das ROG als weiteres Instrument die raumordnerische Kooperation, die in § 13 ROG als Zusammenarbeit der für die Raumordnung zuständigen Stellen mit anderen staatlichen Stellen, mit Gemeinden und Gemeindeverbänden, aber auch mit NGO's und der privaten Wirtschaft ausgeformt ist[1083]. Diese freiwillige Zusammenarbeit ersetzt jedoch nicht die raumordnerischen Planungen oder das formelle Abstimmungsverfahren bei raumbedeutsamen Planungen und Maßnahmen anderer Planungsträger, sondern ergänzt die herkömmlichen Instrumente[1084].

III. Abstimmung raumbedeutsamer Planungen und Maßnahmen

Als viertes Instrument der Raumordnung sieht das ROG die Abstimmung raumbedeutsamer Planungen und Maßnahmen vor. Dadurch wird der Koordinierungsauftrag der Raumordnung erneut in den Instrumenten der Raumordnung aufgegriffen. Gleichzeitig wird auch deutlich, dass die Raumordnung zwar den Auftrag hat, die raumbedeutsamen Planungen und Maßnahmen anderer Stellen abzustimmen, in diesem Rahmen jedoch nicht die Kompetenz besitzt den Fachplanungsträgern oder Dritten vorzuschreiben, welche raumbedeutsamen Planungen sie konkret planen, verwirklichen und finanzieren sollen[1085].

B. Raumordnung auf europäischer Ebene

Der Europäischen Union fehlt eine originäre Kompetenzzuweisung für den Bereich der Raumordnung. Allerdings räumt Art. 192 Abs. 2 b) AEUV dem Rat die Möglichkeit ein, einstimmig Maßnahmen zu erlassen, die die Raumordnung berühren. Dabei handelt es sich allerdings gerade nicht um eine eigenständige Kompetenzgrundlage, sondern – der systematischen Stellung folgend – um einen Teilbereich der in Art. 191 ff. AEUV niedergelegten Umweltpolitik[1086]. Befug-

1083 *Runkel*, in *Spannowsky/Runkel/Goppel*, Raumordnungsgesetz, Kommentar, § 1 Rn. 80.
1084 Vgl. dazu *Fürst,* DÖV 1993, Seite 552; *Grotefels/Lorenz*, UPR 2001, Seite 328.
1085 *Runkel*, in *Spannowsky/Runkel/Goppel*, Raumordnungsgesetz, Kommentar, § 1 Rn. 81.
1086 So zu Art 175 Abs. 2 S. 1 EGV, *Steiner*, Raumordnungs- und Landesplanungsrecht in *Steiner (Hrsg.)*, Besonderes Verwaltungsrecht, V A, Rn. 8a.

nisse des EU-Gesetzgebers lassen sich jedoch auch sektoral, etwa aus der Zuständigkeit für Landwirtschaft ableiten[1087].

In diesem Kontext hat die Kommission bereits 1991 mit „Europa 2000"[1088] sowie 1994 mit „Europa 2000+"[1089] eine Analyse der europäischen Raumentwicklung und Leitlinien für eine Zusammenarbeit der Mitgliedsstaaten vorgelegt auf denen der Rat dann das rechtlich nicht verbindliche Europäische Raumentwicklungskonzept (EUREK)[1090] beschloss.

Mangels Kompetenz und aufgrund des Subsidiaritätsprinzips ist die EU jedoch nicht in der Lage, eine eigenständige europäische Untergrundraumordnung zu beschließen. Sie ist auch im Bereich der Fachpolitiken – wie sich aus einem Urteil des EuGH zur Ermächtigung im Bereich der Sozialpolitik ergibt – auf das Verfahren beschränkt und darf keine inhaltlichen Vorgaben machen[1091]. Daher kann die europäische Ebene bezüglich des Untersuchungsgegenstandes im Weiteren außen vor gelassen werden. Allerdings muss eine nationale Untergrundraumordnung – insbesondere durch die Einbeziehung der durch eine EU-Richtlinie maßgeblich determinierten Kohlendioxidspeicherung – selbstverständlich den europäischen Kontext mitbetrachten.

C. Raumordnung des Bundes

Das ROG nennt als Bezugsraum für die Aufgabenerfüllung in § 1 Abs. 1 S. 1 ROG den Gesamtraum der Bundesrepublik Deutschland. Daher soll zunächst die Möglichkeiten einer unterirdischen Raumordnung des Bundes untersucht werden.

Trotz der im sog. Baurechtsgutachten des BVerfG[1092] zuerkannten Vollkompetenz zur Raumordnung im Gesamtstaat gehört es zu den Grundlagen der Raumordnung, dass die Aufgaben der Raumordnung in die Zuständigkeit der Länder fallen und dem Bund lediglich die Aufgabe eines Verfahrensbeteiligten zukommt. Daher stehen der Aufgabe einer Ordnung des Gesamtraumes keine adäquaten Instrumente des Bundes im Hinblick auf die Raumplanung gegenüber, da es – mit Ausnahme der Pläne für See-, Binnen- und Flughäfen gemäß § 17 Abs. 2 ROG – keinen bundesweiten Raumordnungsplan mit Zielen gibt, die eine positive Bindungswirkung entfalten[1093].

1087 *Jarass*, DÖV 1999, Seite 661 (662).

1088 Perspektiven der zukünftigen Raumordnung der Gemeinschaft, BT-Drucks. 12/4640.

1089 Europäische Zusammenarbeit bei der Raumentwicklung, KOM (94) 354 endg.

1090 BT-Drucks. 14/1388.

1091 *EUGH*, Slg. 1987, 3203/3255 Rn. 34f..

1092 *BVerfGE* 3, Seite 407.

1093 *Runkel*, in *Spannowsky/Runkel/Goppel*, Raumordnungsgesetz, Kommentar, § 1 Rn. 51.

Der Bundesgesetzgeber ist auch bei der Konzipierung des ROG 2009 dem Grundsatz der gesetzgeberischen Zurückhaltung gefolgt[1094] und hat nur die Bereiche geregelt, über die zwischen Bund und Ländern eine große Übereinstimmung bestand. Kontroverse Fragen wurden ausgeklammert und der Landesgesetzgebung nach Art. 72 Abs. 1 GG überantwortet. Zudem besteht seit der Föderalismusreform gemäß Art. 72 Abs. 3 Nr. 4 GG eine Abweichungsbefugnis der Länder im Bereich der Raumordnung[1095].

Da der Bund auch nach dem ROG 2009 mangels Verwaltungskompetenz den Auftrag nach § 1 Abs. 1 S. 1 ROG nicht vollständig erfüllen kann, richtet sich dieser ebenso an die Länder, die somit nicht nur die Aufgabe haben, die Teilräume auf ihrem Landesgebiet zu entwickeln, zu ordnen und zu sichern, sondern zugleich im Zusammenwirken mit den anderen Bundesländern die Raumplanung für den Gesamtraum übernehmen[1096]. In diesem Kontext kommt dem Gegenstromprinzip des § 1 Abs. 3 ROG – als grundlegendem Prinzip der Raumordnung[1097] – eine besondere Bedeutung zu. Die Landesplanung muss daher gewährleisten, dass sie Ihre Aufgabenstellung nicht nur bezogen auf die Gegebenheiten des Landes, sondern auch im Hinblick auf den Gesamtraum der Bundesrepublik Deutschland erfüllt[1098].

Diese grundsätzliche administrative Aufgabenzuweisung zu den Ländern sollte auch im Hinblick auf eine mögliche unterirdische Raumordnung nicht verändert werden. Allerdings sollten im Hinblick auf eine Untergrundraumordnung im Folgenden die bundesrechtlichen Grundsätze der Raumordung nach § 2 Abs. 2 ROG sowie die Möglichkeit einer Konkretisierung derselben gemäß § 17 Abs. 1 ROG untersucht werden, da diese eine bedeutsame Auswirkung auf die nachfolgenden Planentscheidungen der Länder und Fachplanungen haben können.

I. Bundesrechtliche Grundsätze der Raumordnung, § 2 ROG

In den bundesrechtlichen Grundsätzen des § 2 Abs. 2 ROG wird konkretisiert, wie sich der Bundesgesetzgeber die auf den Gesamtraum zugeschnittene Aufgabe der Entwicklung, Ordnung und Sicherung des Gesamtraums der Bundesrepublik

1094 *Runkel*, in *Spannowsky/Runkel/Goppel*, Raumordnungsgesetz, Kommentar, § 1 Rn. 7.

1095 Zur Fragestellung der Reichweite der Abweichungsbefugnis der Länder insbesondere vor dem Hintergrund des Baurechtsgutachtens des BVerfG, vgl. *Battis/Kerstens*, DVBl. 2007, Seite 152 ff.; *Spannowsky*, UPR 2007, Seite 41 ff.; *Hoppe*, DVBl .2007, Seite 144 ff.

1096 *Runkel*, in *Spannowsky/Runkel/Goppel*, Raumordnungsgesetz, Kommentar, § 1 Rn. 51.

1097 *Runkel*, in *Spannowsky/Runkel/Goppel*, Raumordnungsgesetz, Kommentar, § 1 Rn. 107.

1098 *Runkel*, in *Spannowsky/Runkel/Goppel*, Raumordnungsgesetz, Kommentar, § 1 Rn. 109.

sowie deren Teilräume vorstellt. Sie sind als Leitprinzipien die wichtigsten für den Gesamtraum relevanten fachlichen und räumlichen Belange[1099] und bringen die raumstrukturellen und -funktionellen Erfordernisse zum Ausdruck, die aus Sicht des Bundesgesetzgebers in die Abwägung einzustellen oder bei der Ermessensausübung zu berücksichtigen sind[1100]. Dabei bestimmt § 2 Abs. 1 ROG, dass die bundesrechtlichen Grundsätze der Raumordnung im Sinne der Leitvorstellung einer nachhaltigen Raumentwicklung nach § 1 Abs. 2 ROG anzuwenden und durch Festlegungen in Raumordnungsplänen zu konkretisieren sind, soweit dies erforderlich ist.

Es besteht daher ein funktioneller Zusammenhang zwischen der auf den Gesamtraum bezogenen Aufgabenstellung des Bundes aus § 1 Abs. 1 ROG und den in § 2 Abs. 2 ROG bundesgesetzlich verankerten Grundsätzen, die eine Art „Checkliste" der bei der Aufgabenwahrnehmung zu berücksichtigenden übergreifenden Erfordernisse für den Gesamtraum darstellen[1101]. Es handelt sich ausweislich des Wortlauts von § 2 Abs. 2 S. 1 ROG um einen nicht abschließenden Mindestkatalog der für die nachhaltige Entwicklung des Gesamtraums tragenden Erfordernisse der Raumordnung[1102]. Sachlich-inhaltlich sind in den Grundsätzen des § 2 Abs. 2 ROG Themenbereiche verknüpft, welche für die Entwicklung, Ordnung und Sicherung des Gesamtraums als Erfordernisse der Raumordnung von besonderer Bedeutung – auch im Hinblick auf den Gesamtraum der Bundesrepublik Deutschland – und deshalb mit rechtlicher Bindungswirkung versehen sind[1103].

Dabei kommt den bundesgesetzlichen Grundsätzen im Verhältnis zu Festlegungen in landesweiten Raumordnungsplänen, Regionalplänen und den regionalen Flächennutzungsplänen eine Vorrangstellung zu[1104]. Im Falle eines normativen Konfliktes zwischen bundesgesetzlichen Grundsätzen und Festlegungen auf Landesebene könnte der Landesgesetzgeber jedoch diesen Vorrang theoretisch durchbrechen. Denn das ROG wurde im Rahmen der konkurrierenden Gesetzgebungskompetenz des Art. 74 Abs. 1 Nr. 31 GG erlassen. Gemäß Art. 72 Abs. 3 Nr. 4 GG können die Länder jedoch durch Gesetz vom ROG abweichende Regelungen im Bereich der Raumordnung treffen[1105].

1099 *Steiner*, Raumordnungs- und Landesplanungsrecht in *Steiner (Hrsg.)*, Besonderes Verwaltungsrecht, V A, Rn. 11, 12.

1100 Battis, Öffentliches Baurecht und Raumordnungsrecht, 2 III 2, Seite 30; *Spannowsky*, in *Spannowsky/Runkel/Goppel*, Raumordnungsgesetz, Kommentar, § 2 Rn. 48.

1101 *Spannowsky*, in *Spannowsky/Runkel/Goppel*, Raumordnungsgesetz, Kommentar, § 2 Rn. 2.

1102 *Bunze/von Bodelschwingh/Stauss* in Bundesamt für Bauwesen und Raumordnung (Hrsg.), Planspiel „Neuordnung des Rechts der Raumordnung", Seite 34; *Spannowsky*, in *Spannowsky/Runkel/Goppel*, Raumordnungsgesetz, Kommentar, § 2 Rn. 3.

1103 *Spannowsky*, in *Spannowsky/Runkel/Goppel*, Raumordnungsgesetz, Kommentar, § 2 Rn. 52.

1104 *Spannowsky*, in *Spannowsky/Runkel/Goppel*, Raumordnungsgesetz, Kommentar, § 2 Rn. 22.

1105 Hierbei müssen die Länder allerdings die Grenzen des rechtsstaatlichen Abwägungsgebots beachten. Ob und inwieweit darüber hinaus die nach dem Wortlaut unbeschränkte Abwei-

1. Rechtliche Bedeutung und Funktionen der bundesrechtlichen Grundsätze der Raumordnung

Die in § 2 Abs. 2 ROG definierten bundesrechtlichen Grundsätze erfüllen eine differenzierte Steuerungsfunktion für die Bundes- und Landesebene im Sinne einer Abwägungsdirektiv-, Konkretisierungs-, Maßstabs- und Schrankenfunktion[1106] und stellen Erfordernisse der Raumordnung gemäß § 3 Abs. 1 Nr. 1 ROG dar. Sie lassen sich in räumliche Grundsätze (§2 Abs. 2 Nr. 1-7 ROG) sowie fachliche Grundsätze (§2 Abs. 2 Nr. 8-15 ROG) gliedern und treffen allgemeine Aussagen zu Entwicklung, Ordnung und Sicherung des Raums[1107]. Für sie gilt dabei in besonderem Maße die Eigenart aller Planungsleitlinien, dass sie mehrere und häufig untereinander konfligierende Ziele aufstellen, dass bei der planerischen Konkretisierung auf der jeweiligen Planungsebene eine Mehrzahl von Planungsleitlinien einschlägig ist und dass der jeweilige Planungsträger den ihm eröffneten Gestaltungsspielraum abwägend ausüben muss[1108].

a) Abwägungsdirektivfunktion

Wesentliche Regelung zur Bestimmung der Abwägungsdirektivfunktion der raumordnerischen Grundsätze ist § 4 ROG. Gemäß § 4 Abs. 1 S. 1 ROG sind die Grundsätze der Raumordnung bei raumbedeutsamen Planungen und Maßnahmen öffentlicher Stellen, bei Entscheidungen öffentlicher Stellen über die Zulässigkeit raumbedeutsamer Planungen und Maßnahmen anderer öffentlicher Stellen sowie bei Entscheidungen öffentlicher Stellen über die Zulässigkeit raumbedeutsamer Planungen und Maßnahmen von Personen des Privatrechts, die der Planfeststellung oder der Genehmigung mit der Rechtswirkung der Planfeststellung bedürfen, in Abwägungs- oder Ermessensentscheidungen zu berücksichtigen. Dies gilt gemäß § 4 Abs. 2 ROG auch bei sonstigen Entscheidungen öffentlicher Stellen über die Zulässigkeit raumbedeutsamer Planungen und Maßnahmen von Personen des Privatrechts. Grundsätze sind daher abstrakte Richtlinien materieller Art für die räumliche Entwicklung und enthalten grundlegende Aussagen zu typischen raum-

chungsbefugnis des Art. 72 Abs. 3 GG durch andere verfassungsimmanente Schranken zusätzlich einzuschränken ist, ist bislang in der Rechtsprechung nicht geklärt und in der rechtswissenschaftlichen Literatur umstritten; vgl. dazu etwa *Degenhardt*, NVwZ 2006, Seite 1209; *Spannowsky*, UPR 2007, Seite 41; *Hoppe*, DVBl. 2007, Seite 144; *Köck/Wolf*, NVwZ 2008, Seite 353; *Reidt*, DVBl. 2011, Seite 789.

1106 *Spannowsky*, in *Spannowsky/Runkel/Goppel*, Raumordnungsgesetz, Kommentar, § 2 Rn. 29.

1107 *Battis*, Öffentliches Baurecht und Raumordnungsrecht, 2 I 2, Seite 21.

1108 *Battis*, Öffentliches Baurecht und Raumordnungsrecht, 2 I 2, Seite 32.

ordnerischen Problemen[1109]. Sie stellen raumordnerische Belange dar, die auf eine weitere Konkretisierung im Rahmen nachfolgender abwägender Entscheidungen angelegt sind. Sie stellen gerade keine Abwägungsprodukte mit gelösten Konflikten dar, sondern müssen in ihrer Gesamtheit im Rahmen einer nachfolgenden behördlichen Entscheidung abwägend zum Ausgleich gebracht werden[1110].

b) Konkretisierungsfunktion

Eine weitere Funktion der in § 2 ROG definierten bundesrechtlichen Grundsätze liegt in der Konkretisierung der in § 1 Abs. 1 ROG niedergelegten Aufgaben der Raumordnung. Allerdings sind die Grundsätze selbst konkretisierungsbedürftig und bedürfen einer weiteren Verfeinerung durch den Träger der Raumordung[1111], also im Wesentlichen durch die Bundesländer. Diesen obliegt es auch, ob sie diese Konkretisierung durch Ziele oder Grundsätze der Raumordnung vornehmen. Es liegt dabei im Wesen der auf fortschreitende Konkretisierung angelegten Aufgabenstellung der Raumordnung, dass die allgemeinen bundesrechtlichen Erfordernisse, die in den Grundsätzen ihren Niederschlag gefunden haben, durch weitere raumordnerische Festlegungen sowohl inhaltlich, als auch räumlich weiter präzisiert und verdichtet werden[1112].

So besteht etwa hinsichtlich der standortgebundenen Rohstoffe die Verpflichtung, den Raumordnungsgrundsatz des § 2 Abs. 2 Nr. 4 S. 4 ROG im landesweiten Plan sowie in den Regionalplänen entsprechend den räumlichen Gegebenheiten nach Abwägungsgrundsätzen durch entsprechende Festlegungen zu konkretisieren[1113]. Nichts anderes gilt auch für die restlichen bundesrechtlichen Grundsätze der Raumordnung, etwa zur Energieversorgung gemäß § 2 Abs. 2 Nr. 4 S. 5 ROG oder zum Klimaschutz und energiepolitischen Erfordernissen nach § 2 Abs. 2 Nr. 6 ROG.

c) Maßstabsfunktion

Neben die Abwägungsdirektivfunktion tritt die Maßstabsfunktion der bundesrechtlichen Grundsätze der Raumordnung. Denn als Erfordernis der Raumord-

---

1109 *Hoppe,* Grundfragen des Planungsrechts, § 12 2. A in: Beiträge zum Raumplanung und zum Siedlungs- und Wohnungswesen, Band 182 (ZIR), Seite 373.

1110 *Hoppe,* Grundfragen des Planungsrechts, § 12 2. A in: Beiträge zum Raumplanung und zum Siedlungs- und Wohnungswesen, Band 182 (ZIR), Seite 374.

1111 *Steiner*, Raumordnungs- und Landesplanungsrecht in *Steiner (Hrsg.)*, Besonderes Verwaltungsrecht, V A, Rn. 12; *Spannowsky*, in *Spannowsky/Runkel/Goppel*, Raumordnungsgesetz, Kommentar, § 2 Rn. 31.

1112 *Spannowsky*, in *Spannowsky/Runkel/Goppel*, Raumordnungsgesetz, Kommentar, § 2 Rn. 32.

1113 *Runkel*, IzR 1998, Seite 315 (315); zum wortgleichen § 2 Abs. 2 Nr. 9 S. 3 ROG 1998.

nung begründen die bundesrechtlichen Grundsätze nicht nur eine Bindungswirkung für nachgelagerte Abwägungs- und Zulassungsentscheidungen, sondern bilden sowohl für die Raumordnungsplanung als auch für sonstige Entscheidungen im Rahmen des Raumordnungsgesetzes eine Entscheidungsgrundlage[1114]. Sie stecken damit den Beurteilungsrahmen und sind als Beurteilungsmaßstäbe bei der Entscheidungsfindung heranzuziehen[1115].

Dabei erfüllt die Maßstabsfunktion diese Aufgabe nicht nur innerhalb der Raumordnung. Vermittelt über § 4 Abs. 1, 2, 3 iVm § 3 Nr. 3 ROG lösen die bundesrechtlichen Grundsätze der Raumordnung auch eine Bindungswirkung für nachfolgende behördliche Abwägungs- und Zulassungsentscheidungen aus[1116]. Widersprechen sich einzelne Grundsätze inhaltlich, wird dadurch die Maßstabsfunktion gleichwohl nicht aufgehoben, sondern der Beurteilungsrahmen durch die Grundsätze abgesteckt und zudem durch die Leitvorstellung des § 2 Abs. 1 ROG einer nachhaltigen Raumordnung ausgerichtet[1117].

d) Schrankenfunktion

Da die Kodifizierung der bundesrechtlichen Grundsätze der Raumordnung nicht abschließend ist, kann der Grundsätzekatalog des § 2 Abs. 2 sowohl auf Bundes- wie auch auf Landesebene ergänzt werden. Dabei stellt sich insbesondere die Frage, wie sich das Zusammenspiel zwischen bundes- und landesrechtlichen Erfordernissen der Raumordnung gestaltet. Unproblematisch ist der Fall zu beurteilen, wenn die Länder den bundesgesetzlichen Katalog ergänzen, ohne das dabei ein Widerspruch zu den bundesgesetzlichen Grundsätzen auftritt. Problematischer ist der Fall eines inhaltlichen Widerspruchs von landesgesetzlichen oder landesplanerischen Erfordernissen zu den bundesrechtlichen Grundsätzen. Tritt eine solch inhaltliche Kontroverse auf, steht dies zwar im Widerspruch zur oben geschilderten Abwägungsdirektiv- und Maßstabsfunktion der bundesgesetzlichen Grundsätze, ist aber nicht grundsätzlich ausgeschlossen, sofern dies mit der für den Gesamtraum geltenden übergreifenden Leitvorstellung einer nachhaltigen Raumentwicklung vereinbar ist[1118]. Das eine solche Möglichkeit der Länder besteht, ergibt sich dabei bereits aus der verfassungsrechtlichen Abweichungskompetenz der Länder gemäß Art. 72 Abs. 3 Nr. 4 GG[1119].

1114 *Spannowsky*, in *Spannowsky/Runkel/Goppel*, Raumordnungsgesetz, Kommentar, § 2 Rn. 35.
1115 *Spannowsky*, in *Spannowsky/Runkel/Goppel*, Raumordnungsgesetz, Kommentar, § 2 Rn. 35.
1116 *Spannowsky*, in *Spannowsky/Runkel/Goppel*, Raumordnungsgesetz, Kommentar, § 2 Rn. 36.
1117 *Spannowsky*, in *Spannowsky/Runkel/Goppel*, Raumordnungsgesetz, Kommentar, § 2 Rn. 36.
1118 *Spannowsky*, in *Spannowsky/Runkel/Goppel*, Raumordnungsgesetz, Kommentar, § 2 Rn. 44.
1119 Zur Fragestellung der Reichweite der Abweichungsbefugnis der Länder insbesondere vor dem Hintergrund des Baurechtsgutachtens des BVerfG, vgl. *Battis/Kerstens*, DVBl. 2007, Seite 152 ff.; *Spannowsky*, UPR 2007, Seite 41 ff.; *Hoppe*, DVBl 2007, Seite 144 ff.

Jedoch sind als Schranken für die landesgesetzliche Festlegung von Erfordernissen der Raumordnung für das Landesgebiet die Abwägungsdirektivfunktion der bundesgesetzlichen Grundsätze sowie die Pflicht des § 2 Abs. 1 ROG im Hinblick auf die Konkretisierung der Grundsätze sowie die auf den Gesamtraum bezogene Leitvorstellung einer nachhaltigen Raumordnung zu beachten[1120]. Aufgrund des in § 1 Abs. 3 ROG kodifizierten Gegenstromprinzips muss die Landesraumordnung zudem gewährleisten, dass sie ihre Aufgabenstellung nicht nur bezogen auf die Gegebenheiten des Landes, sondern auch im Hinblick auf den Gesamtraum der Bundesrepublik Deutschland erfüllt[1121]

2. Bundesrechtliche Grundsätze der Raumordnung mit spezifischem Bezug zu einer Untergrundraumordnung

In Bezug auf die ansteigende Nutzungsdichte und dem damit verbundenen zunehmenden Potenzial an Konkurrenzsituationen sowie die Möglichkeit einer Untergrundraumordnung sind verschiedene in § 2 Abs. 2 ROG kodifizierte bundesgesetzliche Grundsätze der Raumordnung einschlägig, die im Folgenden näher betrachtet werden.

a) Nachhaltigkeitsgrundsatz, § 2 Abs. 2 Nr. 1

Im in § 2 Abs. 2 Nr. 1 ROG niedergelegten Nachhaltigkeitsgrundsatz wird die Leitvorstellung einer nachhaltigen Raumentwicklung aufgegriffen und im Sinne eines Primärerfordernisess[1122] an den Beginn des Katalogs des § 2 Abs. 2 ROG gestellt. Daher sind sowohl im Gesamtraum – als auch in den Teilräumen – ausgeglichene soziale, infrastrukturelle, wirtschaftliche, ökologische und kulturelle Verhältnisse anzustreben. Dabei sind in § 2 Abs. 2 Nr. 1 S. 2 ROG bestimmte Teilaspekte der Nachhaltigkeit kodifiziert, die für die Sicherungs- sowie Koordinations- und Ordnungsfunktion der Raumordnung von besonderer Bedeutung sind. Dies betrifft im Hinblick auf die Nutzung des Untergrundes sowohl die nachhaltige Daseinsvorsorge, das nachhaltige Wirtschaftswachstum, die Sicherung der Entwicklungspotenziale und den Schutz der Ressourcen.

Eine weitere für eine Untergrundraumordnung bedeutsame Ausprägung des Nachhaltigkeitsgrundsatzes enthält § 2 Abs. 2 Nr. 1 S. 6 ROG, wonach die Gestaltungsmöglichkeiten der Raumnutzung langfristig offenzuhalten sind. Die Raumplanung darf demzufolge nicht dazu führen, dass durch die Zulassung von Raumnutzungen dauerhaft Fakten in der Weise geschaffen werden, dass andere

---

1120 *Spannowsky*, in *Spannowsky/Runkel/Goppel*, Raumordnungsgesetz, Kommentar, § 2 Rn. 44.
1121 *Runkel*, in *Spannowsky/Runkel/Goppel*, Raumordnungsgesetz, Kommentar, § 1 Rn. 109.
1122 *Spannowsky*, in *Spannowsky/Runkel/Goppel*, Raumordnungsgesetz, Kommentar, § 2 Rn. 57.

Möglichkeiten der Raumnutzung dauerhaft ausgeschlossen oder erheblich eingeschränkt werden[1123]. Diese Ausformung des Nachhaltigkeitsgrundsatzes ist damit insbesondere für die Zulassung der Speicherung von Kohlendioxid bedeutsam, da bei dieser Untergrundnutzung dauerhaft Gebiete für andere Untergrundnutzungen ausgeschlossen werden, um die langfristige Dichtheit eines solchen Kohlendioxidspeichers nicht zu gefährden.

b) Vorsorgende Sicherung und geordnete Aufsuchung von standortgebundenen Rohstoffen, § 2 Abs. 2 Nr. 4 S. 4 ROG

Der Bundesgesetzgeber hat die Aufgabenstellungen der Raumordnung vor allem für Wirtschaftsbereiche konkretisiert, die in besonderem Maße auf eine ausgewogene räumliche Steuerung der Entwicklungspotenziale angewiesen sind, weil die wirtschaftliche Entwicklung von Standortgegebenheiten abhängt[1124]. Damit stellt dieser im ROG 1998 deutlicher als vorher angesprochene Grundsatz die vorsorgende Sicherung sowie geordnete Aufsuchung und Gewinnung von standortgebundenen Rohstoffen auf eine verbesserte Grundlage[1125].

Diesem Grundgedanken folgend, stellt gemäß § 2 Abs. 2 Nr. 4 S. 4 ROG die Schaffung der räumlichen Voraussetzungen für eine vorsorgende Sicherung sowie für die geordnete Aufsuchung und Gewinnung von standortgebundenen Rohstoffen einen Grundsatz der Raumordnung dar. Dabei bezieht sich die Vorschrift auf oberflächennahe Bodenschätze wie etwa Braunkohle, aber auch auf andere standortgebundene Energierohstoffe wie Erdöl, Erdgas und Steinkohle, die in tieferen Erdschichten zu finden sind. Auch die Geothermie ist – aufgrund der im Bergrecht verankerten Definition als Bodenschatz – von § 2 Abs. 2 Nr. 4 S. 4 ROG umfasst. Aufgrund der Standortgebundenheit der Rohstoffe kann die Aufgabe der vorsorgenden Sicherung insbesondere bei regional oder national bedeutsamen größeren Vorkommen nur auf der Ebene der Raumordnung adäquat wahrgenommen werden[1126]. Daher handelt es sich bei der vorsorgenden Sicherung dieser Rohstoffe um einen gewichtigen öffentlichen Belang und eine bedeutsame Aufgabe der Raumordnung.

1123 *Spannowsky*, in *Spannowsky/Runkel/Goppel*, Raumordnungsgesetz, Kommentar, § 2 Rn. 62.
1124 *Spannowsky*, in *Spannowsky/Runkel/Goppel*, Raumordnungsgesetz, Kommentar, § 2 Rn. 95.
1125 *Schulte*, IzR 1998, Seite 315 (315).
1126 *Spannowsky*, in *Spannowsky/Runkel/Goppel*, Raumordnungsgesetz, Kommentar, § 2 Rn. 104.

c) *Räumliche Erfordernisse einer kostengünstigen, sicheren und umweltverträglichen Energieversorgung, § 2 Abs. 2 Nr. 4 S. 5 ROG*

Ebenso als Grundsatz der Raumordnung normiert sind die in § 2 Abs. 2 Nr. 4 S. 5 ROG normierten räumlichen Erfordernisse einer kostengünstigen, sicheren und umweltverträglichen Energieversorgung. Diese stehen in engem Zusammenhang mit dem in § 2 Abs. 2 Nr. 6 S. 8 ROG verankerten Grundsatz, wonach aus Gründen des Klimaschutzes die räumlichen Voraussetzungen für eine sichere, bezahlbare und nachhaltige Energieversorgung geschaffen werden müssen[1127]. Da die Raumordnung nur die räumliche Entwicklung und die Sicherung von für einzelne Nutzungen notwendigen Räumen steuert, steht die Vorschrift in engem Zusammenhang mit den politischen Entscheidungen über ein Energiekonzept[1128] sowie den klimapolitischen Zielsetzungen und den Ausbauzielen für die erneuerbaren Energien. Es müssen daher die erforderlichen – auch unterirdischen – Räume gesichert werden, falls die Technologien zur CO_2-Speicherung genutzt werden sollen und falls Geothermie stärker und großflächiger zum Einsatz kommen soll[1129]. Gleiches gilt auch für den Einsatz von Gas im Bereich fossiler Kraftwerke und die damit notwendigen Speicherkapazitäten im Bereich von Erdgasspeichern sowie den Einsatz von Druckluft- und Wasserstoffspeichern als Puffer für den Ausgleich der fluktuierend einspeisenden erneuerbaren Energien.

Die von der Bundesregierung getroffene Grundsatzentscheidung eines langfristig auf erneuerbaren Energien basierenden Energiesystems[1130] und die konkreten Ausbauziele[1131] müssen sich daher auch in den raumordnerischen Festlegungen niederschlagen. Diese Grundsatzentscheidung bezüglich der Zukunft unseres Energiesystems muss sich daher auch in den bundesrechtlichen Grundsätzen der Raumordnung und in der darauf basierenden raumordnungsrechtlichen Sicherung von entsprechenden Räumen widerspiegeln. Daraus folgt im Grundsatz eine flankierende Privilegierung von erneuerbaren Energien und den damit assoziierten Speicherlösungen im Rahmen der bundesrechtlichen Grundsätze der

---

1127 *Spannowsky*, in *Spannowsky/Runkel/Goppel*, Raumordnungsgesetz, Kommentar, § 2 Rn. 105.

1128 *Spannowsky*, in *Spannowsky/Runkel/Goppel*, Raumordnungsgesetz, Kommentar, § 2 Rn. 105.

1129 *Spannowsky*, in *Spannowsky/Runkel/Goppel*, Raumordnungsgesetz, Kommentar, § 2 Rn. 105.

1130 *BMWi/BMU*, Energiekonzept für eine umweltschonende, zuverlässige und bezahlbare Energieversorgung, 28.09.2010, Seite 4.

1131 Dabei strebt die Bundesregierung folgende Entwicklung des Anteils der Stromerzeugung aus erneuerbaren Energien am Bruttostromverbrauch an: 50 % bis 2030, 65 % bis 2040, 80 % bis 2050. Insgesamt sollen bis 2050 60 % des Bruttoendenergieverbrauchs aus erneuerbaren Energie bestehen, vgl. dazu: *BMWi/BMU*, Energiekonzept für eine umweltschonende, zuverlässige und bezahlbare Energieversorgung, 28.09.2010.

Raumordnung[1132]. Denn die Realisierung der Zielstellungen im Hinblick auf den Klimaschutz sowie den Ausbau erneuerbarer Energien benötigt eine vorausschauende raumordnungsrechtliche Flankierung um nicht an fehlenden räumlichen Voraussetzungen zu scheitern. Dies gilt auch für die von der Bundesregierung und der Europäischen Union als Klimaschutzoption beschlossene Untersuchung und Nutzung von CCS. Auch diese energiepolitischen Entscheidungen erfordern eine entsprechende angemessene Berücksichtigung in den raumordnerischen Festlegungen.

d) Klimaschutz und energiepolitische Erfordernisse, § 2 Abs. 2 Nr. 6 S. 7 und 8 ROG

Im nach der Föderalismusreform neu gefassten ROG wurden Klimaschutzaspekte mit den raumbedeutsamen Aspekten der Umwelt in einen Zusammenhang gebracht und zum Gegenstand des bundesrechtlichen Grundsatzes nach § 2 Abs. 2 Nr. 6 ROG gemacht. Hervorgehoben sind dabei in § 2 Abs. 2 Nr. 6 S. 7 ROG insbesondere die raumrelevanten Kernelemente des Klimaschutzes durch den Ausbau erneuerbarer Energien und eine sparsame Energienutzung[1133]. Der allgemeine Klimaschutz ist damit zu einem bedeutsamen Abwägungsbelang für die Raumplanung geworden[1134]. Eine generelle Pflicht zur Sicherung und Ausweitung von Flächen für erneuerbare Energien lässt sich hieraus jedoch nicht ableiten, da dies der konfliktlösenden sowie ausgleichenden und abstimmenden Aufgabe der Raumordnung nach § 1 ROG nicht gerecht würde[1135]. Aus dem Grundsatz des § 2 Abs. 2 Nr. 4 S. 5 ROG in Verbindung mit den politischen Entscheidungen bezüglich des Ausbaus der erneuerbaren Energien in den Energiekonzepten der Bundesregierung folgt jedoch das Erfordernis einer grundsätzlichen Unterstützung für diesen Ausbau dem auch in den raumordnerischen Festlegungen und der Sicherung von notwendigen Räumen Rechnung zu tragen ist. Daher ist dem Ausbau der erneuerbaren Energien in der raumordnerischen Abwägung einzelner Belange ein bedeutendes Gewicht beizumessen. So muss etwa

1132 A.A. *Spannowsky*, in *Spannowsky/Runkel/Goppel*, Raumordnungsgesetz, Kommentar, § 2 Rn. 105, der aufgrund des engen Zusammenhangs von § 2 Abs. 2 Nr. 4 S. 5 ROG mit § 2 Abs. 2 Nr. 6 S. 8 ROG ablehnt, dass eine Begünstigung von bestimmten Energieträgern im Rahmen der Raumordnung erfolgt. Vielmehr solle die Raumordnung unabhängig von der Ausgestaltung eines Energiekonzepts dafür Sorge tragen, dass die räumlichen Voraussetzungen für eine kostengünstige, sichere und umweltverträgliche Energieversorgung geschaffen werden.

1133 *Reidt*, DVBl. 2011, Seite 789 (794); *Spannowsky*, in *Spannowsky/Runkel/Goppel*, Raumordnungsgesetz, Kommentar, § 2 Rn. 143; *Spannowsky*, UPR 2009, Seite 201 (204).

1134 *Spannowsky*, UPR 2009, Seite 201 (204); vgl. auch *Mitschang*, DVBl. 2008, Seite 745 ff.

1135 *Spannowsky*, in *Spannowsky/Runkel/Goppel*, Raumordnungsgesetz, Kommentar, § 2 Rn. 143; *Spannowsky*, UPR 2009, Seite 201 (204).

für die Windenergienutzung in substanzieller Weise Raum geschaffen werden[1136]. Gleiches muss auch im Hinblick auf die vorsorgende Flächensicherung für andere raumbedeutsame Nutzungsformen erneuerbarer Energien – auch in Bezug auf die dafür notwendigen Untergrundnutzungen und Speichermöglichkeiten – gelten.

Dies gilt auch für die Entwicklung natürlicher Senken für klimaschädliche Stoffe aber auch für die Einlagerung dieser Stoffe. Letzteres versteht sich als Voraussetzung für die Anwendung entsprechender Technologien und damit als – vorweggenommener Teil – der Umsetzung der CCS-Richtlinie. Damit ergibt sich einfachgesetzlich, dass die Speicherung von Kohlendioxid nach der Wertung des Bundesgesetzgebers der Steuerung der Raumordnung unterliegt[1137], wie auch die fachgesetzliche Raumordnungsklausel im Rahmen der Speicherzulassung zeigt. Auch für diese beiden weiteren Varianten von Klimaschutzbemühungen ist, ausweislich des Wortlauts in § 2 Abs. 2 Nr. 6 S. 8 ROG, durch die Schaffung entsprechender räumlicher Voraussetzungen Rechnung zu tragen. Ebenso wie dem Ausbau erneuerbarer Energien ist auch diesen Alternativen bei der raumordnerischen Abwägung der unterschiedlichen Belange ein entsprechendes Gewicht beizumessen. Durch die Konkretisierung dieses Grundsatzes leistet die Raumordnung ihren Beitrag dazu, die Verwirklichung klimarelevanter Fachpolitiken und Fachplanungen in der Weise zu fördern, dass deren Anforderungen an den Raum, die in Konkurrenz mit anderen Raumnutzungsinteressen treten, zur Geltung gebracht werden[1138].

II. Erstellung eines bundeseinheitlichen Raumordnungsplans nach § 17 Abs. 1 ROG zur Konkretisierung einzelner Grundsätze des § 2 Abs. 2 ROG

Trotz des Umstandes, dass die in § 1 Abs. 1 ROG beschriebene und in § 2 Abs. 1 ROG und § 7 Abs. 1 ROG verdeutlichte Aufgabe zur Aufstellung zusammenfassender, überörtlicher und fachübergreifender Raumordnungspläne für den Gesamtraum in die ausschließliche Zuständigkeit der Länder fällt[1139], gibt § 17 ROG dem Bund die Möglichkeit, in einem engen Rahmen eigene Raumordnungspläne aufzustellen. Diese stehen indes nicht im Widerspruch zur Zuständigkeit der

1136 *BVerwGE* 117, 287, zitiert nach juris Rn. 29; *BVerwGE* 122, 109, zitiert nach juris Rn. 29; *BVerwG*, NVwZ 2006, 339, zitiert nach juris Rn. 7.

1137 *Erbguth*, ZUR 2011, Seite 121 (123) m.w.N.

1138 *Mitschang*, DVBl. 2008, Seite 745 (750); *Spannowsky*, in *Spannowsky/Runkel/Goppel*, Raumordnungsgesetz, Kommentar, § 2 Rn. 143

1139 *Runkel*, in *Spannowsky/Runkel/Goppel*, Raumordnungsgesetz, Kommentar, § 17 Rn. 1.

Länder, sondern füllen vielmehr Lücken, die durch eine Raumordnungsplanung der Länder auch unter Beachtung des Gegenstromprinzips gemäß § 1 Abs. 3 ROG nicht geschlossen werden können[1140].

Gemäß § 17 Abs. 1 ROG kann das Bundesministerium für Verkehr, Bau und Stadtentwicklung im Einvernehmen mit den fachlich betroffenen Bundesministerien nach gemeinsamer Beratung einzelne Grundsätze der Raumordnung im Sinne von § 2 Abs. 2 ROG für die räumliche Entwicklung des Bundes unter Einbeziehung der raumbedeutsamen Planungen und Maßnahmen der Europäischen Union durch Grundsätze in einem Raumordnungsplan konkretisieren. Durch diese, bei der Novellierung des ROG eingeführte Vorschrift, soll die Raumordnung im Bereich der Entwicklung des Bundesgebietes gestärkt werden, denn die Rechtswirkung der planerischen Grundsätze der Raumordnung ist, dass sie bei nachfolgenden Abwägungs- und Ermessensentscheidungen über raumbedeutsame Planungen und Maßnahmen zu berücksichtigen sind[1141]. Gesetzgeberisch intendiert ist eine Serviceleistung des Bundes gegenüber den Ländern in einzelnen komplexen Handlungsfeldern, bei denen es dem einzelnen Land wegen der länderübergreifenden Zusammenhänge zunehmend schwer fällt, das Abwägungsmaterial umfassend und zutreffend aufzubereiten[1142]. Dabei ist zu beachten, dass aufgrund des in § 1 Abs. 3 ROG kodifizierten Gegenstromprinzips die Landesraumordnung auch gewährleisten muss, dass sie ihre Aufgabenstellung nicht nur bezogen auf die Gegebenheiten des Landes, sondern auch im Hinblick auf den Gesamtraum der Bundesrepublik Deutschland erfüllt[1143].

Um den Charakter als Serviceleistung für die Länder zu wahren und nicht zur Ersatz- oder Alternativplanung für die Länder zu werden, sind für die Erforderlichkeit dieser Pläne enge Grenzen materieller und formeller Art zu beachten[1144]. Im Folgenden soll daher untersucht werden, inwieweit ein Plan gemäß § 17 Abs. 1 ROG zur Konkretisierung der für die Untergrundnutzung relevanten Grundsätze des § 2 Abs. 2 ROG möglich ist.

1140 *Runkel*, in *Spannowsky/Runkel/Goppel*, Raumordnungsgesetz, Kommentar, § 17 Rn. 2.

1141 Begründung zum Gesetzentwurf der Bundesregierung zum GeROG, BT-Drucks. 16/10292, Seite 27; Stellungnahme des *Beirates für Raumordnung* zu § 17 Abs. 1 GeROG vom 29.06.2009, Seite 1.

1142 Stellungnahme des *Beirates für Raumordnung* zu § 17 Abs. 1 GeROG vom 29.06.2009, Seite 4; *Runkel*, in *Spannowsky/Runkel/Goppel*, Raumordnungsgesetz, Kommentar, § 17 Rn. 11.

1143 *Runkel*, in *Spannowsky/Runkel/Goppel*, Raumordnungsgesetz, Kommentar, § 17 Rn. 109.

1144 *Runkel*, in *Spannowsky/Runkel/Goppel*, Raumordnungsgesetz, Kommentar, § 17 Rn. 13.

1. Konkretisierung einzelner Grundsätze nach § 2 Abs. 2 ROG für die räumliche Entwicklung des Bundesgebiets

Der Raumordnungsplan nach § 17 Abs. 1 ROG konkretisiert die gesetzlichen Grundsätze des § 2 Abs. 2 ROG in räumlicher Hinsicht, ohne ihnen jedoch einen neuen, über die gesetzlichen Grundsätze hinausgehenden Bedeutungsgehalt zu geben[1145]. Er verdeutlicht die gesetzlichen Grundsätze in ihrer räumlichen Dimension, indem er – entsprechend des aktuellen Wissens- und Erkenntnisstandes – einen abstrakten öffentlichen Belang in seinem räumlichen Bezug transformiert und auf der Zeitachse im Sinne einer Prognose fortschreibt[1146]. Dabei beschränkt sich die Kompetenz des Bundes grundsätzlich nicht auf die Konkretisierung nur eines der in § 2 Abs. 2 ROG genannten acht Grundsätze. Vielmehr kann sich eine solche Konkretisierung durchaus auch auf zwei oder drei dieser Grundsätze oder einzelne Teilaspekte erstrecken[1147]. Allerdings muss die Konkretisierung für das Bundesgebiet von besonderer Bedeutung sein und durch raumbedeutsame Planungen und Maßnahmen der Europäischen Union und deren Mitgliedsstaaten beeinflusst werden[1148].

Da die Grundsätze der Raumordnung in § 2 Abs. 2 ROG sehr umfassend ausgestaltet sind, hat der Beirat für Raumordnung im Hinblick auf die Umsetzung des § 17 Abs. 1 ROG Kriterien für die Auswahl von Handlungsfeldern aufgestellt und drei vorrangig zu bearbeitende Handlungsfelder vorgeschlagen[1149]. Eines der vom Beirat für Raumordnung priorisierten Handlungsfelder ist die Erstellung eines Plans zur Rohstoffvorsorge und Konkretisierung von § 2 Abs. 2 Nr. 4 S. 4 ROG. Begründet wird dies mit dem Umstand, dass der Raumordnung in diesem Kontext eine herausgehobene Bedeutung in ihrer Sicherungs- sowie Koordinations- und Ordnungsfunktion zukommt[1150]. So hat die Raumordnung die Aufgabe, die vorhandenen Rohstoffe langfristig zu sichern, damit auch künftige Generationen auf diese zurückgreifen können – eine Aufgabe, die durch das Fehlen einer Fachplanung „Rohstoffe" auf den verschiedenen Planungsebenen in der Bundesrepublik nach Ansicht des Beirats für Raumordnung an Bedeutung gewinnt. Und sie hat im Rahmen ihrer Koordinations- bzw. Ordnungsfunktion gleichermaßen die

1145 *Runkel*, in *Spannowsky/Runkel/Goppel*, Raumordnungsgesetz, Kommentar, § 17 Rn. 7.

1146 *Runkel*, in *Spannowsky/Runkel/Goppel*, Raumordnungsgesetz, Kommentar, § 17 Rn. 7.

1147 Vgl. *Runkel*, in *Spannowsky/Runkel/Goppel*, Raumordnungsgesetz, Kommentar, § 17 Rn. 14, der jedoch auch auf die hohe Komplexität eines solchen Vorhabens hinweist.

1148 *Runkel*, in *Spannowsky/Runkel/Goppel*, Raumordnungsgesetz, Kommentar, § 17 Rn. 13.

1149 Stellungnahme des *Beirates für Raumordnung* zu § 17 Abs. 1 GeROG vom 29.06.2009, Seite 3 ff.

1150 Stellungnahme des *Beirates für Raumordnung* zu § 17 Abs. 1 GeROG vom 29.06.2009, Seite 8.

Aufgabe, eine raum- und umweltverträgliche Gewinnung von Rohstoffen zu ermöglichen, Festlegungen für den Abbau und die Sicherung von Rohstoffvorkommen zählen deshalb zu den Kerninhalten von Raumordnungsplänen, insbesondere von Regionalplänen[1151]. Der Handlungsbedarf auf Bundesebene begründet sich dabei durch den Umstand, dass Rohstoffvorsorge und -gewinnung in hohem Maße standortgebunden sind und eine ausschließlich regionale oder landesweite Steuerung bei Rohstoffen – insbesondere solchen die im Bundesgebiet selten zu finden sind – rasch an Grenzen stößt. Hier sind länderübergreifende Sichtweisen und bundesweit einheitliche fachliche Grundlagen zur Abschätzung des Bedarfs und zur Einschätzung bundesweit bedeutsamer Herkunftsräume und ggf. zu Substitutionsmöglichkeiten gefragt[1152]. Gleiches gilt für die raumordnerische Unterstützung des von der Bundesregierung erstellten Energiekonzepts. Auch hier stößt die lediglich landesweite Sicherungs- sowie Koordinations- und Ordnungsfunktion der Raumordnung vor dem Hintergrund des bundesweit nötigen Umbaus der Energieversorgung an ihre Grenzen, und eine räumliche Planung des Gesamtraums erscheint in diesem Kontext sinnvoll[1153].

Diese beiden Themengebiete – Rohstoffsicherung und Umsetzung des Energiekonzepts – kumulieren mit Blick auf die unterschiedlichen Nutzungsformen des Untergrundes in ihrer Gesamtheit. Durch die Zunahme an Möglichkeiten und dem damit verbundenen Potenzial an Nutzungskonkurrenzen steigt der Bedarf an einer bundesweiten Konkretisierung – auch in einem europäischen Kontext des Binnenmarktes für Energie. Der vom Beirat für Raumordnung vorgeschlagene Plan nach § 17 Abs. 1 ROG zur Rohstoffvorsorge könnte in diesem Kontext auf andere standortgebundene Nutzungen des Untergrundes ausgeweitet werden. Eine Basis könnte dabei die in § 5 KSpG vorgesehene Potenzialanalyse bilden, die gleichsam die bundesweite Bedeutung dieses Themenfeldes aus Sicht des Gesetzgebers widerspiegelt.

Nach § 5 Abs. 2 KSpG werden die geologischen Grundlagen von der BGR erarbeitet. Besondere Relevanz im Hinblick auf die untersuchten Untergrundnutzungen haben dabei

- die Abgrenzung der Ausdehnung der für eine Speicherung geeigneten Gesteinsschichten nach § 5 Abs. 2 Nr. 1 KSpG,
- die Abschätzung der für die dauerhafte Speicherung nutzbaren Volumina der jeweiligen Gesteinsschichten nach § 5 Abs. 2 Nr. 4 KSpG,

---

1151 Stellungnahme des *Beirates für Raumordnung* zu § 17 Abs. 1 GeROG vom 29.06.2009, Seite 8.

1152 Vgl. Stellungnahme des *Beirates für Raumordnung* zu § 17 Abs. 1 GeROG vom 29.06.2009, Seite 8.

1153 *Spannowsky*, UPR 2007, Seite 41 (51).

- die Charakterisierung der in den Gesteinsschichten vorhandenen Formationswässer, deren potenzielle Migrationswege und die vorherrschenden Druckverhältnisse nach § 5 Abs. 2 Nr. 5 KSpG,
- die Abschätzung von Druckveränderungen in den Gesteinsschichten durch die vorgesehene dauerhafte Speicherung nach § 5 Abs. 2 Nr. 6 KSpG sowie
- mögliche Nutzungskonflikte durch Exploration, Rohstoffgewinnung, Geothermienutzung, nutzbares Grundwasser, Speicherung oder Lagerung anderer gasförmiger, flüssiger oder fester Stoffe oder wissenschaftliche Bohrungen im Bereich der für die dauerhafte Speicherung geeigneten Gesteinsschichten nach § 5 Abs. 2 Nr. 7 KSpG.

Mit Blick auf die Konkurrenzpotenziale der unterschiedlichen Untergrundnutzungen könnte ein solcher Raumordnungsplan des Bundes beispielsweise Grundlagen und Empfehlungen für die Bundesländer zu Untergrundnutzungen unter Berücksichtigung der Nachhaltigkeitsstrategie und der unterschiedlichen länderbezogenen Voraussetzungen sowie Grundlagen für deren sachliche wie räumliche Differenzierung als Konkretisierung der raumordnerischen Grundsätze des § 2 Abs. 2 Nr. 4 S. 4 ROG, des § 2 Abs. 2 Nr. 4 S. 5 ROG oder des § 2 Abs 2 Nr. 6 ROG treffen. Gleichzeitig wären darin auch Vorgaben zur Standortsicherung zu Rohstoffgewinnung, zur Nutzung der Geothermie und Druckluftspeicherung sowie Erdgasspeicherung als energiebezogene Nutzungen des Untergrundes und zur Speicherung von Kohlendioxid enthalten.

2. Einvernehmen der fachlich zuständigen Bundesministerien und Einbeziehung der Länder

Neben den materiell-rechtlichen Vorgaben ist die Möglichkeit des BMVBS, einzelne Grundsätze zu konkretisieren an weitere formelle Kriterien geknüpft. So ist nach § 17 Abs. 1 S. 2 ROG das Einvernehmen im Sinne einer positiven Zustimmung der betroffenen Bundesministerien erforderlich, zu deren fachlichen Zuständigkeit der gesetzliche Grundsatz des § 2 Abs. 2 ROG zählt, der konkretisiert werden soll[1154]. Das Einvernehmen muss bereits zu Beginn des Planungsverfahrens hergestellt werden und bis zur Verkündung des Plans fortbestehen[1155].

Neben dem Einvernehmen der entsprechenden Bundesministerien ist gemäß § 17 Abs. 1 S. 3 ROG vor Einleitung des Planungsverfahrens das Benehmen mit den Ländern und den angrenzenden Staaten herzustellen. Dabei ist die Beratungs- und Unterrichtungspflicht des § 26 ROG zu beachten und infolgedessen

---

1154 *Runkel*, in *Spannowsky/Runkel/Goppel*, Raumordnungsgesetz, Kommentar, § 17 Rn. 18.
1155 *Runkel*, in *Spannowsky/Runkel/Goppel*, Raumordnungsgesetz, Kommentar, § 17 Rn. 18.

die Ministerkonferenz für Raumordnung entsprechend einzubinden[1156]. Allerdings schreibt das ROG hier nur eine Beratungspflicht vor, ein Einvernehmen wie bei den fachlich zuständigen Bundesministerien muss indes nicht hergestellt werden. Wenn sich das BMVBS nach Befassung der MKRO entschließt, ein Planungsverfahren einzuleiten, sind die Länder verpflichtet, dem Bund alle notwendigen Auskünfte zu erteilen, die zur Durchführung der Planung erforderlich sind[1157]. Zuständig für die Planaufstellung ist das Bundesamt für Bauwesen und Raumordnung, wobei nicht ausgeschlossen ist, dass der Auftrag nicht nur an das BBR, sondern auch noch an eine weitere Bundesbehörde ergeht. Im Bereich einer Planaufstellung für Untergrundnutzungen erscheint insoweit eine Einbindung des BGR sinnvoll und notwendig.

3. Bindungswirkung des Raumordnungsplans nach § 17 Abs. 1 ROG

Bei dem Raumordnungsplan nach § 17 Abs. 1 ROG handelt sich um einen sachlichen Teilplan im Sinne des § 7 Abs. 1 S. 2 ROG, der sich zusätzlich dadurch auszeichnet, dass er entgegen § 7 Abs. 1 S. 1 ROG nur Festlegungen als Grundsätze der Raumordnung enthalten darf. Er ähnelt daher eher einem fachlichen Gutachten, das einen der abstrakt gefassten öffentlichen Belange des § 2 Abs. 2 ROG konkretisiert, damit er in dieser planerischen Form besser in den Raumordnungsplänen der Länder berücksichtigt werden kann[1158]. Den planerischen Grundsätzen eines Plans nach § 17 Abs. 1 ROG kommt insoweit keine andere Bedeutung zu als gesetzlichen Grundsätzen[1159].

Ob der Bund bei planerischen Grundsätzen Gewichtungsvorgaben für nachfolgende Abwägungs- oder Ermessensentscheidungen etwa im Sinne von Vorbehaltsgebieten nach § 8 Abs. 7 S. 1 Nr. 2 ROG treffen kann, erscheint allein deshalb schon fraglich, weil ein solcher bundesweiter Plan kaum die Ermittlungs- und Abwägungstiefe haben wird, die die Festlegung einer solchen Gewichtungsvorgabe erfordert[1160].

III. Zusammenfassende Bewertung

Da der Bund mangels Verwaltungskompetenz den Auftrag nach § 1 Abs. 1 S. 1 ROG nicht vollständig erfüllen kann, richtet sich dieser ebenso an die Länder,

---

1156 *Runkel*, in *Spannowsky/Runkel/Goppel*, Raumordnungsgesetz, Kommentar, § 17 Rn. 19.
1157 *Runkel*, in *Spannowsky/Runkel/Goppel*, Raumordnungsgesetz, Kommentar, § 17 Rn. 19.
1158 *Runkel*, in *Spannowsky/Runkel/Goppel*, Raumordnungsgesetz, Kommentar, § 17 Rn. 3.
1159 *Runkel*, in *Spannowsky/Runkel/Goppel*, Raumordnungsgesetz, Kommentar, § 17 Rn. 22.
1160 *Runkel*, in *Spannowsky/Runkel/Goppel*, Raumordnungsgesetz, Kommentar, § 17 Rn. 22.

die somit nicht nur die Aufgabe haben die Teilräume auf ihrem Landesgebiet zu entwickeln, zu ordnen und zu sichern, sondern zugleich im Zusammenwirken mit den anderen Bundesländern die Raumplanung für den Gesamtraum übernehmen[1161]. Diese administrative Aufgabenzuweisung zu den Ländern sollte auch im Hinblick auf eine unterirdische Raumordnung nicht verändert werden, um einen Gleichlauf zwischen der Raumordnung der Oberfläche und einer raumordnerischen Beplanung des Untergrundes zu gewährleisten. Daher erscheint eine durch den Bundesgesetzgeber erstellte Untergrundraumordnung nicht sachgerecht.

Wie sich zudem aus § 1 Abs. 1 S. 2 ROG ergibt, beschränkt sich die Aufgabe des Konfliktausgleichs im Rahmen der Raumordnung zudem auf Konflikte, die auf der jeweiligen Planungsebene auftreten. Im Rahmen der Raumordnung können daher regelmäßig nur großräumige Konfliktlagen ausgeglichen werden. Kleinräumigere Konflikte müssen den nachfolgenden Planungsebenen sowie Planfeststellungs- oder Genehmigungsverfahren überlassen bleiben. Jede Ebene soll den Teil eines umfassenden Konflikts lösen, der auf ihrer Ebene auftritt und mit Hilfe der ihr zugewiesenen Instrumente gelöst werden kann[1162]. Daher können auch im Kontext einer unterirdischen Raumordnung mangels entsprechender Konkretisierung verbindliche Aussagen wie etwa Ziele der Raumordnung auf Bundessebene nicht aufgestellt werden.

Um eine bundeseinheitliche Konkretisierung der in § 2 Abs. 2 ROG verankerten Grundsätze zu unterstützen, sollte allerdings die in § 17 Abs. 1 ROG vorgesehene Möglichkeit der Aufstellung eines bundesweiten Raumordnungsplans zur Konkretisierung einzelner Grundsätze des § 2 Abs. 2 ROG im Hinblick auf eine unterirdische Raumordnung genutzt werden. In diesem Plan könnten wichtige Wertungen für die nachfolgende Planung der Länder getroffen werden, ohne die administrativen Planungsfreiräume der Länder unangemessen einzuschränken. Daher sollte die vom Beirat für Raumordnung vorgeschlagene Erstellung eines Plans zur Rohstoffvorsorge und Konkretisierung von § 2 Abs. 2 Nr. 4 S. 4 ROG aufgegriffen und im Sinne einer umfassenden Beplanung des Untergrundes ausgeweitet werden. Denn alle in Kapitel 1 dieser Arbeit behandelten Untergrundnutzungen sind in hohem Maße standortgebunden, und eine ausschließlich regionale oder landesweite Steuerung der Nutzungen stößt daher rasch an ihre Grenzen. Hier sind sowohl zur Ordnung und Entwicklung der Rohstoffversorgung, wie auch zur Flankierung des Energiekonzepts der Bundesregierung länderübergreifende Sichtweisen und bundesweit einheitliche fachliche Grundlagen

1161 *Runkel*, in *Spannowsky/Runkel/Goppel*, Raumordnungsgesetz, Kommentar, § 1 Rn. 51.

1162 *Runkel*, in *Spannowsky/Runkel/Goppel*, Raumordnungsgesetz, Kommentar, § 1 Rn. 87.

zur Abschätzung des Bedarfs und zur Einschätzung bundesweit bedeutsamer Herkunftsräume und ggf. zu Substitutionsmöglichkeiten gefragt[1163].

D. Raumordnung der Länder

Wie bereits ausgeführt ist die Raumordnung als Administrativaufgabe nach dem ROG in erster Linie eine Angelegenheit der Länder[1164]. Diese bilden die administrativen Teilräume zur Erfüllung der nach § 1 Abs. 1 S. 1 ROG notwendigen raumordnerischen Aufgaben. Wichtigstes Instrument der Landesplanung sind die Raumordnungspläne für das Landesgebiet nach § 8 Abs. 1 Nr. 1 ROG sowie der Erlass von Regionalplänen nach § 8 Abs. 1 Nr. 2 ROG. Die Rechtsform in der die Raumordnungspläne der Länder erlassen werden, wird vom ROG nicht vorgeschrieben, weshalb das Bild recht vielfältig ist[1165]. Dies ist jedoch insoweit unkritisch, da es für die Reichweite des Planungsermessens nicht darauf ankommt, ob die entsprechende Gebietsfestlegung durch Gesetz oder auf einer entsprechenden landesgesetzlichen Ermächtigung beruht. Denn staatliche Planung ist weder eindeutig der Legislative noch der Exekutive zugeordnet[1166].

Im Folgenden soll daher untersucht werden, inwieweit es eine Verpflichtung der Länder zur Konkretisierung der bundesrechtlichen Grundsätze mit Bezug zur Nutzung des Untergrundes gibt und welche Möglichkeiten sich für den Landesgesetzgeber im Kontext der bundesrechtlichen Grundsätze und der raumordnungsrechtlichen Möglichkeiten der Länder ergeben.

I. Planungs- und Konkretisierungspflicht der Länder bezüglich einer zusammenfassenden, überörtlichen und fachübergreifenden Untergrundraumordnung

Bereits aus der strikten vom Gesetzgeber gewählten Formulierung des § 1 Abs. 1 S. 1 ROG sowie § 8 Abs. 1 ROG ergibt sich, dass es zur Aufgabenwahrnehmung der Länder zwingend gehört, Raumordungspläne aufzustellen[1167]. Der in der Vorschrift enthaltene Gestaltungsauftrag setzt nach den Vorgaben des Bundes-

---

1163 So zur Sicherung der Rohstoffversorgung: Stellungnahme des *Beirats für Raumordnung* zu § 17 Abs. 1 GeROG vom 29.06.2009, Seite 8.

1164 *Runkel*, in *Spannowsky/Runkel/Goppel*, Raumordnungsgesetz, Kommentar, § 1 Rn. 53.

1165 Vgl. hierzu *Battis*, Öffentliches Baurecht und Raumordnungsrecht, 2 IV 1, Seite 35 mit einer Aufzählung der unterschiedlichen von den Ländern gewählten Regelungsvarianten.

1166 *BVerfGE* 95, Seite 1 (1).

1167 *Runkel*, in *Spannowsky/Runkel/Goppel*, Raumordnungsgesetz, Kommentar, § 1 Rn. 58.

rechts den Einsatz des Instruments eines landesweiten Raumordnungsplans und von Regionalplänen voraus, wie er in § 3 Abs. 1 Nr. 7 ROG definiert und in § 8 ROG beschrieben wird. Diese Verpflichtung zur Aufstellung eines Raumordnungsplans für das gesamte Landesgebiet sowie von Regionalplänen ergibt sich jenseits der bundesrechtlichen Regelung des § 8 Abs. 1 ROG[1168] jedoch auch bereits aus der Verpflichtung der Länder für die Ordnung des Gesamtraums[1169]. Aufgrund des in § 1 Abs. 3 ROG kodifizierten Gegenstromprinzips muss die Landesraumordnung dabei auch gewährleisten, dass sie ihre Aufgabenstellung nicht nur bezogen auf die Gegebenheiten des Landes, sondern auch im Hinblick auf den Gesamtraum der Bundesrepublik Deutschland erfüllt[1170].

Jenseits dieser abstrakten Verpflichtung zur Aufstellung von landesweiten Raumordnungsplänen bedarf die Begründung einer konkreten Planungs- und Konkretisierungspflicht bei der Aufstellung eines landesrechtlichen Raumordnungsplans oder die Verpflichtung zur Erstellung eines Rohstoffsicherungskonzepts einer zusätzlichen gesonderten Feststellung. Eine solche Verpflichtung ergibt sich für standortgebundenen Rohstoffe aus dem Wortlaut von § 2 Abs. 2 Nr. 4 S. 4 ROG[1171]. Dieser spricht davon, dass die räumlichen Voraussetzungen für die vorsorgende Sicherung sowie für die geordnete Aufsuchung und Gewinnung von standortgebundenen Rohstoffen zu schaffen sind[1172]. Diese Formulierung trat erst mit dem ROG 1998 in Kraft. Vorher sollte diesen Erfordernissen lediglich „Rechnung getragen werden". Durch diese Verschärfung des Wortlauts wird deutlich, dass es dem Gesetzgeber darauf ankam, die in Bezug auf eine Bodenschatzplanung von den Ländern bereits in dieser Form aufgefasste Verpflichtung[1173] im ROG eindeutig klarzustellen. Dies wird auch durch die beispielhafte Nennung der vorsorgenden Sicherung und geordneten Aufsuchung und Gewinnung von standortgebundenen Rohstoffen als regelmäßige Mindestfestsetzung[1174] in § 8 Abs. 5 Nr. 2 b) ROG gestützt.

Diese im Hinblick auf die Bodenschätzeplanung getroffenen Aussagen zu einer Konkretisierungspflicht müssen insoweit auch auf die hier untersuchten Nut-

---

1168 *Goppel*, in *Spannowsky/Runkel/Goppel*, Raumordnungsgesetz, Kommentar, § 8 Rn. 15.

1169 *Runkel*, in *Spannowsky/Runkel/Goppel*, Raumordnungsgesetz, Kommentar, § 1 Rn. 58.

1170 *Runkel*, in *Spannowsky/Runkel/Goppel*, Raumordnungsgesetz, Kommentar, § 1 Rn. 109.

1171 *Schulte*, IzR 1998, Seite 301 (301); *Runkel*, IzR 1998, Seite 315 (315); *ders.* in *Bielenberg/Runkel/Spannowsky*, Raumordnungs- und Landesplanungsrecht des Bundes und der Länder, Kommentar und Textsammlung, K § 2 Rn 122.

1172 Vgl. *Schulte*, IzR Heft 4/5. 1998, Seite 301 (302) in Bezug auf die Verpflichtung zur Bodenschatzplanung zum wortgleichen § 2 Abs. 2 Nr. 9 S. 3 ROG 1998.

1173 *Schulte*, IzR Heft 4/5. 1998, Seite 301 (301); *Winter/Sagolla*, ZfB 1982, Seite 347 (353) für das Bundesland NRW.

1174 *Runkel*, in *Spannowsky/Runkel/Goppel*, Raumordnungsgesetz, Kommentar, § 7 Rn. 13.

zungen des Untergrundes wie die Speicherung für Erdgas und Druckluft sowie die Speicherung von Kohlendioxid, ausgedehnt werden. Alle diese Nutzungsformen sind ebenso wie Bodenschätze und Rohstoffe auf spezifische geologische Gegebenheiten angewiesen und damit in gleichem Maße standortbezogen wie die in § 2 Abs. 2 Nr. 4 S. 4 ROG geregelten standortbezogenen Rohstoffe und haben eine vergleichbare volkswirtschaftliche Bedeutung für die Energieversorgung und die Versorgungssicherheit. Zudem bleibt eine reine raumordnerische Beplanung nur von Bodenschätzen aufgrund der ansteigenden Nutzungsdichte des Untergrundes lückenhaft und erscheint somit vor dem Hintergrund der Zweckbestimmung des § 1 Abs. 1 ROG einer zusammenfassenden, überörtlichen und fachübergreifenden Raumordnung auch nicht mehr sachgerecht.

Neben der inhaltlichen Vergleichbarkeit lässt sich dieser Gleichlauf auch auf den Wortlaut von § 2 Abs. 2 Nr. 6 S. 8 ROG stützen, wonach die räumlichen Voraussetzungen für den Ausbau der erneuerbaren Energien, für eine sparsame Energienutzung sowie für den Erhalt und die Entwicklung natürlicher Senken für klimaschädliche Stoffe und für die Einlagerung dieser Stoffe zu schaffen sind. Damit entspricht der Wortlaut von § 2 Abs. 2 Nr. 6 S. 8 ROG demjenigen von § 2 Abs. 2 Nr. 4 S. 4 ROG und stützt daher die Annahme einer Planungs- und Konkretisierungspflicht der Länder in diesem Bereich. Auch die Länderklausel des § 2 Abs. 5 KSpG weist in diese Richtung.

In diesem Kontext ist wichtig, dass für eine Raumordnung des Untergrundes das Gegenstromprinzip des § 1 Abs. 3 ROG zu beachten ist. Befindet sich beispielsweise in einem Bundesland ein standortgebundener Rohstoff, der nur oder überwiegend dort vorkommt, so muss sich die Sicherung dieses Rohstoffs nicht nur an dessen Bedeutung für das Land, sondern an der Bedeutung für den Gesamtraum der Bundesrepublik Deutschland orientieren[1175]. Nichts anderes kann für den Ausbau erneuerbarer Energien sowie die Einlagerung klimaschädlicher Stoffe – etwa im Rahmen von CCS – gelten. Auch hier muss neben den länderspezifischen Gegebenheiten die Bedeutung für den Gesamtraum der Bundesrepublik angemessen berücksichtigt werden.

Dabei ist dem Wortlaut von § 2 Abs. 2 Nr. 4 S. 4 ROG die Zweiteilung der Aufgaben in „vorsorgende Sicherung“ und „geordnete Aufsuchung und Gewinnung“ zu achten. Der längerfristige und eigenständige Charakter der Pflichtaufgabe „vorsorgende Sicherung“ im Hinblick auf die standortgebundenen Rohstoffe kann daher nicht übersehen werden[1176]. Und auch der Ausbau der erneuerbaren Energien und die Speicherung von klimaschädlichen Gasen in § 2 Abs. 2 Nr. 6 S. 8 ROG haben einen deutlich zukunftsbezogenen Charakter.

1175 *Runkel*, in *Spannowsky/Runkel/Goppel*, Raumordnungsgesetz, Kommentar, § 1 Rn. 109.
1176 *Schulte*, IzR Heft 4/5. 1998, Seite 301 (302).

II. Ausgestaltung eines landesweiten Raumordnungsplans für Untergrundnutzungen

Wie dargestellt haben die Länder die Verpflichtung in ihren Raumordnungsplänen für das gesamte Landesgebiet sowie in ihren Regionalplänen für die Teilräume des Landes die bundesrechtlichen Grundsätze des § 2 Abs. 2 Nr. 4 S. 4 ROG, § 2 Abs. 2 Nr. 6 S. 8 ROG im Hinblick auf untertägige Rohstoffe sowie erneuerbare Energien und die Speicherung von klimaschädlichen Stoffen – etwa durch CCS – zu konkretisieren. Lediglich in den Stadtstaaten Berlin, Bremen und Hamburg besteht nach § 8 Abs. 1 S. 2 ROG die Möglichkeit, dass ein Flächennutzungsplan nach § 5 BauGB diese Funktion übernehmen kann.

1. Aufgaben der landesrechtlichen Raumordungsplanung

Gemäß § 7 Abs. 1 ROG sind in den Raumordnungsplänen für einen bestimmten Planungsraum und einen regelmäßig mittelfristigen Zeitraum Festlegungen als Ziele und Grundsätze der Raumordnung zur Entwicklung, Ordnung und Sicherung des Raumes, insbesondere zu den Nutzungen und Funktionen des Raumes zu treffen. Ausgangspunkt der Raumordnungspläne ist folglich die in § 1 Abs. 1 ROG beschriebene Aufgabe einer gleichberechtigt nebeneinander stehenden Entwicklung, Ordnung und Sicherung des Gesamtraums und der Teilräume sowie eine Abstimmung und Zuordnung der unterschiedlichen Nutzungen und Funktionen dergestalt, dass eine insgesamt ausgewogene Gesamtnutzung des Raumes stattfindet und die einzelnen Nutzungsarten sinnvoll miteinander verknüpft sind[1177]. Dabei sind auch das in § 1 Abs. 3 ROG verankerte Gegenstromprinzip zu beachten sowie die bundesrechtlichen Grundsätze der Raumordnung zu konkretisieren.

Der für einen klar bestimmten räumlichen Bereich geltende Plan muss gemäß § 7 Abs. 1 S. 1 ROG Festlegungen für einen regelmäßig mittelfristigen Zeitraum treffen. Diese Mittelfristigkeit bedeutet für die Raumordnungsplanung etwa einen Zeitraum von 25 Jahren und hat große Bedeutung für die Inhalte der Planung, die Abwägung, die Erforderlichkeit der Planung und ihre evtl. Funktionslosigkeit[1178]. Im Kontext einer „vorsorgenden Sicherung“ im Hinblick auf die standortgebundenen Rohstoffe gemäß § 2 Abs. 2 Nr. 4 S. 4 ROG und den Ausbau der erneuerbaren Energien und die Speicherung von klimaschädlichen Gasen nach § 2 Abs. 2 Nr. 6 S. 8 ROG können jedoch auch darüber hinausgehende längerfristige Festlegungen sinnvoll sein.

1177 *Runkel*, in *Spannowsky/Runkel/Goppel*, Raumordnungsgesetz, Kommentar, § 1 Rn. 49.

1178 *Runkel*, in *Spannowsky/Runkel/Goppel*, Raumordnungsgesetz, Kommentar, § 7 Rn. 7.

Aufgrund dieses mittelfristigen Charakters sind entsprechende Prognosen der wichtigsten Determinanten der räumlichen Entwicklung, wie etwa der Bevölkerungsentwicklung, der Wirtschaftsentwicklung, des Klimas etc. erforderlich, aus denen im Rahmen der Abwägung dann die erforderlichen Festlegungen getroffen werden müssen. Dabei ist auch die Bewältigung von Nutzungskonflikten für die Raumplanung kein neues Themenfeld. Auch der Umstand, dass exakte Wirkungszusammenhänge und Potenziale einzelner Nutzungen noch nicht abschließend geklärt sind und damit Ungewissheiten verbleiben, hindert jedoch nicht an einer vorausschauenden Planung. Ungewissheiten müssen dabei durch Verfahren der Risikobewertung bzw. durch eine Vulnerabilitätsprüfung kompensiert werden, um so Beurteilungsgrundlagen zu schaffen, die ihrerseits mit den vorhandenen Raumkapazitäten in Bezug gesetzt werden können und damit die Entscheidungsfindung ausrichten[1179]. Raumplanung muss gerade im Fall von Unsicherheiten als Querschnittsmaterie verstanden werden, wobei eine überörtliche und überfachliche räumliche Gesamtplanung – auch für den Untergrund – stets fachlichen Einzelfallentscheidungen vorangestellt werden sollte, um integrierte Rahmenvorgaben treffen zu können und so zugleich Koordinationsverantwortung unter Risikobedingungen zu tragen[1180]. In diesem Kontext kann insbesondere die Potenzialanalyse nach § 5 KSpG eine bedeutsame Rolle für die Erarbeitung einer Untergrundraumordnung spielen, da sie auch Nutzungskonkurrenzen umfasst. Dabei kann ein Raumordnungsplan für den einen Bereich Festlegungen mittelfristiger Art und für einen anderen Bereich Festlegungen für einen langfristigen Zeitraum treffen[1181].

Der landesweite Plan ist zudem durch Fortschreibung aktuell zu halten, damit er seine Entwicklungs-, Ordnungs- und Sicherungsfunktion ausreichend erfüllen kann[1182]. Dies ist insoweit sachgerecht, da sich räumliche Entwicklungen im Regelfall in größeren Zeiträumen vollziehen. Allerdings können auch konkrete Anlässe ein Grund dafür sein, Raumordnungspläne auch außerhalb dieser zyklischen Fortschreibung anzupassen, wie beispielsweise die Deutsche Einheit, die Osterweiterung der Europäischen Union oder der demographische Wandel mit sich stark verändernden Bevölkerungsannahmen[1183]. Aber auch raumbedeutsame Fachplanungen mit bundesweiten räumlichen Auswirkungen können Anlass geben, landesweite Raumordnungspläne fortzuschreiben, wie zum Beispiel ein neuer Bundesverkehrswegeplan[1184]. Je nach dem Aussagengehalt der nach § 5 KSpG zu

1179 *Kment*, ZUR 2011, Seite 127 (127); *ders.*, JZ 2010, Seite 62 (69).
1180 Vgl. dazu *Koch/Hendler*, Baurecht, Raumordnungs- und Landesplanungsrecht, § 1 Rn. 19 ff.
1181 *Runkel*, IzR 1998, Seite 315 (316).
1182 *Runkel*, in *Spannowsky/Runkel/Goppel*, Raumordnungsgesetz, Kommentar, § 1 Rn. 59.
1183 *Runkel*, in *Spannowsky/Runkel/Goppel*, Raumordnungsgesetz, Kommentar, § 1 Rn. 59.
1184 *Runkel*, in *Spannowsky/Runkel/Goppel*, Raumordnungsgesetz, Kommentar, § 1 Rn. 59.

erstellenden Potenzialanalyse der BGR könnten daher auch diese Ergebnisse zu einer verpflichtenden Fortschreibung der Raumordnungspläne im Hinblick auf Untergrundnutzungen führen.

Neben landesweiten Plänen nach § 8 Abs. 1 Nr. 1 ROG und Regionalplänen nach § 8 Abs. 1 Nr. 2 ROG sind zudem gemäß § 7 Abs. 1 S. 2 ROG im Sinne einer sektoralen Landesplanung[1185] Festlegungen in räumlichen und sachlichen Teilplänen möglich. Damit besteht die Möglichkeit der Länder, vor Erstellung bzw. Fortschreibung der Gesamtpläne raumordnerisch in besonderen Problemgebieten und Sachfragen tätig zu werden[1186], wie etwa für das brandenburgische[1187] und das nordrhein-westfälische Braunkohlerevier[1188] oder für Standorte für Großanlagen der Energieversorgung im nordrhein-westfälischen Entwicklungsplan VI vom 08. Dezember 1978[1189].

2. Zulässiger Inhalt der Pläne

Raumordnungspläne enthalten raumordnerische Festlegungen[1190] wobei die Länder – im Gegensatz etwa zu den Raumordnungsplänen des Bundes nach § 17 ROG – nicht auf die Festlegung von Grundsätzen der Raumordnung nach § 3 Abs. 2 Nr. 3 ROG beschränkt sind. Sie können vielmehr auch abwägungsfeste Festlegungen durch die Aufnahme von Zielen der Raumordnung im Sinne von § 3 Abs. 1 Nr. 2 ROG treffen. Dabei wird durch § 2 Abs. 1 ROG der Inhalt der Festlegungen einschränkend bestimmt. Die gesetzlichen Grundsätze des Bundes- und Landesrechts bilden in diesem Kontext die abschließende Ermächtigung für zulässige Festlegungen in Raumordnungsplänen[1191]. Daher darf in Raumordnungsplänen nur festgelegt werden, was der Konkretisierung der gesetzlichen Grundsätze des § 2 Abs. 2 ROG oder von landesgesetzlichen Grundsätzen dient und erforderlich ist, wobei der Plangeber die grundsätzliche Wahl hat, ob er die Festlegung in Form eines Ziels oder eines planerischen Grundsatzes trifft[1192].

1185 *Hoppe*, DVBl. 1997, Seite 234 (238).
1186 *Battis*, Öffentliches Baurecht und Raumordnungsrecht, 2 IV 1, Seite 35
1187 Vgl. dazu das brandenburgischen Braunkohlengrundlagengesetz vom 7. Juli 1997
1188 Vgl. dazu *Erbguth*, DVBl. 1982 Seite 1; *Hoppe*, UPR 1983, Seite 105.
1189 *Brocke*, DVBl. 1979, Seite 184.
1190 *Runkel*, in *Spannowsky/Runkel/Goppel*, Raumordnungsgesetz, Kommentar, § 7 Rn. 10.
1191 *Runkel*, in *Spannowsky/Runkel/Goppel*, Raumordnungsgesetz, Kommentar, § 7 Rn. 11.
1192 Runkel, in *Spannowsky/Runkel/Goppel*, Raumordnungsgesetz, Kommentar, § 7 Rn. 10.

a) Allgemeine Anforderungen

Vor dem Hintergrund der Aufgabenzuweisung der Raumordnung in § 1 Abs. 1 ROG müssen die in den Raumordnungsplänen und -programmen getroffenen Festlegungen einigen allgemeinen Anforderungen genügen.

So müssen Ziele und Grundsätze der Raumordnung selbstverständlich raum- und nicht fachbezogen sein, wobei sie gleichzeitig eine überörtliche Raumrelevanz aufweisen müssen[1193]. Darüber hinaus sind insbesondere bei den Zielen der Raumordnung die allgemeinen Anforderungen an „Bestimmtheit" und „Bestimmbarkeit" zu gewährleisten[1194]. Sie müssen sich also geographisch auf einen genau bestimmten Raum beziehen und sie müssen sachlich für diesen Raum eine konkrete raumordnerische Entscheidung treffen. Zudem müssen Ziele und planerische Grundsätze gemäß § 7 Abs. 4 ROG als solche gekennzeichnet sein. Dies umfasst sowohl zeichnerische wie auch textliche Festlegungen.

b) Planerische Grundsätze

Für die planerischen Grundsätze gilt im Hinblick auf ihre Festsetzung und insbesondere bezüglich ihrer Rechtswirkung nichts anderes als zu den bundesgesetzlichen Grundsätzen. Sie sind in die entsprechenden Abwägungen einzustellen, sind jedoch nicht abwägungsfest und können daher im Rahmen der Abwägung und bei entsprechender Begründung gegenüber anderen Grundsätzen oder abwägungsrelevanten Fachbelangen unterliegen. Allerdings verpflichtet § 7 Abs. 1 S. 1 ROG – wie bereits dargestellt – die für die in den Ländern zuständigen Stellen, die bundes- und landesgesetzlichen Grundsätze der Raumordnung nach Maßgabe der Leitvorstellungen des Gegenstromprinzips des § 1 Abs. 3 ROG für den jeweiligen Planungsraum und den oben beschriebenen mittelfristigen Horizont zu konkretisieren[1195].

c) Ziele der Raumordnung

Eine weitergehende Bindung entfalten die Ziele der Raumordnung nach § 3 Abs. 1 Nr. 2 ROG. Dies sind verbindliche Vorgaben in Form von räumlich oder sachlich bestimmten oder bestimmbaren, vom Träger der Landes- oder Regionalplanung nach § 7 Abs. 2 ROG abschließend abgewogener textlicher oder zeichnerischer Festlegungen in Raumordnungsplänen. Sie sind die konkreten

---

1193 *Goppel*, in *Spannowsky/Runkel/Goppel*, Raumordnungsgesetz, Kommentar, § 8 Rn. 63, 64.

1194 *Goppel*, in *Spannowsky/Runkel/Goppel*, Raumordnungsgesetz, Kommentar, § 8 Rn. 67.

1195 *Steiner*, Raumordnungs- und Landesplanungsrecht in *Steiner (Hrsg.)*, Besonderes Verwaltungsrecht, V A, Rn. 43.

Raumnutzungsentscheidungen oder raumwirksamen Entscheidungen, die unter bestimmten Voraussetzungen auch (gemeinde-)gebietsscharfe, in besonders gelagerten Fällen sogar parzellenscharfe Flächennutzungsentscheidungen sein können[1196]. Diese Ziele sind gemäß § 4 Abs. 1 S. 1 ROG bei raumbedeutsamen Planungen und Maßnahmen öffentlicher Stellen, Entscheidungen öffentlicher Stellen über die Zulässigkeit raumbedeutsamer Maßnahmen anderer öffentlicher Stellen sowie Behördenentscheidungen über planfeststellungs- oder plangenehmigungsbedürftige raumbedeutsame Planungen und Maßnahmen von Personen des Privatrechts zu beachten. Diese Bindungswirkung bedeutet in der Folge, dass Ziele der Raumordnung in jedem Einzelfall rechtswirksame planerische Aussagen und abwägungsfest sind. Sie können im Rahmen nachgelagerter Abwägungs- oder Ermessensentscheidungen nicht zugunsten anderer Belange zurückgestellt werden. Während planerische Grundsätze bloße Maßstäbe sind, kann man Ziele daher als landesplanerische Letztentscheidung bezeichnen[1197]. Daher müssen – anders als bei den lediglich abwägungserheblichen Grundsätzen der Raumordnung – eventuell entstehende Zielkonflikte bei der Festlegung von Zielen der Raumordnung ebenenspezifisch ausgetragen und bereinigt sein[1198].

Von einer Zielaussage ist daher vor dem Hintergrund des Grundsatzes der Rechtsklarheit eine Formulierung zu fordern, die diesem Verbindlichkeitsanspruch gerecht wird. Gebräuchlich sind daher Formulierungen wie „ist“ oder „sind“. Vor dem Hintergrund der in der Praxis verwendeten „soll“-Formulierungen[1199] und „in der Regel“-Formulierungen sowie dem in der Planungspraxis bestehenden Bedürfnis nach Flexibilität[1200] stellt sich die Frage ob auch solche Festlegungen dem Verbindlichkeitsanspruch eines Ziels der Raumordnung genügen. Dies wurde teils bejaht und damit begründet, dass Soll-Vorschriften im öffentlichen Recht ebenso verbindlich seien wie Muss-Vorschriften, sofern keine atypischen Umstände vorliegen, die im Einzelfall ein Abweichen von der Regel rechtfertigen[1201]. Dies ist jedoch vor dem Hintergrund der Abgrenzung zum Zielabweichungsverfahren des § 6 Abs. 2 ROG und dem Umstand, dass über die Bestimmung des atypischen Einzelfalls die Verbindlichkeit der Zielbestimmung im Ergebnis dem Zieladressaten

1196 *BVerwGE* 115, Seite 17 (21); *Steinberg*, DVBl. 2010, Seite 137 (138); *Steiner*, Raumordnungs- und Landesplanungsrecht in *Steiner (Hrsg.)*, Besonderes Verwaltungsrecht, V A, Rn. 43.

1197 *Steiner*, Raumordnungs- und Landesplanungsrecht in *Steiner (Hrsg.)*, Besonderes Verwaltungsrecht, V A, Rn. 12.

1198 *Hoppe*, Grundfragen des Planungsrechts, § 12 2. A in: Beiträge zum Raumplanung und zum Siedlungs- und Wohnungswesen, Band 182 (ZIR), Seite 372 m.w.N.

1199 *Goppel*, BayVBl. 1998, Seite 289 (291); Art. 3 Abs. 2 S.2 BayLPlG 2004 bestimmte sogar, dass textliche Ziele grundsätzlich als Soll-Vorschriften zu formulieren sind.

1200 *Hoppe*, BauR 2007, Seite 26 (28).

1201 *Goppel*, BayVBl. 1998, Seite 289 (292) m.w.N.

obliegt, als problematisch einzustufen[1202]. Aus diesem Streit hat das BVerwG einen Ausweg gewiesen und entschieden, dass landesplanerische Festlegungen, die ein Regel-Ausnahme-Verhältnis aufweisen, die Merkmale eines Ziels der Raumordnung erfüllen können, wenn der Planungsträger neben den Regel- auch die Ausnahmevoraussetzungen mit hinreichender tatbestandlicher Bestimmtheit oder doch wenigstens Bestimmbarkeit selbst festlegt[1203]. Der Gesetzgeber hat diesen Streit im ROG 2009 – in Anlehnung an die Entscheidung des BVerwG – in der Form entschieden, dass er dem Wunsch der Länder in § 3 Abs. 1 Nr. 2 ROG Soll-Ziele zuzulassen nicht nachkommt, dafür aber in § 6 Abs. 1 bestimmt hat, dass Ausnahmen von Zielen möglich sind[1204]. Für diese Ausnahmen gilt indes, dass sie bestimmt oder zumindest bestimmbar sein müssen[1205].

Allerdings liegen im Rahmen staatlicher Planungen und Zulassungsentscheidungen nach § 4 Abs. 1 S. 1 ROG zu beachtende und abwägungsfeste Ziele der Raumordnung erst ab Inkrafttreten eines entsprechenden Raumordnungsplans vor. Befindet sich ein solcher Plan erst in der Phase der Aufstellung, handelt es sich bei den Zielen gemäß § 3 Abs. 1 Nr. 4 ROG um sonstige Erfordernisse der Raumordnung, die – analog zu den Grundsätzen der Raumordnung – von öffentlichen Stellen als abwägungserhebliche Belange zu berücksichtigen sind. Allerdings ist es nach § 14 Abs. 2 ROG möglich, dass die zuständige Raumordnungsbehörde gegenüber öffentlichen Stellen raumbedeutsame Planungen und Maßnahmen sowie entsprechende Zulassungsentscheidungen für bis zu drei Jahre untersagt, wenn sich ein Raumordnungsplan in Aufstellung befindet und zu befürchten ist, dass die Planung oder Maßnahme die Verwirklichung der raumordnerischen Ziele unmöglich machen oder wesentlich erschweren würde.

3. Abwägung der unterschiedlichen öffentlichen und privaten Belange, § 7 Abs. 2 ROG

Kernstück einer jeden Raumordnungsplanung ist die Abwägung[1206]. Gemäß § 7 Abs. 2 ROG sind die öffentlichen und privaten Belange, soweit sie auf der jeweiligen Planungsebene erkennbar und von Bedeutung sind, gegeneinander und miteinander abzuwägen. Dabei hat das Gebot gerechter Abwägung nach der Rechtsprechung des BVerwG als Ausfluss des Verhältnismäßigkeitsgrundsatzes

1202 Vgl. *Hoppe* BayVBl. 2002, Seite 129; *ders.*, DVBl. 2004, Seite 478; *ders.*, BauR 2007, Seite 26.

1203 *BVerwGE* 119, Seite 54 (54).

1204 Vgl. BT-Drucks. 16/10292, Seite 23; in diesem Sinne aber mit einem Plädoyer für eine Aufnahme der Ausnahmevoraussetzungen unmittelbar in § 6 Abs. 1, *Hoppe,* DVBl. 2008, Seite 966 (967).

1205 *Runkel*, in *Spannowsky/Runkel/Goppel*, Raumordnungsgesetz, Kommentar, § 3 Rn. 20.

1206 *Runkel*, IzR 1998, Seite 315 (317).

Verfassungsrang[1207] und beruht zudem unmittelbar auf dem Rechtsstaatsprinzip und den betroffenen Grundsätzen der Verfassung[1208]. Gemäß § 7 Abs. 2 S. 1 ROG sind private und öffentliche Belange abzuwägen, soweit sie auf der jeweiligen Planungsebene erkennbar und von Bedeutung sind. Dabei muss bei der Abwägung zwischen der Abwägung für die Festsetzung planerischer Grundsätze sowie der Abwägung zur Festlegung von Zielen der Raumordnung unterschieden werden, wie auch bereits der Wortlaut von § 7 Abs. 2 ROG zeigt.

Weiterhin fließen gemäß § 7 Abs. 2 S. 2 ROG die Ergebnisse der Umweltprüfung nach § 9 ROG sowie die Ergebnisse der Beteiligungsverfahren nach den §§ 10, 18 ROG in die Abwägung mit ein. Weiterhin sind gemäß § 7 Abs. 3 ROG die Raumordnungspläne benachbarter Planungsräume aufeinander abzustimmen. Maßgeblicher Zeitpunkt für die der Abwägung zugrunde zu legende Sach- und Rechtslage ist gemäß § 12 Abs. 3 ROG der Zeitpunkt der Beschlussfassung über den Raumordnungsplan.

Auch die in Art. 20 a GG zum Ausdruck kommende Verpflichtung zum Schutz der natürlichen Grundlagen muss bei der Abwägung im Sinne einer Auslegungs- und Abwägungshilfe berücksichtigt werden[1209]. Dabei verlangt Art. 20a GG durch den Bezug auf künftige Generationen ausdrücklich die Einbeziehung von Langzeitrisiken im Sinne einer Langzeitverantwortung[1210], was insbesondere für die unterschiedlichen untersuchten Untergrundnutzungen und die dauerhafte Speicherung von Kohlendioxid eine besondere Relevanz besitzt.

Dabei gilt im Rahmen der Mehrstufigkeit von Planungsprozessen das Gebot der ebenenspezifischen Abwägung[1211]. Daraus folgt für ein gestuftes Planungssystem wie der räumlichen Planung, dass auf irgendeiner Stufe des Systems von der dafür zuständigen Stelle eine umfassende Abwägung durchgeführt sein muss[1212]. Es ist hingegen nicht notwendig, dass auf jeder Planungsstufe erneut eine vollumfängliche Abwägung vorgenommen wird. Wurde eine solch umfassende Abwägung jedoch bereits auf der fachübergreifenden Planungsebene der Raumordnung bezüglich bestimmbarer räumlicher und sachlicher Festlegungen durchgeführt, so stehen diese für nachfolgende Stufen nicht mehr zur Disposition. Möglich bleibt jedoch die weitere Konkretisierung.

1207 Vgl. *BVerwGE* 34, Seite 301; *BVerwGE* 45, Seite 309; *BVerwGE* 48, Seite 56.

1208 *Durner*, Konflikte räumlicher Planung, Seite 297 ff., Seite 301 ff., Seite 549.

1209 *BVerwG*, NVwZ 1998, Seite 1080 (1081); *Schmidt-Bleibtreu/Hofmann/Hopfauf*, Kommentar zum Grundgesetz, Art. 20a, Nr. 16; *Sommermann* in *von Münch/Kunig*, Grundgesetz-Kommentar, Band 1, Art. 20a Rn. 30; *Jarass/Pieroth*, Grundgesetz, Kommentar, Art. 20 a, Rn. 20.

1210 *Jarass/Pieroth*, Grundgesetz, Kommentar, Art. 20 a, Rn. 6.

1211 *Rojahn*, NVwZ 2011, Seite 654 (655).

1212 *Runkel*, in *Spannowsky/Runkel/Goppel*, Raumordnungsgesetz, Kommentar, § 7 Rn. 21.

a) Besonderheiten bei der Abwägung von Zielen der Raumordnung

Gemäß § 7 Abs. 2 S. 1 2. HS ROG ist die Methode der Zielfindung der Abwägungsprozess. Die Ziele der Raumordnung sind nach Maßgabe der raumordnerischen Leitvorstellung und des Gegenstromprinzips aus den Grundsätzen der Raumordnung im Wege der Abwägung der konkret einschlägigen raumbeanspruchenden Belange im Planungsraum zu entwickeln[1213]. Dabei orientieren sich die an das gesetzgeberische Gebot einer umfassenden und abschließenden Abwägung zu stellenden Anforderungen zunächst an der für die gemeindliche Bauleitplanung entwickelten Abwägungsdogmatik der Ermittlung, Einstellung und Gewichtung der abwägungsrelevanten Belange und dem Ausgleich der entsprechenden konfligierenden und konkurrierenden Interessen[1214]. Das Bauplanungsrecht ist insoweit das wichtigste Referenzgebiet der allgemeinen Lehren des Planungsrechts[1215]. Allerdings bezieht sich die für die Abwägung innerhalb der gemeindlichen Bauleitplanung entwickelte Dogmatik auf einen Bereich, in dem der Gemeinde nach Art. 28 Abs. 2 GG das umfassende Recht der Selbstverwaltung zukommt. Um dem gesetzlichen Auftrag, der Maßstäblichkeit, aber auch den verfassungsrechtlichen Grenzen der Raumordnung entsprechend Rechnung zu tragen, ist daher eine Anpassung der Dogmatik notwendig.

So bezieht sich der Auftrag der Raumordnung gemäß § 1 Abs. 1 S. 1 ROG auf die Erstellung zusammenfassender, überörtlicher und überfachlicher Raumordungspläne für den Gesamtraum der Bundesrepublik Deutschland sowie deren Teilräume. Damit wird deutlich auf den grundsätzlich rahmensetzenden Charakter der Raumplanung hingewiesen, die im Normalfall weiterer Konkretisierungen bedarf. Daraus ergeben sich Hinweise für die Breite, Intensität und Tiefe der zu ermittelnden und zu bewertenden öffentlichen und privaten Belange. Diese sind nach § 7 Abs. 1 S. 1 1. HS ROG nur einzustellen, soweit sie auf der jeweiligen Planungsebene erkennbar und von Bedeutung sind. Auch diese gesetzgeberische Festlegung betont den Rahmencharakter der Raumordnung[1216]

1213 *Ronellenfitsch*, FS Hoppe, Seite 355 (362).

1214 Instruktiv zur Abwägung im Rahmen der Abwägung der gemeindlichen Bauleitplanung, *Hoppe* in *Hoppe/Bönker/Grotefels*, Öffentliches Baurecht, Seite 166 ff.; *Krautzberger* in *Battis/Krautzberger/Löhr*, BauGB, § 1 Rn. 87 ff.; *Söfker* in *Ernst/Zinkhahn/Bielenberg/Krautzberger*, BauGB, § 1, Rn. 179 ff.; *Hoppe*, DVBl. 2003, Seite 697.

1215 *Schmidt-Aßmann*, FS Weyreuther, Seite 73 (83).

1216 So darf etwa der regionale Plangeber im Rahmen der Abwägung über die Ausweisung von Vorrang- und Eignungsgebieten für die Nutzung von Windenergie nur solche Flächen ausscheiden, die in einem bestimmten pauschalen Abstand zu bestimmten Vorhaben liegen, OVG *Münster*, ZfBR 2009, Seite 150. Er kann abstakte Ausschlusskriterien zugrunde legen, OVG *Koblenz*, NuR 2008, Seite 709, ein grobmaschiges Raster benutzen, VGH *Mannheim*, und deckt sich mit den verfassungsrechtlich vorgegebenen Schranken der Raumordnung. Denn diese darf keine Ersatzvornahme für die kommunale Bauleitplanung oder eine einem anderen Planungsträger zugewiesene Fachaufgabe sein[1217]. Raumplanung ist selbst keine Maßnahmenplanung oder kein Maßnahmenvollzug[1218]. Gleichwohl bedarf es bei einer abschließenden Abwägung für Festlegungen mit Zielqualität neben den im Umweltverfahren nach § 9 ROG sowie den Beteiligungsverfahren nach §§ 10, 18 ROG bekannt gewordenen öffentlichen und privaten Belangen einer vertieften Ermittlung und weitergehenden Prognoseentscheidungen sowie einer umfassenden Bewertung durch die zuständige Stelle[1219].

Die Abwägungsprozesse bei raumordnerischen Zielen sind daher regelmäßig grobmaschiger und die Ermittlung der berührten Belange pauschaler als in der Bauleitplanung, insbesondere wenn es sich um private Belange handelt[1220]. Dabei ist insbesondere bedeutsam, dass Ziele der Raumordnung regelmäßig aus einem bindenden bestimmten oder bestimmbaren räumlichen und sachlichen Kern und einem vom Adressaten zu konkretisierenden Rahmen bestehen[1221]. Der Zielkern ist innerhalb von nachfolgenden Entscheidungen zwingend zu beachten und nicht in einer Abwägung zu überwinden. Der Rahmen hingegen kann im Kontext behördlicher Entscheidungen über raumbedeutsame Maßnahmen und Planungen weiter konkretisiert werden. Daraus ergibt sich in der Folge, dass die in § 7 Abs. 2 S. 1 2. HS ROG gesetzlich geforderte abschließende Abwägung nur in Bezug auf den Zielkern abschließend sein muss, nicht hingegen für den Zielrahmen. Damit wird auch klar, dass durch Ziele regelmäßig auch nur wichtige Teilaspekte eines räumlich komplexen Sachverhaltes abschließend entschieden sind, und zwar soweit, wie dies aus raumordnerischen, überörtlichen und fachübergreifenden Gesichtspunkten ebenenspezifisch notwendig ist[1222]. In der Folge bedeutet dies für die Abwägung, dass je konkreter die raumordnerischen Festlegungen und je weitergehend der Zielkern sind, desto größer sind auch die Anforderungen an die Ermittlungstiefe und die Abwägungsdichte. Die Festlegung als Ziel setzt jedoch in jedem Fall die planerische Auseinandersetzung mit den verschiedenen im Gebiet und seiner Umgebung ausgeübten und künftigen Nutzungen sowie Schutzinteressen voraus. Dabei sind im Rahmen einer Beplanung des Un-

---

NuR 2007, Seite 210, oder typisierende Größen in die Abwägung einstellen, VGH *München*, BayVbl. 2005, Seite 722.

1217 *Runkel*, in *Spannowsky/Runkel/Goppel*, Raumordnungsgesetz, Kommentar, § 1 Rn. 72 ff.

1218 BayVerfGH, NVwZ 1988, Seite 242 (242).

1219 *Runkel*, in *Spannowsky/Runkel/Goppel*, Raumordnungsgesetz, Kommentar, § 7 Rn. 28.

1220 Vgl. dazu *Anders/Jankowski*, ZUR 2003, Seite 81; *Anders,* NuR 2004, Seite 635.

1221 *Runkel*, in *Spannowsky/Runkel/Goppel*, Raumordnungsgesetz, Kommentar, § 3 Rn. 32.

1222 *Runkel*, in *Spannowsky/Runkel/Goppel*, Raumordnungsgesetz, Kommentar, § 7 Rn. 31.

tergrundes insbesondere die in § 2 Abs. 2 ROG niedergelegten bundesrechtlichen Grundsätze der Raumordnung, die klima- und energiepolitischen Zielsetzungen der Bundesregierung und der Länder, die Sicherheit der Rohstoffversorgung, der Schutz der Umwelt und des Menschen sowie spezifische örtlich vorhandene Schutzinteressen – wie etwa der Schutz von Grundwasservorkommen[1223] – in die Abwägung einzustellen.

Es ist grundsätzlich auch denkbar, dass ein Ziel dem Adressaten verschiedene Handlungsoptionen belässt[1224]. Unzulässig ist es aber regelmäßig, zwei sich räumlich überlagernde Ziele festzusetzen, die zueinander nicht konfliktfrei sind, es sei denn es werden gleichzeitig Regeln festgelegt, welchem der überlagernden Ziele im Konfliktfall Vorrang zukommt[1225]. Abschließend bleibt festzuhalten, dass es sich bei der rechtskonformen Abwägung um eine Rechtsvoraussetzung handelt, bei deren Fehlen es sich bei der einzelnen Festlegung nicht um ein Ziel der Raumordnung handeln kann, das die nach § 4 Abs. 1 ROG qualifizierten Rechtswirkungen auslöst[1226]. Abwägungsfehler können dabei auch zur Teilunwirksamkeit einzelner Zielaussagen und nicht des ganzen Plans führen[1227].

b) *Abwägung bei planerischen Grundsätzen der Raumordnung*

Bei der raumordnerischen Abwägung zur Festlegung von planerischen Grundsätzen muss hinsichtlich der notwendigen Breite, Intensität und Tiefe der zu ermittelnden und zu bewertenden öffentlichen und privaten Belange auf die Rechtswirkung planerischer Grundsätze abgestellt werden. Da planerische Grundsätze gemäß § 4 ROG in jedem Fall lediglich zu berücksichtigen sind und damit ihrerseits im Rahmen einer Abwägung auch überwunden werden können, stellt sich die Frage nach einer rechtmäßigen Abwägung bei planerischen Grundsätzen in der Praxis nur selten[1228]. Bei Festlegungen mit Grundsatzqualität kann die für den Raumordnungsplan zuständige Stelle sich daher im Regelfall damit begnügen, die ihr selbst bekannten und die im Umweltprüfungsverfahren nach § 9 ROG sowie den im Beteiligungsverfahren nach §§ 10, 18 ROG bekannt gewordenen öffentlichen und privaten Belange untereinander und gegeneinander abzuwägen, ohne selbst weitergehende tatsächliche Ermittlungen und Prognosen anzustellen[1229]. Gleichwohl muss eine ordnungsgemäße Abwägung nach § 7

1223 *Erbguth,* ZUR 2011, Seite 121 (124).

1224 *BVerWGE* 90, Seite 329, zitiert nach juris Rn. 18.

1225 *Runkel*, in *Spannowsky/Runkel/Goppel*, Raumordnungsgesetz, Kommentar, § 7 Rn. 32.

1226 *Runkel*, in *Spannowsky/Runkel/Goppel*, Raumordnungsgesetz, Kommentar, § 7 Rn. 22.

1227 OVG *Koblenz*, NVwZ-RR 2006, Seite 242 (242).

1228 *Runkel*, in *Spannowsky/Runkel/Goppel*, Raumordnungsgesetz, Kommentar, § 7 Rn. 27.

1229 *Runkel*, in *Spannowsky/Runkel/Goppel*, Raumordnungsgesetz, Kommentar, § 7 Rn. 28.

Abs. 2 S. 1 ROG erfolgen und kann insbesondere bei Festlegungen Bedeutung erlangen, die bei nachfolgenden Entscheidungen mit einem besonderen Gewicht versehen sind, wie etwa die Vorbehaltsgebiete nach § 8 Abs. 7 S. 1 Nr. 2 ROG[1230]. Denn hier nähern sich die Rechtswirkung eines planerischen Grundsatzes der einer Zielfestlegung an, ohne jedoch in gleichem Umfang umfassend und abschließend zu sein.

4. Kerninhalte für Raumordnungspläne gemäß § 8 Abs. 5, 6 ROG

Ergänzt wird der nicht abschließende Katalog zulässiger Festsetzungen in Raumordnungsplänen durch den regelmäßigen Mindestfestsetzungskatalog[1231] in § 8 Abs. 5 ROG. Dieser enthält beispielhafte Kerninhalte für Raumordnungspläne, die dem Gesetzgeber zur Erfüllung der Aufgaben der Raumordnung nach § 1 Abs. 1 ROG sinnvoll erscheinen[1232]. Die Kerninhalte betreffen insbesondere drei Regelungsbereiche:

- die anzustrebende Siedlungsstruktur in § 8 Abs. 5 Nr. 1 ROG, zu der Raumkategorien; zentrale Orte; besondere Gemeindefunktionen wie Entwicklungsschwerpunkte sowie Entlastungsorte, Siedlungsentwicklungen und Achsen gehören können,
- die anzustrebende Freiraumstruktur in § 8 Abs. 5 Nr. 2 ROG zu der großräumig übergreifende Freiräume und Freiraumschutz; Nutzungen im Freiraum, wie etwa Standorte für die vorsorgende Sicherung sowie die geordnete Aufsuchung und Gewinnung von standortgebundenen Rohstoffen; Sanierung und Entwicklung von Raumfunktionen; Freiräume zur Gewährleistung des vorbeugenden Hochwasserschutzes gehören können, sowie
- die zu sichernden Standorte und Trassen für Infrastruktur nach § 8 Abs. 5 Nr. 3 ROG, wobei hier insbesondere die Verkehrsinfrastruktur und Umschlaganlagen von Gütern sowie die Ver- und Entsorgungsinfrastruktur gehören können.

Wie § 8 Abs. 5 S. 1 Nr. 2 Nr. b ROG zeigt, können damit Standorte für die vorsorgende Sicherung sowie geordnete Aufsuchung und Gewinnung von standortgebundenen Rohstoffen im Freiraumbereich festgelegt werden. Dies gilt insoweit nicht nur für oberflächennahe Rohstoffe, sondern auch für tieferliegende Rohstoffnutzungen wie die Erdöl- und Erdgasförderung sowie die Geothermie und muss in Ausfüllung und Konkretisierung von § 5 KSpG auch für die Speiche-

---

1230 *Runkel*, in *Spannowsky/Runkel/Goppel*, Raumordnungsgesetz, Kommentar, § 7 Rn. 27.

1231 So bereits zu § 7 Abs. 2 S. 1 ROG 1998, *Grotefels*, FS Hoppe, Seite 369 (370).

1232 *Goppel*, in *Spannowsky/Runkel/Goppel*, Raumordnungsgesetz, Kommentar, § 8 Rn. 55; *Brohm*, Öffentliches Baurecht, § 37 Rn. 4.

rung von Kohlendioxid gelten sowie in Analogie dazu auch für die Speicherung von anderen Gasen.

5. Gebietsfestlegungen nach § 8 Abs. 7 ROG im Sinne der Kerninhalte nach § 8 Abs. 5 ROG

In Zusammenhang mit den in § 8 Abs. 5 ROG normierten Regelungsbereichen der Siedlungs- und Freiraumstruktur sowie der Sicherung von Standorten und Trassen für Infrastruktur ermöglicht es § 8 Abs. 7 ROG gebietsscharfe Festlegungen zu treffen. Die in § 8 Abs. 7 Nr. 1 bis 3 ROG aufgeführten Gebietsfestlegungen, Vorranggebiete, Vorbehaltsgebiete, Eignungsgebiete sowie Vorranggebiete mit der Wirkung von Eignungsgebieten sind legal definiert und können in Raumordnungsplänen nur in der definierten Form und mit der beschriebenen Rechtswirkung zum Einsatz gebracht werden[1233]. Es handelt sich jedoch ausweislich des Wortlauts von § 8 Abs. 7 ROG nicht um einen abschließenden Katalog. Den Ländern steht es somit frei, weitere im ROG nicht geregelte Gebietsfestlegungen landesrechtlich einzuführen[1234], wobei insbesondere die Festlegung von Ausschlussgebieten in der Praxis eine erhebliche Relevanz bekommen hat. Dabei werden Gebietsfestlegungen üblicherweise auf der Ebene der Regionalpläne vorgenommen, jedoch ist auch eine Ausweisung in den landesweiten Plänen möglich[1235].

Da die Ausweisung von gebietsscharfen Festlegungen für die Ausgestaltung einer Untergrundraumordnung eine erhebliche Relevanz aufweist, soll im Folgenden untersucht werden, welche Möglichkeiten sich hierbei im Einzelnen ergeben.

a) Vorranggebiete, § 8 Abs. 7 Nr. 1 ROG

Vorranggebiete sind nach der Legaldefinition des § 8 Abs. 7 Nr. 1 ROG Gebiete, die für bestimmte raumbedeutsame Funktionen oder Nutzungen vorgesehen sind und andere raumbedeutsame Nutzungen in diesem Gebiet ausschließen, soweit diese mit den vorrangigen Funktionen oder Nutzungen nicht vereinbar sind. Damit ist das Vorranggebiet das stringenteste raumordnerische Instrument zur Sicherung bestimmter raumbezogener Nutzungen und Funktionen[1236] und als

---

1233 *Goppel*, in *Spannowsky/Runkel/Goppel*, Raumordnungsgesetz, Kommentar, § 8 Rn. 69.

1234 *Goppel*, in *Spannowsky/Runkel/Goppel*, Raumordnungsgesetz, Kommentar, § 8 Rn. 71; a.A. *Spannowsky* in *Bielenberg/Runkel/Spannowsky,* K § 7, Rn 107.

1235 *Goppel*, in *Spannowsky/Runkel/Goppel*, Raumordnungsgesetz, Kommentar, § 8 Rn. 78.

1236 *Goppel*, in *Spannowsky/Runkel/Goppel*, Raumordnungsgesetz, Kommentar, § 8 Rn. 73.

Ziel der Raumordnung zu betrachten[1237]. Dabei ist grundsätzlich für alle in § 8 Abs. 5 ROG kodifizierten Regelungsbereiche eine Sicherung durch Vorranggebiete möglich. Vorranggebiete werden üblicherweise für den Abbau von Bodenschätzen, für die Trinkwassergewinnung und den Hochwasserschutz, für raumgebundene Formen der Energiegewinnung, zum Beispiel die Windenergie oder für Belange von Natur und Landschaft festgelegt[1238]. Das von der Festlegung bezeichnete Gebiet soll also für eine bestimmte Nutzung reserviert werden.

Wie diese Beispiele verdeutlichen, ist die Festlegung von Vorranggebieten bei raumgebundenen Nutzungen und Funktionen mit starkem Bezug zur Erdoberfläche ein probates Instrument zur Entwicklung, Sicherung und Ordnung dieser raumbedeutsamen Planungen und Maßnahmen. Da sich die hier untersuchten raumbedeutsamen sowie an geologische Standorte gebundenen Untergrundnutzungen von der Problem- und Interessenlage nicht wesentlich unterscheiden, bietet sich mit der im ROG vorgesehenen Möglichkeit der Festlegung von Vorranggebieten auch für eine Raumordnung des Untergrundes ein praxiserprobtes und probates Mittel zur Entwicklung, Sicherung und Ordnung des Untergrundes.

Die Ausweisung eines Vorranggebiets hat die Rechtsfolge, dass andere raumbedeutsame Nutzungen in diesem Gebiet ausgeschlossen sind, soweit diese mit den vorrangigen Funktionen oder Nutzungen nicht vereinbar sind. „Nicht vereinbar" bedeutet dabei, dass die Realisierung der anderen raumbedeutsamen Nutzungen im Vorranggebiet die Verwirklichung der vorrangigen Nutzung oder Funktion an der dortigen Stelle verhindern oder zumindest behindern würde[1239]. Aus dem Zielcharakter folgt zudem, dass eine Überlagerung von unterschiedlichen Vorrängen in einem Gebiet nur dann möglich ist, wenn sie neutral zueinander oder ergänzend nebeneinander stehen können[1240].

Es ist zu beachten, dass Vorranggebiete nach dem Wortlaut des § 8 Abs. 7 Nr. 1 ROG ausschließlich eine innergebietliche Steuerungsfunktion haben. Ein Ausschluss der mit dem Vorrang belegten Nutzung außerhalb der Gebietsfestlegung ist mit der Ausweisung eines Vorranggebietes gerade nicht verbunden[1241]. Um

---

1237 Begründung des Gesetzentwurfs des ROG 1998, BT-Drucks. 13/6392, Seite 84; *Grotefels*, FS Hoppe, Seite 369 (374); *BVerwG*, BauR 2005, Seite 832; OVG *Lüneburg*, NVwZ-RR 2005, Seite 90 (92).

1238 Begründung des Gesetzentwurfs des ROG 1998, BT-Drucks. 13/6392, Seite 41; *Grotefels*, FS Hoppe, Seite 369 (373); *Goppel*, in *Spannowsky/Runkel/Goppel*, Raumordnungsgesetz, Kommentar, § 8 Rn. 75.

1239 *BVerwGE* 90, Seite 329 (337), *Grotefels*, FS Hoppe, Seite 369 (373).

1240 *Grotefels*, FS Hoppe, Seite 369 (376) m.w.N.

1241 *BVerwG*, NVwZ 1993, Seite 167 zitiert nach juris Rn. 20; *Goppel*, in *Spannowsky/Runkel/Goppel*, Raumordnungsgesetz, Kommentar, § 8 Rn. 71; *Spannowsky* in *Bielenberg/Runkel/Spannowsky*, K § 7, Rn 103; a.A. OVG *Münster*, DVBl. 2009, Seite 1385 zitiert nach juris eine solche außergebietliche Steuerungsfunktion zu erreichen, muss der Ausschluss als eigenständiges Ziel der Raumordnung festgelegt und entsprechend mit allen möglichen entgegenstehenden öffentlichen und privaten Belangen abschließend abgewogen werden. Eine Alternative hierzu ergibt sich aus § 8 Abs. 7 S. 2 ROG und der dort vorgesehenen Möglichkeit, Vorranggebiete zugleich mit der Wirkung von Eignungsgebieten zu versehen und ihnen damit die Außenwirkung von Eignungsgebieten nach § 8 Abs. 7 Nr. 3 ROG kraft Rechtsnorm zuzubilligen.

b) Vorbehaltsgebiete, § 8 Abs. 7 Nr. 2 ROG

Vorbehaltsgebiete sind gemäß § 8 Abs. 7 Nr. 2 ROG Gebiete, in denen bestimmten raumbedeutsamen Funktionen oder Nutzungen bei der Abwägung mit konkurrierenden raumbedeutsamen Nutzungen besonderes Gewicht beizumessen ist. „Gewicht" bedeutet in diesem Kontext, dass die fragliche Raumfunktion oder Nutzung in einer nachfolgenden Abwägung unterliegen kann, wenn einer konkurrierenden Nutzung ein noch stärkeres Gewicht zukommt, als dies für die betreffende Funktion oder Nutzung im Vorbehaltsgebiet festgelegt wurde[1242].

Seit der Einführung von Vorgaben für die Festlegung von Raumordnungsgebieten im ROG 1998 ist umstritten, ob Vorbehaltsgebiete Ziele oder Grundsätze der Raumordnung sind. Teile der Rechtsprechung[1243] und Literatur[1244] legen Vorbehaltsgebiete als Ziele der Raumordnung aus. Dies bedeutet im Ergebnis, dass für die Festlegung eines Vorbehaltsgebiets eine ebenenspezifische abschließende Abwägung stattgefunden haben muss. Allerdings ist dem Wortlaut des § 8 Abs. 7 Nr. 2 ROG nicht zu entnehmen, dass die Festlegung eines Vorbehaltsgebietes das Ergebnis einer abschließenden Abwägung ist. Hier wird lediglich von einem besonderen Gewicht gesprochen, das bestimmten raumbedeutsamen Funktionen oder Nutzungen bei der Abwägung mit konkurrierenden raumbedeutsamen Nutzungen beizumessen ist. Dies bedeutet jedoch, dass bei festgelegten Vorbehaltsgebieten eine nachfolgende Abwägung möglich und notwendig ist. Daher sind Vorbehaltsgebiete als Grundsätze der Raumordnung gemäß § 3 Nr. 3 ROG einzuordnen[1245].

Weil Vorbehaltsgebiete nachfolgende Abwägungen zulassen, sind sie im Gegensatz zu Vorranggebieten auch mit anderen Vorbehaltsgebieten überlagerungs-

---

Rn. 82; das allerdings in seiner Begründung nicht ausreichend die strukturellen Unterschiede der Außen- und Innenwirkung von Vorranggebieten nach § 8 Abs. 7 Nr.1 ROG und Eignungsgebieten nach § 8 Abs. 7 Nr. 3 ROG würdigt und in der Folge die Unterschiede beider Arten von Gebietsfestlegungen nivelliert.

1242 *Goppel*, in *Spannowsky/Runkel/Goppel*, Raumordnungsgesetz, Kommentar, § 8 Rn. 81.

1243 VGH *München*, BayVBl. 1997, 178 (179); VGH *München*, BayVBl. 1998, 436 (437).

1244 *Goppel*, in Spannowsky/Runkel/Goppel, Raumordnungsgesetz, Kommentar, § 8 Rn. 82

1245 *BVerwGE* 118, 33 (47 ff.); *BVerwG*, NVwZ 2003, Seite 738 (742); *Grotefels*, FS Hoppe, Seite 369 (376) m.w.N.

fähig und sind etwa bei Vorbehaltsgebieten für Natur und Landschaft sowie für den Abbau von Bodenschätzen durchaus denkbar und nicht unüblich[1246].

c) Eignungsgebiete, § 8 Abs. 7 Nr. 3 ROG

Eignungsgebiete nach § 8 Abs. 7 Nr. 3 ROG sind Gebiete, in denen bestimmten raumbedeutsamen Maßnahmen oder Nutzungen, die städtebaulich nach § 35 BauGB zu beurteilen sind, andere raumbedeutsame Belange nicht entgegenstehen, wobei diese Maßnahmen oder Nutzungen an anderer Stelle im Planungsraum ausgeschlossen sind. Damit kommt der Festlegung von Eignungsgebieten als einziger der bundesgesetzlich normierten Gebietsfestlegungen eine doppelte Steuerungswirkung zu. Bei der Festlegung solcher Flächen geht es meist darum bestimmte Nutzungen und Funktionen in Konzentrationszonen zusammenzufassen, wie etwa Windenergieanlagen oder auch Abgrabungen[1247].

Da sich § 8 Abs. 7 Nr. 3 ROG auf raumbedeutsame Maßnahmen und Nutzungen bezieht, die städtebaulich nach § 35 BauGB zu beurteilen sind, ist davon auszugehen, dass es sich um Vorhaben im Sinne von § 29 Abs. 1 BauGB handeln muss und auf Vorhaben im bauplanungsrechtlichen Außenbereich beschränkt ist[1248]. Gemäß § 29 Hs. 2 BauGB zählen hierzu auch größere Aufschüttungen und Abgrabungen größeren Umfangs, Ausschachtungen und Ablagerungen einschließlich Lagerstätten. Entscheidend für die Einordnung eines Vorhabens nach § 29 BauGB ist allerdings, dass die Nutzung mit einer Inanspruchnahme der Oberfläche verbunden ist[1249] und damit bodenrechtliche Relevanz besitzt. Dies ist bei den untersuchten Untergrundnutzungen – im Unterschied etwa zu einem Tagebau – regelmäßig nicht der Fall.

Wie nachgewiesen, kann sich die Raumordnung aufgrund der gesetzlichen Kodifikation auch auf den Untergrund beziehen. Daher ist in diesem Kontext eine teleologische Reduktion des § 8 Abs. 7 Nr. 3 ROG angezeigt. Denn bei Untergrundnutzungen wird es regelmäßig an einer Einordnungsmöglichkeit nach § 29 BauGB fehlen. Die Problemlage im Untergrund ist jedoch im Hinblick auf die Ordnungs-, Sicherungs- und Steuerungsfunktion der Raumordnung bezüglich der Nutzungskonkurrenzen allerdings mit derjenigen an der Oberfläche vergleichbar – ohne allerdings eine konkrete Nutzung von größeren Flächen der Erdoberfläche vorauszusetzen. Es ist nicht ersichtlich, warum dabei ohne Not auf die Möglichkeit der Festlegung von Eignungsgebieten und die damit verbundene Möglichkeit der

---

1246 *Goppel*, in *Spannowsky/Runkel/Goppel*, Raumordnungsgesetz, Kommentar, § 8 Rn. 83.

1247 *Steiner*, Raumordnungs- und Landesplanungsrecht in *Steiner (Hrsg.)*, Besonderes Verwaltungsrecht, V A, Rn. 58.

1248 *Grotefels*, FS Hoppe, Seite 369 (379) m.w.N.

1249 *Löhr* in: *Battis/Krautzberger/Löhr*, BauGB, Kommentar, § 9 Rn. 61.

Schaffung von Konzentrationszonen verzichtet werden sollte. Zudem sind die Gebietsarten nicht abschließend zu verstehen[1250], so dass es den Ländern auch freistehen würde, eine von der Wirkung vergleichbare Gebietskategorie eigenständig festzulegen[1251].

Die innergebietliche Steuerungswirkung besteht darin, dass im bezeichneten Eignungsgebiet für dort als geeignet bezeichnete Maßnahmen andere raumbedeutsame Belange nicht entgegenstehen[1252]. Damit erhalten die „geeigneten Planungen und Maßnahmen" zwar keinen Vorrang, der andere entgegenstehende Belange ausschließen würde, sie bekommen auch kein besonderes Gewicht, aber sie bekommen nach abschließender Abwägung mit allen im konkreten Gebiet konkurrierenden Belangen attestiert, dass sie mit diesen vereinbar sind[1253]. Daraus folgt, dass die innergebietliche Steuerungswirkung des Eignungsgebiets stärker als die des Vorbehaltsgebietes ist und faktisch nahe an die Innenwirkung des Vorranggebietes herankommt, da entgegenstehende Belange zwar nicht ausgeschlossen sind, aber ihr Entgegenstehen kraft Rechtsnorm verneint wird[1254]. Es handelt sich allerdings gerade nicht um eine abschließend abgewogene planerische Entscheidung, so dass konkurrierende raumbedeutsame Nutzungen weiterhin zugelassen werden können.

Die außergebietliche Steuerungswirkung besteht nach dem Wortlaut von § 8 Abs. 7 Nr. 3 ROG in einem strikten Ausschluss der innerhalb des Gebietes als geeignet bezeichneten Funktionen und Nutzungen an jeder anderen Stelle des Planungsraums. Dabei bedarf dieser Ausschluss – anders etwa als die Festlegung eines Ausschlussgebietes – keiner eigenen Abwägung, sondern ist zwingende gesetzliche Folge der Festlegung eines Eignungsgebietes[1255]. Der außergebietliche Ausschluss stellt damit die zentrale Rechtsfolge dieser Gebietskategorie dar[1256]. Die für das festgelegte Eignungsgebiet prädestinierten raumbedeutsamen Maßnahmen und Nutzungen sollen demzufolge innerhalb des Gebietes möglichst konzentriert werden, mit der Folge, dass sie an anderer Stelle des Planungsgebietes ausgeschlossen werden.

1250 *Goppel*, in *Spannowsky/Runkel/Goppel*, Raumordnungsgesetz, Kommentar, § 8 Rn. 71; a.A. *Spannowsky* in *Bielenberg/Runkel/Spannowsky,* K § 7, Rn 107.

1251 In diesem Sinne auch *Erbguth*, ZUR 2011, Seite 121 (125).

1252 Damit erübrigt sich durch die eindeutige gesetzliche Regelung in § 8 Abs. 7 Nr. 3 ROG 1998 der in Zusammenhang mit § 7 Abs. 4 Nr. 3 ROG a.F. geführte Meinungsstreit über die Innenwirkung des Eignungsgebiets, der einen Teil der Länder davon abgehalten hatte diese Form der Gebietsfestlegung landesrechtlich einzuführen, vgl. etwa die Begründung Bayerns in der LT-Drs. 15/1667, Seite 16.

1253 *Goppel*, in *Spannowsky/Runkel/Goppel*, Raumordnungsgesetz, Kommentar, § 8 Rn. 86.

1254 *Goppel*, in *Spannowsky/Runkel/Goppel*, Raumordnungsgesetz, Kommentar, § 8 Rn. 87, 88.

1255 *Goppel*, in *Spannowsky/Runkel/Goppel*, Raumordnungsgesetz, Kommentar, § 8 Rn. 89.

1256 *Grotefels*, FS Hoppe, Seite 369 (379); *Erbguth,* DVBl. 1998, Seite 209 (211).

Insgesamt stellt sich die Frage, ob und inwieweit der Eignungsgebietsfestlegung Zielcharakter zukommt. Bezüglich der außergebietlichen Ausschlusswirkung des Eignungsgebietes ist unstrittig, dass es sich um ein Ziel der Raumordnung nach § 3 Nr. 2 ROG handelt[1257]. Denn der Ausschluss der raumbedeutsamen Maßnahmen und Nutzungen an anderer Stelle des Planungsgebiets wird nicht einer späteren Abwägungsentscheidung überlassen, sondern abschließend durch die Festlegung als Eignungsgebiet getroffen. Da die Ausschlusswirkung nur eine bestimmte Nutzung oder Maßnahme im Übrigen betrifft, bestehen insbesondere vor dem Aspekt einer effektiven Schonung des Außenbereichs auch keine Bedenken, dass es sich bei der Festlegung von Eignungsgebieten um eine mit dem Aufgabenbereich der Raumordnung unvereinbare Negativplanung handeln könnte[1258].

Umstritten ist hingegen, wie die innergebietliche Wirkung des Eignungsgebietes einzuordnen ist. Nach einer vertretenen Auffassung ist das Eignungsgebiet durchgängig als Ziel der Raumordnung zu bewerten[1259]. Die für die Festlegung eines Eignungsgebiets erforderliche abschließende planerische Abwägung beziehe sich nämlich auch positiv auf die Konzentration der raumbedeutsamen Nutzungen und Maßnahmen im Eignungsgebiet. Damit komme einem Eignungsgebiet auch die Ausschlusswirkung des § 35 Abs. 3 S. 3 BauGB zu. Dem ist entgegenzuhalten, dass der Planungsträger jedoch nur die Eignung des Gebiets feststellt. Im Unterschied zur Festlegung eines Vorranggebietes werden konkurrierende Nutzungen gerade nicht ausgeschlossen, und es fehlt daher in diesem Kontext an einer abschließenden Abwägung[1260]. Zudem wäre bei einem Zielcharakter auch § 8 Abs. 7 S. 2 ROG obsolet, der eine gesonderte gesetzliche Feststellung der Kombinationsmöglichkeiten von Vorrang- und Eignungsgebieten festlegt. Diese wäre jedoch überflüssig, wenn ein Eignungsgebiet auch bezüglich seiner Innenwirkung bereits Zielqualität hätte. Daher handelt es sich bei der innergebietlichen Eignungsgebietsfestlegung um einen Grundsatz der Raumordnung nach § 3 Nr. 3 ROG.

d) Vorranggebiete mit der Wirkung von Eignungsgebieten, § 8 Abs. 7 S. 2 ROG

Nach § 8 Abs. 7 S. 2 ROG kann auch eine Kombination von Vorranggebieten für raumbedeutsame Nutzungen und Eignungsgebieten festgelegt werden. Dabei handelt es sich nicht um eine eigenständige Gebietskategorie, sondern gibt die

---

1257 *Erbguth,* DVBl. 1998, Seite 209 (210, 212f.); *Runkel*, WiVerw 1997, Seite 267 (289); *Grotefels*, FS Hoppe, Seite 369 (380) m.w.N.

1258 *Grotefels*, FS Hoppe, Seite 369 (380).

1259 *Goppel*, in *Spannowsky/Runkel/Goppel*, Raumordnungsgesetz, Kommentar, § 8 Rn. 90; *Runkel*, WiVerw 1997, Seite 267 (289f.)

1260 *Grotefels*, FS Hoppe, Seite 369 (381).

Möglichkeit der Festlegung eines zielförmigen innergebietlichen Vorrangs mit dem zielförmigen außergebietlichen Ausschluss eines Eignungsgebiets[1261].

III. Zusammenfassende Bewertung

Wie § 1 Abs. 1 S. 1 ROG sowie § 8 Abs. 1 ROG zeigen, gehört es zur administrativen Aufgabenwahrnehmung der Länder, entsprechende Raumordungspläne aufzustellen. Der in diesen Vorschriften enthaltene abstrakte Gestaltungsauftrag setzt die Entwicklung eines landesweiten Raumordnungsplans und von entsprechenden Regionalplänen voraus. Aufgrund des in § 1 Abs. 3 ROG kodifizierten Gegenstromprinzips muss die Landesraumordnung auch gewährleisten, dass sie ihre Aufgabenstellung nicht nur bezogen auf die Gegebenheiten des Landes, sondern auch im Hinblick auf den Gesamtraum der Bundesrepublik Deutschland erfüllt[1262].

Jenseits dieser abstrakten Verpflichtung ergibt sich aus dem seit dem ROG 1998 veränderten Wortlaut des § 2 Abs. 2 Nr. 4 S. 4 ROG – auch in Verbindung mit der regelmäßigen Mindestfestsetzung des § 8 Abs. 5 Nr. 2b – eine konkrete Verpflichtung der Länder zur Aufstellung von landesrechtlichen Raumordnungsplänen oder Rohstoffsicherungskonzepten im Hinblick auf die in den bundesrechtlichen Grundsätzen verankerte Ordnung, Sicherung und Entwicklung von standortgebundenen Rohstoffen. Gleiches gilt insoweit aufgrund von § 2 Abs. 2 Nr. 6 S. 8 ROG für den Ausbau der erneuerbaren Energien, für eine sparsame Energienutzung sowie für den Erhalt und die Entwicklung natürlicher Senken für klimaschädliche Stoffe und für die Einlagerung dieser Stoffe. In dieselbe Richtung weist im Hinblick auf die Speicherung von Kohlendioxid auch § 2 Abs. 5 KSpG.

Um sachgerechte Ergebnisse zu erzielen, müssen diese in Bezug auf Rohstoffe, erneuerbare Energien sowie die Speicherung von klimaschädlichen Stoffen wie Kohlendioxid getroffenen Aussagen auch auf die Speicherung für Erdgas und Druckluft ausgedehnt werden. Denn auch diese Nutzungsformen sind auf spezifische geologische Gegebenheiten angewiesen und damit in gleichem Maße standortbezogen wie die in § 2 Abs. 2 Nr. 4 S. 4 ROG und § 2 Abs. 2 Nr. 6 S. 8 ROG geregelten Untergrundnutzungen und haben eine vergleichbare volkswirtschaftliche Bedeutung für die Energieversorgung und die Versorgungssicherheit. Zudem bleibt eine reine raumordnerische Beplanung aufgrund der ansteigenden Nutzungsdichte des Untergrundes ansonsten lückenhaft und erscheint somit vor dem Hintergrund der Zweckbestimmung des § 1 Abs. 1 ROG einer zusammenfassenden, überörtlichen und fachübergreifenden Raumordnung auch nicht sachgerecht.

1261 Begründung des Gesetzentwurfs des ROG 1998, BT-Drucks. 13/6392, Seite 84; *Grotefels*, FS Hoppe, Seite 369 (382) m.w.N.

1262 *Runkel*, in *Spannowsky/Runkel/Goppel*, Raumordnungsgesetz, Kommentar, § 1 Rn. 109.

Daher sind in den entsprechenden landesrechtlichen Raumordnungs- und Regionalplänen für einen bestimmten Planungsraum und einen regelmäßig mittelfristigen Zeitraum Festlegungen als Ziele und Grundsätze der Raumordnung zur Entwicklung, Ordnung und Sicherung des Raumes im Untergrund, insbesondere zu den unterirdischen Nutzungen und Funktionen zu treffen. Aufgrund des auch mittelfristigen Charakters der Raumplanung sind entsprechende Prognosen der wichtigsten Determinanten der räumlichen Entwicklung des Untergrundes einzustellen, aus denen im Rahmen der Abwägung dann die erforderlichen Festlegungen getroffen werden können. Dabei kann für eine Beplanung des Untergrundes auf die vielfältigen Erfahrungen zur Bewältigung von Nutzungskonflikten auf der Oberfläche zurückgegriffen werden. Auch der Umstand, dass exakte Wirkungszusammenhänge und Potenziale einzelner unterirdischer Nutzungen noch nicht abschließend geklärt sind und damit Ungewissheiten verbleiben, hindert nicht an einer vorausschauenden Planung. Ungewissheiten müssen dabei durch Verfahren der Risikobewertung bzw. durch eine Vulnerabilitäsprüfung kompensiert werden, um so Beurteilungsgrundlagen zu schaffen, die ihrerseits mit den vorhandenen Raumkapazitäten in Bezug gesetzt werden können und damit die Entscheidungsfindung ausrichten[1263]. Raumplanung muss gerade im Fall von Unsicherheiten als Querschnittsmaterie verstanden werden, wobei die überörtliche und überfachliche räumliche Gesamtplanung gerade in dieser Konstellation den fachlichen Einzelfallentscheidungen vorangestellt werden sollte, um integrierte Rahmenvorgaben treffen zu können und so zugleich Koordinationsverantwortung unter Risikobedingungen zu tragen[1264].

Im Gegensatz zur Planung auf Bundesebene können auf Landesebene neben raumordnerischen Grundsätzen auch Ziele der Raumordnung festgelegt werden. Diese verbindlichen und abschließend abgewogenen Vorgaben sind gemäß § 4 Abs. 1 S. 1 ROG bei raumbedeutsamen Planungen und Maßnahmen öffentlicher Stellen, Entscheidungen öffentlicher Stellen über die Zulässigkeit raumbedeutsamer Maßnahmen anderer öffentlicher Stellen sowie Behördenentscheidungen über planfeststellungs- oder plangenehmigungsbedürftige raumbedeutsame Planungen und Maßnahmen von Personen des Privatrechts zu beachten. Diese Bindungswirkung bedeutet in der Folge, dass Ziele der Raumordnung in jedem Einzelfall rechtswirksame planerische Aussagen und daher abwägungsfest sind. Sie können im Rahmen nachgelagerter Genehmigungsentscheidungen in den für Untergrundnutzungen relevanten Fachgesetzen, wie dem BBergG und dem KSpG, nicht zugunsten anderer Belange zurückgestellt werden und erlauben damit eine überörtliche und überfachliche Steuerung der Nutzungen.

1263 *Kment*, ZUR 2011, Seite 127 (127); *ders.*, JZ 2010, Seite 62 (69).

1264 Vgl. dazu *Koch/Hendler*, Baurecht, Raumordnungs- und Landesplanungsrecht, § 1 Rn. 19 ff.

Durch die Möglichkeit dieser Zielfestlegungen besteht auf Landesebene auch die Möglichkeit die in § 8 Abs. 7 Nr. 1 bis 3 ROG aufgeführten Gebietsfestlegungen für eine raumplanerische Ordnung, Sicherung und Entwicklung des Untergrunds nutzbar zu machen. Über die Festlegung von Vorrang-, Eignungs- und Vorbehaltsgebieten ist hierbei Feinsteuerung zu erreichen, die auch die Erfahrungen mit diesen Instrumenten an der Oberfläche nutzbar macht. Grundsätzlich wäre auch die Versagung einer Untergrundnutzung – etwa der Speicherung von Kohlendioxid – im gesamten Landesgebiet möglich, jedoch nicht ohne eine entsprechende Abwägung und Begründung. In zeitlicher Hinsicht besteht aber die Möglichkeit in einem Raumordnungsplan für den einen Bereich Festlegungen mittelfristiger Art und für einen anderen Bereich auch Festlegungen für einen langfristigen Zeitraum zu treffen[1265], was eine – den Nutzungsprognosen und -notwendigkeiten entsprechende – zeitliche Stufung zulässt. Daneben sind gemäß § 7 Abs. 1 S. 2 ROG im Sinne einer sektoralen Landesplanung[1266] auch Festlegungen in räumlichen und sachlichen Teilplänen möglich. Damit besteht die Möglichkeit der Länder, auch schon vor der Erstellung bzw. Fortschreibung von Gesamtplänen raumordnerisch in besonderen Problemgebieten und Sachfragen tätig zu werden[1267]. Im Ergebnis kann eine Raumordnung des Untergrundes daher einen maßgeblichen Beitrag zur Verwirklichung klimarelevanter und industriepolitischer Fachpolitiken und –planungen leisten und dafür sorgen, dass Anforderungen an den Raum und Konkurrenzsituationen sachgerecht in einen Ausgleich gebracht werden.

1265 *Runkel*, IzR 1998, Seite 315 (316).
1266 *Hoppe*, DVBl. 1997, Seite 234 (238).
1267 *Battis*, Öffentliches Baurecht und Raumordnungsrecht, 2 IV 1, Seite 35.

Abschnitt 4: Gesamtergebnis

Wie die Analyse des bestehenden ROG zeigt, ist nicht nur die Verortung von Raumnutzungen und -funktionen an der Oberfläche Gegenstand des Raumordnungsrechts. Auch unterirdische Planungen und Maßnahmen sind – auch ohne Oberflächenbezug – als raumbedeutsame Maßnahmen zu qualifizieren und, wie die bundesgesetzlichen Grundsätze der Raumordnung in § 2 Abs. 2 ROG zeigen, bereits vom bestehenden Raumordnungsrecht grundsätzlich umfasst. Im Rahmen ihrer Ordnungs- sowie der Entwicklungs- und Sicherungsfunktion stellt sich für die Beplanung des Untergrundes die Aufgabe, die Nutzungsabsichten der unterschiedlichen Raumnutzer derart aufeinander abzustimmen und zuzuordnen, dass eine insgesamt ausgewogene Gesamtnutzung des Raumes stattfindet und die einzelnen Nutzungsarten sinnvoll und zukunftssicher miteinander verknüpft werden. Dafür ist eine möglichst breite, sowohl den Gesamtraum wie auch die Teilräume umfassende raumordnerische Beplanung des deutschen Untergrundes notwendig und geboten.

Da der Bund mangels Verwaltungskompetenz den Auftrag nach § 1 Abs. 1 S. 1 ROG nicht vollständig erfüllen kann, richtet sich dieser ebenso an die Länder, die somit nicht nur die Aufgabe haben, die Teilräume auf ihrem Landesgebiet zu entwickeln, zu ordnen und zu sichern, sondern zugleich im Zusammenwirken mit den anderen Bundesländern die Raumplanung für den Gesamtraum übernehmen[1268]. Zielführend erscheint damit allein ein Zusammenwirken der unterschiedlichen Planungsebenen nach dem Gegenstromprinzip. Gleichwohl sollte der Bund die in § 17 Abs. 1 ROG vorgesehene Möglichkeit der Aufstellung eines bundesweiten Raumordnungsplans zur Konkretisierung einzelner Grundsätze des § 2 Abs. 2 ROG im Hinblick auf eine unterirdische Raumordnung nutzen, da alle in dieser Arbeit behandelten Untergrundnutzungen in hohem Maße standortgebunden sind und eine ausschließlich regionale oder landesweite Steuerung daher rasch an ihre Grenzen stößt. Hier sind sowohl zur Ordnung und Entwicklung der Rohstoffversorgung, wie auch zur Flankierung des Energiekonzepts der Bundesregierung länderübergreifende Sichtweisen und bundesweit einheitliche fachliche Grundlagen zur Abschätzung des Bedarfs und zur Einschätzung

---

1268 *Runkel*, in *Spannowsky/Runkel/Goppel*, Raumordnungsgesetz, Kommentar, § 1 Rn. 51.

bundesweit bedeutsamer Herkunftsräume und ggf. zu Substitutionsmöglichkeiten gefragt. Einen ersten Nucleus für diesen bundesweiten Raumordnungsplan kann dabei die in § 5 KSpG vorgesehene Potenzialanalyse der BGR bieten.

Dieser bundesweite Raumordnungsplan böte dann im Sinne einer Dienstleistung des Bundes die sachgerechte und kohärente Grundlage für die zu erstellenden landesrechtlichen Raumordnungs- und Regionalpläne und die dort verankerten Festlegungen von Zielen und landesrechtlichen Grundsätzen der Raumordnung zur Entwicklung, Ordnung und Sicherung des Raumes im Untergrund. Im Gegensatz zur Planung auf Bundesebene können auf Landesebene dabei auch Ziele der Raumordnung festgelegt werden, die als verbindliche und abschließend abgewogene Vorgaben bei raumbedeutsamen Planungen und Maßnahmen öffentlicher Stellen, Entscheidungen öffentlicher Stellen über die Zulässigkeit raumbedeutsamer Maßnahmen anderer öffentlicher Stellen sowie Behördenentscheidungen über planfeststellungs- oder plangenehmigungsbedürftige raumbedeutsame Planungen und Maßnahmen von Personen des Privatrechts zu beachten sind. Daher besteht die Möglichkeit, die in § 8 Abs. 7 Nr. 1 bis 3 ROG aufgeführten Gebietsfestlegungen für eine raumplanerische Ordnung, Sicherung und Entwicklung des Untergrunds nutzbar zu machen. Über die Festlegung von Vorrang-, Eignungs- und Vorbehaltsgebieten kann hierbei eine sachgerechte Feinsteuerung erreicht werden, die auch die Erfahrungen mit diesen Instrumenten an der Oberfläche nutzbar macht. Sinnvoll erscheint dabei eine intelligente Kombination harter und weicher Steuerungsmodi sowie ein pragmatisch-strategisches und zugleich kommunikatives und vernetzes Vorgehen.

Kapitel 4
Rechtspolitischer Handlungsbedarf und Zusammenfassung

A. Rechtspolitischer Handlungsbedarf

Neben der Etablierung einer Untergrundraumordung hat die Untersuchung auch rechtspolitischen Handlungsbedarf bezüglich des Bergrechts aufgezeigt. So sollte neben der Möglichkeit einer Tiefenbegrenzung zur Ermöglichung von „Stockwerksnutzungen" auch über die Aufnahme von Speichern in das bergrechtliche Konzessionssystem der Berechtsame sowie die Etablierung einer Raumordnungsklausel in den Betreibsplanzulassungen nachgedacht werden.

I. Etablierung einer Tiefenbegrenzung zur Ermöglichung von „Stockwerksnutzungen"

Durch die Dreidimensionalität des „Raumes"[1269] und des Untergrundes stellt sich die Frage, ob eine entsprechende Planung und Genehmigung nicht auch diese Dreidimensionalität entsprechend abbilden muss. Dabei muss zwischen einer dreidimensionalen Untergrundraumordnung und einer entsprechenden Verankerung im Fachrecht unterschieden werden.

Als einschlägiges Fachrecht greift das Bergrecht und die dort verankerte Ausschließlichkeit der Bergbauberechtigungen zur Aufsuchung und Gewinnung eines Bodenschatzes den dreidimensionalen Raumcharakter in Bezug auf ein und denselben Bodenschatz nicht auf. Denn das Feld einer Erlaubnis, Bewilligung oder eines Bergwerkseigentums ist gemäß § 4 Abs. 7 BBergG ein Ausschnitt aus dem Erdkörper, der von geraden Linien an der Oberfläche und von lotrechten Ebenen nach der Tiefe begrenzt wird. Eine Tiefenbegrenzung eines Feldes findet aufgrund dieser Definition grundsätzlich nicht statt. Dieser Befund ist jedoch im Kontext der Entstehung des Bundesberggesetzes im Jahre 1980 zu sehen. Denn so vorteilhaft die Ausschließlichkeit für den Begünstigten ist, so nachteilig kann sich dies im Hinblick auf eine volkswirtschaftlich optimale Nutzung des zur Verfügung stehenden Untergrundes auswirken. Insbesondere in Zeiten ansteigender Nutzungsdichten im Untergrund scheint es daher angezeigt, über „Stockwerknutzungen" noch einmal neu nachzudenken. Denn es erscheint gesamt- und volkswirtschaftlich sinnvoll, überlappende Nutzungen – auch ein und desselben Bodenschatzes – in unterschiedlichen Tiefen zuzulassen, sofern negative Auswirkungen der Vorhaben aufeinander ausgeschlossen werden können. Besonders augenscheinlich wird dies im Fall der Geothermie. Denn hier ist folgendes Szenario denkbar: Für eine kleine Einfamilienhaussiedlung wird oberflächennahe Erdwärme

1269 *Ernst/Hoppe*, Das öffentliche Bau- und Bodenrecht, Raumplanungsrecht, § 1 Rn. 7.

mit erdgekoppelten Wärmesonden (Tiefe bis 200 m) gewonnen. Ein tiefer Thermalwasseraquifer (1.500 m Tiefe) wird mittels einer Dublette für die Wärmeversorgung einer Kleinstadt und für ein Thermalbad genutzt; mit einem prognostizierten Abkühlungskörper und einem hydraulischen Absenkungstrichter wird ein Feld mit einer Fläche von einigen Quadratkilometern beschrieben. Unter diesen beiden geothermischen Nutzungshorizonten liegt in einer Tiefe von 4.000 bis 6.000 m das Kluftsystem eines Hot-Dry-Rock-Projektes für ein Erdwärmekraftwerk zur Stromerzeugung. Diese drei Projekte wären unter entsprechenden geologischen und technischen Voraussetzungen realistisch gleichzeitig und ohne gegenseitige Beeinflussung zu betreiben, rechtlich ist dies jedoch aufgrund des Ausschließlichkeitsprinzips des BBergG nicht möglich[1270]. De lege feranda sollte daher bei einer Novelle des BBergG – analog zur Situation bei der Aufsuchung und Gewinnung unterschiedlicher Bodenschätze – eine Regelung eingeführt werden, nach der die Bergbehörde auch „Stockwerksnutzungen" ein und desselben Bodenschatzes zulassen kann, sofern sich diese nicht gegenseitig negativ beeinflussen.

Weiterhin stellt sich die Frage, ob solche „Stockwerksnutzungen" nicht nur im Rahmen der fachgesetzlichen Vorgaben verankert werden, sondern sich auch schon auf vorgelagerten Planungsebenen im Sinne einer „dreidimensionalen Untergrundplanung" widerspiegeln sollte. Denn jede Ebene soll den spezifischen Teil eines umfassenden Konflikts lösen, der auf ihrer Ebene auftritt und mit Hilfe der ihr zugewiesenen Instrumente gelöst werden kann[1271]. Aufgabe der Raumordnung ist ausweislich des § 1 Abs. 1 ROG eine zusammenfassende überörtliche und fachübergreifende Planung zur Entwicklung, Ordnung und Sicherung des Gesamtraums und der Teilräume. Aus dieser Aufgabenzuweisung ergibt sich damit auch die Grenze einer „dreidimensionalen Untergrundplanung". Die Bewältigung der konkreten Auswirkungen eines Vorhabens auf die Umgebung obliegt als originäre Aufgabe den fachgesetzlichen Zulassungsentscheidungen und nicht der Raumordnung. Dies gilt auch für Wechselwirkungen einzelner Untergrundnutzungen sowie deren technischer und geologischer Vereinbarkeit, die ggf. auch durch eine bestimmte Betriebsweise ausgeschlossen oder vermindert werden können. Daher erscheint eine „dreidimensionale Untergrundplanung" in diesem Kontext nicht notwendig.

1270 Vgl. zu dazu *Schulz*, Bergrecht und Erdwärme – Gesichtspunkte zur Bemessung von Erlaubnis- und Bewilligungsfeldern, in: Geothermische Energie 10. Jahrgang/Heft 1, Seite 9 (11).

1271 *Runkel*, in *Spannowsky/Runkel/Goppel*, Raumordnungsgesetz, Kommentar, § 1 Rn. 87.

II. Aufnahme von Speichern in das bergrechtliche Konzessionssystem der Berechtsame

Auch bei der Zulassung von Untergrundspeichern für Gase ist eine Berücksichtigung konfligierender Nutzungskonkurrenzen grundsätzlich möglich. Aufgrund des fehlenden Konzessionssystems der Berechtsame kann eine Einbeziehung allerdings erst in den Betriebsplanverfahren stattfinden. Dies führt in der Folge zu einer gegenüber der Gewinnung von Bodenschätzen verminderten Investitions- und Planungssicherheitsicherheit für den Investor, da die Vorteile einer frühzeitigen Prüfung entgegenstehender überwiegender öffentlicher Interessen oder des Lagerstättenschutzes von im öffentlichen Interesse liegenden Bodenschätzen erst zu einem Zeitpunkt stattfinden kann, zu dem der Investor bereits mit erheblichen Planungs- und Projektierungsbemühungen in Vorleistung getreten ist. Aufgrund der ansteigenden Bedeutung von Speichern für die Versorgungssicherheit und zur Sicherstellung einer konsistenten und einheitlichen Einbeziehung einer Untergrundraumplanung sollte § 126 BBergG geändert und Speicher in das bergrechtliche Konzessionssystem der Berechtsame einbezogen werden.

III. Einführung einer qualifizierten Raumordnungsklausel in das Bundesberggesetz

Im Zulassungsverfahren für die Erteilung von Bergbauberechtigungen sind in § 11 Nr. 10 BBergG die Erfordernisse der Raumordnung Teil der nachvollziehenden Abwägung der Behörde ob einem bergbaulichen Vorhaben überwiegende öffentliche Interessen entgegenstehen. Daran schließt sich jedoch zugleich die weitergehende Frage an, ob Zielen der Raumordnung in der Prüfung des § 11 Nr. 10 BBergG eine weitergehende Bindungswirkung zukommt, als etwa Grundsätzen und sonstigen Erfordernissen der Raumordnung. Einen Lösungsansatz hierfür birgt § 3 Abs. 1 Nr. 1 ROG, nach dem Erfordernisse der Raumordnung sowohl die Ziele sowie Grundsätze der Raumordnung und sonstige Erfordernisse der Raumordnung sind. Auch § 4 Abs. 2 ROG trifft hierzu keine weitere Unterscheidung. Daher ist von einer einheitlichen Berücksichtigungspflicht auszugehen, bei der zwischen Zielen auf der einen sowie Grundsätzen und sonstigen Erfordernissen der Raumordnung auf der anderen Seite nicht grundsätzlich unterschieden wird. Lediglich wenn es sich um einen Fall des § 4 Abs. 1 ROG handelt oder das Fachrecht eine erweiterte Bindung von Zielen der Raumordnung explizit vorsieht, kann von der in § 4 Abs. 2 ROG verankerten Einheitlichkeit abgewichen werden. Um eine koheränte Einbindung einer Untergrundraumordnung bereits im Konzessionssystem des BBergG zu erreichen sollte daher eine entsprechende spezielle Raumordungsklausel in § 11 BBergG eingeführt werden um eine Beachtenspflicht von Zielen der Raumordnung und die damit verbundenen unmittelbare Steuerung von Untergrundnutzungen zu erreichen.

Auch im Rahmen der Betriebsplanverfahren besteht rechtspolitischer Handlungsbedarf. Denn wie die Analyse der unterschiedlichen Betriebsplanverfahren im BBergG gezeigt hat, ist die Einbindung der Ziele der Raumordnung in die spezifischen Zulassungsverfahren unterschiedlich ausgestaltet. Während im bergrechtlichen Planfeststellungsverfahren zur Zulassung eines obligatorischen Rahmenbetriebsplans gemäß § 4 Abs. 1 Nr. 3 ROG eine strikten Beachtungspflicht bezüglich von Zielen der Raumordnung besteht, ist dies in den anderen Betriebsplanarten nicht der Fall. Um eine einheitliche Steuerung durch eine Untergrundraumordnung zu gewährleisten sollte daher eine spezielle Raumordnungsklausel mit einer strikten Zielbindung auch in § 55 BBergG verankert werden.

B. Zusammenfassung

I. Die weltweite Verknappung von Öl- und Gasressourcen und der dadurch bedingte Preisanstieg sowie die Bemühungen zur Erhaltung der nationalen Versorgungssicherheit führen derzeit zu einem deutlichen Anstieg der Explorations- und Exploitationsbemühungen im Bereich der Erdöl- und Erdgasförderung sowie zur Entwicklung von zusätzlichen Erdgasspeicherprojekten in Deutschland.

II. Daneben entsteht durch die Bemühungen zur Erreichung des zwei Grad Klimaschutzziels und die in der Folge notwendige Dekarbonisierung der Energiewirtschaft erheblicher zusätzlicher Bedarf an spezifischen untertägigen Formationen für die Speicherung von Kohlendioxid, den Ausbau der Geothermie zur Wärme- und Stromversorgung sowie der Entwicklung und dem Einsatz von Druckluft und Wasserstoffspeicher zum Ausgleich der fluktuierenden Erzeugung von Wind- und Solarenergie.

III. Ergebnis dieser parallel verlaufenden Entwicklungen ist ein stetig wachsendes Potenzial für Konkurrenz- und Konfliktsituationen, das insbesondere mittel- und langfristig deutlich ansteigen wird. Aufgrund der zu den jeweiligen Technologien bestehenden Entwicklungsprognosen kann spätestens ab 2020 von einem deutlichen Anstieg konfligierender Nutzungen ausgegangen werden. Dies betrifft insbesondere die Regionen der Norddeutschen Tiefebene, des Süddeutschen Molassebeckens sowie den Oberrheingraben, da die dort vorhandenen geologischen Formationen Nutzungspotenziale für alle in dieser Arbeit untersuchten Technologien aufweisen.

IV. Insbesondere im Hinblick auf die salinaren Aquiferen der Norddeutschen Tiefebene besteht aufgrund der erheblichen vorhandenen Speicher- und Geothermiepotenziale sowie der räumlichen Nähe zu den Offshore-Windparks, der Nordstream-Erdgaspipeline und den Erdöl- und Erdgasprovinzen in Niedersachsen und Schleswig-Holstein eine besonders hohe Wahrscheinlichkeit von zukünftigen Nutzungskonkurrenzen und konfligierenden Interessen.

V. Dieser abstrakte Befund besteht aufgrund der Vielzahl von Nutzungsformen und deren teils erheblichen unterirdischen Flächenbedarf auch unabhängig vom Entwicklungsstand und der tatsächlichen Realisierung einer einzelnen spezifischen Technologie. Ein zusätzlicher Koordinierungsbedarf ergibt sich zudem aus dem Umstand, dass die in dieser Arbeit untersuchten Nutzungsformen des Untergrundes jeweils einen unterschiedlichen technologischen Entwicklungsstand haben. Daher besteht die Gefahr, dass diese Technologien – trotz ihres ggf. volks- und energiewirtschaftlich in Zukunft sinnvollen Einsatzes – beeinträchtigt werden, wenn zu diesem Zeitpunkt keine oder nur noch wenig geeignete Formationen zur Verfügung stehen.

VI. Auf der Grundlage dieses Befundes ergibt sich daher das Bedürfnis nach einer – auch die mittel- und langfristig notwendigen Nutzungsoptionen umfassenden – Koordinierung sowie nach der Entwicklung von klaren Kriterien zur Steuerung von Konkurrenz- und Konfliktsituationen im deutschen Untergrund. Dabei müssen durch die ungleiche regionale Verteilung der entsprechenden geologischen Formationen und die Standortgebundenheit der Nutzungen auch die in der Bundesrepublik insgesamt vorhandenen Nutzungspotenziale einbezogen werden, um zu einer energie- und wirtschaftspolitisch sachgerechten und zukunftsoffenen Lösung zu kommen.

VII. Die Genehmigungsverfahren des BBergG bilden aufgrund des zweistufigen Genehmigungssystems und der Systematik ineinandergreifender und zeitlich befristeter Betriebspläne ein dynamisches System, das im Rahmen der Auslegung der unbestimmten Rechtsbegriffe in den Genehmigungsverfahren grundsätzlich auch Anknüpfungspunkte für die Aufnahme und Bewältigung – auch zukünftiger – konkurrierender und konfligierender Nutzungen bietet.

VIII. Das als Konzessionssystem ausgestaltete Berechtsamwesen stellt den Kern des bergrechtlichen Systems der staatlichen Bewirtschaftung von begrenzten Ressourcen dar und spiegelt damit auch die gesetzgeberische Vorstellung einer auch vorsorgenden Sicherstellung der Rohstoffversorgung in § 1 Nr. 1 BBergG wider. Hier ist im Rahmen der Versagungsgründe des § 11 Nr. 8, 9 sowie Nr. 10 BBergG vermittelt über die dort enthaltenen unbestimmten Rechtsbegriffe eine Berücksichtigung von konkurrierender Nutzungen möglich. Eine „vorsorgende" überörtliche und planerische Prüfung, dahingehend ob oder inwieweit eine Exploration oder Förderung gerade am Ort des beantragten Vorhabens sinnvoll ist und benötigt wird, findet jedoch vom Grundsatz her nicht statt. Denn durch die Ausgestaltung der Bergbauberechtigung als reine Kontrollerlaubnis obliegt es eindeutig dem Vorhabenträger, diese Entscheidung im Rahmen seiner wirtschaftlichen Betätigung und ökonomischen Prognosen zu treffen. Weiterhin müssen mögliche entgegenstehende Nutzungen auch hinreichend konkret und damit für die Behörde prüffähig sein, was insbesondere bei in der Zukunft liegenden Nutzungskonkurrenzen problematisch sein dürfte.

IX. Auch auf der zweiten Genehmigungsstufe, dem Betriebsplanverfahren ist grundsätzlich die Berücksichtigung von Nutzungskonkurrenzen und konfligierenden Interessen möglich. Zwar ist das Betriebsplanverfahren primär als Instrument einer präventiven und fortlaufenden Betriebsüberwachung zur Gefahrenabwehr ausgestaltet. Trotzdem ergeben sich über § 55 Abs. 1 Nr. 4 BBergG sowie § 48 Abs. 2 BBergG Möglichkeiten der mittelbaren Berücksichtigung von zukünftigen konfligierenden Nutzungen. Dabei ist die regelmäßige Befristung der Betriebspläne im Hinblick auf eine Zukunftsoffenheit grundsätzlich förderlich. Aber auch hier ist wieder – im Gleichlauf zum Berechtsamwesen – zu beachten, dass es sich bei allen Formen der Betriebsplanzulassung um gebundene Entscheidungen handelt und die entgegenstehenden Nutzungsformen hinreichend konkret und prüffähig sein müssen. Zudem muss auch der durch die Erteilung der Bergbauberechtigung entstandene Vertrauensschutz in der Entscheidung angemessen berücksichtig werden. Somit ergeben sich auch in allen Verfahren zur Zulassung von Betriebsplänen – auch im bergrechtlichen Planfeststellungsverfahren – die gleichen Probleme im Hinblick auf fehlende Bewertungs- und Beurteilungsmaßstäbe für die Genehmigungsbehörde.

X. Das BBergG intendiert aus sich heraus jedoch kein raumbeanspruchendes oder gar wirtschaftspolitisches Konzept, wie auch die Zuweisung der vorsorgenden Rohstoffsicherung zur Raumordnung durch den Gesetzgeber beweist. Für die systematische Einbindung insbesondere von in der Zukunft liegenden konfligierenden Untergrundnutzungen fehlt es daher an gesetzgeberischen Wertungen und konkreten Bewertungsmaßtäben, um den Genehmigungsbehörden eine sachgerechte und rechtssichere Anwendung der unbestimmten Rechtsbegriffe in den konkreten Einzelfallentscheidungen zu ermöglichen. Insoweit bleibt das BBergG daher ein lediglich punktuell wirksames Gesetz, was insoweit unbefriedigend bleibt, da Inhalt und Ausmaß der Nutzung von volkswirtschaftlich wertvollen geologischen Formationen den rein ökonomischen Kategorien von Angebot und Nachfrage zum Zeitpunkt der Realisierung des Vorhabens durch den Vorhabenträger überantwortet werden. Dies birgt die Gefahr, dass insbesondere weiter in die Zukunft gerichtete Potenziale von Untergrundnutzungen nicht mehr oder nur noch in einem begrenzten Umfang nutzbar gemacht werden können.

XI. Durch eine überörtliche und überfachliche Koordination im Rahmen einer Beplanung des Untergrundes könnten indes wesentliche wirtschaftspolitische und raumbedeutsame Fragestellungen geklärt werden und vermittelt über die unbestimmten Rechtsbegriffe der § 11 Nr. 10 BBergG und § 48 Abs. 2 BBergG in die Verfahren zur Erteilung einer Bergbauberechtigung und Betriebsplanzulassung eingehen. Insbesondere die Möglichkeit einer frühzeitigen Berücksichtigung und Prüfung im Rahmen von § 11 Nr. 10 BBergG hätte zudem den Vorteil, dass bereits im Berechtsamverfahren und damit im Konzessionssystem des BBergG ein ausreichendes Maß an Investitions- und Planungssicherheit für den Antragsteller gewährleistet wäre, was aufgrund des hohen Kapitalaufwandes für bergrechtlich relevante Tätigkeiten auch notwendig erscheint. Dies ist indes nicht für die Speicherung von Gasen möglich, da hier mangels Einbindung in das Berechtsamwesen alle Prüfungen im Rahmen der Betriebsplanzulassungen vorgenommen werden müssen.

XII. Das KSpG übernimmt im Hinblick auf die Explorationsgenehmigung sowie die Zulassung der Speicherung von Kohlendioxid wesentliche Wertungen des Bergrechts, erweitert diese jedoch auch um modernere Elemente etwa des KrW/AbfG. So wird die Konzeption des BBergG im Hinblick auf die Exploration und die davon getrennte Behandlung der tatsächlichen Ausübung der Untergrundnutzung auch im KSPG aufgegriffen. Allerdings fehlt es an dem im Bergrecht mit dem Berechtsamwesen etablierten Konzessionssystem, was aber durch den Charakter des KSpG als Demonstrationsgesetz erklärt werden kann und insoweit in Bezug auf die Speicherung von Kohlendioxid unschädlich ist.

XIII. Bei der Explorationsgenehmigung des § 7 KSpG handelt es sich um eine reine Kontrollerlaubnis, die die Entscheidung über das ob und das wo dem Vorhabenträger im Rahmen seiner wirtschaftlichen Betätigung überlässt. Eine Möglichkeit der Berücksichtigung konkurrierender Nutzungen ergibt sich im Rahmen der Untersuchungsgenehmigung jedoch aus den Versagungsgründen des § 7 Abs. 1 Nr. 3 und 8 KSpG, die sich in ihren Wertungen im Wesentlichen an die Bestimmungen des BBergG anlehnen. Allerdings sind hat die Vorschrift gegenüber dem BBergG Erweiterungen erfahren, da bei der Prüfung des § 7 Abs. 1 Nr. 3 KSpG auch andere vorhandene Nutzungsmöglichkeiten des Untergrundes außerhalb der Bodenschatzgewinnung in die Prüfung einfließen und der überwiegende Abdeckungsgrad von entgegenstehenden öffentlichen Interessen in Bezug auf das Explorationsfeld gegenüber dem BBergG aufgehoben wurde. Jedoch fehlen auch hier gesetzgeberischen Wertungen und konkreten Bewertungsmaßstäbe, um eine sachgerechte und rechtssichere Anwendung in der konkreten Einzelfallentscheidung zu ermöglichen.

XIV. Bei der Planfeststellung für die Zulassung eines Kohlendioxidspeichers nach § 13 KSpG handelt es sich um eine echte Abwägungsentscheidung mit einem ensprechenden planerischen Gestaltungsspielraum der Planfeststellungsbehörde. Anders als bei einer reinen Kontrollgenehmigung stellt die Planfeststellung damit zusätzlich eine Raumnutzungsentscheidung dar, in der selbst und unmittelbar über die Verortung eines konkreten Vorhabens und damit auch verbindlich über den Ausschluss kollidierender Raumnutzungsinteressen entschieden wird. Dabei umfasst der behördliche Gestaltungs- und Ermessenspielraum zwar eine eigenständige Beurteilung der Erforderlichkeit des Vorhabens und eine eigenverantwortliche Abwägung aller von der Planung berührter Belange, gewährt aber gerade nicht im Sinne einer echten planerischen Gestaltungsfreiheit die Befugnisse zur Alternativplanung. Auch § 13 KSpG stellt damit im Ergebnis nur eine objektbezogene Prüfung des Vorhabens sicher. Eine „vorsorgende" überörtliche und planerisch abwägende Prüfung, ob oder inwieweit eine Speicherung gerade am Ort des konkret beantragten Vorhabens sinnvoll ist und benötigt wird findet auch hier nicht statt.

XV. Es ist daher festzuhalten, dass auch die Genehmigungsverfahren des KSpG objektbezogen ausgestaltet sind. Sie sind zwar grundsätzlich in der Lage unterschiedliche Nutzungskonkurrenzen abzubilden, allerdings fehlen auch hier konkrete gesetzgeberische Wertungen und Maßstäbe um die Abwägungsentscheidung der Behörde zu lenken und die projektbezogenen Einzelentscheidungen zu einem volkswirtschaftlich sinnvollen Gesamtkonzept zu fügen.

XVI. Durch die unterschiedlich ausgestalteten Genehmigungsregime im BBergG und im KSpG ergibt sich zudem das Problem einer strukturellen Disparität zwischen den konkreten Zulassungsentscheidungen der einzelnen Nutzungsformen. Während es sich im Bergrecht in allen Fällen um gebundenen Entscheidungen handelt, in denen die Einbeziehung anderer Interessen nur im Rahmen der nachvollziehenden Abwägung innerhalb der unbestimmten Rechtbegriffe möglich ist, handelt es sich bei der Zulassung von Errichtung und Betrieb eines Kohlendioxidspeichers um eine echte Abwägungsentscheidung mit einem planerischen Gestaltungsspielraum der Behörde. Dieser Unterschied birgt die strukturell bedingte Gefahr einer unterschiedlichen Behandlung von Bodenschatzgewinnung und der Speicherung von Gasen und der Speicherung von Kohlendioxid und streitet für eine vorsorgende und überfachliche Beplanung der unterschiedlichen Nutzungsformen.

XVII. Da das bisher weitgehend nur auf die Oberfläche bezogene Raumordnungsrecht auch auf den Untergrund angewendet werden kann, sollte im Hinblick auf zukünftige Nutzungskonkurrenzen und konfligierende Interessen im Untergrund daher auf die Raumplanung als final determinierendes, methodisches Lenkungsmittel künftigen Geschehens[1272] zurückgegriffen werden. Dabei sind unterschiedliche Entscheidungsebenen abzuschichten. Auf einer ersten grundsätzlichen Ebene steht die Frage, welche Untergrundnutzungen gesamtgesellschaftlich genutzt werden sollen. Das ist eine Grundsatzentscheidung des Gesetzgebers. Hierauf muss dann die steuernde Festlegung von Standortentscheidungen erfolgen, die meist die Grundsatzproblematik wieder von neuem aufwirft. In einem dritten Schritt sind dann die Einzelfragen der Durchführung zu entscheiden, die gleichzeitig die Schnittstelle zum Fachrecht bezeichnen.

XVIII. Die Raumordnung und der ihr zugewiesene Koordinierungs-, Ausgleichs- und Vorsorgeauftrag stellt ein geeignetes Instrumentarium zur Bewältigung unterirdischer Nutzungskonkurrenzen zur Verfügung. Raumplanung muss gerade im Fall von Unsicherheiten als Querschnittsmaterie verstanden werden, wobei eine überörtliche und überfachliche räumliche Gesamtplanung – auch für den Untergrund – stets fachlichen Einzelfallentscheidungen vorangestellt werden sollte, um integrierte Rahmenvorgaben treffen zu können und so zugleich Koordinationsverantwortung unter Risikobedingungen zu tragen. Im Rahmen der Entwicklungsfunktion der Raumordnung und in Verbindung mit der im

---

1272 *Degenhart*, FS Hoppe, Seite 695 (696).

KSpG vorgesehenen Potenzialanalyse lassen sich großräumig auftretende Konfliktsituationen zwischen raumbedeutsamen Untergrundnutzungen auch vorsorgend auflösen. Kleinräumigere Konflikte können hingegen dem jeweiligen Fachplanungs- und Genehmigungsrecht überlassen werden. Dabei gibt das genehmigungsrechtliche Instrumentarium des BBergG und des KSpG die notwendigen Instrumente in die Hand und können im Rahmen der vorsorgenden Sicherung von Raumnutzungen die Raumordnung sinnvoll und arbeitsteilig ergänzen.

XIX. Da der Bund mangels Verwaltungskompetenz den Auftrag nach § 1 Abs. 1 S. 1 ROG nicht vollständig erfüllen kann, richtet sich dieser ebenso an die Länder, die somit nicht nur die Aufgabe haben die Teilräume auf ihrem Landesgebiet zu entwickeln, zu ordnen und zu sichern, sondern zugleich im Zusammenwirken mit den anderen Bundesländern die Raumplanung für den Gesamtraum übernehmen. Diese administrative Aufgabenzuweisung zu den Ländern sollte auch im Hinblick auf eine unterirdische Raumordnung nicht verändert werden um einen Gleichlauf zwischen der Raumordnung der Oberfläche und einer raumordnerischen Beplanung des Untergrundes zu gewährleisten. Zudem können auf Bundesebene nur Grundsätze der Raumordnung festgelegt werden, die nicht zwingend und abwägungsfest sind und sich daher für eine Koordination nur unzureichend eignen.

XX. Daher sind die richtigen Instrumente für eine Untergrundraumordnung die Raumordnungs- und Regionalpläne der Länder. Dabei haben die Länder die Verpflichtung in ihren Raumordnungsplänen für das gesamte Landesgebiet sowie in ihren Regionalpläne für die Teilräume des Landes die bundesrechtlichen Grundsätze des § 2 Abs. 2 Nr. 4 S. 4 ROG, § 2 Abs. 2 Nr. 6 S. 8 ROG im Hinblick auf untertägige Rohstoffe sowie erneuerbare Energien und die Speicherung von klimaschädlichen Stoffen – etwa durch CCS – zu konkretisieren.

XXI. Im Gegensatz zur Planung auf Bundesebene können auf Landesebene neben raumordnerischen Grundsätzen auch Ziele der Raumordnung festgelegt werden. Diese verbindlichen und abschließend abgewogenen Vorgaben sind gemäß § 4 Abs. 1 S. 1 ROG bei raumbedeutsamen Planungen und Maßnahmen öffentlicher Stellen, Entscheidungen öffentlicher Stellen über die Zulässigkeit raumbedeutsamer Maßnahmen anderer öffentlicher Stellen sowie Behördenentscheidungen über planfeststellungs- oder plangenehmigungsbedürftige raumbedeutsame Planungen und Maßnahmen von Personen des Privatrechts zu beachten. Diese Bindungswirkung bedeutet in der Folge, dass Ziele der Raumordnung in jedem Einzelfall rechtswirksame planerische Aussagen und daher abwägungsfest sind. Sie können im Rahmen nachgelagerter Genehmigungsentscheidungen in den für Untergrundnutzungen relevanten Fachgesetzen, wie dem BBergG und dem KSpG, nicht zugunsten anderer Belange zurückgestellt werden und erlauben damit eine überörtliche und überfachliche Steuerung von Nutzungen des Untergrundes.

XXII. Durch die Möglichkeit dieser Zielfestlegungen besteht auf Landesebene auch die Möglichkeit die in § 8 Abs. 7 Nr. 1 bis 3 ROG aufgeführten Gebietsfestlegungen für eine raumplanerische Ordnung, Sicherung und Entwicklung des Untergrunds nutzbar zu machen. Über die Festlegung von Vorrang-, Eignungs- und Vorbehaltsgebieten ist hierbei Feinsteuerung zu erreichen, die auch die Erfahrungen mit diesen Instrumenten an der Oberfläche nutzbar macht. Grundsätzlich ist auch die Versagung einer Untergrundnutzung im gesamten Landesgebiet möglich, jedoch nicht ohne eine entsprechende Abwägung und Begründung. In zeitlicher Hinsicht besteht zudem die Möglichkeit, in einem Raumordnungsplan für den einen Bereich Festlegungen mittelfristiger Art und für einen anderen Bereich auch Festlegungen für einen langfristigen Zeitraum zu treffen, was eine den Nutzungsprognosen und -notwendigkeiten entsprechende zeitliche Stufung zulässt. Dabei ist es grundsätzlich auch denkbar, dass ein Ziel dem Adressaten verschiedene Handlungsoptionen belässt. Werden jedoch zwei sich räumlich überlagernde Ziele festgesetzt, die zueinander nicht konfliktfrei sind, müssen gleichzeitig Regeln festgelegt werden, welchem der überlangernden Ziele im Konfliktfall Vorrang zukommt.

XXIII. Neben landesweiten Plänen nach § 8 Abs. 1 Nr. 1 ROG und Regionalplänen nach § 8 Abs. 1 Nr. 2 ROG sind zudem gemäß § 7 Abs. 1 S. 2 ROG im Sinne einer sektoralen Landesplanung Festlegungen in räumlichen und sachlichen Teilplänen möglich. Damit besteht die Möglichkeit der Länder, vor Erstellung bzw. Fortschreibung der Gesamtpläne raumordnerisch in besonderen Problemgebieten und Sachfragen tätig zu werden[1273], wie etwa für das brandenburgische[1274] und das nordrhein-westfälische Braunkohlerevier[1275] oder für Standorte für Großanlagen der Energieversorgung im nordrhein-westfälischen Entwicklungsplan VI vom 08. Dezember 1978[1276]. Bei der Standortsicherung für einzelne Un-

1273 *Battis*, Öffentliches Baurecht und Raumordnungsrecht, 2 IV 1, Seite 35

1274 Vgl. dazu *das* brandenburgische Braunkohlengrundlagengesetz vom 7. Juli 1997.

1275 *Erbguth*, DVBl. 1982 Seite 1; *Hoppe*, UPR 1983, Seite 105.

1276 *Brocke*, DVBl. 1979, Seite 184.

tergrundnutzungen können die Potenzialanlayse nach § 5 KSpG sowie der im Bundestag angeregte bundesweite Nutzungskatalog für den Untergrund[1277] einen entsprechenden Nucleus bilden.

XXIV. Im Rahmen der Untergrundraumplanung und aufgrund der ungleichen Verteilung der geologischen Formationen haben die Länder dem Gegenstromprinzip des § 1 Abs. 3 ROG eine besondere Bedeutung beizumessen. Die Landesplanung muss daher gewährleisten, dass sie ihre Aufgabenstellung nicht nur bezogen auf die geologischen Gegebenheiten des Landes, sondern auch im Hinblick auf den Gesamtraum der Bundesrepublik Deutschland erfüllt. Befinden sich für eine spezifische Untergrundnutzung notwendige geologische Formationen nur oder überwiegend nur in einem Bundesland, so muss sich die Nutzung dieser Formationen nicht nur an der Bedeutung für das Land, sondern auch an der Bedeutung für die Bundesrepublik orientieren.

XXV. Zudem sollte der Bund das Instrumentarium des § 17 Abs. 1 ROG nutzen, um eine effektive und klare Handlungs-, Entscheidungs- und Planungsstruktur sicherzustellen. Dies wurde auch bereits zur Erstellung eines nationalen Rohstoffkonzepts und zur Verwirklichung des nationalen Energiekonzepts angemahnt[1278]. Denn hier kommt der Raumordnung eine herausgehobene Bedeutung in ihrer Sicherungs- sowie Koordinations- und Ordnungsfunktion zu. In diesen Kontext fällt auch eine Raumordnung des Untergrundes, die in der Schnittmenge dieser beiden Bereiche liegt und bei der eine entsprechende „Dienstleistung" des Bundes infolge gewandelter Aufgaben für den Gesamtraum sinnvoll erscheint.

XXVI. Neben der Etablierung einer Untergrundraumordnung erscheint auch eine Novellierung des Bergrechts angezeigt, in der die Ausschließlichkeit von Bergbauberechtigungen nach §§ 6 ff. BBergG zugunsten einer Regelung von „Stockwerksnutzungen" aufgebrochen sowie die Bindung an die Ziele der Raumordnung im Verfahren zur Erteilung von Bergbauberechtigungen durch die Einführung einer qualifizierten Raumordnungsklausel erhöht wird. Zudem sollte eine Einbeziehung von Speichern in das Berechtsamwesen erfolgen, um der gesteigerten Bedeutung von Speichern durch eine Aufnahme dieser Nutzungen in das bergrechtliche Konzessionssystem zu begegnen und eine entsprechende Planungs- und Investitionssicherheit für Investoren zu erreichen.

1277 Antrag von CDU/CSU und FDP vom 29.09.2010 „Umfassende Datenbasis für Nutzungsmöglichkeiten des Untergrunds schaffen", BT-Drs. 17/3056.

1278 So im Kontext der Debatte rund um die Föderalismusreform *Spannowsky*, UPR 2007, Seite 41 (51).

Literaturverzeichnis

Altrock, Martin/*Große*, Andreas/*Lehnert*, Wieland, Rechtshemmnisse für die Genehmigung tiefengeothermischer Anlagen, Gutachterliche Äußerung im Auftrag des BMU, 2009.

Arbeitsgemeinschaft Energiebilanzen, Primärenergieverbrauch 2011, Pressemitteilung vom 20.12.2011, veröffentlicht unter http://www.ag-energiebilan zen.de/viewpage.php?idpage=62, zuletzt abgerufen am 03.03.2012.

Anders, Dieter, Abwägung in Regionalplänen bei der Festlegung von Konzentrationszonen, NuR 2004, Seite 635.

Anders, Dieter/*Jankowski*, Klaus, Konzentrationszonen als Ziele der Raumordnung – Detailabwägung contra Globalabwägung, ZUR 2003, Seite 81.

Babcock Borsig/E.ON/RWE/Vattenfall/EnBW/Alstom, Vorschlag für ein Gesetz über Anlagen zur Abscheidung, zum Transport und zur Speicherung von Kohlendioxid (Kohlendioxid-Anlagengesetz), 03.09.2008, veröffentlicht unter http://www.neue-energieanbieter.de/suchen/1991261.html?searchshow=ccs, zuletzt abgerufen am 18.03.2012.

Battis, Ulrich, Öffentliches Baurecht und Raumordnungsrecht, 5. Auflage, Stuttgart 2006.

ders., Das System der räumlichen Gesamtplanung, in: Planung, Festschrift für Werner Hoppe zum 70. Geburtstag, München 2000, Seite 303.

ders., Grundzüge des Rechts der Raumordnung und Landesplanung, JA 1981, Seite 316.

Battis, Ulrich/*Klein*, Benjamin/*Rusteberg*, Benjamin, Die Auswirkungen des neuen Art. 104 b GG auf die Städtebauförderung, DVBl. 2009, Seite 682.

Battis, Ulrich/*Kerstens*, Jens, Die Raumordnung nach der Föderalismusreform, DVBl. 2007, Seite 152.

Battis, Ulrich/*Krautzberger*, Michael/*Löhr*, Rolf-Peter, Baugesetzbuch: BauGB, Kommentar, 11. Auflage, München 2009.

Beirat für Raumordnung, Stellungnahme des Beirates für Raumordnung zu § 17 Abs. 1 GeROG (verabschiedet auf der Sitzung am 29.06.2009), veröffentlicht unter http://www.bmvbs.de/DE/StadtUndLand/Raumentwicklung/Beirat/bei rat_node, zuletzt abgerufen am 18.03.2012.

Berkemann, Jörg, Planerische Lenkung des Abbaus von oberflächennahen Bodenschätzen – Zulässigkeit und Grenzen, DVBl. 1989, Seite 625.

Bielenberg, Walter/*Runkel*, Peter/*Spannowsky*, Willy/*Reitzig*, Frank/*Schmitz*, Holger, Raumordnungs- und Landesplanungsrecht des Bundes und der Länder, Ergänzbarer Kommentar und systematische Sammlung der Rechts- und Verwaltungsvorschriften, Loseblattsammlung, Berlin 2010.

Blotevogel, Hans Heinrich, Herausforderungen für die Raumordnungsplanung heute – Neue Zielsetzungen, harte und weiche Steuerungsmodi, in: *Steger/ Bunzel* (Hrsg.), Raumordnungsplanung quo vadis? Zwischen notwendiger Flankierung der kommunalen Bauleitplanung und unzulässigem Durchgriff, Wiesbaden 2012, Seite 11.

Blumenberg, Hildegard, Neuere Entwicklungen zu Struktur und Inhalt des Abwägungsgebots im Bauplanungsrecht, DVBl. 1989, Seite 86.

BMU (Hrsg.), Tiefe Geothermie, Nutzungsmöglichkeiten in Deutschland, Januar 2010.

BMU, Bericht der Bundesregierung über ein Konzept zur Förderung, Entwicklung und Markteinführung von geothermischer Stromerzeugung und Wärmenutzung, 2009.

BMWi/BMU, Bericht zur Umsetzung der in der Kabinettsklausur am 23./24. 08.2007 in Meseberg beschlossenen Eckpunkte für ein Integriertes Energie- und Klimaprogramm, 2007.

BMWi/BMU, Energiekonzept für eine umweltschonende, zuverlässige und bezahlbare Energieversorgung, September 2010.

BMWi/BMU/BMBF, Entwicklungsstand und Perspektiven von CCS1-Technologien in Deutschland, Gemeinsamer Bericht des BMWi, BMU und BMBF für die Bundesregierung, 19. September 2007.

BMWi, Monitoring-Bericht nach § 51 EnWG zur Versorgungssicherheit bei Erdgas, Juli 2011.

BMWi (Hrsg.), Der Bergbau in der Bundesrepublik Deutschland 2009, Bergwirtschaft und Statistik, 61. Jahrgang 2010.

Bohne, Eberhard, Die Umweltverträglichkeitsprüfung bergbaulicher Vorhaben nach den Gesetzentwürfen der Bundesregierung zur Umsetzung der EG-Richtlinie vom27.06.1985 (85/337/EWG), ZfB 1989, Seite 93.

Boldt, Gerhard/*Weller*, Herbert, Bundesberggesetz – Kommentar, Hauptband, Berlin 1984.

dies., Bundesberggesetz – Kommentar, Ergänzungsband, Berlin 1992.

Bracke, Rolf/*Bühring*, Andreas/*Müller*, Peter/*Wigbels*, Michael, Wärmepumpen und oberflächennahe Geothermie, FVS • LZE Themen 2005, Seite 81.

Brandt, Edmund/*Dreher*, Jörg, Die Genehmigung von Kabeln zur Ableitung von Strom aus Offshore-Erzeugung, NordÖR 2003, Seite 138.

Brocke, Helmut, Die Rechtswirkungen eines Standortvorsorgeplanes – der Landesentwicklungsplan VI in Nordrhein-Westfalen, DVBl. 1979, Seite 184.

Brohm, Winfried, Öffentliches Baurecht, 3. Auflage, München 2008.

Büllesbach, Rudolf, Die rechtliche Beurteilung von Abgrabungen nach Bundes- und Landesrecht – Ein Beitrag zur Lösung des Problems paralleler Genehmigungsverfahren, Berlin 1994.

Bundesanstalt für Geowissenschaften und Rohstoffe (BGR), Energierohstoffe 2009. Reserven, Ressourcen, Verfügbarkeit, Hannover Juni 2009.

dies., Abschätzung des Erdgaspotenzials aus dichten Tongesteinen (Schiefergas) in Deutschland, Hannover Mai 2012.

Bunzel, Arno, Grenzen der Gestaltungsmöglichkeit der Raumordnungsplanung im Lichte der kommunalen Planungshoheit, in: *Steger/Bunzel* (Hrsg.), Raumordnungsplanung quo vadis? Zwischen notwendiger Flankierung der kommunalen Bauleitplanung und unzulässigem Durchgriff, Wiesbaden 2012, Seite 42.

Bunzel, Arno/*von Bodelschwingh,* Frölich/*Stauss,* Franciska, in: Deutsches Institut für Urbanistik -difu-, Berlin (Hrsg.), Planspiel „Neuordnung des Rechts der Raumordnung". Ergebnisse und Empfehlungen, Berlin 2008.

Bosecke, Thomas/*Kersandt*, Peter/*Täufer*, Katrin, Meeresnaturschutz, Erhaltung der Biodiversität und andere Herausforderungen im „Kaskadensystem" des Rechts: Festgabe zur Emeritierung von Detlef Czybulka, Heidelberg 2012.

Callies, Christian, Die neue Querschnittsklausel des Art 6 EGV als Instrument zur Umsetzung des Grundsatzes der nachhaltigen Entwicklung, DVBl. 1998, Seite 559.

CDU Deutschlands/CSU Landesleitung/SPD Deutschlands, Gemeinsam für Deutschland. Mit Mut und Menschlichkeit. Koalitionsvertrag von CDU, CSU und SPD vom 11.11.2005.

CDU Deutschlands/CSU Landesleitung/FDP Deutschlands, WACHSTUM. BILDUNG. ZUSAMMENHALT, Koalitionsvertrag zwischen CDU, CSU und FDP vom 26. Oktober 2009.

Coder, Doreen, Umweltforschung im Konflikt mit Umweltrecht: Bestandsaufnahme und Bewertung am Beispiel der Geothermie, Dokumentation zur 32. wissenschaftlichen Fachtagung der Gesellschaft für Umweltrecht e.V., 2008, Seite 205.

Cosack, Tilman, Bergrechtliches Zulassungsverfahren und Flora-Fauna-Habitat-Verträglichkeitsprüfung, NuR 2000, Seite 311.

Crotogino, Fritz, Einsatz von Druckluftspeicher-Gasturbinen-Kraftwerken beim Ausgleich fluktuierender Windenergie-Produktion mit aktuellem Strombedarf, Vortrags-dokumentation eines Vortrages anlässlich der Tagung Fortschrittliche Energiewandlung und -anwendung der VDI-Gesellschaft Energietechnik, Stuttgart 2003, veröffentlicht unter http://www.uni-saarland.de/fak7/fze/

AKE_Archiv/AKE2003H/AKE2003H_Vortraege/AKE2003H03a_Crotogino_ CAES-Windausgleich_VDI.pdf, zuletzt abgerufen am 03.03.2012.

ders., Kavernen als Energiespeicher, Kali und Steinsalz 2006, Seite 21.

Crotogino, Fritz/*Donadei*, Sabine/*Dietrich*, Lars, Nutzungskonkurrenzen bei Speichern im geologischen Untergrund, IRES 2009, Seite 22.

Crotogino, Fritz/*Hübner,* Sabine, Zukünftige Bedeutung der Energiespeicherung in Salzkavernen, Erdöl-Erdgas-Kohle, 125 Jg. 2009, Seite 74.

Crotogino, Fritz/*Hamelmann*, Roland, Wasserstoff-Speicherung in Salzkavernen zur Glättung des Windstromangebots, Tagungsband „14. Symposium zur Nutzung regenerativer Energiequellen und Wasserstofftechnik", Fachhochschule Stralsund 2007.

Degenhart, Christoph, Die Neuordnung der Gesetzgebungskompetenzen durch die Föderalismusreform, NVwZ 2006, Seite 1209.

ders., Probleme der Braunkohleplanung, in: Planung, Festschrift für Werner Hoppe zum 70. Geburtstag, München 2000, Seite 695.

Deutsch, Michael, Raumordnung als Auffangkompetenz? – Zur Regelungsbefugnis der Raumordnungspläne, NVwZ 2010, Seite 1520.

Dietrich, Lars, CO2 Abscheidung und Ablagerung (CAA) im deutschen und europäischen Energieumweltrecht, 1. Auflage, Baden-Baden 2007.

Dietrich, Lars/*Ahnsehl*, Sascha, Energiespeicherung im Portfolio der Förderung erneuerbarer Energien – der Status Quo, Energiewirtschaftliche Tagesfragen (ET), 60 Jg. 2010, Seite 14.

Dietrich, Lars/*Schäperklaus*, Stefan, Der Raum wird knapp: über die Steuerbarkeit von Nutzungskonflikten unter Tage, Erdöl Erdgas Kohle, 2009, Seite 20.

Di Fabio, Ulrich, Die Struktur von Planungsnormen, in: Planung, Festschrift für Werner Hoppe zum 70. Geburtstag, München 2000, Seite 75.

Dreier, Johannes, Die normative Steuerung der planerischen Abwägung: strikte Normen, generelle Planungsleitbegriffe, Planungsleitlinien und Optimierungsgebote, 1. Auflage, Berlin 1995.

Doppelhammer, Martina, Richtlinienvorschlag der Europäischen Kommission zur geologischen Speicherung von Kohlendioxid, ZUR 2008, Seite 250.

Durner, Wolfgang, Konflikte räumlicher Planungen, Verfassungs-, verwaltungs- und gemeinschaftsrechtliche Regeln für das Zusammentreffen konkurrierender planerischer Raumansprüche, 1. Auflage, Tübingen 2005.

Fischedick, Manfred/*Esken*, Andrea/*Pastowski*, Andreas/*Schlüwer*, Dietmar/ *Supersberger*, Nikolaus/*Nitsch*, Joachim/*Viebahn*, Peter/*Bandi*, Andreas/ *Zuckerbühler*, Ulrich/*Edenhofer*, Ottmar, RECCS Strukturell-ökonomisch-ökologischer Vergleich regenerativer Energietechnologien (RE) mit Carbon Capture and Storage (CCS), Langfassung, Wuppertal Dezember 2007.

Ebel, Herbert/*Weller,* Herbert, Allgemeines Berggesetz, Kommentar, 2. Auflage, Berlin 1963.
Ehricke, Ulrich, Verkehrssicherungspflichten im Hinblick auf Geothermiebohrungen, UPR 2009, Seite 281.
Erbguth, Wilfried, Zulassungsverfahren des Bergrechts und Raumordnung – am Beispiel der Aufsuchung und Gewinnung von Kies und Sand in den neuen Bundesländern, VerwArch 1987, Seite 258.
ders., Beschleunigung von Infrastrukturplanungen versus private oder staatliche Mediation – Warum wird das Raumordnungsverfahren übersehen?, NVwZ 1992, Seite 551.
ders., Unterirdische Raumordnung – zur raumordnungsrechtlichen Steuerung untertägiger Vorhaben, ZUR 2011, Seite 121.
ders., Verfassungsrechtliche Fragen im Verhältnis Landesplanung und Braunkohlenplanung, DVBl. 1982 Seite 1.
ders., Eignungsgebiete als Ziele der Raumordnung? – Planungspraxis, ROG 98, § 35 Abs 3 Satz 3 BauGB 98, DVBl. 1998, Seite 209.
Erbguth, Wilfried/*Schink*, Alexander, Gesetz über die Umweltverträglichkeitsprüfung, Kommentar, 2. Auflage, München 1996.
Ernst, Werner/*Zinkahn*, Willy/*Bielenberg*, Walter/*Krautzberger*, Michael, Baugesetzbuch. Loseblatt-Kommentar, 102. Auflage, München 2012.
Ernst, Werner/*Hoppe*, Werner, Das öffentliche Bau- und Bodenrecht, Raumplanungsrecht, 2. Auflage, München 1981.
Fischer-Hüftle, Peter, Bergbauberechtigungen und naturschutzrechtliche Verordnungen, NuR 1989, Seite 106.
Franke, Peter, Die Einlagerung von CO_2 in unterirdischen geologischen Formationen unter besonderer Berücksichtigung des Bergrechts, in: Kühne/Ehricke (Hrsg.), Bergrecht zwischen Tradition und Moderne, Baden-Baden 2009, Seite 99.
Frenz, Walter, Bergrecht und nachhaltige Entwicklung, Berlin 2001.
ders., Kreislaufwirtschafts- und Abfallgesetz, Kommentar, 3. Auflage, Köln 2002.
Fürst, Dietrich, Von der Regionalplanung zum Regionalmanagement, DÖV 1993, Seite 552.
Gaentzsch, Günther, Die bergrechtliche Planfeststellung, in: Bürger-Richter-Staat, Festschrift für Horst Sendler, München 1991, Seite 403.
Gerigk, Wolfgang, Zum Verhältnis zwischen Bergrecht und Naturschutzrecht, ZfB 1987, Seite 232.
Goppel, Konrad: Die Rechtswirkungen des Regionalplans, BayVBl. 1982, Seite 716.
ders., Ziele der Raumordnung, BayVbl. 1998, Seite 289.

Grotefels, Susan/*Lorenz*, Jana, Der landesplanerische Vertrag nach § 13 S. 5 ROG – Möglichkeiten und Grenzen der Landes- und Regionalplanung unter besonderer Berücksichtigung regionaler Einzelhandelskonzepte, UPR 2001, Seite 328.

Groß, Thomas, Die Bedeutung des Umweltstaatsprinzips für die Nutzung erneuerbarer Energien, NVwZ 2001, Seite 129.

Große, Andreas, Strom und Wärme aus der Tiefe, ZUR 2009, Seite 535.

Gruber, Meinhard, Sicherung kommunaler Planungsfreiräume durch Regionalplanung, DÖV 1995, Seite 488.

Halama Günther, Durchsetzung und Abwehr von Zielen der Raumordnung und Landesplanung auf der Gemeindeebene in: Planung und Plankontrolle, Festschrift für Otto Schlichter, Köln 1995, Seite 201.

Heitmann, Gerd, Erdwärme – ein Bodenschatz, ZfB 1981, Seite 440.

ders., Die Leitlinien des BVerwG für den Bergbau, ZfB 1990, Seite 179.

Hellriegel, Matthias, Der neue Gesetzentwurf zu Carbon Capture and Storage, NVwZ 2010, Seite 1530.

ders., CO_2-Abscheidung und Ablagerung, Teil 1: Anwendbarkeit und Anforderungen des geltenden Rechts, RdE 2008, Seite 111.

ders., CO_2-Abscheidung und Ablagerung, Teil 2: Richtlinienvorschlag der Europäischen Kommission, RdE 2008, Seite 319.

Holloway, S./J.P. *Heederik*/L.G.H. *van der Meer*/I. *Czernichowski- Lauriol*/R. *Harrison*/E. *Lindeberg*/I.R. *Summerfield*/C. *Rochelle*/T. *Schwarzkopf*/O. *Kaarstad*/B. *Berger*, The Underground Disposal of Carbon Dioxide, Final Report of JOULE II Project No. CT92-0031, British Geological Survey, Keyworth, Nottingham, 1996.

Hoppe, Werner, Nationalpark-Verordnung „Niedersächsisches Wattenmeer“ und bergbauliche Berechtigungen, 1. Auflage, Köln 1987.

ders., Die Einschränkung bergbaulicher Berechtigungen durch eine Nationalparkverordnung – am Beispiel des Niedersächsischen Wattenmeers, DVBl. 1987, Seite 757.

ders., Die Bedeutung von Optimierungsgeboten im Planungsrecht, DVBl. 1992, Seite 853.

ders., Kompetenz-Debakel für die Raumordnung durch die Föderalismusreform infolge der uneingeschränkten Abweichungszuständigkeit der Länder?, DVBl. 2007, Seite 144.

ders., Grundfragen des Planungsrechts, Ausgewählte Veröffentlichungen, in: Beiträge zur Raumplanung und zum Siedlungs- und Wohnungswesen, Band 182 (ZIR), Münster 1998.

ders., Bauleitplanung und Landesplanung in der Bundeshauptstadt Berlin, DVBl. 1997, Seite 234.

ders., Gelenkfunktion der Braunkohlenplanung zwischen Landesplanung und bergrechtlichem Betriebsplan?, UPR 1983, Seite 105.

ders., Entwicklung von Grundstrukturen des Planungsrechts durch das BVerwG – Hommage an die Leitentscheidung zum planungsrechtlichen Abwägungsgebot vom 12.Dezember 1969 (BVerwGE 34, 301), DVBl. 2003, Seite 679.

ders., „Ziele der Raumordnung und Landesplanung" und „Grundsätze der Raumordnung und Landesplanung" in normtheoretischer Sicht, DVBl. 1993, Seite 681.

ders., Zur Abgrenzung der Ziele der Raumordnung (§ 3 Nr. 2 ROG) von Grundsätzen der Raumordnung (§ 3 Nr. 3 ROG) durch § 7 Abs. 1 Satz 3 ROG – Schafft die „Kennzeichnung" von raumordnerischen Festlegungen als „Ziele der Raumordnung" gemäß § 7 Abs. 1 Satz 3 ROG größere Rechtssicherheit? –, DVBl. 1999, Seite 1457.

ders., Zu der neuen Regelung der Ausnahme von Zielen der Raumordnung (§ 3 Abs. 1 Nr. 2 Gesetz zur Neuregelung des Raumordnungsgesetzes, GeROG) in § 6 Abs. 1 GeROG, DVBl. 2008, Seite 966.

ders., Zur Flexibilisierung der Ziele der Raumordnung (§ 3 Abs. 2 ROG) in einem neuen Raumordnungsgesetz, BauR 2007, Seite 26.

ders., Ziele der Raumordnung (§ 3 Nr. 2 ROG 1998) in Soll-Formulierungen als durchgängiges Prinzip der Raumordnung in Bayern – Anmerkungen zu dem Fachziel Einzelhandelsgroßprojekt/FOC im Entwurf zur Änderung des Landesentwicklungsprogramms Bayern, BayVbl. 2002, Seite 129.

ders., Stehen die Ziele der Raumordnung in der Form von Soll-Zielen vor dem Aus? Bemerkungen zu Soll-Zielen im Anschluss an das Urteil des BVerwG vom 18. September 2003 – 4 CN 20.02 – zu landesplanerischen Aussagen mit Regel-Ausnahmestruktur, DVBl. 2004, Seite 478.

Hoppe, Werner/*Spoer*, Wolfgang, Bergrecht und Raumordnung, Einflüsse des Bau- und Raumordnungsgesetzes 1998 auf bergrechtliche Rechtspositionen und die eigentumsrechtlichen Grenzen, Stuttgart 1999.

dies., Raumordnungs- und Bauplanungsrecht in der bergrechtlichen Planfeststellung, UPR 1999, Seite 246.

Hoppe, Werner/*Bönker*, Christian/*Grotefels*, Susan, Öffentliches Baurecht – Raumordnungsrecht, Städtebaurecht, Bauordnungsrecht, 4. Auflage, München 2010.

Ibler, Die Schranken planerischer Gestaltungsfreiheit im Planfeststellungsrecht, 1. Auflage, Berlin 1988.

Intergovernmental Panel on Climate Change IPCC, WMO/UNEP, Climate Change 2007: Synthesis Report, 2008.

dies., Special Report on Carbon Dioxide Capture and Storage, Prepared by Working Group III of the Intergovernmental Panel on Climate Change, Cambridge 2005.

Isay, Rudolf, Der Geist des heutigen deutschen Bergrechts, München 1953.

Isensee, Josef/*Kirchhof*, Paul (Hrsg.), Handbuch des Staatsrechts, Band III: Demokratie – Bundesorgane, 3. Auflage, Heidelberg 2005.

Jarass, Hans D., Bundes-Immissionsschutzgesetz: BImSchG, Kommentar unter Berücksichtigung der Bundes-Immissionsschutzverordnungen, der TA Luft sowie der TA Lärm, München 2010.

ders., Die materiellen Voraussetzungen der Planfeststellung in neuerer Sicht, Dogmatische Grundlagen und praktische Folgen, insbesondere im Verkehrswegebereich, DVBl. 1998, Seite 1202.

ders., Die Planrechtfertigung bei Planfeststellungen, NuR 2004, Seite 69.

ders., Wirkungen des EG-Rechts in den Bereichen der Raumordnung und des Städtebaus, DÖV 1999, Seite 661.

Jarass, Hans D./*Pieroth*, Bodo, Grundgesetz für die Bundesrepublik Deutschland, Kommentar, 11. Auflage, München 2011.

Kaltschmitt, Martin/*Huenges*, Ernst/*Wolf*, Helmut, Energie aus Erdwärme, 1. Auflage, Heidelberg 2001.

Kimmerle, Julia, Erdgas aus Deutschland: Schatzsuche im Schiefer, SPIEGEL ONLINE, zuletzt abgerufen am 12.04.2010.

Klapper, Rudolf, Deutsches Bergrecht 1933 bis 1945, ZfB 1959, Seite 100.

Kloepfer, Michael, Umweltrecht, 3. Auflage, München 2004.

Kment, Martin, Raumplanung unter Ungewissheit, ZUR 2011, Seite 127.

ders., Anpassung an den Klimawandel – Internationaler Rahmen, europäische Strategische Adaptionsprüfung und Fortentwicklung des nationalen Verwaltungsrechts, JZ 2010, Seite 62.

Knopf, Stefan/*May*, Franz/*Müller*, Christian/*Gerling*, Peter, Neuberechnung möglicher Kapazitäten zur CO2-Speicherung in tiefen Aquifer-Strukturen, Energiewirtschaftliche Tagesfragen (ET), 60 Jg. 2010, Seite 76.

Koch, Hans-Joachim/*Hendler*, Reinhard, Baurecht, Raumordnungs- und Landesplanungsrecht, 5. Auflage Stuttgart 2009.

Köck, Wolfgang/*Wolf*, Rainer, Grenzen der Abweichungsgesetzgebung im Naturschutz – Sind Eingriffsregelung und Landschaftsplanung allgemeine Grundsätze des Naturschutzes?, NVwZ 2008, Seite 353.

Kohls, Malte/*Kahle*, Christian, Klimafreundliche Kohlekraft dank CCS?, ZUR 2009, Seite 122.

Kremer, Eduard/*Neuhaus gen. Wever*, Peter, Bergrecht, Stuttgart 2001.

Kühne, Gunther, Zulassung und Ausübung des Bergbaus bei Kollisionen mit anderen öffentlichen Interessen – zugleich ein Beitrag zu § 47 RegE BBergG, ZfB 1980, Seite 58.

ders., Die Bedeutung der Erfordernisse der Raumordnung und Landesplanung bei bergbaulichen Vorhaben, DVBl. 1984, Seite 709.

ders., Bergrechtlicher Rahmenbetriebsplan, Anlagengenehmigungsrecht und Umweltverträglichkeitsprüfung: Fragen der Bindungswirkung und Planfeststellungspflichtigkeit von Rahmenbetriebsplanzulassungen am Beispiel des Erkundungsbergwerks Gorleben, 1. Auflage, Köln 1993.

ders., Entwicklungslinien der bergrechtlichen Rechtsprechung zur Zulassung bergbaulicher (Groß-) Vorhaben, in: Kühne/Ehricke (Hrsg.), Entwicklungslinien des Bergrechts, Genehmigungsrechtliche Fragen bei Großvorhaben des Kohlenabbaus, Baden-Baden 2008, Seite 51.

ders., Bergrechtliche Aspekte der Endlagerung radioaktiver Stoffe, DVBl. 1985, Seite 207.

ders., Unterirdische Grundstücksnutzung als Gegenstand des Zivil-, Berg-, Energie-, und Umweltrechts – Zugleich zur rechtssystematischen Einbindung der CO_2-Speicherung –, RdE 2009, Seite 14.

Kunig, Philip/*Paetow*, Stefan/*Versteyl*, Ludger-Anselm, Kreislaufwirtschafts- und Abfallgesetz: KrW-/AbfG, Kommentar, 2. Auflage, München 2003.

Kupfer, Dominik, Die Verteilung knapper Ressourcen im Wirtschaftsverwaltungsrecht, in: Burgi/Schoch/Voßkuhle (Hrsg.), Neue Schriften zur Verwaltungsrechtswissenschaft, Band 3, Baden-Baden 2005.

Kolonko, Britta, Naturschutzrecht und Bergrecht – zwei unvereinbare Materien, ZUR 1995, Seite 126.

Landesamt für Bergbau, Energie und Geologie Niedersachsen (LBEG), Erdöl und Erdgas in der Bundesrepublik Deutschland 2010, Hannover April 2011.

ders., Erdöl und Erdgas in der Bundesrepublik Deutschland 2008, Hannover April 2009.

Landmann, Robert/*Rohmer*, Gustav, Gewerbeordnung und ergänzende Vorschriften: GewO, Band II: Ergänzende Vorschriften, Loseblatt-Kommentar, 59. Auflage, München September 2011.

Lanzke, Ursula, Probleme des Nachbarrechts im Bergbau, ZfB 1960, Seite 78.

Larenz, Karl/*Canaris*, Claus-Wilhelm, Methodenlehre der Rechtswissenschaft, 4. Auflage, Heidelberg 2009.

Limpens, Herbert, Chancen und Risiken von unkonventionellem Erdgas (Stichwort: „Fracking) – Bericht über das 13. Aachener Altlasten- und Bergschadenkundliche Kolloquium (ABK) -, DVBl. 2011, Seite 345.

Ludwig, Grit, Umweltaspekte in Verfahren nach dem BBergG, ZUR 2012, Seite 150.

McKinsey & Company, Carbon Capture & Storage: Assessing the Economics, 2008.

Mißling, Sven, Die Gestaltung des deutschen Ordnungsrahmens für die geologische Speicherung von CO2, ZUR 2008, Seite 286.

Mitschang, Stephan, Die Belange von Klima und Energie in der Raumordnung, DVBl. 2008, Seite 745.

Much, Susanna, Die Rechtsfragen der Ablagerung von CO_2 in unterirdischen geologischen Formationen, 1. Auflage, Halle an der Saale 2009.

Nierhaus, Michael, Zur gerichtlichen Kontrolle von Prognoseentscheidungen der Verwaltung, DVBl. 1977, Seite 19.

Niermann, Ralf, Betriebsplan und Planfeststellung im Bergrecht, 1. Auflage, Münster 1992.

Obst, Karsten, Möglichkeiten der Untergrundspeicherung für Erdgas und CO_2 im Nordosten Deutschlands, Zeitschrift für geologische Wissenschaften, 2008, Seite 281.

Oertel, Dagmar, Büro für Technikfolgen-Abschätzung beim Deutschen Bundestag (TAB), Energiespeicher – Stand und Perspektiven, Sachstandsbericht zum Monitoring „Nachhaltige Energieversorgung“, Februar 2008.

Paschen, Herbert/*Oertel*, Dagmar/*Grünwald*, Reinhard, Büro für Technikfolgenabschätzung des Bundestags (TAB), Möglichkeiten geothermischer Stromerzeugung in Deutschland, Sachstandsbericht, Februar 2003.

Pehnt, Martin/*Hoepfner*, Ulrich, Kurzgutachten, Wasserstoff- und Stromspeicher in einem Energiesystem mit hohen Anteilen erneuerbarer Energien: Analyse der kurz- und mittelfristigen Perspektive, Heidelberg Mai 2009.

Peters, Wolfgang, Nationalparkverordnung Niedersächsisches Wattenmeer und bergbauliche Berechtigungen – Erwiderung auf Kühne DVBl. 1887, Seite 1259, DVBl. 1988, Seite 227.

Paetow, Stefan, Zur Struktur der abfallrechtlichen Planfeststellung, in: Bürger-Richter-Staat, Festschrift für Horst Sendler, München 1991, Seite 425.

Pfadt, Hubert, Rechtsfragen zum Betriebsplan im Bergrecht, 1. Auflage, Baden-Baden 1981.

Piens, Reinhart/*Schulte*, Hans-Wolfgang/*Graf Vitzthum*, Stephan, Bundesberggesetz (BBergG)- Kommentar, Stuttgart 1983.

Ploetz, Christiane, Sequestrierung von CO2: Technologien, Potenziale, Kosten und Umweltauswirkungen, Externe Expertise für das WBGU-Hauptgutachten 2003 „Welt im Wandel: Energiewende zur Nachhaltigkeit“, Berlin, Heidelberg 2003.

Pohl, Arnim, Bestandsschutz bergrechtlicher Betriebsplanzulassungen, 1. Auflage, Göttingen 1996.

Pohlmann, Heinz/*Wilke*, Ludwig, Der untertägige Steinkohlenbergbau und seine Auswirkungen auf die Tagesoberfläche, 1. Auflage, Stuttgart 1994.

Radgen, Peter/*Cremer*, Clemens/*Warkentin*, Sebastian/*Gerling*, Peter/*May*, Franz/*Knopf*, Stephan, Verfahren zur CO2- Abscheidung und –Speicherung, Abschlussbericht an das UBA, Dessau-Roßlau August 2006.

Radgen, Peter, Zukunftsmarkt Elektrische Energiespeicherung, Fallstudie im Auftrag des Umweltbundesamtes, Dessau-Roßlau Dezember 2007.

Rasel, Klemens, Umweltrechtliche Implikationen im Bundesberggesetz, 1. Auflage, Aachen 1995.

Ramsauer, Ulrich, Planfeststellung ohne Abwägung? Die Rechtsprechung zur atomrechtlichen Planfeststellung in der Kritik, NVwZ 2008, Seite 944.

Rausch, Jan, Umwelt- und Planungsrecht beim Bergbau, 1. Auflage, Baden-Baden 1990.

Redeker, Konrad, Grundgesetzliche Rechte auf Verfahrensteilhabe – Bemerkungen zu einem status activus processualis, NJW 1980, Seite 1593.

Reidt, Olaf, Regelungsmöglichkeiten und -grenzen in Raumordnungsplänen – dargestellt am Beispiel des Klimaschutzes, DVBl. 2011, Seite 789.

ders., Abwehransprüche von Gemeinden gegen Zielfestlegungen in Raumordnungsplänen und deren gerichtliche Durchsetzung, in: *Steger/Bunzel (Hrsg.),* Raumordnungsplanung quo vadis? Zwischen notwendiger Flankierung der kommunalen Bauleitplanung und unzulässigem Durchgriff, Wiesbaden 2012, Seite 130.

Rojahn, Ondolf, Umweltschutz in der raumordnerischen Standortplanung von Infrastrukturvorhaben – Gestaltungsmöglichkeiten und Kompetenzgrenzen, NVwZ 2011, Seite 654.

Roll, Hans, Geschäftsordnung des Deutschen Bundestages, Kommentar, 1. Auflage, Baden-Baden 2001.

Ronellenfitsch, Michael, Maßnahmegesetze zur Beschleunigung von Verkehrsprojekten, DÖV 1991, Seite 771.

ders., Ziele der Raumordnung, in: Planung, Festschrift für Werner Hoppe zum 70. Geburtstag, München 2000, Seite 355.

Runkel, Peter, Vorsorgende Sicherung sowie geordnete Aufsuchung und Gewinnung von standortgebundenen Bodenschätzen als Aufgabe der Raumordnung nach dem Raumordnungsgesetz (ROG) 1998, IzR 1998, Seite 315.

ders., Das neue Raumordnungsgesetz, WiVerw 1997, Seite 267.

Sachverständigenrat für Umweltfragen (SRU), Abscheidung, Transport und Speicherung von Kohlendioxid -Der Gesetzentwurf der Bundesregierung im Kontext der Energiedebatte, 06.05.2009.

Schink, Alexander, Verhältnis der Planfeststellung zur Raumordung, DÖV 2011, Seite 905.

Schlarmann, Lilo, Die Rechtsprechung zur Alternativenprüfung im Planungsrecht, DVBl. 1992, Seite 873.

Schmidt-Assman, Eberhardt, Bundeskompetenzen zur Raumordnung unter veränderten Rahmenbedingungen. Planungsauftrag und Kompetenzenverständnis im Wandel, in: Baurecht-aktuell. Festschrift für Felix Weyreuther, Köln 1993, Seite 73.

Schmidt-Assman, Eberhardt/*Schoch*, Friedrich, Bergwerkseigentum und Grundeigentum im Betriebsplanverfahren – Zur verwaltungsrechtlichen Gestaltung vernetzter Grundrechtspositionen, 1. Auflage, Stuttgart 1994.

Schmidt-Bleibtreu, Bruno/*Hofmann,* Hans/*Hopfauf*, Axel, Kommentar zum Grundgesetz, 12. Auflage, München 2011.

Schmidt-Eichstaedt, Gerd, Ist in der Regionalplanung Parzellenschärfe erforderlich?, LKV 2012, Seite 49.

Schoch, Friedrich, Die Rechtsstellung der Gemeinden bei der bergbaulichen Betriebsplanzulassung, in: Planung, Festschrift für Werner Hoppe zum 70. Geburtstag, München 2000, Seite 711.

Schröder, Meinhard, „Nachhaltigkeit" als Ziel und Maßstab des deutschen Umweltrechts, *WiVerw. 1995*, Seite 65.

Schütte, Hartmut, Geologische Formationen für die Speicherung von Druckluft im küstennahen Raum der Nord- und Ostsee, Vortrag zum 5. Dena Energieforum vom 08. September 2005.

Schütte, Peter/*Preuß*, Malte, Die Planung und Zulassung von Speicheranlagen zur Systemintegration erneuerbarer Energien, NVwZ 2012, Seite 535.

Schulte, Hans, Das Bundesberggesetz, NJW 1981, Seite 88.

ders., Die Bergbauberechtigungen nach dem Regierungsentwurf für ein Bundesberggesetz, ZfB 1978, Seite 414.

ders., Bergbau, Umweltrecht, Raumplanung, ZfB 1987, Seite 178.

ders., Kernfragen des bergrechtlichen Genehmigungsverfahrens, 1. Auflage, Baden-Baden 1993.

ders., Raumplanung und Genehmigung bei der Bodenschatzgewinnung, 1. Auflage, München 1996.

ders., Neufassung des Raumordnungsgesetzes und Bodenschätzegewinnung, IzR 1998, Seite 315.

Schulz, Rüdiger, Bergrecht und Erdwärme – Gesichtspunkte zur Bemessung von Erlaubnis- und Bewilligungsfeldern, Geothermische Energie – Mitteilungsblatt der Geothermischen Vereinigung e.V., 10. Jahrgang/Heft 1, Seite 9.

Schulze, Falk/*Hermann*, Andreas/*Barth*, Regina, Rechtliche Rahmenbedingungen für die Ablagweung von CO_2 in tiefen geologischen Schichten: Vorschläge zur Ausgestaltung des Rechtsrahmens, DVBl. 2008, Seite 1417.

Sedlacek, Robert, Untertage-Gasspeicherung in Deutschland, Erdöl-Erdgas-Kohle, 124 Jg. 2008, Seite 453.
ders. Untertage-Gasspeicherung in Deutschland, Erdöl-Erdgas-Kohle, 125 Jg. 2009, Seite 412.
Seibert, M.-J., Anmerkungen zum Urteil des BVerwG vom 04.07.1986 – 4 C 31.84, DVBl. 1986, Seite 1277.
Seuser, Anna Alexandra, Unkonventionelles Erdgas – Begehrte Ressource mit Unwägbarkeiten, NuR 2012, Seite 8.
Spannowsky, Willy, Gewichtsverschiebungen im Verhältnis zwischen der örtlichen Bauleitplanung und der überörtlichen Landes- und Regionalplanung, DÖV 1997, Seite 757.
ders., Die Grenzen der Länderabweichungsbefugnis gem Art 72 Abs 3 Nr 4 GG im Bereich der Raumordnung, UPR 2007, Seite 41.
ders., Planungsrechtliche Steuerung von Vorhaben der erneuerbaren Energien durch Verträge, UPR 2009, Seite 201.
Spannowsky, Willy/*Runkel*, Peter/*Goppel*, Konrad, Raumordnungsgesetz (ROG), Kommentar, 1. Auflage, München 2010.
Spoer, Wolfgang, Raumordungsziele und gemeindliche Bauleitplanung, in: Planung, Festschrift für Werner Hoppe zum 70. Geburtstag, München 2000, Seite 343.
Steinberg, Rudolf /*Berg*, Thomas/*Wickel*, Martin, Fachplanung, 3. Auflage, Baden-Baden 2000.
Steinberg, Rudolf, Fachplanung, 2. Auflage, Baden-Baden 1993.
ders., Landesplanerische Standortplanung und Planfeststellung – unter besonderer Berücksichtigung der Planung von Verkehrsflughäfen, DVBl. 2010, Seite 137.
Steiner, Udo (Hrsg.), Besonderes Verwaltungsrecht, 8. Auflage, Heidelberg 2006.
Stelkens, Paul/*Bonk*, Heinz Joachim/*Sachs*, Michael, Verwaltungsverfahrensgesetz, Kommentar, 7. Auflage, München 2008.
Stern, Klaus, Staatsrecht der Bundesrepublik Deutschland, Band I, Grundbegriffe und Grundlagen des Staatsrechts, Strukturprinzipien der Verfassung, 2. Auflage, München 1984.
Tettinger, Peter, Überlegungen zu einem administrativen „Prognosespielraum“, DVBl. 1982, Seite 421.
UBA (Hrsg.), Deutschland im Klimawandel: Anpassung ist notwendig, 4. Auflage, Dessau-Roßlau September 2008.
ders., Übersicht zur Entwicklung der energiebedingten Emissionen in Deutschland 1990-2009, Dessau-Roßlau November 2011.

ders., Technische Abscheidung und Speicherung von CO_2- nur eine Übergangslösung, Positionspapier des Umweltbundesamtes zu möglichen Auswirkungen, Potenzialen und Anforderung, Dessau-Roßlau August 2006.
ders., Einschätzung der Schiefergasförderung in Deutschland, Stellungnahme, Dessau-Roßlau Dezember 2011.
Uerpmann, Robert, Das öffentliche Interesse – Seine Bedeutung als Tatbestandsmerkmal und als dogmatischer Begriff, 1. Auflage, Tübingen 1999.
von Münch, Ingo/*Kunig*, Philip, Grundgesetz-Kommentar, Band 1, 6. Auflage, München 2012.
Wahl, Rainer, Genehmigung und Planentscheidung – Überlegungen zu zwei Grundmodellen der Verwaltungsentscheidung, DVBl. 1982, Seite 51.
ders., Das Raumordnungsverfahren am Scheideweg, in: Bürger-Richter-Staat, Festschrift für Horst Sendler, München 1991, Seite 199.
ders., Entwicklung des Fachplanungsrechts, NVwZ 1990, Seite 426.
Wahl, Rainer/*Dreier*, Johannes, Entwicklung des Fachplanungsrechts, NVwZ 1999, Seite 607.
Wahlhäuser, Jens, Zum Entwurf eines Gesetzes zur Regelung von Abscheidung, Transport und dauerhafter Speicherung von Kohlendioxid, UPR 2009, Seite 295.
Weller, Herbert, Kollision mehrerer Bergbauberechtigungen in einem Feld, ZfB 1990, Seite 111.
Westermann, Harry, Freiheit des Unternehmers und des Grundeigentümers und ihre Pflichtenbindungen im öffentlichen Interesse nach dem Referentenentwurf eines Bundesberggesetzes, Opladen 1973.
Westhoff, Wilhelm/*Schlüter*, Wilhelm, Geschichte des deutschen Bergrechts, ZfB 1909, Seite 27.
Wickel, Martin, Die Abscheidung und Speicherung von Kohlendioxid (Carbon Capture and Storage) – Eine neue Technik als Herausforderung für das Umweltrecht, ZUR 2011, Seite 115.
Wilde, Marion, Verhältnis zwischen Bergrecht und Naturschutzrecht, DVBl. 1998, Seite 1321.
Winter, Ulrich/*Sagolla*, Winfried, Bergbau kontra Planungsrecht – oder – Ist die im Rahmen des bestehenden Planungsrechts eine befriedigende Lösung bergbauverursachter Raum- und Nutzungsinteressen möglich?, ZfB 1982, Seite 347.
Wirths, Andreas, Thermische Energiespeicherung in Druckluftspeicherkraftwerken – Theorie der Speicherung im fluiden Einphasengebiet, Dresden 2006.
Wirtschaftsverband Erdöl- und Erdgasgewinnung (WEG), Erdgas – Erdöl, Entstehung, Suche, Gewinnung, Berlin Dezember 2008.
Wolff, Hans/*Bachhof*, Otto/*Stober*, Rolf/*Kluth*, Winfried, Verwaltungsrecht Band I, 13. Auflage, München 2012.
Zydek, Hans, Bundesberggesetz – Materialien, Essen 1980.

Kommunalwirtschaftliche Forschung und Praxis

Herausgegeben von Prof. Dr. Wolf Gottschalk

Band 1 Ulf Klostermann: Controlling zur Unterstützung von Least-Cost Planning im Elektrizitätsunternehmen. 1998.

Band 2 Heinz Bolsenkötter / Michael Poullie: Rechnerisches Unbundling in der Strom- und Gasversorgung. Rechnungslegung nach dem neuen Energiewirtschaftsgesetz. 3., neubearbeitete Auflage. Die 1. und 2. Auflage sind im Jahre 2000 unter dem Titel *Rechnungslegung nach der Elektrizitätsbinnenmarkt-Richtlinie und nach § 9 EnWG* erschienen. 2003.

Band 3 Klaus Traube / Wolfgang Schulz: Aktuelle Bewertung der Kraft-Wärme-Kopplung. Ökologische und ökonomische Wirkung eines mittelfristigen Ausbaus der Kraft-Wärme-Kopplung zur Nah- / Fernwärmeversorgung in Deutschland. 2001.

Band 4 Axel Thomas: Unternehmensinternes Kostenmanagement in Energieversorgungsunternehmen. Grundlagen effektiver Kostenrechnungsverfahren auf der Basis der SAP-Software. 2001.

Band 5 Georg Raffetseder: Erfolgs- und Mißerfolgsfaktoren der Verwaltungsmodernisierung. Zur Steuerung von Reformprozessen. 2001.

Band 6 Andreas Schmidt: Stadtwerke auf neuen Märkten. Gemeinderechtliche Chancen umweltschonender Energiedienstleistungen. 2002.

Band 7 Hannes Rehm / Sigrid Matern-Rehm: Kommunale Finanzwirtschaft. 2003.

Band 8 Alexander Meckies: Die persönliche Haftung von Geschäftsleitern in Kapitalgesellschaften der öffentlichen Hand. 2003.

Band 9 Nicole Weiß: Liberalisierung der Wasserversorgung. Gestaltungsspielräume und Grenzen einer Reform der Wasserversorgung unter besonderer Berücksichtigung der Rechtslage in Bayern. 2004.

Band 10 Matthias Ganske: Corporate Governance im öffentlichen Unternehmen. 2005.

Band 11 Bohdan Kalwarowskyj: Kommunale Dauerverlustbetriebe und verdeckte Gewinnausschüttung. 2006.

Band 12 Michael Schöneich (Hrsg.): Stadt-Werke. Festschrift für Gerhard Widder. 2007.

Band 13 Stefan Thomas: Aktivitäten der Energiewirtschaft zur Förderung der Energieeffizienz auf der Nachfrageseite in liberalisierten Strom- und Gasmärkten europäischer Staaten: Kriteriengestützter Vergleich der politischen Rahmenbedingungen. 2007.

Band 14 Ulrich Büdenbender / Peter Rosin / Carola Reichold: Berücksichtigung des für ein Netz vor der Energierechtsreform 2005 gezahlten Kaufpreises bei der Kalkulation und Regulierung der Netzentgelte. 2008.

Band 15 Arnt Baer: Abnahmepflichten und Vergütungspflichten in der Energiewirtschaft. Gemeinschaftsrechtliche und verfassungsrechtliche Problemstellungen. 2008.

Band 16 Nikolaus Richter / Stefan Thomas: Perspektiven dezentraler Infrastrukturen im Spannungsfeld von Wettbewerb, Klimaschutz und Qualität. Endbericht der Forschungspartnerschaft INFRAFUTUR. 2009.

Band 17 Joachim Wieland: Rechtsprobleme der Gasnetzbewertung nach der Gasnetzentgeltverordnung. 2009.

Band 18 Jürgen Weigt: Die Förderung der Stromerzeugung aus erneuerbaren Energien in der Europäischen Union. Probleme und Herausforderungen im Spannungsfeld zwischen Binnenmarkt und Umweltschutz. 2009.

Band 19 Sebastian Bolay: Einführung von Energiemanagement und erneuerbaren Energien. Eine Untersuchung von Erfolgsfaktoren in deutschen Kommunen. 2009.

Band 20 Oliver Rottmann: Herausforderungen für die Innensteuerung von Stadtwerken aus der Interdependenz der Außensteuerungspostulate. 2011.

Band 21 Britta Ammermüller: Assessing Cost Recovery. A New Comparative Framework in Line with WFD Article 9. 2011.

Band 22 Sonja Witte: Einflussgrad der deutschen kommunalen Ebene auf die Politikgestaltung der EU. 2013.

Band 23 Jan Schilling: Planerische Steuerung von unterirdischen Raum- und Grundstücksnutzungen. 2013.

www.peterlang.de